大学计算机规划教材

AutoCAD 2012 中文版应用教程

丁 燕 王 磊 曾令宜 主编

電子工業出版社
Publishing House of Electronics Industry
北京 • BEIJING

内容简介

本书通过专业的工程制图知识结合典型的应用实例，循序渐进地介绍使用 AutoCAD 2012 中文版绘制工程图的方法和技巧。

本书共分 10 章，按教学单元编写，内容主要包括：绘图环境的设置、常用的绘图和编辑命令、绘制视图的相关技术与方法、绘制剖视图和断面图的相关技术与方法、绘制专业图的相关技术与方法、打印图样的相关技术与方法、绘制工程三维实体的相关技术与方法。每个教学单元后都有基本操作训练和工程绘图训练的上机练习内容，每个工程绘图训练题目都有详细的练习指导。

本书可作为工科类高等学校机械、房屋建筑、水利及相近专业的计算机绘图课程教材，也可作为工程技术人员的参考书和计算机绘图培训课程的速成教材。

图书在版编目（CIP）数据

AutoCAD 2012 中文版应用教程 / 丁燕，王磊，曾令宜主编. —北京：电子工业出版社，2013.6
大学计算机规划教材
ISBN 978-7-121-20662-7

Ⅰ. ①A… Ⅱ. ①丁… ②王… ③曾… Ⅲ. ①AutoCAD 软件—高等学校—教材 Ⅳ. ①TP391.72

中国版本图书馆 CIP 数据核字（2013）第 125441 号

责任编辑：冉　哲
印　　刷：涿州市京南印刷厂
装　　订：涿州市京南印刷厂
出版发行：电子工业出版社
　　　　　北京市海淀区万寿路 173 信箱　邮编　100036
开　　本：787×1 092　1/16　印张：17.75　字数：454.4 千字　插页：1
版　　次：2013 年 6 月第 1 版
印　　次：2017 年 1 月第 2 次印刷
定　　价：36.00 元

凡所购买电子工业出版社图书有缺损问题，请向购买书店调换。若书店售缺，请与本社发行部联系，联系及邮购电话：（010）88254888，88258888。

质量投诉请发邮件至 zlts@phei.com.cn，盗版侵权举报请发邮件至 dbqq@phei.com.cn。

本书咨询联系方式：ran@phei.com.cn。

前言

本书是一本讲述如何使用 AutoCAD 2012 中文版绘制工程图样的基础教材。本书以绘制工程图样为主线，采用“工程制图”课程的教学框架，按绘制视图、绘制剖视图和断面图、绘制专业图的顺序，用通俗易懂的语言，由浅入深、循序渐进地介绍了 AutoCAD 2012 中文版关于绘制工程图样的基本功能及相关技术。

本书贯彻最新颁布的《技术制图》、《机械制图》国家标准和相关的行业标准。

本书的突出特点如下。

1. 按教学单元编写

本书就相当于一本详细的讲稿，既便于教师备课，又便于学生自学。

本书每个教学单元后都有上机练习内容，上机练习内容包括基本操作训练和工程绘图训练，工程绘图的每个训练题目都有详细的练习指导。学生可以通过练习将所学内容融会贯通到绘制工程图样的实际应用之中。

2. 以绘制标准工程图样为目的

编写本书的目的是，使读者掌握精确、快速绘制工程图样的技能和技巧，并使所绘制的图样各方面都符合制图标准。本书重点讲述绘制工程图样以下 8 个方面的相关技术：

① 如何依据现行的国家和行业的制图标准，设置绘图环境中的各项内容；

② 如何针对不同的视图形状，采用恰当的绘图和编辑命令来实现快速绘图；

③ 如何对不同的尺寸数值，不经计算，实现快速精确绘图；

④ 如何按制图标准正确注写工程图样中的各类文字；

⑤ 如何按制图标准快速标注工程图样中的各类尺寸；

⑥ 如何按制图标准正确绘制剖面线（剖面材料符号）；

⑦ 如何按形体的真实大小快速地绘制专业图；

⑧ 如何根据工程形体的特点，准确、快速地绘制工程三维实体。

本书所绘插图均以工程图样的内容为实例，插图中的各项内容（如表达方法、图线的粗细、虚线与点画线的长短和间隔、字体、剖面符号和尺寸标注等）均符合最新制图标准。

3. 适用面宽、实用性强

在 AutoCAD 中，无论绘制什么样的工程图样，其基本方法和技巧都是相同的，区别主要在于行业制图标准和绘制专业图思路的某些不同。本书所举实例涉及机械、房建、水利类专业，对于各专业制图标准中不同的设置方法和绘制专业图的思路分别做了叙述。使用本书不仅可以学习本专业工程图样的绘制方法，同时对 AutoCAD 是通用的绘图软件这一内涵会有更深层次的了解，使读者触类旁通，能绘制各类工程图样或其他图形。

本书由丁燕、王磊、曾令宜担任主编，参加编写工作的有（按章节顺序）：王磊编写第 1 章和第 2 章，刘光柱编写第 3 章，王琳编写第 4 章，孙凤田编写第 5 章，丁燕编写第 6 章和第 9 章，乔东编写第 7 章，李梅编写第 8 章，曾令宜编写第 10 章。

教学安排建议：

教学内容	讲课、上机分开教学			讲练结合教学	
	讲课/学时	上机/学时	课外上机	讲/练学时	课外上机
第 1 章	2	2		1.5 / 2.5	
第 2 章	2	2		1 / 3	
第 3 章	2	2	2	1.5 / 2.5	
第 4 章	2	2	2	1 / 3	
第 5 章	2	2	2	1 / 3	
第 6 章	2	2	2	1.5 / 2.5	2
第 7 章	2	2	2	2 / 2	2
第 8、9 章	2	4	4	1.5 /4.5	3
第 10 章	2	4	4	2 /4	4
合　计	40			40	

本书可作为工科类高等学校机械、房屋建筑、水利及相近专业的计算机绘图课程教材，也可作为工程技术人员的参考书和计算机绘图培训课程的速成教材。

本书提供配套电子课件，请登录华信教育资源网（www.hxedu.com.cn），注册后免费下载。

编　者

目　　录

第 1 章　绘图的基础知识……1
1.1　AutoCAD 2012 的主要功能……2
1.2　AutoCAD 2012 的工作界面……3
1.2.1　“草图与注释”工作界面……3
1.2.2　“AutoCAD 经典”工作界面……4
1.2.3　“三维基础”和“三维建模”工作界面……6
1.2.4　自定义工程绘图工作界面……6
1.3　AutoCAD 2012 输入和终止命令的方式……7
1.4　AutoCAD 2012 系统配置的修改……8
1.4.1　常用的 4 项修改……8
1.4.2　“选项”对话框中各选项卡简介……11
1.5　新建一张图……13
1.6　保存图……14
1.6.1　保存……14
1.6.2　另存为……16
1.7　打开图……16
1.8　坐标系和点的基本输入方式……17
1.8.1　坐标系……17
1.8.2　点的基本输入方式……18
1.9　画直线……18
1.10　注写文字……19
1.10.1　创建文字样式……20
1.10.2　注写简单文字……23
1.10.3　注写复杂文字……25
1.10.4　修改文字内容……27
1.11　删除命令……28
1.11.1　擦除实体……28
1.11.2　撤销上次操作……28
1.12　退出 AutoCAD……29
上机练习与指导……29
第 2 章　绘图环境的初步设置……32
2.1　修改系统配置……33
2.2　设置辅助绘图工具模式……33
2.2.1　栅格显示与栅格捕捉……33
2.2.2　正交模式……35

2.2.3 对象捕捉 35
2.2.4 显示/隐藏线宽 39
2.3 确定绘图单位 40
2.4 选图幅 40
2.5 按指定方式显示图形 41
2.6 设置线型 42
2.7 创建和管理图层 45
2.7.1 用 LAYER 命令创建与管理图层 45
2.7.2 用“图层”工具栏管理图层 49
2.7.3 用“特性”工具栏管理当前实体 50
2.8 创建文字样式 51
2.9 绘制图框和标题栏 51
上机练习与指导 52
第 3 章 常用的绘图命令 56
3.1 绘制无穷长直线 57
3.2 绘制正多边形 59
3.3 绘制矩形 60
3.4 绘制圆 62
3.5 绘制圆弧 64
3.6 绘制多段线 68
3.7 绘制云线和徒手画线 69
3.8 绘制样条曲线 70
3.9 绘制椭圆 71
3.10 绘制点和等分线段 73
3.11 绘制多条平行线 75
3.12 绘制表格 79
上机练习与指导 82
第 4 章 常用的编辑命令 85
4.1 编辑命令中选择实体的方式 86
4.2 复制 87
4.2.1 复制图形中任意分布的实体 87
4.2.2 复制图形中对称的实体 88
4.2.3 复制图形中规律分布的实体 89
4.2.4 复制生成图形中的类似实体 92
4.3 移动 93
4.4 旋转 94
4.5 改变大小 95
4.5.1 缩放图形中的实体 95
4.5.2 拉压图形中的实体 97

4.6 延伸与修剪到边界……98
4.6.1 延伸图形中实体到边界……98
4.6.2 修剪图形中实体到边界……100
4.7 打断……101
4.8 合并……102
4.9 倒角……104
4.9.1 对图形中实体倒斜角……104
4.9.2 对图形中实体倒圆角……106
4.10 光滑连接……107
4.11 分解……108
4.12 编辑多段线……109
4.13 用“特性”选项板进行查看和编辑……109
4.14 用特性匹配功能进行特别编辑……111
4.15 用夹点功能进行快速编辑……112
上机练习与指导……116
第5章 按尺寸绘图的方式……120
5.1 直接给距离绘图方式……121
5.2 给坐标绘图方式……121
5.3 精确定点绘图方式……123
5.4 “长对正、高平齐”绘图方式……124
5.5 不需计算尺寸绘图方式……127
5.6 按尺寸绘图实例……129
上机练习与指导……135
第6章 尺寸标注……139
6.1 尺寸标注基础……140
6.2 标注样式管理器……140
6.3 创建新的标注样式……142
6.3.1 “新建标注样式”对话框……142
6.3.2 创建新标注样式实例……153
6.4 标注尺寸的方式……156
6.4.1 标注水平或铅垂方向的线性尺寸……156
6.4.2 标注倾斜方向的线性尺寸……157
6.4.3 标注弧长尺寸……158
6.4.4 标注坐标尺寸……158
6.4.5 标注半径尺寸……159
6.4.6 标注折弯半径尺寸……160
6.4.7 标注直径尺寸……161
6.4.8 标注角度尺寸……162
6.4.9 标注基线尺寸……163

6.4.10 标注连续尺寸……164
6.4.11 注写形位公差……165
6.4.12 快速标注……167
6.5 尺寸标注的修改……168
6.5.1 用“标注”工具栏中的命令修改尺寸……168
6.5.2 用多功能夹点即时菜单中的命令修改尺寸……172
6.5.3 用“特性”选项板全方位修改尺寸……172
上机练习与指导……173
第7章 图案与图块的应用……175
7.1 应用图案填充命令绘制剖面线……176
7.1.1 “图案填充和渐变色”对话框……176
7.1.2 绘制图案剖面线实例……181
7.1.3 修改图案剖面线……182
7.2 应用图块命令创建符号库……183
7.2.1 图块的基础知识……183
7.2.2 创建和使用普通块……183
7.2.3 创建和使用属性块……186
7.2.4 创建和使用动态块……189
7.2.5 修改块……194
上机练习与指导……195
第8章 绘制专业图……200
8.1 AutoCAD设计中心……201
8.1.1 AutoCAD设计中心的启动和界面介绍……201
8.1.2 用AutoCAD设计中心查找……203
8.1.3 用AutoCAD设计中心复制……204
8.1.4 用AutoCAD设计中心创建工具选项板……205
8.2 使用工具选项板……206
8.3 创建与使用样图……207
8.3.1 样图的内容……207
8.3.2 创建样图的方法……208
8.4 按形体的真实大小绘图……209
8.5 使用剪贴板……210
8.6 查询绘图信息……210
8.7 清理图形文件……213
8.8 绘制专业图实例……213
8.8.1 绘制机械专业图实例……214
8.8.2 绘制房屋建筑专业图实例……220
8.8.3 绘制水工专业图实例……225
上机练习与指导……227

第 9 章　打印图样 ······ 228
9.1　模型空间与图纸空间的概念 ······ 229
9.2　从模型空间打印图样 ······ 229
9.3　从图纸空间打印图样 ······ 233
上机练习与指导 ······ 233
第 10 章　绘制三维实体 ······ 235
10.1　三维建模工作界面 ······ 236
10.1.1　进入 AutoCAD 2012 三维建模工作空间 ······ 236
10.1.2　认识 AutoCAD 2012 三维建模工作界面 ······ 237
10.1.3　设置个性化的三维建模工作界面 ······ 237
10.2　绘制基本三维实体 ······ 239
10.2.1　用实体命令绘制基本体的三维实体 ······ 239
10.2.2　用拉伸的方法绘制直柱体的三维实体 ······ 243
10.2.3　用扫掠的方法绘制弹簧和特殊柱体的三维实体 ······ 245
10.2.4　用放样的方法绘制台体和渐变体的三维实体 ······ 247
10.2.5　用旋转的方法绘制回转体的三维实体 ······ 248
10.3　绘制组合体的三维实体 ······ 249
10.3.1　绘制叠加类组合体的三维实体 ······ 250
10.3.2　绘制切割类组合体的三维实体 ······ 251
10.3.3　绘制综合类组合体的三维实体 ······ 252
10.4　用多视口绘制工程三维实体 ······ 253
10.4.1　创建多视口 ······ 253
10.4.2　用多视口绘制工程三维实体示例 ······ 255
10.5　编辑三维实体 ······ 256
10.5.1　三维移动和三维旋转 ······ 256
10.5.2　三维实体的拉压 ······ 256
10.5.3　三维实体的剖切 ······ 257
10.5.4　用三维夹点改变基本实体的大小和形状 ······ 258
10.6　动态观察三维实体 ······ 259
10.6.1　实时手动观察三维实体 ······ 259
10.6.2　用三维轨道手动观察三维实体 ······ 260
10.6.3　连续动态观察三维实体 ······ 261
上机练习与指导 ······ 261
参考文献 ······ 274

第 1 章

绘图的基础知识

📖本章导读

掌握 AutoCAD 2012 中基本工具命令的操作方法、点的输入方式、基本绘图命令和删除命令的使用方法是绘图的基础。本章介绍 AutoCAD 2012 绘图的基础知识。

应掌握的知识要点：

- AutoCAD 2012 中文版工作界面中的各项内容；
- AutoCAD 2012 命令的输入与终止方式；
- 绘制工程图样系统配置时常用的 4 项修改；
- 用 NEW 命令新建一张图；
- 用 QSAVE 命令保存工程图和用 SAVEAS 命令将图另存；
- 用 OPEN 命令打开图形；
- 点的 4 种基本输入方式；
- 用 LINE 命令画直线；
- 用 DTEXT 命令和 MTEXT 命令注写文字；
- 用 DDEDIT 命令修改文字的内容；
- 用 U 命令撤销上一条命令；
- 选择实体的 3 种默认方式；
- 用 ERASE 命令擦除指定的实体。

1.1 AutoCAD 2012 的主要功能

AutoCAD 是美国 Autodesk 公司开发的一个通用的计算机绘图与辅助设计软件。它广泛应用于机械、建筑、水利、测绘、电子和航天等诸多工程领域，以及广告设计、美术制作等专业设计领域。AutoCAD 从 1982 年问世至今的 30 余年中，版本已更新了 20 多次。AutoCAD 2012 版以它能在 Windows 平台下更方便、更快捷地进行绘图和设计工作，以及更高质量与更高速度的超强图形功能、三维功能和共享功能，而广泛流行。本节介绍 AutoCAD 2012 的主要功能。

1. 绘图功能

AutoCAD 2012 提供绘制二维图形的各种工具，使用者可以通过单击图标按钮、执行菜单命令及从键盘输入参数的方法方便地绘制出各种基本图形，如直线、多边形、圆、圆弧、文字、尺寸等，在 AutoCAD 中称它们为“实体”或“对象”。

2. 编辑功能

AutoCAD 2012 可以让用户以各种方式对单一或一组实体进行修改，实体可以进行移动、复制、改变大小、删除局部或整体等操作。熟练掌握编辑技巧会使绘图效率成倍地提高。

3. 三维功能

AutoCAD 2012 具有强大的三维功能，在 AutoCAD 2012 中可方便地按尺寸进行三维建模，生成三维真实感图形，并可实现三维动态观察。

4. 符号库

AutoCAD 2012 具有强大的符号库，主要包括机械、建筑、土木工程、电力等专业常用的规定符号和标准件，使用时只需简单拖曳即可将所需的符号放入图形中。使用者还可以创建自己的符号库。

5. 输出功能

AutoCAD 2012 具有一体化的打印输出体系，它支持所有常见的绘图仪和打印机，打印方式灵活、快捷、多样，可以多侧面地再现同一设计图形。

6. 共享功能

AutoCAD 2012 具有桌面交互式访问 Internet 的功能，并将用户的工作环境扩展到虚拟的、动态的 Web 世界。AutoCAD 2012 能够在任何时间、任何地点与任何人保持沟通，共享设计成果。

7. 扩展功能

AutoCAD 2012 提供了强大的二次开发工具，可让使用者定制或开发适合本专业特点的功能。AutoCAD 还提供了一种内部编程语言——Auto LISP，使用它可以完成计算与自动绘图的功能。在 AutoCAD 平台上，使用者还可以使用功能更强大的编程语言（如 C、C++、VBA、ARX 等）来处理较复杂的问题。

1.2　AutoCAD 2012 的工作界面

双击桌面上的 AutoCAD 2012 图标，或执行“开始”菜单中的 AutoCAD 2012 命令就可以启动 AutoCAD 2012（注：本书将“单击鼠标左键”简称为“单击”，“双击鼠标左键”简称为“双击”，单击鼠标右键简称为“右键单击”）。

AutoCAD 2012 提供了“草图与注释”、“三维基础”、“三维建模”、“AutoCAD 经典”4 种工作界面。初次打开时，默认显示的是“草图与注释”工作界面。这 4 种工作界面可在“工作空间”列表中进行切换。用户可以根据需要安排适合自己的工作界面。

在任意工作界面中，单击界面最上方快速访问工具栏中的“切换工作空间”按钮，可显示“工作空间”列表，如图 1.1 所示。

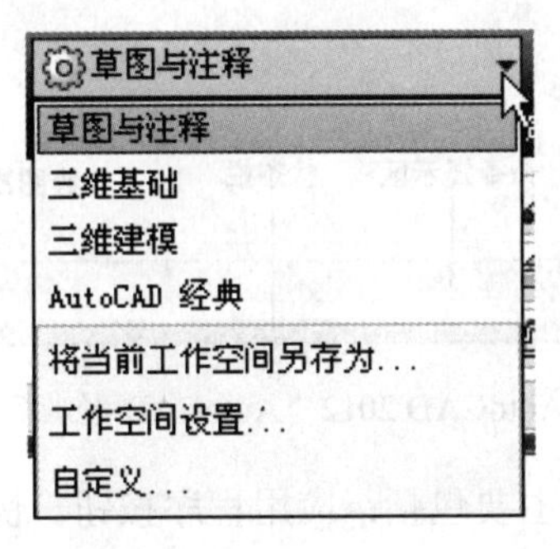

图 1.1　“工作空间”列表

1.2.1　“草图与注释”工作界面

如图 1.2 所示是“草图与注释”工作界面，界面上主要显示在安装 AutoCAD 2012 时用户所选择的面板、工具选项卡及一些常用的内容。

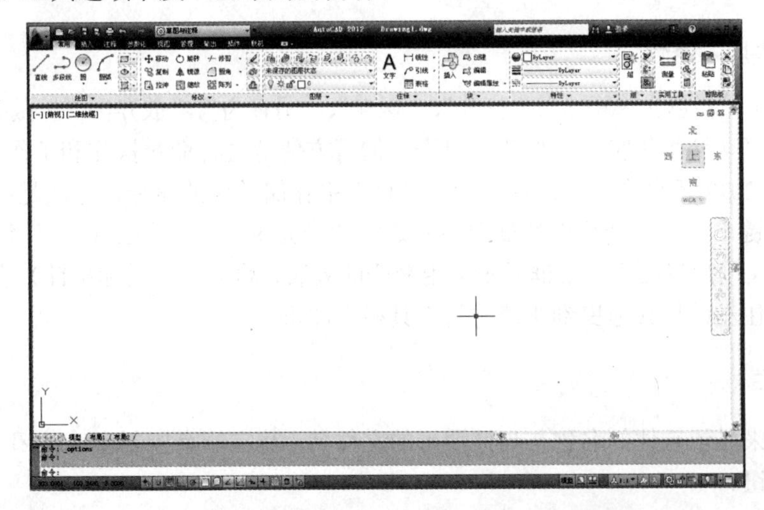

图 1.2　AutoCAD 2012“草图与注释”工作界面

1.2.2 “AutoCAD 经典”工作界面

如图 1.3 所示是“AutoCAD 经典”工作界面，是常用的二维绘图基础工作界面。

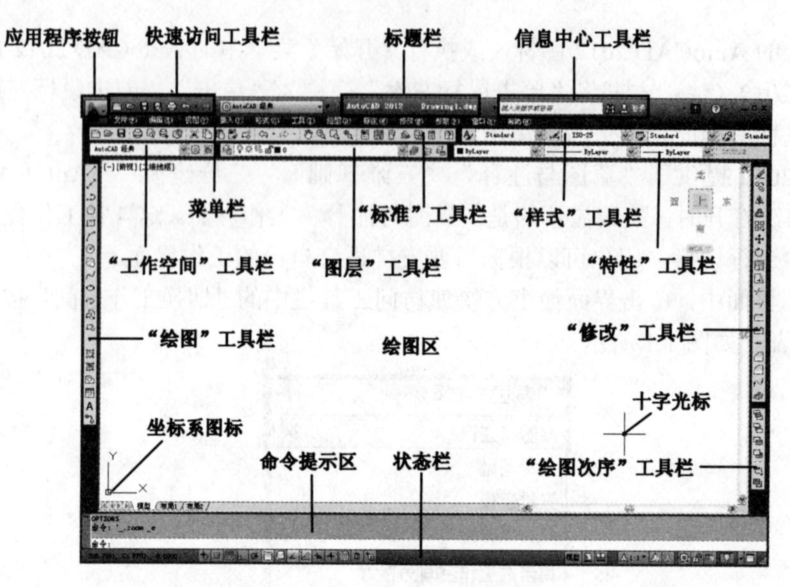

图 1.3 AutoCAD 2012“AutoCAD 经典”工作界面

“AutoCAD 经典”工作界面主要包括：应用程序按钮、快速访问工具栏、标题栏、信息中心工具栏、菜单栏、“标准”工具栏等 8 个工具栏，以及绘图区、命令提示区和状态栏。

1. 应用程序按钮

单击“应用程序按钮”可显示“新建”、“打开”、“保存”、“另存为”、“输出”、“发布”、“打印”、“图形实用工具”、“选项”、“退出 AutoCAD 2012”等常用的命令或命令组。

2. 快速访问工具栏

快速访问工具栏包含“新建”、“打开”、“保存”、“另存为”、“放弃”、“重做”、“打印”7 个常用的命令和“切换工作空间”按钮，单击它们可方便地进行命令操作和工作空间切换。

AutoCAD 2012 还允许在“快速访问工具栏”中存储常用的命令，方法是：在“快速访问工具栏”上右键单击，从弹出的快捷菜单中选择“自定义快速访问工具栏”命令，AutoCAD 将打开“自定义用户界面”对话框显示可用命令的列表，将光标（鼠标指针）移至要添加的命令图标上，按住左键将其拖曳到快速访问工具栏上即可。

3. 标题栏

标题栏用来显示软件的名称与当前图形的文件名，其右侧有控制窗口关闭、最小化、最大化和还原的按钮。

4．信息中心工具栏

利用信息中心工具栏可快速搜索各种信息来源、访问产品更新和通告，以及在信息中心保存主题。

5．工具栏

工具栏由一系列图标按钮构成，每个图标按钮形象化地表示了一条 AutoCAD 命令。单击某个按钮，即可调用相应的命令。如果把光标移到某个按钮上并停顿一下，就会显示出该按钮的名称，随后弹出相应命令的简要说明（称为工具提示）。

在“AutoCAD 经典”工作界面中显示的 8 个工具栏的默认布置是：“标准”工具栏和“样式”工具栏布置在绘图区上方的上行，“工作空间”工具栏、“图层”工具栏和“特性”工具栏布置在绘图区上方的下行，“绘图”工具栏布置在绘图区的左方，“修改”工具栏与“绘图次序”工具栏布置在绘图区的右方。

AutoCAD 2012 中有很多工具栏，所有工具栏均可打开或关闭。其最快捷的方法是：将光标指向任意工具栏的凸起条处，右键单击，弹出如图 1.4 所示的右键（快捷）菜单。该右键菜单中列出了 AutoCAD 中所有的工具栏名称，工具栏名称前面有“√”符号的，表示已打开。单击工具栏名称即可打开或关闭相应的工具栏。

要移动某工具栏，可以将光标指向工具栏的凸起条处，按住鼠标左键并拖动，即可将工具栏移动到绘图区外的其他地方，也可拖动到绘图区中形成浮动工具栏。

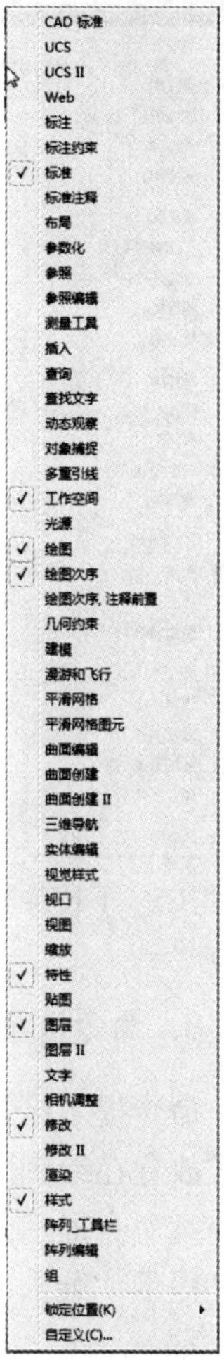

图 1.4　显示工具栏选项的右键菜单

6．菜单栏

在菜单栏中出现的项目是 Windows 窗口特性功能与 AutoCAD 功能的综合体现。AutoCAD 绝大多数命令都可以在此找到。

如图 1.5 所示是一个典型的下拉菜单，单击“绘图”菜单项，在其下立即弹出该项的下拉菜单。要选择某个菜单项，应将光标移到该菜单项上，使之醒目显示，然后单击。有时，某些菜单项是暗灰色的，表明在当前特定的条件下，这些功能不能使用。菜单项后面有“…”符号的，表示选中该菜单项后将会弹出一个对话框。菜单项右边有一个黑色小三角符号“▶”的，表示该菜单项有一个级联子菜单，将光标指向该菜单项，即可弹出级联子菜单。

提示：如果无意中“丢失”了菜单栏，可在命令状态下从键盘输入 MENU 命令，在弹出的对话框中打开“acad”菜单文件即可恢复。

7．绘图区

绘图区是显示所绘制图形的区域。初进入绘图状态时，光标在绘图区中显示为十字形状。当光标移出绘图区指向命令图标、菜单栏等时，光标显示为箭头形状。在绘图区左下角默认显示世界坐标系 WCS 图标，图标左下角为坐标系原点（0,0）。

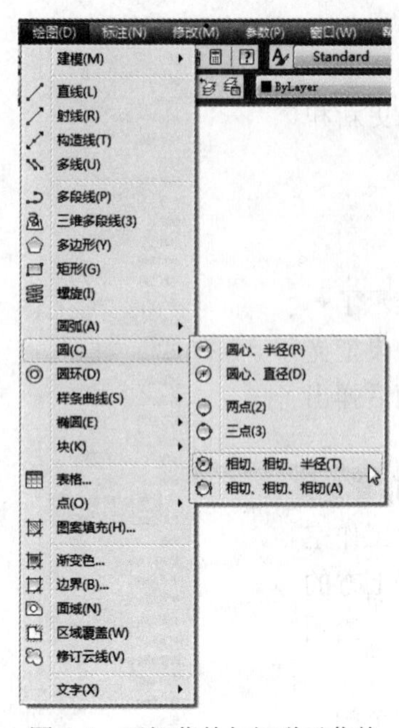

图 1.5 下拉菜单与级联子菜单

AutoCAD 2012 在绘图区左上角显示有“[−]”（视口控件）、“[俯视]”（视图控件）、“[二维线框]”（视觉样式控件）下拉菜单，在绘图区右上角显示有 ViewCube 导航工具，它们主要用于三维绘图。

提示：在进行二维绘图时，绘图区的控件和导航工具一般都使用默认状态。

注意：坐标系可由用户自定义改变。

“AutoCAD 经典”工作界面绘图窗口的底部有“模型”、“布局 1”、“布局 2”三个选项卡，用来控制绘图工作是在模型空间中进行还是在图纸空间中进行。AutoCAD 的默认状态是模型空间，一般的绘图工作都在模型空间中进行。单击“布局 1”或“布局 2”选项卡可进入图纸空间，图纸空间主要完成打印输出图形的最终布局。如果进入了图纸空间，单击“模型”选项卡即可返回模型空间。如果将光标指向任意一个选项卡右键单击，使用弹出的右键菜单中的命令，可以进行新建布局、删除、重命名、移动或复制布局等操作。

8. 命令提示区

命令提示区也称为命令文本区，是显示使用者与 AutoCAD 对话信息的地方。它以窗口的形式放置在绘图区的下方，在需要时，使用者可以用鼠标将其拖动到指定的地方。绘图时应时刻注意命令提示区中的提示信息，否则将会造成答非所问的错误操作。

提示：如果无意中“丢失”了命令提示区，可按〈Ctrl+9〉组合键恢复。

9. 状态栏

AutoCAD 2012 的状态栏在工作界面的最下面，用来显示和控制当前的操作状态。在默认情况下，状态栏最左端的数字是光标的坐标位置；中间是 14 种绘图模式的开关，这些开关显示为蓝色表示打开，显示为灰色表示关闭，单击某开关即可打开或关闭该模式；右端依次显示模型与布局命令组按钮、注释比例命令组（应用于布局）按钮，切换工作空间按钮、窗口锁定按钮、显示性能按钮、隔离/隐藏按钮、清除屏幕全屏显示按钮。另有应用程序状态栏菜单按钮，单击该按钮将弹出下拉列表，可在此重新设置状态栏中显示的绘图模式。

1.2.3 “三维基础”和“三维建模”工作界面

“三维基础”和“三维建模”工作界面，是进行三维建模（即三维绘图）时所用的工作界面，将在第 10 章中详述。

1.2.4 自定义工程绘图工作界面

AutoCAD 2012 提供的 4 种工作界面各有优点，但默认显示的常用命令都不能满足绘制工程图的基本需求，需要自行定义。

在 AutoCAD 2012 中绘制工程图，应安排适合自己的工作界面，最简单的方法是：在 AutoCAD 原有工作界面的基础上，增加自己常用的工具栏并安排在合适的位置，然后在“工作空间”下拉列表中选择“将当前工作空间另存为”选项，在打开的“保存工作空间”对话框中输入新建工作界面的名称，单击“保存”按钮，AutoCAD 2012 将保存该工作界面并将其置为当前。

提示：在“AutoCAD 经典”工作界面基础上，增加常用的“对象捕捉”、“标注”、“测量工具”、“文字”等工具栏，是一种非常实用的二维工程绘图工作界面，如图 1.6 所示。

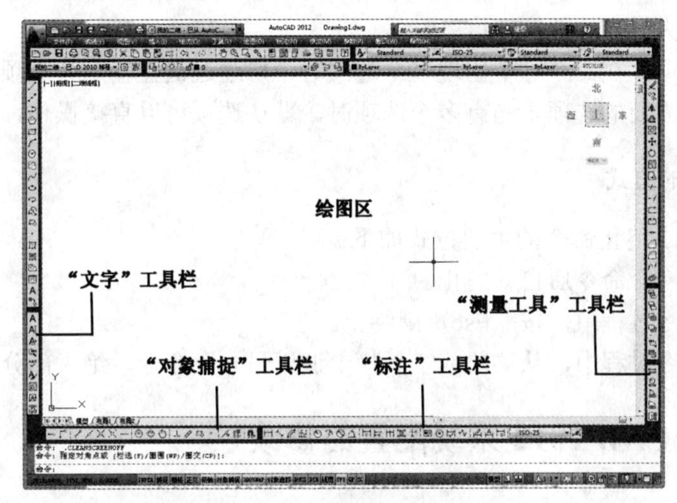

图 1.6　以“AutoCAD 经典”工作界面为基础自定义的二维工程绘图工作界面

说明：

① 本书将以如图 1.6 所示自定义的二维工程绘图工作界面介绍 AutoCAD 2012。

② 要自定义工作界面中的工具栏，可通过下拉菜单选择：“工具”⇨“自定义”⇨“界面”，执行命令后弹出“自定义用户界面”对话框。在该对话框中，可先选择一种工具栏或其他项并右键单击，然后可使用右键菜单命令进行“新建”、“复制”、“粘贴”、“删除”等操作，也可从命令列表中选择命令直接拖入其中。

1.3　AutoCAD 2012 输入和终止命令的方式

1. 输入命令的方式

AutoCAD 2012 的大多数命令都有多种输入方式，主要包括：图标方式、菜单方式、右键菜单方式和命令行方式，每种方式都各有特色，工作效率各有高低。其中，图标方式输入速度快、直观明了，但占用屏幕空间；菜单方式最为完整和清晰，但输入速度较慢；命令行方式较难记忆和输入。因此，最好的输入命令方法是以图标方式为主，结合使用其他方式。

各种输入命令方式的操作方法如下。

- 图标方式：单击工具栏中代表相应命令的图标按钮。
- 菜单方式：从下拉菜单或菜单浏览器中选择菜单命令。

- 命令行方式：在“命令:”提示（待命）状态下，从键盘输入命令名，随后按〈Enter〉键或空格键。
- 右键菜单方式：右键单击目标对象，从弹出的右键菜单中选择命令。
- 快捷键方式：按下相应的快捷键。

2. 在命令操作中选项的输入方法

- 用右键菜单选项：在命令行中出现多个选项时，将光标移至绘图区右键单击，可从右键菜单（其中将显示与当前提示行相同的内容）中选择需要的命令。这种交互性输入法可以大大提高绘图的速度。
- 用键盘选项：在命令行中出现多个选项时，可通过键盘输入各选项后面提示的大写字母来选择需要的选项。当有多个选项时，默认选项可以直接操作，不必选择。

3. 终止命令的方式

AutoCAD 2012 终止命令的主要方式如下：

- 正常完成一个命令后自动终止。
- 在执行命令过程中，按〈Esc〉键终止。
- 在执行命令过程中，从菜单或工具栏中调用另一个命令，绝大部分命令均可被终止。

1.4 AutoCAD 2012 系统配置的修改

绘图时，使用者可根据需要修改 AutoCAD 所提供的默认系统配置内容，以确定一个最佳的、最适合自己习惯的系统配置，从而提高绘图的速度和质量。修改系统配置是通过操作“选项”对话框来实现的。从键盘输入 OPTIONS 命令；或从下拉菜单中选择“工具”⇨“选项”命令；或单击工作界面左上角的“应用程序”按钮，从弹出的列表中单击“选项”按钮，都可打开“选项”对话框。在“选项”对话框中有文件、显示、打开和保存、打印和发布、系统、用户系统配置、绘图、三维建模、选择集、配置 10 个选项卡，选择不同的选项卡，将显示不同的选项。

1.4.1 常用的 4 项修改

1. 按实际情况显示线宽

AutoCAD 2012 提供了显示线宽的功能。默认的系统配置为不显示线宽，而且线宽的显示比例也很大。要按实际情况显示线宽，应该修改默认的系统配置。其操作步骤如下。

① 单击“选项”对话框中的“用户系统配置”选项卡，显示用户系统配置的选项内容，如图 1.7 所示。

② 单击右下角“线宽设置”按钮，弹出“线宽设置”对话框，如图 1.8 所示。

③ 在其中打开“显示线宽”开关（选中复选框称为打开开关，取消选中复选框称为关闭开关），拖动“调整显示比例”滑块到距左边一格处（否则显示的线宽与实际情况不符）。其他选项可使用默认的系统配置。

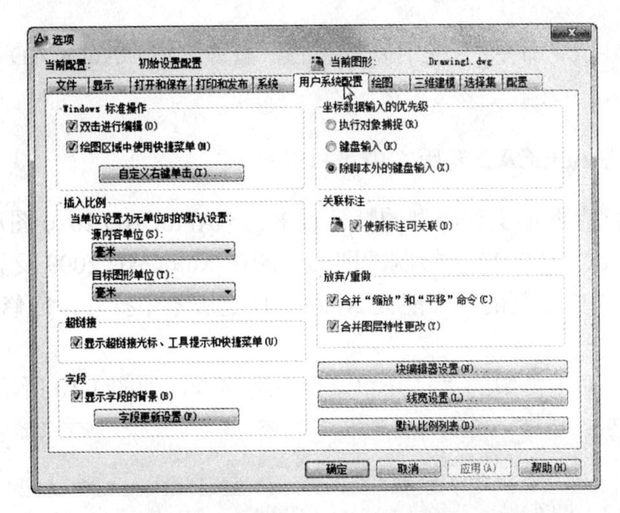

图 1.7　显示“用户系统配置”选项卡内容的“选项”对话框

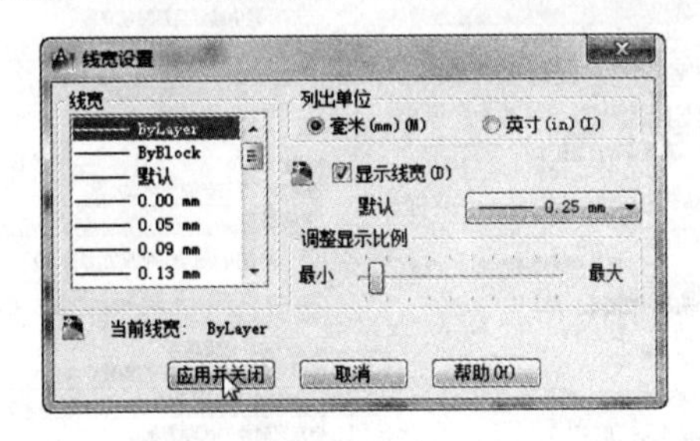

图 1.8　“线宽设置”对话框

提示：在“线宽”列表框中一定不要改变默认的“ByLayer”（随图层）选项。

④ 单击“应用并关闭”按钮，返回“选项”对话框。

2．定义待命时右键单击重复上一个命令

AutoCAD 2012 提供了对整体上下文相关的右键菜单的支持。默认的系统配置是右键单击可弹出右键菜单。如果模式即操作状态不同（默认模式、编辑模式、命令模式），以及右键单击时光标的位置不同（绘图区、命令行、对话框、工具栏、状态栏、模型选项卡或布局选项卡等处），则弹出的右键菜单内容均不同。AutoCAD 把常用功能集中到右键菜单中，有效地提高了工作效率，使绘图和编辑工作完成得更快。若将 AutoCAD 默认模式的右键单击功能设置成“重复上一个命令”，可进一步提高绘图速度。

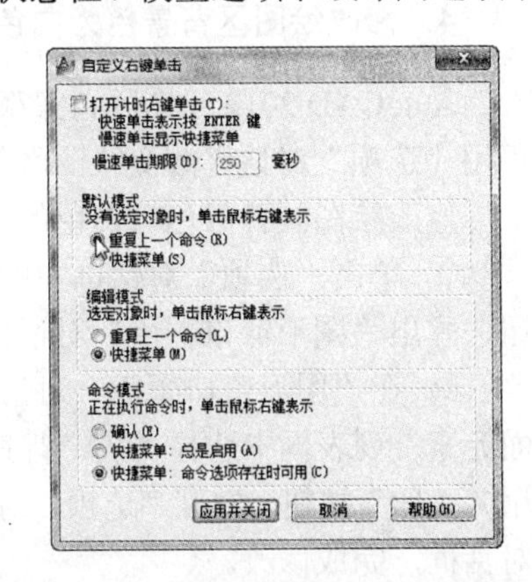

图 1.9 “自定义右键单击”对话框

自定义右键单击功能的方法是：单击“选项”对话框中的“用户系统配置”选项卡，然后单击“Windows 标准操作”区中的“自定义右键单击”按钮，弹出“自定义右键单击”对话框，如图 1.9 所示。在“默认模式”区中选中“重复上一个命令”选项，然后单击“应用并关闭”按钮返回“选项”对话框。这将导致：在未选择实体的待命

（即命令区最下行仅显示“命令：”提示）状态时，右键单击，AutoCAD 将重复执行上一个命令而不显示右键菜单。

3．使图形文件在 AutoCAD 老版本中可打开

AutoCAD 2012 保存图形文件类型的默认设置为“AutoCAD 2010 图形（*.dwg）”，若使用此默认设置，则在 AutoCAD 2012 中绘制的图形只能在 AutoCAD 2009 及其以上的版本中打开。要使在 AutoCAD 2012 中绘制的图形能在 AutoCAD 老版本中打开，应修改默认设置。其操作步骤如下。

① 单击“选项”对话框中的“打开和保存”选项卡，如图 1.10 所示。

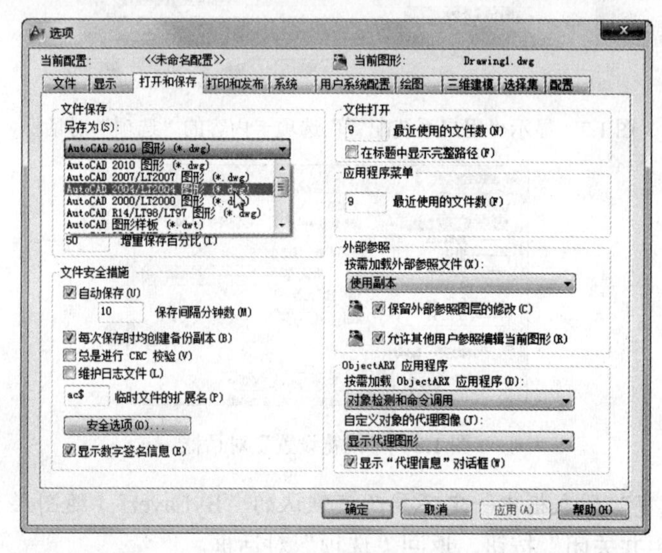

图 1.10　显示“打开和保存”选项卡内容的“选项”对话框

② 在“文件保存”区的“另存为”下拉列表中，选择所希望的选项，如图 1.10 所示选择的是“AutoCAD 2004/LT2004 图形（*.dwg）”文件类型。这样，在 AutoCAD 2012 中绘制的图形可以在 AutoCAD 2004 及其以上的版本中打开。

4．修改绘图区背景色为白色

AutoCAD 2012 绘图区背景颜色的默认设置为黑色，用户一般习惯在白纸上绘制工程图，可用“选项”对话框改变绘图区的背景颜色。

修改绘图区背景色为白色的操作步骤如下：

① 单击“选项”对话框中的“显示”选项卡，然后在“窗口元素”区中单击“颜色”按钮，弹出“图形窗口颜色”对话框，如图 1.11 所示。

② 在“图形窗口颜色”对话框的“上下文”列表框中选择“二维模型空间”项，在“界面元素”列表框中选择“统一背景”项，在“颜色”下拉列表中选择“白”项，然后单击“应用并关闭”按钮，返回“选项”对话框。单击“选项”对话框中的“确定”按钮，退出“选项”对话框，完成修改。

说明：也可使用默认的黑色绘图区背景色，本书将绘图区设为白色背景。

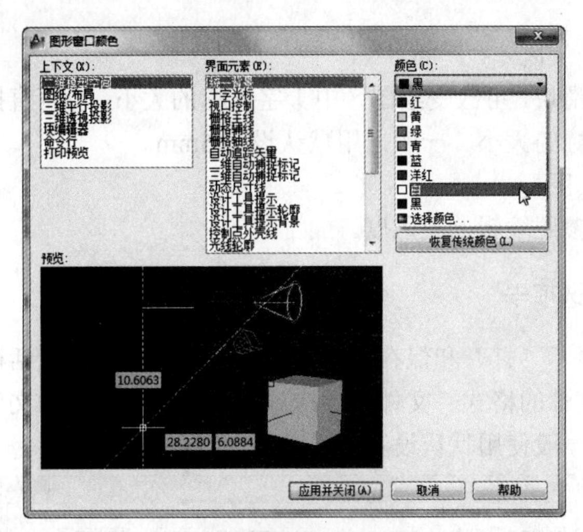

图 1.11　“图形窗口颜色”对话框

1.4.2　“选项”对话框中各选项卡简介

1.“显示”选项卡

如图 1.12 所示为显示“显示”选项卡内容的“选项”对话框，用于设置 AutoCAD 的显示选项。

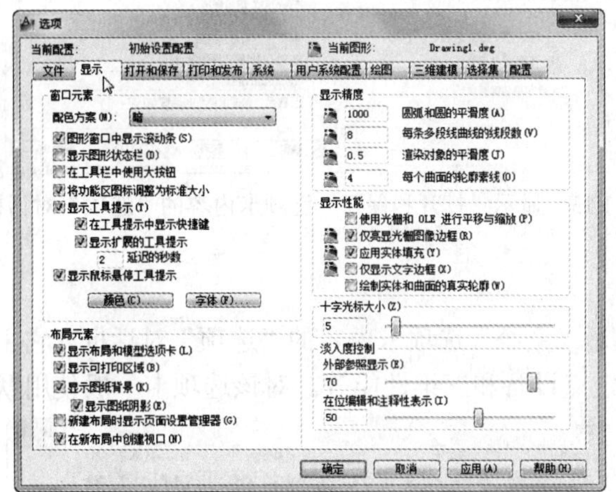

图 1.12　显示“显示”选项卡内容的“选项”对话框

（1）“窗口元素”区

该区用于控制窗口中显示的内容、颜色及字体。

（2）“布局元素”区

该区用于控制有关布局显示的项目。一般按默认设置全部打开。

（3）“显示精度”区

该区用于控制所绘实体的显示精度。其值越小，运行性能越好，但显示精度下降。一般可用默认设置。如果希望所画圆或圆弧显示得比较光滑，可增大“圆弧和圆的平滑度”值。

（4）“显示性能”区

该区主要用于控制实体的显示性能。一般按默认设置打开两项。

（5）“十字光标大小”区

按住鼠标左键拖动滑块，可改变绘图区中十字光标的大小；也可直接在其文字编辑框中输入数值，以指定十字光标的大小。一般采用默认设置 5mm。

（6）“淡入度控制”区

同上操作，可改变参照编辑的淡入度。

2．“打开和保存”选项卡

如图 1.13 所示为显示“打开和保存”选项卡内容的“选项”对话框。该选项卡用于设置 AutoCAD 打开和保存文件的格式、文件安全措施、列出最近打开的文件数量、外部参照、应用程序等。对该选项卡一般使用默认设置。

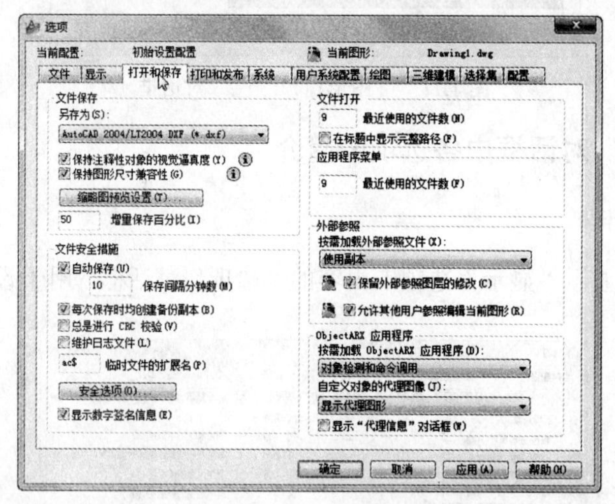

图 1.13　显示“打开和保存”选项卡内容的“选项”对话框

3．“系统”选项卡

如图 1.14 所示为显示“系统”选项卡内容的“选项”对话框。它主要用于设置常规选项、数据库连接选项、当前定点设备和三维性能等。对该选项卡一般使用默认设置。

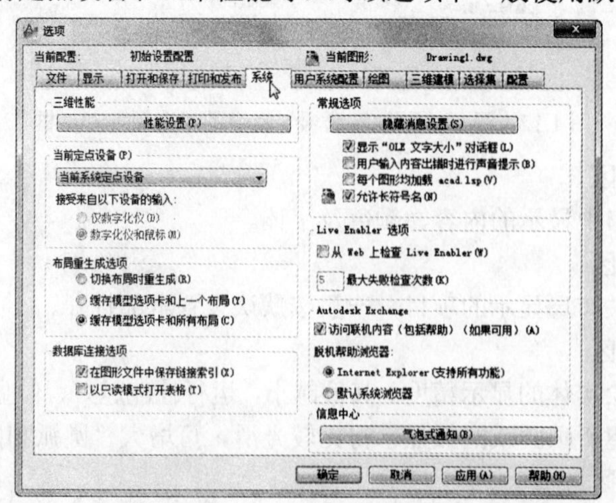

图 1.14　显示“系统”选项卡内容的“选项”对话框

4．“用户系统配置”选项卡

如图 1.7 所示为显示“用户系统配置”选项卡内容的“选项”对话框。它主要用于设置线宽显示的方式，让用户按习惯自定义鼠标的右键单击功能，它还可以修改 Windows 标准操作、坐标数据输入的优先级、插入比例、关联标注和字段等设置。

5．“三维建模”选项卡

如图 1.15 所示为显示“三维建模”选项卡内容的“选项”对话框。它用于设置和修改三维绘图的系统配置。在该选项卡中可选择三维十字光标、设置三维对象和三维导航常用的相关参数等。对该选项卡一般使用默认设置。

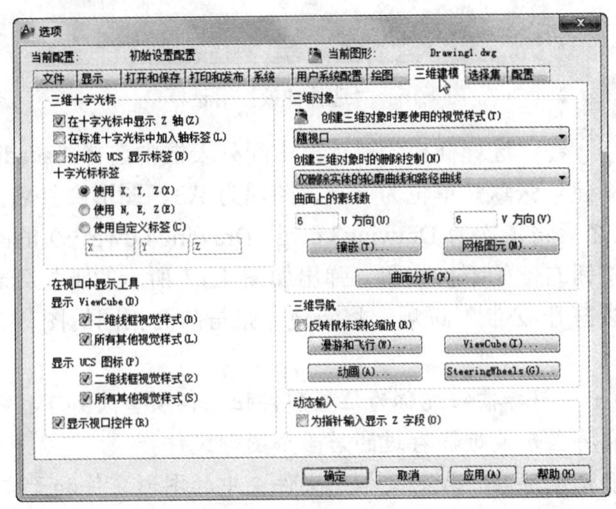

图 1.15　显示“三维建模”选项卡内容的“选项”对话框

6．其他选项卡

“选项”对话框中的“文件”选项卡，用于设置 AutoCAD 查找支持文件的搜索路径。
“选项”对话框中的“配置”选项卡，用于创建新的配置。
“打印和发布”、“绘图”、“选择集”3 个选项卡，将在后面有关章节中介绍。

1.5　新建一张图

启动 AutoCAD 2012 时，系统会自动新建一张名为“Drawing1.dwg”的图。
在非启动状态下，用 NEW 命令可建立一个新的图形文件，即开始一张新图的绘制。

1．输入命令

- 从“标准”工具栏中单击：“新建”按钮
- 从下拉菜单中选择：“文件”⇨“新建”
- 从键盘输入：NEW
- 用快捷键：按下〈Ctrl+N〉组合键

2．命令的操作

输入 NEW 命令之后，AutoCAD 将显示“选择样板”对话框，如图 1.16 所示。

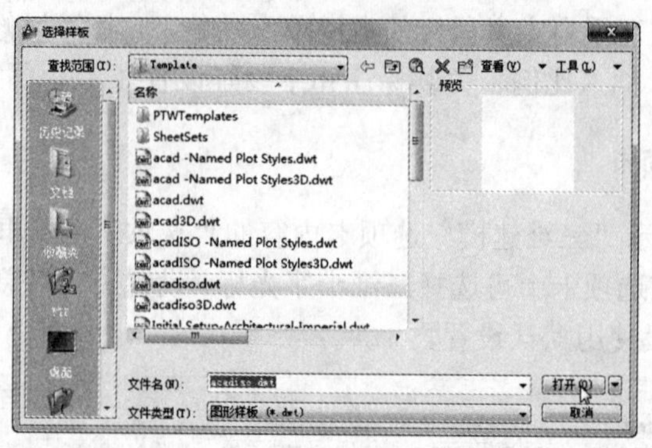

图 1.16　“选择样板”对话框

图 1.17　下拉列表

在“选择样板”对话框中间列表框中选择“acadiso.dwt”样板，即可新建一张默认单位为 mm、图幅为 A3、图形文件名为“Drawing2.dwg”（之后将依次为 Drawing3.dwg、Drawing4.dwg…）的图。也可单击“打开”按钮右侧的下拉按钮，弹出如图 1.17 所示的下拉列表，从中选择“无样板打开-公制”选项，将新建一张与前面相同的图。

说明：

① 对话框左侧的一列图标按钮统称为位置列按钮，各项含义如下。

历史记录：单击它将显示最近保存过的若干个图形文件。

文档：单击它将显示保存在“我的文档”文件夹中的图形文件和子文件夹。

收藏夹：单击它将显示在 C:\Windows\Favorites 文件夹中的图形文件和子文件夹。

FTP：单击它将显示 FTP 站点，FTP 站点是互联网用来传送文件的地方。

桌面：单击它将显示保存在桌面上的图形文件。

Buzzsaw：单击它将进入 http:\ www.Buzzsaw.com 网站。这是 AutoCAD 在建筑设计及建筑制造业领域的 B2B 模式电子商务网站的入口，用户可以申请账号或直接进入。

在位置列中的任何图标按钮，通过鼠标拖动，都能够使其重新排列顺序。

② 如果希望用老版本中常用的“创建新图形”对话框来新建图，可在命令行中输入 STARTUP 命令，并按提示输入新值 1，在其后执行“新建”命令时，将会弹出“创建新图形”对话框。

1.6　保存图

1.6.1　保存

用 QSAVE 命令可将所绘工程图以文件的形式存入磁盘中且不退出绘图状态。

1．输入命令

- 从“标准”工具栏中单击：“保存”按钮

- 从下拉菜单中选择：“文件” ⇨ “保存”
- 从键盘输入：<u>QSAVE</u>
- 用快捷键：按下〈Ctrl+S〉组合键

2．命令的操作

输入 QSAVE 命令之后，如果图形文件还没有被使用者命名，AutoCAD 将弹出“图形另存为”对话框，如图 1.18 所示。

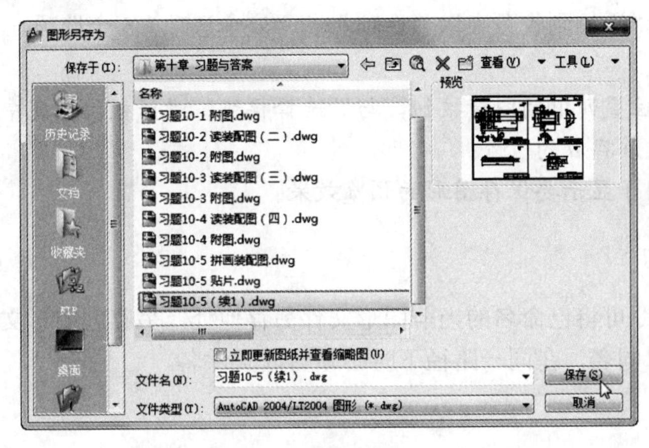

图 1.18　“图形另存为”对话框

具体操作步骤如下。

① 在“保存于”下拉列表中选择文件存放的磁盘目录。

② 在“文件名”文字编辑框中输入新图形文件名（不要使用 AutoCAD 默认的图形文件名 Drawing1、Drawing2…）。

③ 在“文件类型”下拉列表中可以使用默认显示的在修改系统配置时所设置的文件类型“AutoCAD 2004/LT2004 图形（*.dwg）”项，也可在“文件类型”下拉列表中选择所希望的其他文件类型。

④ 单击“保存”按钮，保存当前图形。

说明：

① 如果当前图形不是第一次使用 QSAVE 命令，则输入该命令后将直接按第一次操作时指定的路径和名称保存，不再出现对话框。

② 文件名最长可达 256 个字符。

提示：绘图时要经常使用保存命令，以便及时保存图形文件，否则，出现突然退出或死机等状况时，将后悔莫及。

3．“图形另存为”对话框其他选项

“保存于”下拉列表右侧的 7 个选项从左到右分别说明如下。

- “返回”按钮：单击它，将返回上一次使用的目录。
- “上一级”按钮：单击它，将当前搜寻目录定位在上一级。
- “搜索”按钮：单击它，可在 Web 中进行搜索。

- “删除”按钮：单击它，可删除在中间列表框中选中的图形文件。
- “创建新文件夹”按钮：单击它，可建立新的文件夹。
- “查看”下拉列表：单击它，将显示“列表”、“详细资料”、“略图”、“预览”4 个选项。选择“列表”项，可使中间列表框中只列出文件名；选择“详细资料”项，可使中间列表框中显示所列文件的建立时间等信息；选择“缩略图”项，可使中间列表框中所列文件用略图的形式显示出来；选择“预览”项，可打开中间列表框右侧的预览框。
- “工具”下拉列表：单击它，将显示“添加/修改 FTP 位置”、“将当前文件夹添加到位置列表中”、“添加到收藏夹”、“选项”和“安全选项”5 个选项。

说明：

① 对话框左侧位置列中的图标按钮，与“选择样板”对话框位置列中的图标按钮完全相同，用来提示图形文件存放的位置。

② “预览”区用于显示要保存图形的预览效果。

1.6.2 另存为

用 SAVEAS 命令可将已命名的当前图形文件另存他处。另存的图形文件与原图形文件不在同一路径下时可以同名，在同一路径下时必须另取文件名。

1. 输入命令

- 从快速访问工具栏中单击：“另存为”按钮
- 从下拉菜单中选择：“文件”⇨“另存为”
- 从键盘输入：SAVEAS
- 用快捷键：按下〈Ctrl+Shift+S〉组合键

2. 命令的操作

输入 SAVEAS 命令之后，AutoCAD 将弹出如图 1.18 所示的“图形另存为”对话框，重新指定保存路径及文件名，然后单击“保存”按钮即完成操作。

提示：执行该命令后，AutoCAD 将自动关闭当前图，将另存的图形文件打开并置为当前图。

1.7 打开图

用 OPEN 命令可打开一张或多张已有的图形文件。

1. 输入命令

- 从“标准”工具栏中单击：“打开”按钮
- 从下拉菜单中选择：“文件”⇨“打开”
- 从键盘输入：OPEN
- 用快捷键：按下〈Ctrl+O〉组合键

2．命令的操作

输入 OPEN 命令之后，AutoCAD 将显示“选择文件”对话框，如图 1.19 所示。

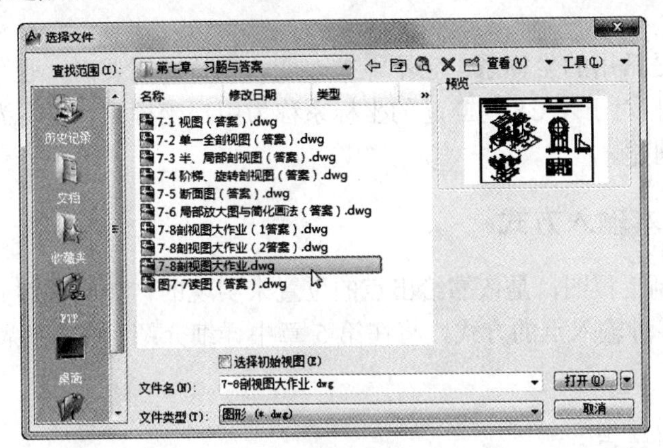

图 1.19　“选择文件”对话框

具体操作步骤如下。

① 在“文件类型”下拉列表中选择所需的文件类型，默认为“图形（*.dwg)”。

② 在“查找范围”下拉列表中指定磁盘目录。

③ 在中间列表框中选择要打开的图形文件名。要打开多个图形文件，应先按住〈Ctrl〉键，再逐一单击文件名。如果文件在某文件夹中，应先双击打开该文件夹。

④ 单击“打开”按钮即可打开文件。

说明：

① 对话框左侧位置列中的图标按钮，与“选择样板”对话框位置列中的图标按钮完全相同，用来提示图形文件存放的位置。对话框右上角 7 个选项的含义与“图形另存为”对话框中的 7 个选项相同。“预览”区用于显示所选择的图形预览效果。

② AutoCAD 2012 支持多窗口显示，即可以同时打开多个图形文件。可以使用组合键〈Ctrl+Tab〉在多个图形文件之间进行切换，使用“窗口”菜单可控制多个图形文件的显示方式（层叠、垂直平铺或水平平铺）。

1.8　坐标系和点的基本输入方式

1.8.1　坐标系

AutoCAD 2012 在绘制工程图工作中使用笛卡儿坐标系和极坐标系来确定“点”的位置。

笛卡儿坐标系有 *X*、*Y*、*Z* 三个坐标轴。三维坐标值的输入形式是“*X,Y,Z*”，二维坐标值的输入形式是“*X,Y*”，其中 *X* 值表示水平距离，*Y* 值表示垂直距离。笛卡儿三维坐标原点为（0,0,0），二维坐标原点为（0,0）。坐标值可以加正负号来表示方向。

极坐标系使用距离和角度来定位点。极坐标系通常用于二维绘图。极坐标值的输入方式是“距离<角度”，其中，距离是指从原点（或从上一点）到该点的距离，角度是指连接原点（或从上一点）到该点的直线与 *X* 轴所成的角度。距离和角度也可以加正负号来表示方向。

AutoCAD 默认的坐标系为世界坐标系（缩写为 WCS）。世界坐标系的坐标原点位于图纸左下角；*X* 轴为水平轴，向右为正；*Y* 轴为垂直轴，向上为正；*Z* 轴方向垂直于 *XY* 平面，指向绘图者的方向为正向。在 WCS 中，笛卡儿坐标系和极坐标系都可以使用，这取决于坐标值的输入形式。

WCS 在绘图中是常用的坐标系，它不能被改变。在特殊需要时，也可以相对于 WCS 来建立其他的坐标系。相对于 WCS 建立起的坐标系称为用户坐标系，缩写为 UCS。用户坐标系可以用 UCS 命令来创建。

1.8.2 点的基本输入方式

用 AutoCAD 绘制工程图，是依靠给出点的位置来实现的，如圆的圆心、直线的起点与终点等。AutoCAD 有多种输入点的方式，将在第 5 章中详细介绍，本节只简要介绍几种基本的输入方式。

1．移动鼠标指针给点

移动鼠标指针至所给点的位置，单击确定。

移动鼠标指针时，十字光标和坐标值都会随之变化，状态栏左边的坐标显示区中将显示当前位置，如图 1.20 所示。

命令：
1746.7475, 869.1144 , 0.0000

图 1.20　坐标显示

在 AutoCAD 2012 中，显示的是动态直角坐标，即显示光标的绝对坐标值。随着光标的移动，坐标的显示连续更新，随时指示当前光标位置的坐标值。

2．输入点的绝对直角坐标给点

输入点的绝对直角坐标（指相对于当前坐标系原点的直角坐标）“*X*,*Y*”，相对于原点，*X* 向右为正，*Y* 向上为正；反之为负。输入后按〈Enter〉键确定。

3．输入点的相对直角坐标给点

输入点的相对直角坐标（指相对于前一点的直角坐标）“@*X*,*Y*”，相对于前一点，*X* 向右为正，*Y* 向上为正；反之为负。输入后按〈Enter〉键确定。

4．输入直接距离给点

用鼠标指针导向，从键盘直接输入相对于前一点的距离，按〈Enter〉键即确定点的位置。

1.9 画直线

用 LINE 命令可连续绘制直线。

1．输入命令

- 从“绘图”工具栏中单击：“直线”按钮
- 从下拉菜单中选择：“绘图”⇨“直线”

- 从键盘输入：LINE 或 L（后者是简化输入方式）

2. 命令的操作

命令: （用上述方法之一输入命令）（后边简称为输入命令）
指定第一点: （给起始点）（用鼠标给第 1 点）
指定下一点或［放弃(U)]: 24↙（用直接距离给第 2 点）
指定下一点或［放弃(U)]: 20↙（用直接距离给第 3 点）
指定下一点或［闭合(C) / 放弃(U)]: @-10,16↙（用相对直角坐标给第 4 点）
指定下一点或［闭合(C) / 放弃(U)]: 50↙（用直接距离给第 5 点）
指定下一点或［闭合(C) / 放弃(U)]: @-10, -16↙（用相对直角坐标给第 6 点）
指定下一点或［闭合(C) / 放弃(U)]: 20↙（用直接距离给第 7 点）
指定下一点或［闭合(C) / 放弃(U)]: 24↙（用直接距离给第 8 点）
指定下一点或［闭合(C) / 放弃(U)]: ↙（按〈Enter〉键结束或右键单击确定）
命令: (表示该命令结束，处于等待新命令状态)

效果如图 1.21（a）所示。

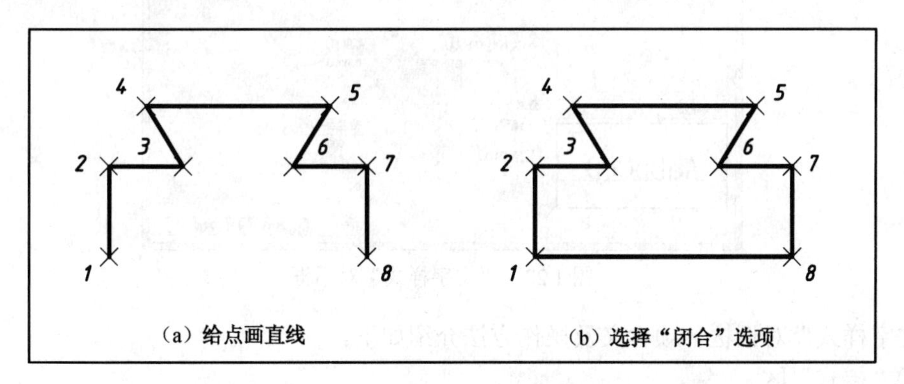

（a）给点画直线　（b）选择“闭合”选项

图 1.21　用 LINE 命令画直线

说明：

① 若在最后一次出现提示行“指定下一点或［闭合(C) / 放弃(U)］:”时，选择“C”项，则首尾封闭并结束命令，效果如图 1.21（b）所示。

② 在“指定下一点或［放弃(U)]”或者“指定下一点或［闭合(C) / 放弃(U)］:”提示下，若选择“U”项，将擦去最后画出的一条线，并继续提示“指定下一点或［放弃(U)］:”或者“指定下一点或［闭合(C) / 放弃(U)］:”。

③ 用 LINE 命令所画折线中的每条直线都是一个独立的实体。

1.10　注写文字

AutoCAD 2012 有很强的文字处理功能，它提供了两种注写文字的方式：单行文字和多行文字。使用 AutoCAD 绘制工程图，要使图中注写的文字符合技术制图标准，应首先依据制图标准设置文字样式。

1.10.1 创建文字样式

用 STYLE 命令可创建新的文字样式或修改已有的文字样式。

1. 输入命令

- 从“样式”工具栏中单击：“文字样式”按钮
- 从下拉菜单中选择：“格式”⇨“文字样式”
- 从键盘输入：STYLE 或 ST

2. 命令的操作

输入命令后，AutoCAD 弹出“文字样式”对话框，如图 1.22 所示。

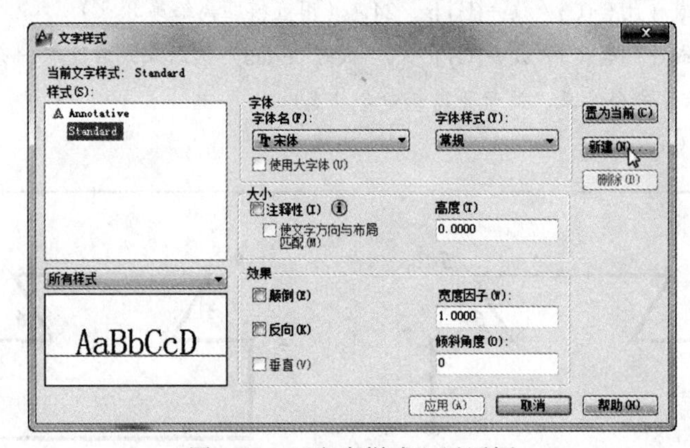

图 1.22 “文字样式”对话框

“文字样式”对话框各项含义及操作方法介绍如下。

（1）“样式”区

该区上面为样式名列表框，默认状态为显示该图形文件中所有的文字样式名称。

该区中间的文字样式下拉列表用于选择需要的样式。

该区下面为样式预览框，显示所选择文字样式的效果。

（2）几个按钮

“置为当前”按钮：用于设置当前文字样式。在样式名列表框中选择一种样式，然后单击“置为当前”按钮，该样式将被置为当前。

提示：设置当前文字样式的最快捷方法是在“样式”工具栏的“文字样式”下拉列表中选项，使其显示在该列表中。

“新建”按钮：用于创建文字样式。单击该按钮将弹出“新建文字样式”对话框，如图 1.23 所示。在该对话框的“样式名”文字编辑框中输入新建文字样式名（最多 31 个字母、数字或特殊字符），单击“确定”按钮，返回“文字样式”对话框。在其中进行相应的设置，然后单击“应用”按钮，退出该对话框，所设新文字样式将被保存并且成为当前样式。

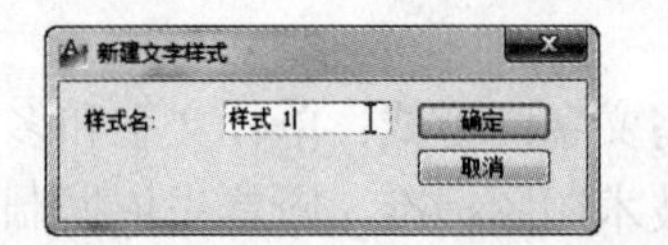

图 1.23 “新建文字样式”对话框

“删除”按钮：用于删除文字样式（不能删除当前文字样式）。在样式名列表框中选择要删除的文字样式名，然后单击“删除”按钮，确定后该文字样式即被删除。

（3）“字体”区

该区中“字体名”下拉列表用来设置文字样式中的字体。

说明：选择汉字时，“使用大字体”开关应为关闭或不可用状态，否则“字体名”下拉列表中将不显示汉字名。

（4）“大小”区

该区中“高度”文字编辑框用来设置文字的高度。如果在此输入一个非零值，则 AutoCAD 将此值用于所设的文字样式。但是，在使用 DTEXT、MTEXT 命令注写文字时，文字高度将不能改变。如果使用默认值“0.0000”，则字体高度可在操作上述命令时重新指定。

提示：工程图中文字样式中的字体高度一般使用默认值“0.0000”。

说明：打开该区的“注释性”开关，用该样式所注写的文字将会成为注释性对象。应用注释性可方便地将布局在不同比例视口中的注释性对象大小设为一致。若不在布局中打印图样，则注释性无应用意义。

（5）“效果”区

以文字“制图标准”为例，如图 1.24 所示，各项含义说明如下。

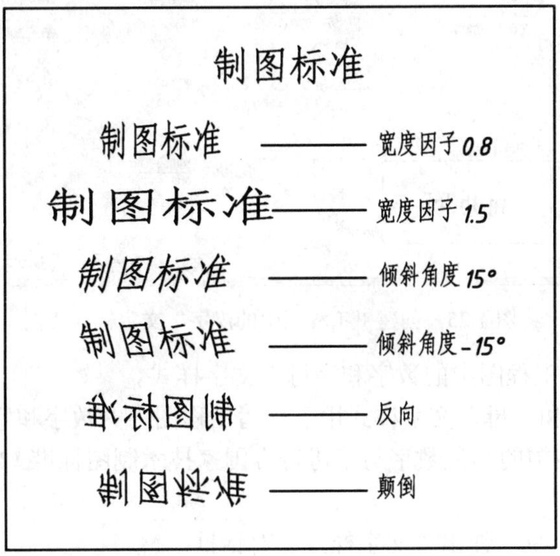

制图标准

制图标准 —— 宽度因子 0.8

制图标准 —— 宽度因子 1.5

制图标准 —— 倾斜角度 15°

制图标准 —— 倾斜角度 -15°

准标图制 —— 反向

制图标准 —— 颠倒

图 1.24　“效果”区控制的文字显示

“颠倒”复选框：用于控制字符是否文字颠倒放置。

“反向”复选框：用于控制成行文字是否左右反向放置。

“垂直”复选框：用于控制成行文字是否垂直排列。

“宽度因子”文字编辑框：用于设置文字的宽度。如果宽度因子值大于 1，则文字变宽；如果宽度因子值小于 1，则文字变窄。

“倾斜角度”文字编辑框：用于设置文字的倾斜角度。如果输入正值，则字头向右倾斜；如果输入负值，则字头向左倾斜。

3. 创建文字样式实例

【例 1-1】 创建“工程图中的汉字”文字样式。

“工程图中的汉字”文字样式用于在工程图中注写符合国家技术制图标准规定的汉字（长仿宋体、直体），创建过程如下。

① 输入 STYLE 命令，弹出“文字样式”对话框。

② 单击“新建”按钮，弹出“新建文字样式”对话框。输入文字样式名“工程图中的汉字”，单击“确定”按钮，返回“文字样式”对话框。

③ 在“字体”区“字体名”下拉列表中选择“仿宋_GB2312”；在“效果”区的“宽度因子”文字编辑框中输入 0.8（使所选汉字为长仿宋体），其他使用默认值，如图 1.25 所示。

提示： 制图标准规定，工程图中的汉字是长仿宋体，而 AutoCAD 中只有仿宋体，所以应设置“宽度因子”为 0.8（经验值），使其成为标准规定的长仿宋体（字宽为 $h/\sqrt{2}$）。

④ 单击“应用”按钮，完成创建。

⑤ 单击“关闭”按钮，退出“文字样式”对话框，结束命令。

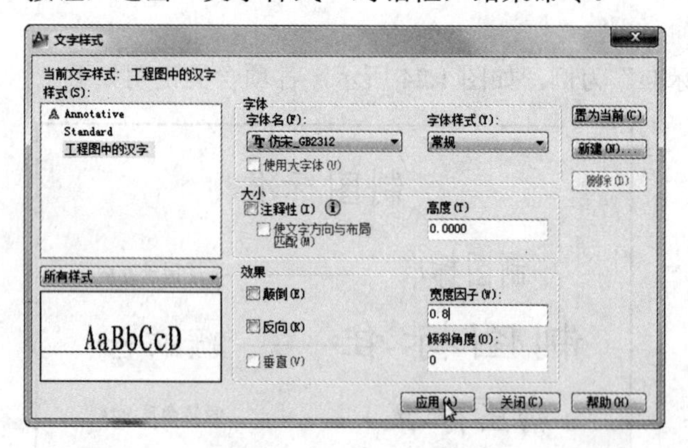

图 1.25　创建“工程图中的汉字”文字样式实例

【例 1-2】 创建“工程图中的数字和字母”文字样式。

“工程图中的数字和字母”文字样式用于注写工程图中的数字和字母。该文字样式使所注尺寸中的尺寸数字和图中的其他数字与字母符合国家技术制图标准（ISO 字体、一般用斜体），创建过程如下。

① 输入 STYLE 命令，弹出“文字样式”对话框。

② 单击“新建”按钮，弹出“新建文字样式”对话框。输入文字样式名“工程图中的数字和字母”，单击“确定”按钮，返回“文字样式”对话框。

③ 在“字体”区“字体名”下拉列表中选择“gbeitc.shx”字体，其他使用默认值，如图 1.26 所示。

提示：“gbeitc.shx”字体自身已按制图标准设为斜体，所以其倾斜角度应使用默认值 0。

④ 单击“应用”按钮，完成创建。

⑤ 单击“关闭”按钮，退出“文字样式”对话框，结束命令。

说明： 若要修改某文字样式，应首先在样式名列表框中选中它，然后在相应处进行修改，修改完成后单击“应用”按钮即可。

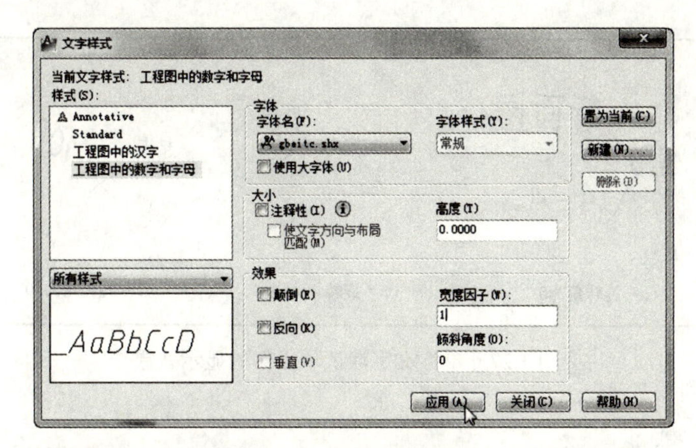

图 1.26　创建“工程图中的数字和字母”文字样式实例

提示：注写文字后，若发现文字样式有错误，不必重新注写文字，只需要修改相应的文字样式即可。样式修改后，若文字没有变化，则选中文字，在“样式”工具栏的“文字样式”下拉列表中任意选择一种其他样式，然后再返回原样式即可完成修改。

1.10.2　注写简单文字

注写简单文字一般使用 DTEXT 命令。该命令一次可注写多处同字高、同旋转角的文字。每输入一个起点，都将在此处生成一个独立的实体。它是绘制工程图中常用的命令。

1. 输入命令

- 从“文字”工具栏中单击：“单行文字”按钮 AI
- 从下拉菜单中选择：“绘图” ⇨ “文字” ⇨ “单行文字”
- 从键盘输入：DTEXT 或 DT

2. 命令的操作

（1）默认项操作

命令：（输入命令）

当前文字样式：“工程图中的汉字”　文字高度：3.00　注释性：否　（此行为信息行）

指定文字的起点或［对正(J) / 样式(S)]：（用鼠标给定第一处注写文字的起点）

指定高度〈2.5〉：（给字高）

指定文字的旋转角度〈0〉：（给文字的旋转角）

给出文字的旋转角度后，在绘图区文字的起点处将出现一个文字编辑框，可在此输入第一处文字，输入完第一处文字后，用鼠标给定另一处文字的起点，可继续输入另一处文字。

此操作可以重复进行，也就是说，可以在同一命令中输入若干处相互独立的文字，直到按〈Enter〉键结束输入，再按〈Enter〉键结束命令。

单行文字默认项操作中所给文字的起点(即文字定位模式)是每行第一个文字的左下角点，如图 1.27 所示。

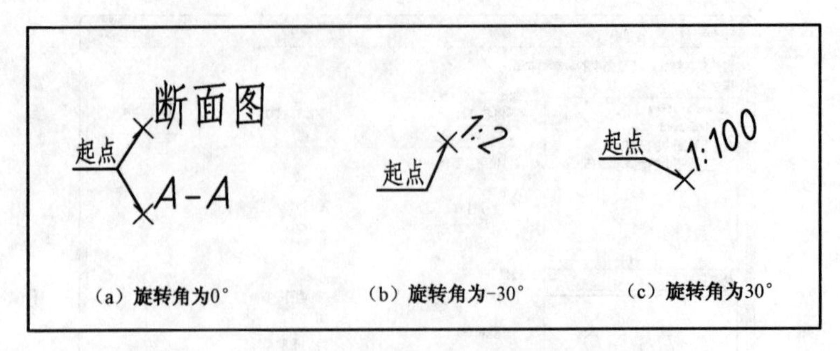

图 1.27　单行文字默认项操作的显示效果

说明：

① 输入文字时，常发现一些特殊字符在键盘上找不到，AutoCAD 提供了一些特殊字符的注写方法，常用的有：

%%C——注写直径符号“ϕ”

%%D——注写角度符号“°”

%%P——注写上下偏差符号“±”

② 在 AutoCAD 中，默认角度逆时针旋转为正，顺时针旋转为负。

③ 当 AutoCAD 要求输入文字时，激活一种中文输入法即可在图中注写中文文字。

提示： 注写文字时，应先将相应的文字样式设置为当前，即在“样式”工具栏的“文字样式”下拉列表中显示该样式的名称，否则，所注写的文字形式将不是所希望的。

（2）其他文字对正模式的操作

AutoCAD 允许在 14 种对正模式（即文字定位模式）中选择一种，单行文字的对正模式如图 1.28 所示。

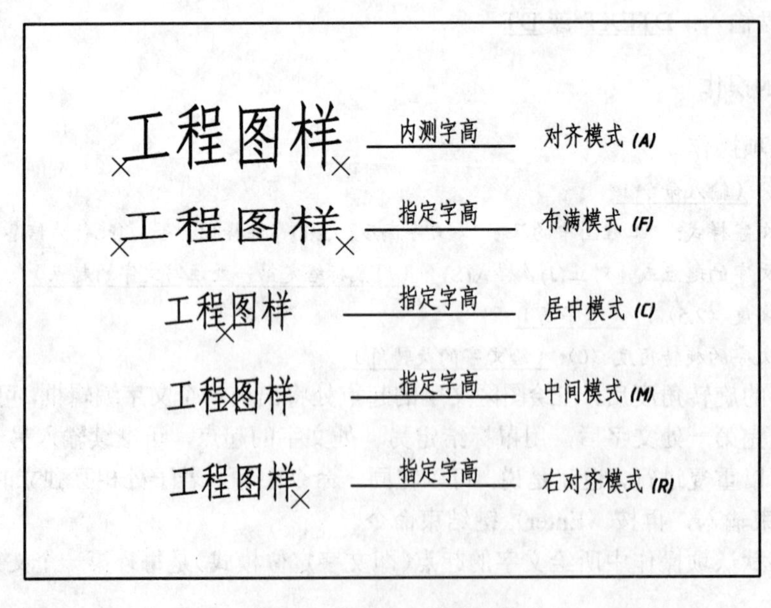

图 1.28　单行文字的对正模式

命令操作如下。

命令：（输入命令）

指定文字的起点或［对正(J)/样式(S)]：J↙

输入选项［对齐(A)/布满(F)/居中(C)/中间(M)/右对齐(R)/左上(TL)/中上(TC)/右上(TR)/左中(ML)/正中(MC)/右中(MR)/左下(BL)/中下(BC)/右下(BR)]：（选项）

以上提示行部分选项的含义如下。

"A"：指定基线两端点为文字的定位点（基线是指中文文字底线及英文大写字母底线），AutoCAD 将自动计算文字的高度与宽度，使文字恰好充满所指定两点之间。

"F"：指定基线两端点为文字的定位点，并指定字高，AutoCAD 将使用当前的字高，只调整字宽，将文字扩展或压缩充满指定的两个点之间。

"C"：指定文字基线的中点为文字的定位点，然后指定字高和旋转角度来注写文字。

"M"：指定以文字水平和垂直方向的中心点为文字的定位点，然后指定字高和旋转角度来注写文字。

"R"：指定文字的右下角点（即注写文字的结束点）为文字的定位点，然后指定字高和旋转角度来注写文字。

其他选项类同，都是先指定一点为文字的定位点，然后指定文字的字高和旋转角度来注写文字。

说明：选择命令提示行中的"样式(S)"选项，可以在命令行中输入一个已有的文字样式名称，将其设为当前文字样式。

1.10.3　注写复杂文字

注写复杂文字一般使用 MTEXT 命令。该命令以段落的方式注写文字，它具有控制所注写文字的格式及多行文字特性等功能，可以输入含有分式、上下标、角码，以及字体形状不同或字体大小不同的复杂文字组。

1．输入命令

- 从"文字"工具栏（或"绘图"工具栏）中单击："多行文字"按钮 A
- 从键盘输入：MTEXT 或 MT

2．命令的操作

命令：（输入命令）

当前文字样式"工程图中的汉字"　当前文字高度：3.00　注释性：否　（此行为信息行）

指定第一角点：（指定矩形段落文字框的第一角点）

指定对角点或　[高度(H)/对正(J)/行距(L)/旋转(R)/样式(S)/宽度(W)/栏(C)]：（指定对角点或者选项）

在指定了第一角点后拖动光标，屏幕上会出现一个动态的矩形框，AutoCAD 将在矩形框中显示一个箭头符号，用来指定文字的扩展方向，拖动光标至适当位置给对角点（也可选择其他选项操作），AutoCAD 将打开多行文字编辑器，如图 1.29 所示。

图 1.29　多行文字编辑器

多行文字编辑器分为“文字格式”工具栏和“文字显示”区两部分，“文字格式”工具栏有上下两行，“文字显示”区在默认状态下在上部显示标尺。

（1）“文字格式”工具栏上行

“文字格式”工具栏上行的各项用来控制文字字符的格式，各项的含义从左到右依次说明如下。

“文字样式”下拉列表：可以从中选择一种文字样式作为当前样式。

“字体”下拉列表：可以从中选择一种文字字体作为当前文字的字体（当前文字是指选中的文字或选项后要输入的文字）。

“字高”文字编辑框：也是一个下拉列表，可以在此输入或选择一个高度值作为当前文字的高度。

“粗体”按钮：单击，使之呈按下状态，使当前文字变成粗体字。

“斜体”按钮：单击，使之呈按下状态，使当前文字变成斜体字。

“下画线”按钮：单击，使之呈按下状态，为当前文字加上一条下画线。

“上画线”按钮：单击，使之呈按下状态，使当前文字加上一条上画线。

“放弃”按钮：撤销在对话框中的最后一次操作。

“重做”按钮：恢复被撤销的一次操作。

“堆叠”（分式）按钮：使所选择的包含“/”符号的文字以该符号为界，变成分式形式；使包含“^”符号的文字以该符号为界，变成上、下两部分，其间没有横线。

“颜色”下拉列表：用来设置当前文字的颜色。

“标尺”开关：打开或关闭文字显示区上部的标尺。

“选项”按钮：单击它，可从弹出的下拉列表中选择所需的选项进行操作。

（2）“文字格式”工具栏下行

“文字格式”工具栏下行中的各项主要用来控制段落文字特性，各项的含义从左到右依次说明如下。

“栏数”按钮：单击它，弹出下拉列表，可从中选项以设置文字分栏的方式。

“多行文字对正”按钮：单击它，弹出下拉列表，可从中选项以设置段落文字的位置。

“段落”按钮：单击它，弹出“段落”对话框，可设置文字段落的格式。

“左对齐”按钮：使当前文字行左对齐排列（当前文字行就是光标所在的行或被选择的文字行）。

“居中”按钮：使当前文字行在文字显示框内左右居中排列。

“右对齐”按钮：使当前文字行在文字显示框内右对齐排列。

“对正”按钮：使当前文字行的位置还原为初始排列状态。

“分布”按钮：使当前文字行中的文字按文字显示框的宽度拉开分布。

"行距"按钮：单击它，弹出下拉列表，可从中选项以设置当前文字行的行距。

"编号"按钮：单击它，弹出下拉列表，可从中选项在当前文字行前加注编号。

"插入字段"按钮：单击它，弹出"字段"对话框，可以选择已有的字段插入到当前文字段落中（字段用于记录某些信息，如日期和时间、图纸编号、标题等）。字段更新时，图形中将自动显示最新的数据。

"全部大写"按钮：使当前文字中的小写英文字母都改为大写英文字母。

"小写"按钮：使当前文字中的大写英文字母都改为小写英文字母。

"符号"按钮：单击它，可从弹出的下拉列表中选择一种符号插入到当前文字中。

"倾斜角度"文字编辑框：用来设置当前文字字头的倾斜角度。

"追踪"文字编辑框：用来设置当前文字段落的字间距。

"宽度比例"文字编辑框：用来设置当前文字的宽度。

（3）"文字显示"区

将光标移到文字显示区上方的标尺位置，右键单击弹出右键菜单，可进行"段落"、"设置多行文字宽度"和"设置多行文字高度"等操作。

将光标移到文字显示框内，右键单击弹出右键菜单，可进行"插入字段"、"插入符号"、"段落对齐"、"分栏"、文字"查找和替换"、文字"背景遮罩"等操作。

要修改多行文字编辑器中显示的段落文字，应先选中文字，然后再对所选的文字进行编辑。

多行文字的注写效果如图 1.30 所示。

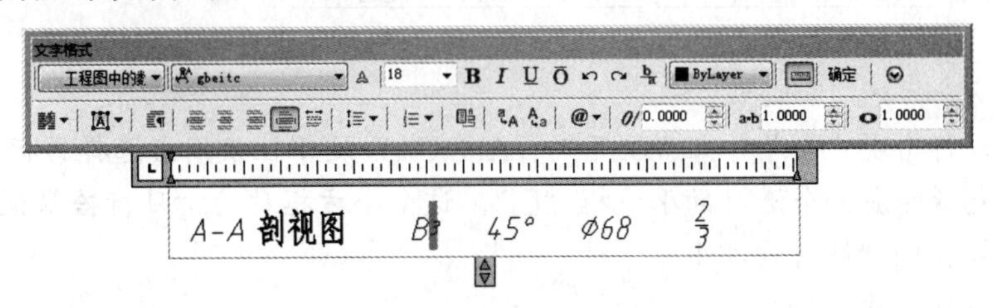

图 1.30　多行文字的注写效果

1.10.4　修改文字内容

用 DDEDIT 命令可修改已注写文字的内容。

修改已注写文字内容的最简便的方法是：双击要修改的文字，如果选择用 MTEXT 命令注写的文字，双击后 AutoCAD 将打开多行文字编辑器，所选择的文字会显示在该对话框中，修改完成后单击"确定"按钮即可；如果选择用 DTEXT 命令注写的文字，双击后 AutoCAD 将激活该行文字，使要修改的文字显示在激活的文字编辑框中，修改完成后按〈Enter〉键（可连续选择文字进行修改），要结束命令应再按一次〈Enter〉键。

修改文字的命令也可用下列方法输入：

- 从右键菜单中选择：选择要修改的文字，右键单击，从弹出的右键菜单中选择"编辑"或"编辑多行文字"命令
- 从下拉菜单中选择："修改" ⇨ "对象" ⇨ "文字" ⇨ "编辑"
- 从键盘输入：DDEDIT

1.11　删除命令

在手工绘图中使用橡皮是不可避免的，用计算机绘图也会出现多余的线条或错误的操作，本节介绍具有擦除实体（即绘制出的图线、文字等）或撤销错误操作功能的命令。

1.11.1　擦除实体

ERASE 命令与橡皮的功能一样，从已有的图形中删除（擦除）指定的实体，但只能删除完整的实体。

1. 输入命令

- 从“修改”工具栏中单击：“删除”按钮
- 从下拉菜单中选择：“修改”⇨“删除”
- 从键盘输入：ERASE 或 E

2. 命令的操作

命令: （输入命令）

选择对象: （选择需擦除的实体）

选择对象: （继续选择需擦除的实体或按〈Enter〉键结束）

命令:

说明：

当命令提示行出现“选择对象:”提示时，AutoCAD 处于让使用者选择目标的状态，此时，屏幕上的十字光标变成一个活动的小方框“□”，这个小方框称为“目标拾取框”。

选择实体的 3 种默认方式如下。

（1）直接点选方式

使用此方式一次只选一个实体。在出现“选择对象:”提示时，直接移动光标，让目标拾取框移到所选择的实体上并单击，该实体将变成虚像显示，表示被选中。

（2）W 窗口方式

该方式选中完全在窗口内的实体。在出现“选择对象:”提示时，先给出窗口左边角点，再给出窗口右边角点，完全处于窗口内的实体将变成虚像显示，表示被选中。

（3）C 交叉窗口方式

该方式选中完全和部分在窗口内的所有实体。在出现“选择对象:”提示时，先给出窗口右边角点，再给出窗口左边角点，完全和部分处于窗口中的所有实体都变成虚像显示，表示被选中。

说明：各种选择目标方式可在同一命令中交叉使用。

1.11.2　撤销上次操作

U 命令用来撤销上一个命令，把上一个命令中所绘制的实体或所做的修改全部删除。

1．输入命令

- 从“标准”工具栏中单击：“放弃”按钮
- 从下拉菜单中选择：“编辑” ⇨ “放弃”
- 从键盘输入：U
- 用快捷键：按下〈Ctrl+Z〉组合键

2．命令的操作

命令: U↙（立即撤销上一个命令的操作）

如果连续单击“放弃”按钮，将依次向前撤销命令，直至初始状态。

如果撤销多了，可单击“标准”工具栏中的“重做”按钮依次恢复。

1.12　退出 AutoCAD

退出 AutoCAD 时，不要直接关机，应按下列方法之一进行：

- 单击工作界面标题栏右边的“关闭”按钮
- 单击应用程序下拉列表中右下角的“退出 AutoCAD”按钮
- 从键盘输入：EXIT 或 QUIT
- 用快捷键：按下〈Ctrl+ Q〉组合键

如果当前图形没有全部存盘，输入退出命令后，AutoCAD 将会弹出警告对话框，操作该对话框后方可安全退出 AutoCAD。

上机练习与指导

1．基本操作训练

（1）启动 AutoCAD 2012，单击快速访问工具栏中的“切换工作空间”按钮，打开“工作空间”下拉列表选择“AutoCAD 经典”工作界面；熟悉“AutoCAD 经典”工作界面中的各项内容；在“AutoCAD 经典”工作界面基础上，用右键菜单方式打开“标注”、“对象捕捉”、“文字”、“测量工具”工具栏，并将它们移至绘图区外的适当位置（参见图 1.6）。

（2）用“选项”对话框修改常用的 4 项默认系统配置。

① 选择“用户系统配置”选项卡，单击“线宽设置”按钮弹出“线宽设置”对话框，打开“显示线宽”开关，并拖动滑块至距最左端一格处，显示实际线宽。

② 选择“用户系统配置”选项卡，单击“自定义右键单击”按钮弹出“自定义右键单击”对话框，设置右键单击“默认模式”为“重复上一个命令”，即在待命状态下右键单击将输入上一个命令。

③ 选择“打开和保存”选项卡，设置所绘制的图形文件可以在 AutoCAD 2004 及以上的版本中打开。

④ 选择“显示”选项卡，设置绘图区背景颜色为白色。

（3）练习基本绘图和删除命令。

① 用 LINE 命令画几组直线。通过练习，熟悉命令提示行中“C”选项和“U”选项的应用。

② 用 STYLE 命令创建文字样式。按例 1-1 和例 1-2，创建“工程图中的汉字”和“工程图中的数字和字母”两种文字样式。

③ 用 DTEXT 命令和 MTEXT 命令练习注写文字。通过练习，熟悉命令中常用选项和操作项的使用方法，练习修改文字的内容。

④ 用 ERASE 命令擦除实体。通过练习该命令，熟练掌握选择实体的 3 种默认方式。

⑤ 用 U 命令撤销前 3 个命令，用 REDO 命令恢复两个命令。

2．工程绘图训练

作业：

根据所注尺寸按 1:1 比例绘制如图 1.31 所示的图形和文字，不标注尺寸（由于粗实线设置还没讲，因此，图中的粗实线用默认的细实线代替）。

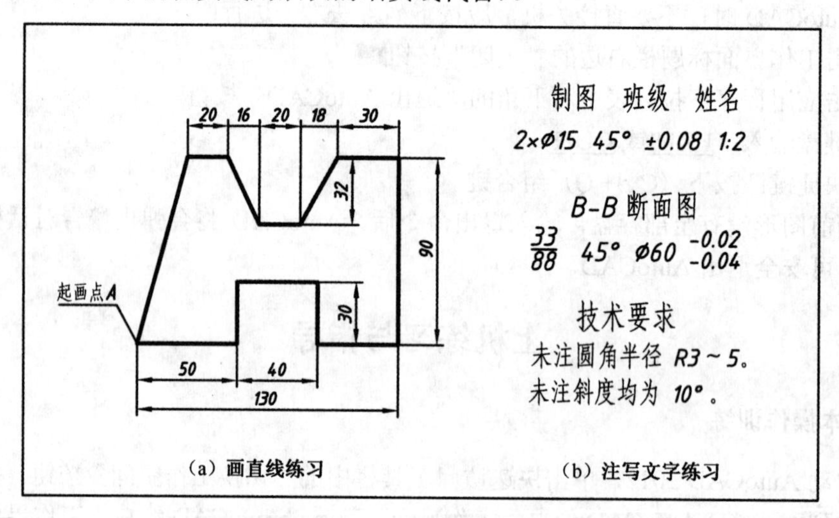

图 1.31 上机练习：一面视图与文字练习

作业指导：

① 用 NEW 命令新建一张图（默认图幅为 A3）。

② 用 QSAVE 命令指定路径，以“一面视图与文字练习”为名保存。

③ 用 LINE 命令绘制图形。

绘图时，给点的方式如下：

- 用移动鼠标给点方式指定起画点 A；
- 用输入直接距离方式画各水平线、垂直线；
- 用输入点的相对直角坐标方式画斜线；
- 用命令提示行中的“C”选项封闭画出最后斜线段。

④ 注写图中的文字。字体大小模仿图 1.31 自定。

文字练习的要求如下。

- 用 STYLE 命令创建工程图中的两种文字样式。
- 设置“工程图中的汉字”文字样式为当前，用 DTEXT 命令注写第 1 行文字；再设置“工程图中的数字和字母”文字样式为当前，用 DTEXT 命令注写第 2 行文字。
- 用 MTEXT 命令注写第 3～4 行文字，再用该命令注写第 5～7 行文字。在多行文字编辑器中只能应用一种文字样式，要改变字体，应在“字体”下拉列表中选项操作。

⑤ 用 SAVEAS 命令将图形文件改名为“一面视图与文字练习备份”，保存到硬盘其他位置或移动盘中（此时“一面视图与文字练习”图形文件自动关闭）。

⑥ 单击工作界面右上角的关闭按钮，关闭当前图形“一面视图与文字练习备份”。

⑦ 用 OPEN 命令打开图形文件“一面视图与文字练习”和“一面视图与文字练习备份”。

⑧ 用〈Ctrl+Tab〉组合键在打开的两个图形文件之间进行切换；使用“窗口”下拉菜单中的命令，使这两张图分别以“层叠”、“垂直平铺”、“水平平铺”方式显示。

⑨ 练习结束后，关闭所有图形文件，正确退出 AutoCAD。

第2章 绘图环境的初步设置

📖本章导读

要绘制标准的工程图，必须学会设置符合本专业制图标准的绘图环境，绘图环境包括的内容很多，这将在后续章节逐步介绍。本章学习绘制工程图环境的9项初步设置内容。

应掌握的知识要点：

- 在“选项”对话框中按需要修改系统配置；
- 设置栅格显示、栅格捕捉、对象捕捉等辅助绘图工具模式；
- 确定绘图单位；
- 选图幅；
- 按指定方式显示图形；
- 按技术制图标准选择线型和设定线型比例；
- 按绘图需要创建图层；
- 按技术制图标准创建两种文字样式；
- 按技术制图标准绘制图框和标题栏。

以上为绘制工程图环境的9项初步设置内容。

2.1　修改系统配置

在“选项”对话框中修改 4 项默认的系统配置。

① 选择“用户系统配置”选项卡，设置线宽为随图层、按实际大小显示。

② 选择“用户系统配置”选项卡，设置右键单击“默认模式”为“重复上一个命令”。

③ 选择“打开和保存”选项卡，设置图形可在 AutoCAD 2004 及以上的版本中打开。

④ 选择“显示”选项卡，设置绘图区背景颜色为白色。

说明：是否修改其他选项的默认配置，根据具体情况自定。

2.2　设置辅助绘图工具模式

辅助绘图工具模式指的就是命令区下边状态栏中的 14 个开关，默认状态是图标显示方式，如图 2.1 所示。可将光标移至状态栏上的任意处，右键单击弹出右键菜单，单击其中的“使用图标”选项，即可关闭图标显示方式将其转换为文字显示方式，如图 2.2 所示。

图 2.1　状态栏中的 14 个辅助绘图工具模式开关——图标显示方式

INFER 捕捉 栅格 正交 极轴 对象捕捉 3DOSNAP 对象追踪 DUCS DYN 线宽 TPY QP SC

图 2.2　状态栏中的 14 个辅助绘图工具模式开关——文字显示方式

提示：将辅助绘图工具模式转换为文字显示方式比较直观实用。

绘图时，应首先按需要设置这些模式。本节重点介绍“捕捉”（即栅格捕捉）、“栅格”（即栅格显示）、“正交”、“对象捕捉”、“线宽”（即显示/隐藏线宽）5 种模式。

说明：

① “INFER”（推断约束）模式相当于“对象捕捉”模式的高级应用，打开它，在绘制和编辑图形对象时，AutoCAD 将自动应用几何约束（即针对一些特定情况设定的对象捕捉）。

② “TPY”（显示/隐藏透明度）模式就是一个开关，用户可以在相关的命令中设置对象和图层的透明度，以提升图形品质或降低图形品质使之仅用于参照区域的可见性。

③ 其他模式在后边有关章节中介绍。

2.2.1　栅格显示与栅格捕捉

1．功能

栅格相当于坐标纸。在世界坐标系中，栅格布满图形界线之内的范围，即显示图幅的大小，默认的栅格样式是线网格显示方式，如图 2.3 所示。在“草图设置”命令中可将栅格样式设置为点网格显示方式，如图 2.4 所示。

在画图框之前，应打开栅格，这样可明确图纸在绘图区中的位置。栅格只是绘图辅助工具，并不是图形的一部分，所以不会被打印出来。单击状态栏中的“栅格”开关，可方便地打开和关闭栅格（显示蓝色为打开）。

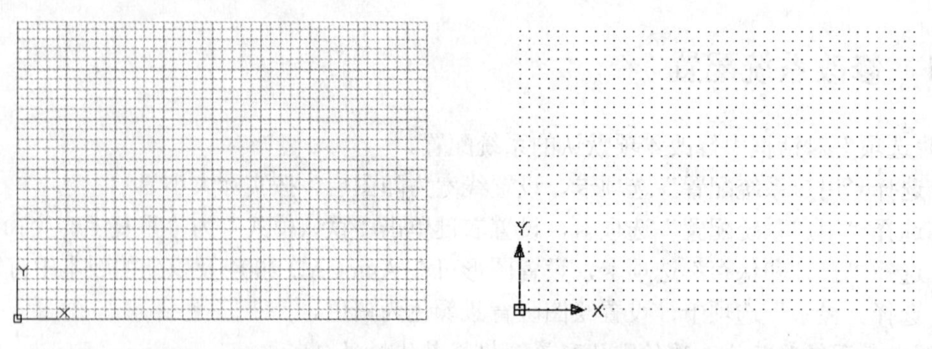

图 2.3　默认栅格——线网格显示方式　　　　图 2.4　设置栅格——点网格显示方式

栅格捕捉与栅格显示是配合使用的，栅格捕捉打开时，光标移动受捕捉间距的限制，它使鼠标所给的点都落在捕捉间距所定的点上。单击状态栏中的“捕捉”（即栅格捕捉）开关，可方便地打开和关闭栅格捕捉。

说明：当栅格捕捉打开时，从键盘输入点的坐标来确定点的位置时不受影响。

2．设置

用“草图设置”（DSETTINGS）命令可选择栅格的显示方式，并能修改栅格间距；用“草图设置”命令还可以设置捕捉的间距，将栅格旋转任意角度，并能将栅格设为等轴测模式，方便进行正等轴测图的绘制。

DSETTINGS 命令可以用下列方法之一输入：

- 从右键菜单中选择：右键单击状态栏中的“捕捉”或“栅格”开关，从弹出的右键菜单中选择“设置”命令
- 从下拉菜单中选择：“工具”⇨“草图设置”
- 从键盘输入：DSETTINGS

输入命令后，AutoCAD 将打开显示“捕捉和栅格”选项卡的“草图设置”对话框，如图 2.5 所示。

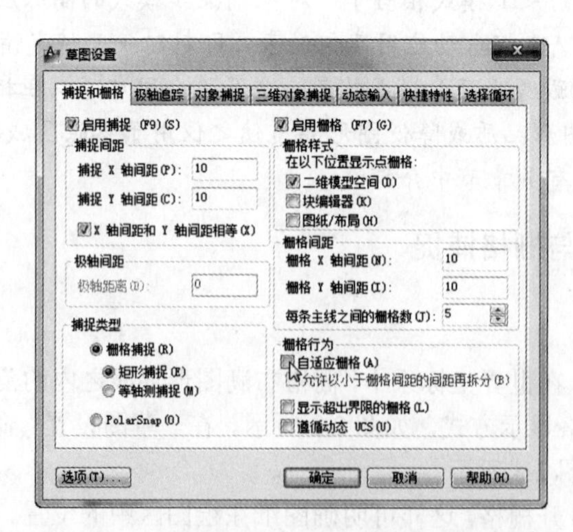

图 2.5　显示“捕捉和栅格”选项卡的“草图设置”对话框

在“草图设置”对话框中应进行如下操作：

① 在“栅格间距”区的两个文字编辑框中输入栅格间距（*X* 和 *Y* 方向默认值均为 10mm）；打开“启用栅格”开关，方框内出现“ √”即为打开栅格（也可在状态栏中打开）。

② 在“捕捉间距”区的两个文字编辑框中输入捕捉间距（*X* 和 *Y* 方向默认值均为 10mm）；打开“启用捕捉”开关，方框内出现“ √”即为打开捕捉（也可在状态栏中打开）。

③ 关闭“栅格行为”区中的“自适应栅格”等全部开关（否则栅格不能正常显示图幅的大小）。

④ 其他使用默认设置。

⑤ 单击“确定”按钮结束命令。

说明：打开“栅格样式”区中的“二维模型空间”开关，可将栅格设置为点网格显示方式。

2.2.2　正交模式

1. 功能

正交模式不需要设置，它就是一个开关。打开“正交”模式开关可迫使所画的线平行于 *X* 轴或 *Y* 轴，即画正交的线。

说明：当“正交”模式开关打开时，应从键盘输入点的坐标来确保点的位置不受正交影响。

2. 操作

常用的操作方法是：单击状态栏中的“正交”模式开关，进行开和关的切换。

2.2.3　对象捕捉

1. 功能

对象捕捉可把点精确定位到可见实体的某个特征点上。例如，从一条已有直线的一个端点出发画另一直线，可以用称为“端点”的对象捕捉模式，将光标移到靠近已有直线端点的地方，AutoCAD 就会准确地捕捉到这条直线的端点作为新画直线的起点。只要 AutoCAD 要求输入一个点，就可以激活对象捕捉。对象捕捉包含多种捕捉模式。

对象捕捉（即固定对象捕捉）可通过单击状态栏中的“对象捕捉”开关来打开或关闭。

2. 设置

绘图时，一般需要设置几种常用的对象捕捉模式作为固定的对象捕捉。

固定对象捕捉的设置是通过显示“对象捕捉”选项卡的“草图设置”对话框来完成的。可用下列方法之一输入命令：

- 从右键菜单中选择：右键单击状态栏中“对象捕捉”开关，从弹出的右键菜单中选择“设置”命令
- 从“对象捕捉”工具栏中单击：“对象捕捉设置”按钮
- 从下拉菜单中选择：“工具” ⇨ “草图设置”
- 从键盘输入：<u>OSNAP</u>

输入命令后，AutoCAD 将弹出显示“对象捕捉”选项卡的“草图设置”对话框，如图 2.6 所示。

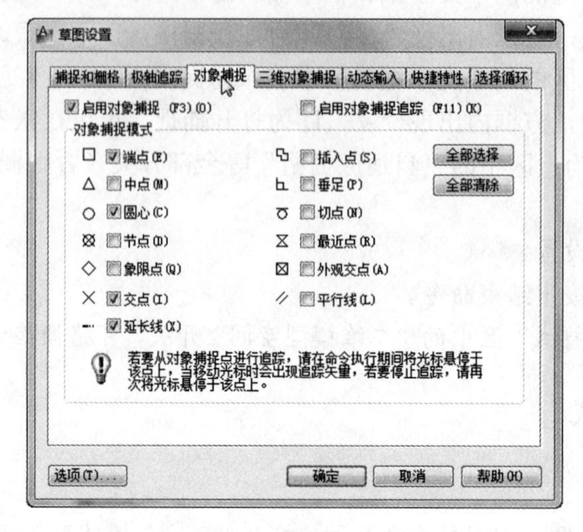

图 2.6　显示“对象捕捉”选项卡的“草图设置”对话框

该对话框中各项内容及操作方法说明如下。

（1）“启用对象捕捉”开关

该开关控制固定捕捉的打开与关闭。

（2）“启用对象捕捉追踪”开关

该开关控制追踪捕捉的打开与关闭。

（3）“对象捕捉模式”区

该区内有 13 种固定捕捉模式，可以从中选择几种对象捕捉模式形成一个固定模式，如图 2.6 所示，选中了“端点”、“圆心”、“交点”、“延长线”4 种捕捉模式。打开固定对象捕捉功能时，把捕捉框放在一个实体上，AutoCAD 不仅会自动捕捉该实体上符合选择条件的几何特征点，而且还会显示相应的标记。

“草图设置”对话框“对象捕捉”选项卡中的 13 种固定捕捉模式与“对象捕捉”工具栏（即单一对象捕捉）中所列出的 13 种捕捉点的功能相同。不同之处是，“草图设置”对话框“对象捕捉”选项卡中的 13 种固定捕捉模式开关前显示的是对象捕捉的标记，而“对象捕捉”工具栏中显示的是各捕捉模式的命令图标（按钮），应熟悉它们。

“对象捕捉”工具栏中各命令图标按钮的含义与对应的标记如下。

“捕捉到端点”按钮：捕捉直线段或圆弧等实体的端点，捕捉标记为“□”。

“捕捉到中点”按钮：捕捉直线段或圆弧等实体的中点，捕捉标记为“△”。

“捕捉到交点”按钮：捕捉直线段、圆弧、圆等实体之间的交点，捕捉标记为“×”。

“捕捉到外观交点”按钮：捕捉在二维图形中看上去是交点，但在三维图形中并不相交的点，捕捉标记为“⊠”。

“捕捉到延长线”按钮：捕捉实体延长线上的点，应先捕捉该实体上的某端点，再延长，捕捉标记为“┈”。

“捕捉到圆心”按钮：捕捉圆或圆弧的圆心，捕捉标记为“○”。

“捕捉到象限点”按钮：捕捉圆上 0°、90°、180°、270° 位置上的点或椭圆与长短轴相交的点，捕捉标记为“◇”。

“捕捉到切点”按钮：捕捉所画线段与圆或圆弧的切点，捕捉标记为“ō”。

“捕捉到垂足”按钮：捕捉所画线段与某直线段、圆、圆弧或其延长线垂直的点，捕捉标记为“∟”。

“捕捉到平行线”按钮：捕捉与某线平行的点，不能捕捉绘制实体的起点，捕捉标记为“⫽”。

“捕捉到插入点”按钮：捕捉图块的插入点，捕捉标记为“⧉”。

“捕捉到节点”按钮：捕捉由 POINT 等命令绘制的点，捕捉标记为“⊗”。

“捕捉到最近点”按钮：捕捉直线、圆、圆弧等实体上最靠近光标方框中心的点，捕捉标记为“⧖”。

其他图标的名称和含义如下。

“无捕捉”按钮：关闭单一对象捕捉方式。

“对象捕捉设置”按钮：单击可弹出“草图设置”对话框。

“临时追踪点”按钮：详见 5.5 节。

“捕捉自”按钮：详见 5.5 节。

（4）“选项”按钮

单击“选项”按钮将弹出显示“绘图”选项卡的“选项”对话框，一般设置该对话框左侧的“自动捕捉设置”区和“自动捕捉标记大小”区即可，如图 2.7 所示。

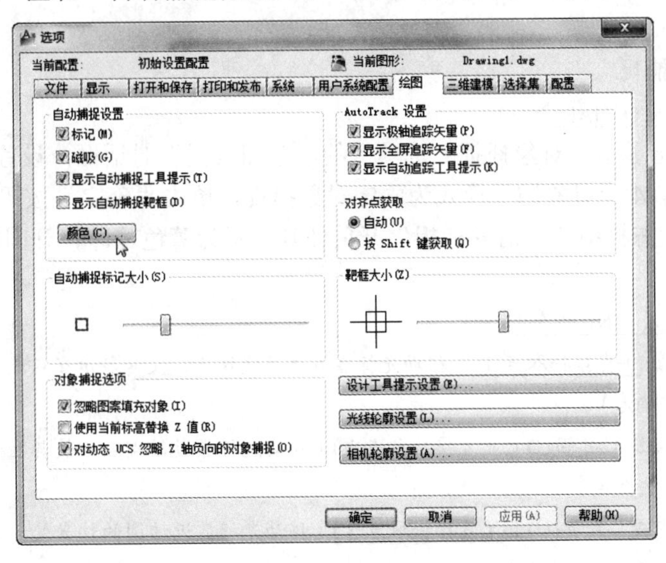

图 2.7　显示“绘图”选项卡的“选项”对话框

操作时可根据需要进行设定，各项含义如下。

“标记”开关：该开关用来控制固定对象捕捉标记的打开或关闭。

“磁吸”开关：该开关用来控制固定对象捕捉磁吸的打开或关闭。打开捕捉磁吸，将靶框锁定在所设的固定对象捕捉点上。

“显示自动捕捉工具提示”开关：该开关用来控制固定对象捕捉提示的打开或关闭。捕捉提示是指，系统自动捕捉到一个捕捉点后，显示出该捕捉的文字说明。

“显示自动捕捉靶框”开关：该开关用来打开或关闭靶框。

“颜色”按钮：单击该按钮，弹出“图形窗口颜色”对话框，要改变标记的颜色，只需从该对话框右上角的“颜色”下拉列表中选择一种颜色即可。

“自动捕捉标记大小”滑块：用来控制固定对象捕捉标记的大小。滑块左边的标记图例将实时显示标记的颜色和大小。

3. 应用实例

【例 2-1】 用固定对象捕捉方式绘制如图 2.8 所示的线段。

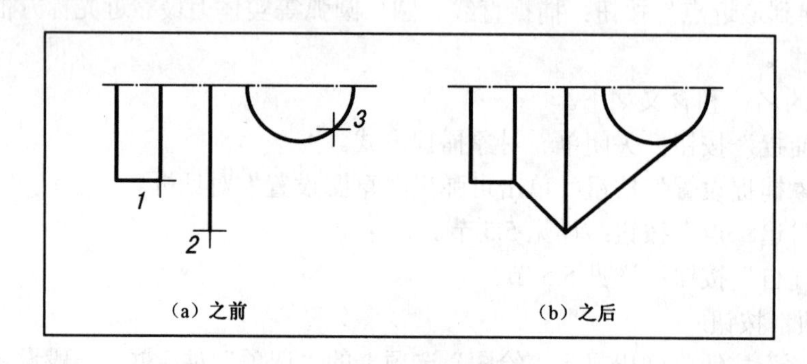

图 2.8　对象捕捉应用实例 1

操作步骤如下。

① 设置固定捕捉

命令: （输入 OSNAP 命令）

AutoCAD 弹出显示“对象捕捉”选项卡的“草图设置”对话框，设置“端点”、“交点”、“延长线”、“切点”4 种对象捕捉模式为固定对象捕捉，单击“确定”按钮退出对话框。

此时，单击状态栏中的“对象捕捉”开关使其显示为蓝色，即打开固定对象捕捉。

② 画线

命令: （输入 LINE 命令）

指定第一点: （直接拾取点 1）（移动光标靠近该直线端点，使其显示交点或端点标记，即捕捉到端点 1，单击确定）

指定下一点或 [放弃(U)]: （直接拾取点 2）（移动光标靠近该端点，使其显示端点标记，即捕捉到交点 2，单击确定）

指定下一点或 [放弃(U)]: （直接拾取点 3）（移动光标靠近该圆的切点处，使其显示切点标记，即捕捉到切点 3，单击确定）

指定下一点或 [闭合(C) / 放弃(U)]: ↙

命令:

在绘制工程图时，固定对象捕捉方式常与单一对象捕捉方式配合使用。一般将常用的几种对象捕捉模式设置成固定对象捕捉，而对不常用的对象捕捉模式使用单一对象捕捉方式。

固定对象捕捉方式与单一对象捕捉方式的区别是：单一对象捕捉方式是一种临时性的捕捉，选择一次捕捉模式只捕捉一个点，单击“对象捕捉”工具栏中相应的捕捉模式按钮可以激活单一对象捕捉；固定对象捕捉方式是指固定在一种或数种捕捉模式下，打开它可自动执行所设置模式的捕捉，直至关闭为止。

【例 2-2】 如图 2.9 所示，画一条以直线 A 的中点为起点，以直线 B 的下端点为终点的直线段。

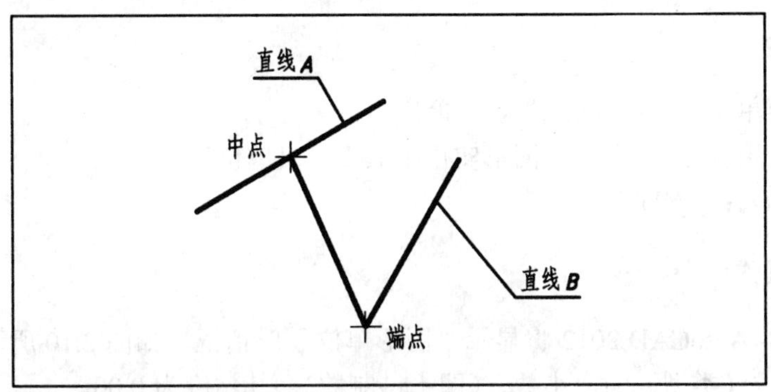

图 2.9　对象捕捉应用实例 2

操作步骤如下。

① 设置固定捕捉

命令: （输入 OSNAP 命令）

AutoCAD 弹出显示“对象捕捉”选项卡的“草图设置”对话框，设置“端点”、“交点”、“延长线”（这是常用的 3 种）的对象捕捉模式为固定对象捕捉，单击“确定”按钮退出对话框。

此时，单击状态栏中的“对象捕捉”开关使其显示为蓝色，即打开固定对象捕捉。

② 画线

命令: （输入 LINE 命令）

指定第一点: （从“对象捕捉”工具栏中单击 按钮，即起点要捕捉中点）

mid 于 （移动光标至“直线 A”中点附近，直线上出现中点标记后单击确定）

指定下一点或 [放弃(U)]: （直接拾取端点）（移动光标靠近该端点，使其显示端点标记，单击确定）

指定下一点或 [放弃(U)]: ↙

命令:

2.2.4 显示/隐藏线宽

1. 功能

线宽就是图线的粗细。“线宽”（即显示/隐藏线宽）开关用来控制所绘图形的线宽在屏幕上的显示方式（与实际线宽无关）。关闭“线宽”开关，所绘图形的线宽均按细线显示；打开“线宽”开关，所绘图形的线宽将按系统配置中设置的显示线宽的方式显示。显示线宽的方式也可在此设置。

2. 操作

常用的操作方法是：单击状态栏中的“线宽”开关，进行开和关的切换。

要重新设置显示线宽的方式，方法是：将光标指向状态栏中的“线宽”开关，右键单击，从弹出的右键菜单中选择“设置”命令，然后操作“线宽设置”对话框即可重新设置。

2.3 确定绘图单位

用 UNITS 命令可确定绘图时的长度单位、角度单位及其精度和角度方向。

1. 输入命令

- 从下拉菜单中选择：“格式” ⇨ “单位”
- 单击“应用程序”按钮：“图形实用工具” ⇨ “单位”
- 从键盘输入：UNITS

2. 命令的操作

输入命令后，AutoCAD 2012 将显示“图形单位”对话框，如图 2.10 所示。

设置长度单位（类型）为“小数”（即十进制数），其精度为 0.00。

设置角度单位（类型）为“十进制度数”，其精度为 0。

单击“方向”按钮，弹出“方向控制”对话框，如图 2.11 所示。一般使用图中所示的默认状态，即“东”方向为 0°。

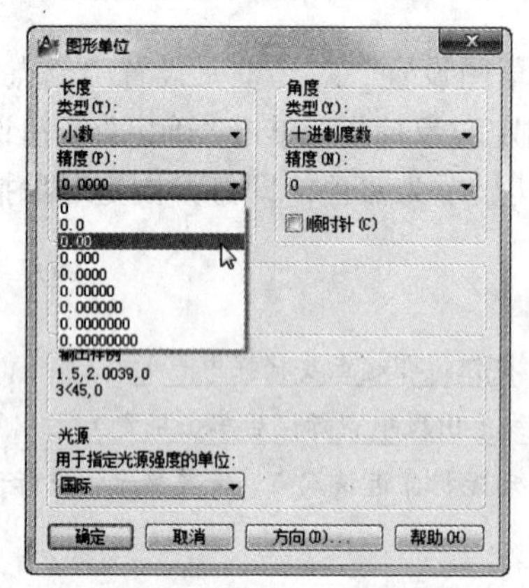

图 2.10 “图形单位”对话框

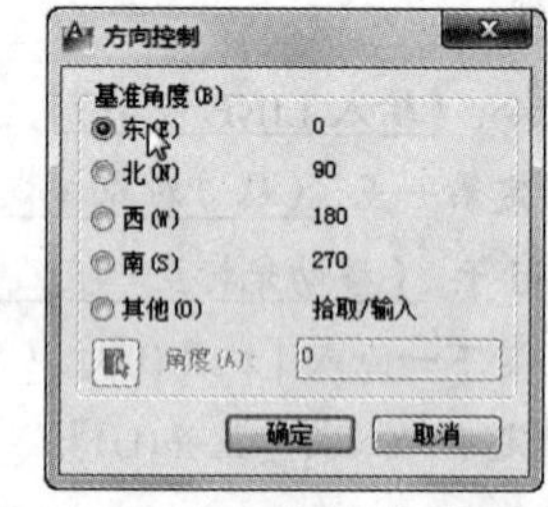

图 2.11 “方向控制”对话框

2.4 选图幅

用 LIMITS 命令可确定绘图范围，相当于选图幅。应用该命令还可随时改变图幅的大小。

1. 输入命令

- 从下拉菜单中选择：“格式” ⇨ “图形界限”
- 从键盘输入：LIMITS

2. 命令的操作

以选 A2 图幅为例，操作过程如下。

命令：（输入命令）

指定左下角点或［开(ON) / 关(OFF)］〈0.00,0.00〉：↙（接受默认值，确定图幅左下角图界坐标）

指定右上角点〈420.00,297.00〉: 594,420↙ (输入图幅右上角图界坐标)

命令:

说明：在“指定左下角点或［开（ON）／关（OFF）］〈0.00,0.00〉:”提示行后输入 OFF，将关闭图界开关；若输入 ON，则打开图界开关（默认状态为打开）。

提示：在命令的操作中，要在英文输入状态下输入坐标值。

2.5　按指定方式显示图形

ZOOM 命令如同一个缩放镜，它可以按所指定的范围显示图形，而不改变图形的真实大小。ZOOM 命令是一个透明的命令（透明的命令就是可以在另一条命令执行期间插入执行的命令）。

1．输入命令

- 从下拉菜单中选择：“视图” ⇨ “缩放”
- 从键盘输入：ZOOM 或 Z

2．命令的操作

命令: （输入命令）

指定窗口角点，输入比例因子(nx or nxp)，或者

［全部(A)／中心(C)／动态(D)／范围(E)／上一个(P)／比例(S)／窗口(W)／对象(O)］〈实时〉: （选项）

各选项含义如下。

“A”：当图幅外无实体时，将充满绘图区显示绘图界限内的整张图；若图幅外有实体，则包括图幅外的实体全部显示（称为全屏显示）。

“C”：按给定的显示中心点及屏高显示图形。

“D”：可动态地确定缩放图形的大小和位置。

“E”：充满绘图区显示当前所绘图形（与图形界限无关）。

“P”：返回显示的前一屏。

“S”(默认项)：给出缩放系数，按比例缩放显示图形（称为比例显示缩放）。例如，给值 0.9，表示按 0.9 大小对图形界限进行缩放；给值 0.9X，表示按 0.9 大小对当前屏幕进行缩放。

“W”(默认项)：直接指定窗口的大小。AutoCAD 将指定窗口内的图形部分充满绘图区显示（称为窗选）。

“O”：选择一个或多个实体，AutoCAD 将所选择的实体充满绘图区显示。

“〈实时〉”(即直接按〈Enter〉键)：用鼠标移动放大镜符号，可在 0.5～2 倍之间确定缩放的大小来显示图形（称为实时缩放）。

常用选项的操作方法如下。

（1）全屏显示

输入 Z↙，然后选 A↙

提示：全屏显示的快捷操作方式是双击滚轮。

（2）比例显示缩放

输入 Z↙，然后输入数值，如：0.8↙

（3）窗选

在“标准”工具栏中单击“窗口”按钮，给出窗口矩形的两个对角点。

（4）前一屏

在“标准”工具栏中单击“缩放上一个”按钮，单击后即返回前一屏。

（5）实时缩放

在“标准”工具栏中单击“实时缩放”按钮，绘图区光标变为放大镜形状，按住鼠标左键向上移动光标可放大显示，向下移动光标可缩小显示。

提示：实时缩放的快捷操作方式是转动滚轮。

3．关于 PAN 命令

在绘图中不仅经常要用 ZOOM 命令来变换图形的显示方式，有时还需要移动整张图纸来观察图形。要移动图纸，可使用 PAN（实时平移）命令。PAN 命令的输入可通过单击“标准”工具栏中的“实时平移”按钮实现。输入命令后，AutoCAD 进入实时平移状态，绘图区光标变成一只小手形状。按住鼠标左键移动光标，图纸将随之移动。确定位置后按〈Esc〉键结束命令。

提示：平移图纸的快捷方式是按下鼠标中键（滚轮）移动光标。

2.6　设置线型

1．按技术制图标准选择线型

AutoCAD 2012 提供了标准线型库，该库的文件名为“acadiso.lin”，标准线型库提供了 59 种线型，如图 2.12 所示。

只有适当地选择它们，在同一线型比例下，才能绘制出符合制图标准的图线。按现行《技术制图标准》绘制工程图时，常选择的线型如下：

- 实线——CONTINUOUS
- 虚线——ACAD_ISO02W100
- 点画线——ACAD_ISO04W100
- 双点画线——ACAD_ISO05W100

2．装入线型

AutoCAD 在“线型管理器”对话框中部的线型列表框中仅列出已装入当前图形中的线型。初次使用时，若线型不够用，应根据需要在当前图形中装入新的线型。具体操作方法如下。

① 从下拉菜单中选择：“格式”⇨“线型”，输入命令后，弹出“线型管理器”对话框，如图 2.13 所示。

② 单击“线型管理器”对话框上部的“加载”按钮，将弹出“加载或重载线型”对话框，如图 2.14 所示。

③ “加载或重载线型”对话框中列出了默认的 acadiso.lin 线型库文件中所有的线型，选择要装入的线型并单击“确定”按钮，就可以将线型装入当前图形的“线型管理器”对话框中。

```
ACAD_ISO02W100      ISO dash __ __ __ __ __ __ __ __ __ __ __ __ __ __ __
ACAD_ISO03W100      ISO dash space __    __    __    __    __    __
ACAD_ISO04W100      ISO long-dash dot ____ . ____ . ____ . ____ . _
ACAD_ISO05W100      ISO long-dash double-dot ____ .. ____ .. ____ .
ACAD_ISO06W100      ISO long-dash triple-dot ____ ... ____ ... ____
ACAD_ISO07W100      ISO dot . . . . . . . . . . . . . . . . . . . . . . .
ACAD_ISO08W100      ISO long-dash short-dash ____ __ ____ __ ____ _
ACAD_ISO09W100      ISO long-dash double-short-dash ____ __ __ ____
ACAD_ISO10W100      ISO dash dot __ . __ . __ . __ . __ . __ . __ .
ACAD_ISO11W100      ISO double-dash dot __ __ . __ __ . __ __ . __
ACAD_ISO12W100      ISO dash double-dot __ . . __ . . __ . . __ . .
ACAD_ISO13W100      ISO double-dash double-dot __ __ . . __ __ . .
ACAD_ISO14W100      ISO dash triple-dot __ . . . __ . . . __ . . .
ACAD_ISO15W100      ISO double-dash triple-dot __ __ . . . __ __ .
BATTING             Batting SSSSSSSSSSSSSSSSSSSSSSSSSSSSSSSSSSSSSS
BORDER              Border __ __ . __ __ . __ __ . __ __ . __ __ .
BORDER2             Border (.5x) _._._._._._._._._._._._._.
BORDERX2            Border (2x) ____ ____ . ____ ____ . ___
CENTER              Center ____ _ ____ _ ____ _ ____ _ ____ _ ____
CENTER2             Center (.5x) ___ _ ___ _ ___ _ ___ _ ___ _ ___
CENTERX2            Center (2x) ________ __ ________ __ _____
DASHDOT             Dash dot __ . __ . __ . __ . __ . __ . __ . __
DASHDOT2            Dash dot (.5x) _._._._._._._._._._._._._.
DASHDOTX2           Dash dot (2x) ____ . ____ . ____ . ___
DASHED              Dashed __ __ __ __ __ __ __ __ __ __ __ __ __ _
DASHED2             Dashed (.5x) _ _ _ _ _ _ _ _ _ _ _ _ _ _ _ _ _ _
DASHEDX2            Dashed (2x) ____ ____ ____ ____ ____ ____
DIVIDE              Divide ____ . . ____ . . ____ . . ____ . . ____
DIVIDE2             Divide (.5x) __..__..__..__..__..__..__.._
DIVIDEX2            Divide (2x) ________ . . ________ . . _
DOT                 Dot . . . . . . . . . . . . . . . . . . . . . . . .
DOT2                Dot (.5x) ........................................
DOTX2               Dot (2x) .  .  .  .  .  .  .  .  .  .  .  .  .  .
FENCELINE1          Fenceline circle ----0-----0----0-----0----0---
FENCELINE2          Fenceline square ----[]-----[]----[]-----[]----
GAS_LINE            Gas line ----GAS----GAS----GAS----GAS----GAS---
GAS_LINE            Gas line ----GAS----GAS----GAS----GAS----GAS---
HIDDEN              Hidden __ __ __ __ __ __ __ __ __ __ __ __ __ __ _
HIDDEN2             Hidden (.5x) _ _ _ _ _ _ _ _ _ _ _ _ _ _ _ _ _
HIDDENX2            Hidden (2x) ____ ____ ____ ____ ____ ____ ____
```

图 2.12　acadiso.lin 线型库文件

JIS_02_0.7	HIDDEN0.75
JIS_02_1.0	HIDDEN01
JIS_02_1.2	HIDDEN01.25
JIS_02_2.0	HIDDEN02
JIS_02_4.0	HIDDEN04
JIS_08_11	1SASEN11
JIS_08_15	1SASEN15
JIS_08_25	1SASEN25
JIS_08_37	1SASEN37
JIS_08_50	1SASEN50
JIS_09_08	2SASEN8
JIS_09_15	2SASEN15
JIS_09_29	2SASEN29
JIS_09_50	2SASEN50
PHANTOM	Phantom
PHANTOM2	Phantom (.5x)
PHANTOMX2	Phantom (2x)
TRACKS	Tracks -|-|-|-|-|-|-|-|-|-|-|-|-|-|-|-|-|-|-|
ZIGZAG	Zig zag /\/\/\/\/\/\/\/\/\/\/\/\/\/\/\/\/\/\/\/

图 2.12　acadiso.lin 线型库文件（续）

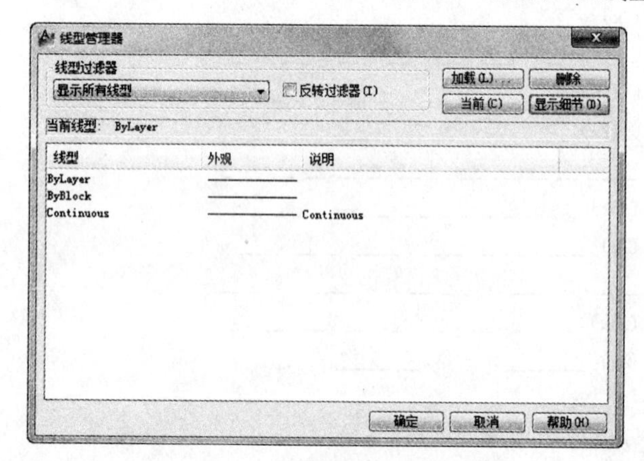

图 2.13　“线型管理器”对话框

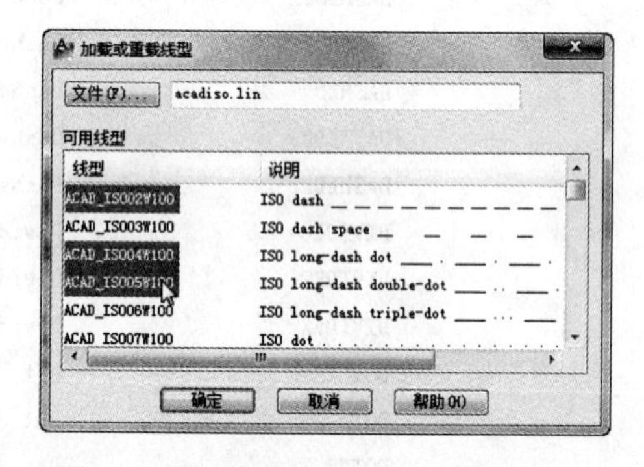

图 2.14　“加载或重载线型”对话框

3. 按技术制图标准设定线型比例

在绘制工程图时，要使线型符合技术制图标准，除了各种线型搭配要合适外，还必须合理设定线型比例，包括“全局比例因子”和“当前对象缩放比例”。线型比例用来控制所绘工程图中虚线和点画线的间隔与线段的长短。线型比例值若给得不合理，就会造成虚线或点画线长短不一、间隔过大或过小等问题，常常还会出现虚线和点画线画出来是实线的情况。

在“线型管理器”对话框中，单击“显示细节”按钮，在对话框下部将显示设置线型比例的文字编辑框，如图 2.15 所示。修改“全局比例因子”为 0.38，“当前对象缩放比例”使用默认值 1.0000。

装入线型并设定线型比例后，单击“确定”按钮完成线型的设置。

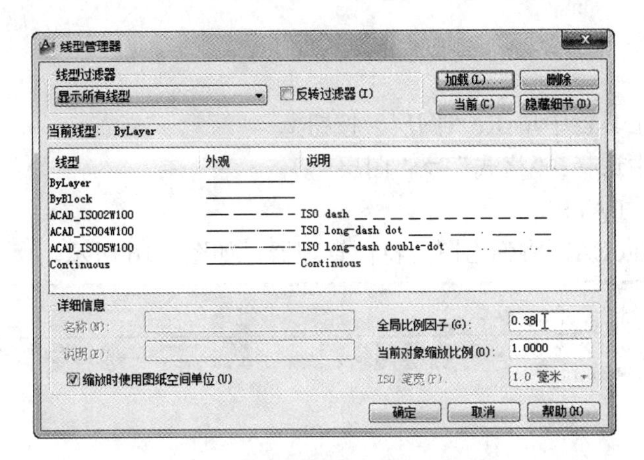

图 2.15　按技术制图标准设定线型比例

提示：选用前面所推荐的一组线型绘制工程图时，线型的“全局比例因子”值应在 0.35～0.4 之间（按图幅的大小取值，图幅越大，取值越大），“当前对象缩放比例”使用默认值 1.0000。

说明：

① 修改线型的“全局比例因子”，可改变该图形文件中已画出和将要绘制的所有虚线和点画线的间隔与线段长短。

② 修改线型的“当前对象缩放比例”，只改变将要绘制的虚线和点画线的间隔与线段长短，所以绘制工程图时，一般使用它的默认值。如果需要修改已绘制的某条或某些选定的虚线和点画线的间隔与线段长短，就要用“特性”选项板来改变它们的当前实体线型比例值（详见 4.13 节）。

③“线型管理器”对话框上部的“线型过滤器”下拉列表的作用是设置线型列表框中显示的线型范围。该下拉列表包括 3 个选项：“显示所有线型”、“显示所有使用的线型”和“显示所有依赖外部参考的线型”。配合这 3 个选项，AutoCAD 还提供了一个“反转过滤器”开关。

2.7　创建和管理图层

图层就相当于没有厚度的透明纸片，可以将实体画在上面。一个图层只能赋予一种线型和一种颜色。绘制工程图需要多种线型，应创建多个图层，这些图层就像几张重叠在一起的透明纸，构成一张完整的图样。用计算机绘图时，只需启用 LAYER 命令，给出需要新建的图层名，然后设置图层的线型和颜色即可。画哪一种线，就把哪个图层设为当前图层。例如，虚线图层为当前图层时，用 LINE 命令或其他绘图命令所画的线型均为虚线。另外，各图层都可以设定线宽，还可根据需要进行打开/关闭、冻结/解冻或锁定/解锁等操作。

2.7.1　用 LAYER 命令创建与管理图层

用 LAYER 命令可以根据绘制工程图的需要创建新图层，并能赋予图层所需的线型和颜色。该命令还可以用来管理图层，即改变已有图层的线型、颜色、线宽和开关状态，控制显示图层，删除图层及设置当前图层等。

1. 输入命令

- 从“图层”工具栏中单击：“图层”按钮
- 从下拉菜单中选择：“格式”⇨“图层”
- 从键盘输入：LAYER

输入命令后，AutoCAD 将弹出图层特性管理器，如图 2.16 所示。

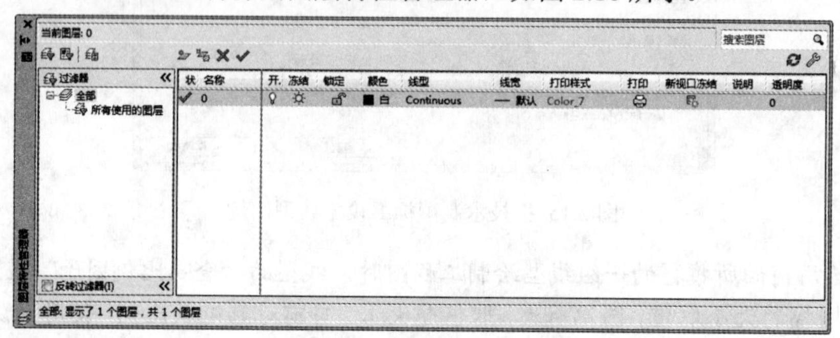

图 2.16　图层特性管理器

图层特性管理器右侧的列表框中列出了图层名称和特性。在默认情况下，AutoCAD 提供一个图层，该图层名称为“0”，颜色为白色，线型为实线，线宽为默认值，并且自动打开。图层特性管理器左侧的列表框中显示的是在右侧列表框中列出的图层范围。

下边详细介绍 LAYER 命令常用项的操作方法。

2. 创建新图层

单击图层特性管理器中的“新建图层”按钮，AutoCAD 会创建一个名称为“图层 1”的图层。连续单击“新建图层”按钮，AutoCAD 会依次创建名称为“图层 2”、“图层 3”……的图层，而且所创建新图层的颜色、线型均与默认的图层 0 相同。如果在此以前已经选择了某个图层，那么，AutoCAD 将根据所选图层的特性来生成新图层。

绘制工程图时，建议不要用默认的图层名，因为那会导致以后查询图层不方便。新建图层的名称一般用汉字根据其功能来命名，如“粗实线”、“细实线”、“点画线”、“虚线”、“尺寸”、“剖面线”、“文字”等，也可以根据专业图的需要按控制的内容来命名。有计划地规范图层命名，将给绘制图、修改图、输出图带来很大方便。

给新建图层重新命名的方法是：先选中该图层名，再次单击该图层名，出现文字编辑框，输入新的图层名。注意，输入的名称中不能含有通配符“*”、“!”和空格，也不能重名。

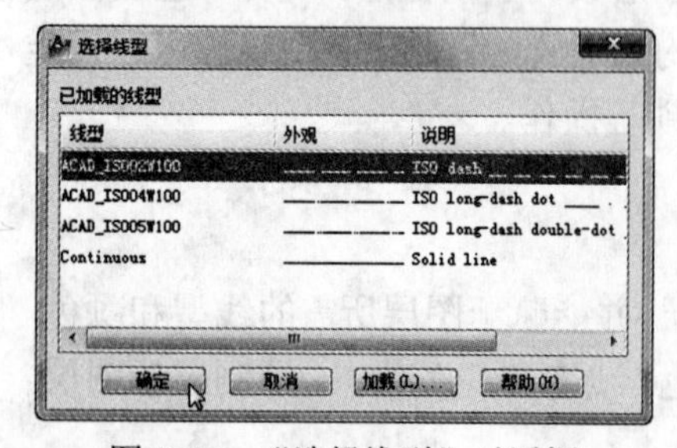

图 2.17　“选择线型”对话框

3. 改变图层线型

在默认情况下，新创建图层的线型均为实线，所以应根据需要改变线型。

如果要改变某图层的线型，可单击图层特性管理器中该图层的线型名称，AutoCAD 将弹出“选择线型”对话框，如图 2.17 所示。在“选择线型”对话框的“已加载的线型”列表框中单击所需的线型名称，然后单击“确定”按钮返回图层特性管理器。

说明：可通过“选择线型”对话框中的“加载”按钮来装入新的线型。

4. 改变图层线宽

在默认情况下，新创建图层的线宽均为默认值（0.25mm），绘制工程图时应根据制图标准为不同的线型赋予相应的线宽。

如果要改变某图层的线宽，可单击图层特性管理器中该图层的线宽值，AutoCAD 将弹出“线宽”对话框，如图 2.18 所示。在“线宽”对话框的“线宽”列表框中单击所需的线宽，然后单击“确定”按钮返回图层特性管理器。

5. 改变图层颜色

在默认情况下，新创建图层的颜色为白色（若绘图区的底色为白色，则新创建图层的颜色默认为黑色），为了方便绘图，应根据需要改变某些图层的颜色。

要改变某图层的颜色，可单击图层特性管理器中该图层的颜色图标，AutoCAD 将弹出显示“索引颜色”选项卡的“选择颜色”对话框，如图 2.19 所示。单击所需颜色对应的图标，所选择的颜色名或颜色号将显示在该对话框下部的“颜色”文字编辑框中，并在其右侧显示对应的颜色图例。单击“确定”按钮返回图层特性管理器。

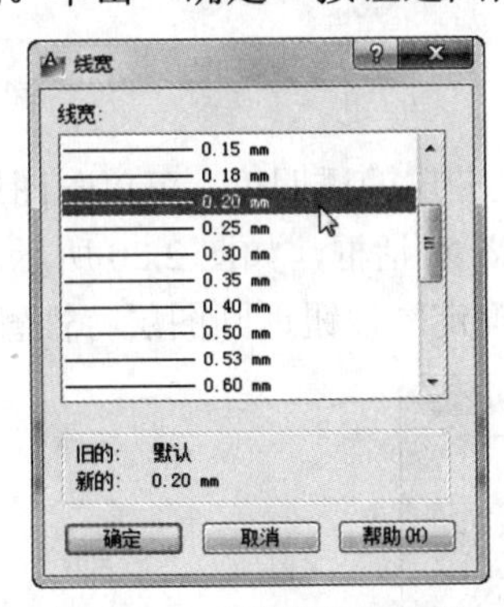

图 2.18　“线宽”对话框

图 2.19　“选择颜色”对话框

说明：

① AutoCAD 提供了 255 种索引颜色，并以数字 1～255 命名。选择颜色时，可单击颜色图标来选择，也可输入颜色号来选择。

② 可以操作“选择颜色”对话框中“真彩色”和“配色系统”选项卡来定义颜色。

6. 控制图层开关

在默认状态下，新创建图层的开关状态均为“打开”、“解冻”及“解锁”。在绘图时，可根据需要改变图层的开关状态，与默认状态对应的开关状态分别为“关闭”、“冻结”及“锁定”。

各图层开关的功能与差别见表 2.1。

表 2.1 图层开关功能

项目与图标	功能	差别
关闭	隐藏指定图层的实体，使之看不见	关闭与冻结图层上的实体均不可见，其区别仅在于执行速度的快慢，后者将比前者快
冻结	冻结指定图层的全部实体，并使之看不见	
锁定	在锁定图层上的实体可见，也可以绘图但无法编辑	
打开	恢复已关闭的图层，使图层上的图形重新显示出来	打开是针对关闭而设的，解冻是针对冻结而设的，同理，解锁是针对锁定而设的
解冻	对冻结的图层解冻，使图层上的图形重新显示出来	
解锁	对锁定的图层解除锁定，使图形可编辑	

开关状态以图标形式显示在图层特性管理器中图层名称的后面。要改变某图层的开关状态，只需单击该图标即可。

7. 控制图层“打印”开关

在默认状态下，图层的“打印”开关均为打开状态，单击“打印”开关可使之变为关闭状态。如果把一个图层的“打印”开关关闭，则这个图层可以显示但不能打印。如果一个图层只包括参考信息，可以指定这个图层不打印。

说明：“打印”开关后的“新视口冻结”开关用来控制布局中的视口。

8. 设置图层的透明度

在默认情况下，图层的透明度值均为“0”。要改变某图层的透明度，可单击图层特性管理器中该图层的透明度值，AutoCAD 将弹出“图层透明度”对话框，如图 2.20 所示。在“透明度值”文字编辑框中输入所需的透明度值，然后单击“确定”按钮返回图层特性管理器。

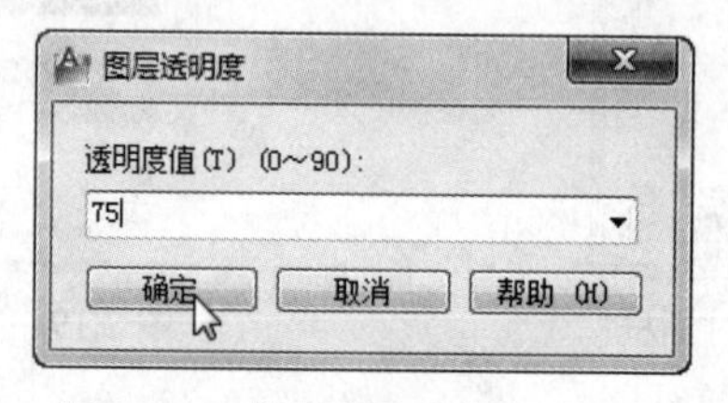

图 2.20 “图层透明度”对话框

9. 设置当前图层

在图层特性管理器中选择某一图层名，然后单击“置为当前”按钮，就可以将该图层设置为当前图层。当前图层的图层名会出现在图层特性管理器顶部的“当前图层：”显示行中。

说明：若将一个关闭的图层设置为当前图层，AutoCAD 会自动打开它。

10. 显示图层

AutoCAD 中图层特性管理器的默认状态是显示该图形文件中所创建的全部图层，如图 2.21 所示。

图层特性管理器左上角 3 个按钮 的作用是过滤已命名的图层，操作它们可指定希望显示的图层范围或设置、保存、输入/输出指定的图层。

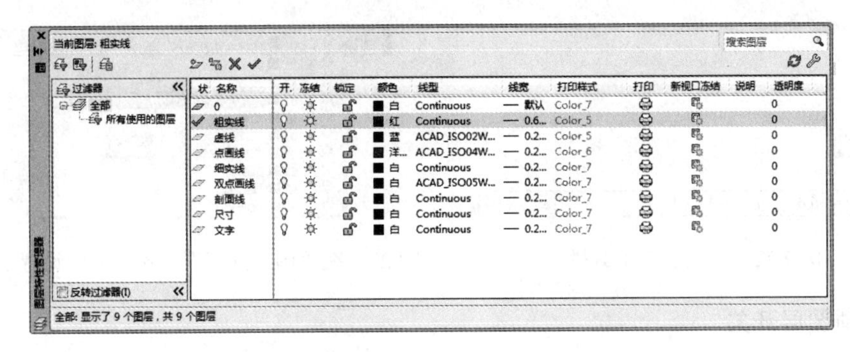

图 2.21　显示全部图层

图层特性管理器左下角“反转过滤器”开关的作用是：打开它，将产生与指定的过滤条件相反的过滤条件。

11. 删除图层

要删除不使用的图层，可先从图层特性管理器中选择一个或多个图层，然后单击对话框上部的“删除图层”按钮，在弹出的对话框中单击“应用”按钮，AutoCAD 将从当前图形中删除所选的图层。

要选择多个不连续的图层，可在按住〈Ctrl〉键的同时，逐个单击需要的图层。

说明：AutoCAD 2012 的图层特性管理器具有自动隐藏功能。设置自动隐藏的方法是：单击图层特性管理器标题栏中的“自动隐藏”按钮，使之变成形状，即激活了自动隐藏功能。此时，当光标移至图层特性管理器之外时，将只显示图层特性管理器的标题栏；当光标移至其标题栏上时，图层特性管理器会自动展开。要取消自动隐藏功能，应再次单击“自动隐藏”按钮，使之变成形状。

2.7.2　用“图层”工具栏管理图层

为了使设置当前图层和控制图层开关的操作更为简便、快捷，AutoCAD 2012 提供了一个“图层”工具栏，如图 2.22 所示。

1. 设置当前图层

用“图层”工具栏设置当前图层有 3 种方法。

（1）在“图层列表”下拉列表中设置

如图 2.23 所示，在“图层列表”下拉列表中选择一个图层名，该图层名将显示在工具栏中，即被设为当前图层。这是设置当前图层的常用方法。

（2）使用“将对象的图层置为当前”按钮设置

单击“图层”工具栏中的“将对象的图层置为当前”按钮，然后选择实体，AutoCAD 将所选实体所在的图层设为当前图层。

（3）使用“上一个图层”按钮设置

单击“图层”工具栏中的“上一个图层”按钮，AutoCAD 将上一次使用的图层设为当前图层。

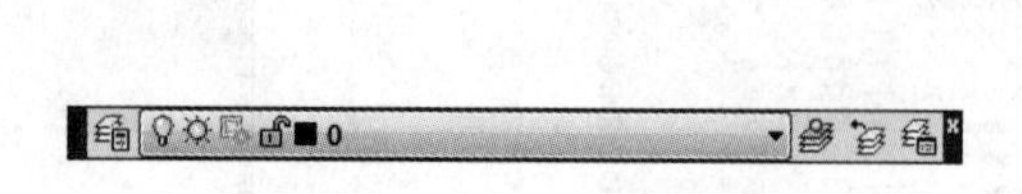

图 2.22　“图层”工具栏

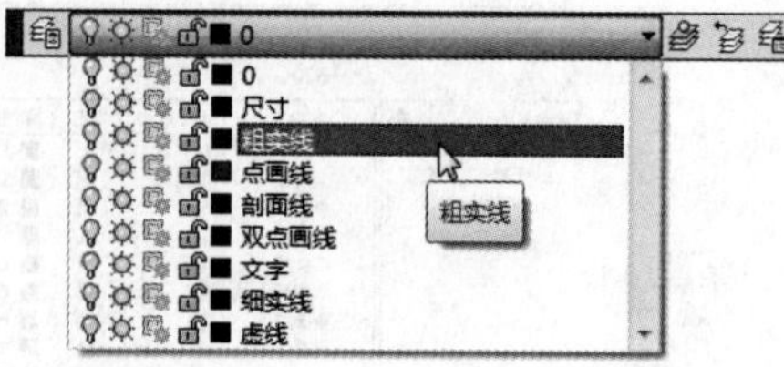

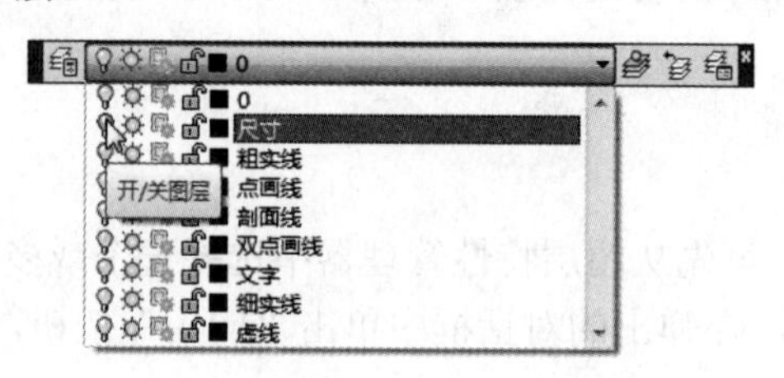

图 2.23　在“图层列表”下拉列表中设置当前图层

2．控制图层开关

如图 2.24 所示，在“图层列表”下拉列表中，单击“开/关图层”图标，可改变该图层的开关状态，这是一种快捷方法。

图 2.24　改变图层的开关状态

2.7.3　用“特性”工具栏管理当前实体

如图 2.25 所示是“特性”工具栏，该工具栏用来改变当前实体的颜色、线型和线宽。当前实体是指被选中的实体和将要绘制的实体。

图 2.25　“特性”工具栏

1．设置当前实体的颜色

如图 2.26 所示，在“特性”工具栏的“颜色”下拉列表中，选择某种颜色，可改变被选中的实体与其后所绘制的实体颜色，但并不改变当前图层的颜色。

其中，ByLayer（随图层）项表示实体的颜色按图层本身的颜色来定，ByBlock（随图块）项表示实体的颜色按图块本身的颜色来定。

如果选择 ByLayer 之外的颜色，则随后所绘制的实体的颜色将是独立的，不会随图层的变化而改变。

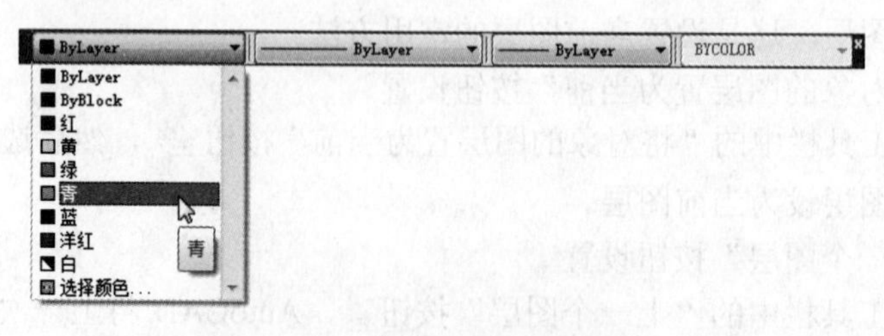

图 2.26　设置当前实体的颜色

2．设置当前实体的线型

如图 2.27 所示，在“特性”工具栏的“线型”下拉列表中选择某种线型，可改变当前实体的线型，但并不改变当前图层的线型。

如果选择 ByLayer 之外的线型，则随后所绘制的实体的线型将是独立的，不会随图层的变化而改变。

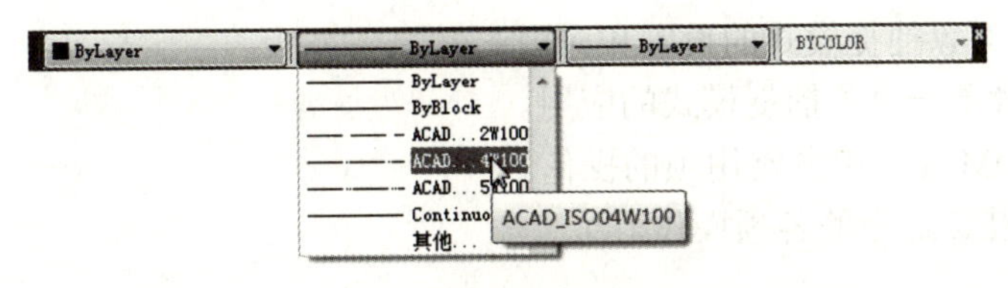

图 2.27　设置当前实体的线型

3．设置当前实体的线宽

如图 2.28 所示，在“特性”工具栏的“线宽控制”下拉列表中，选择某个线宽值，可改变当前实体的线宽，但并不改变当前图层的线宽。

如果选择 ByLayer 之外的线宽，则随后所绘制的实体的线宽将是独立的，不会随图层的变化而改变。

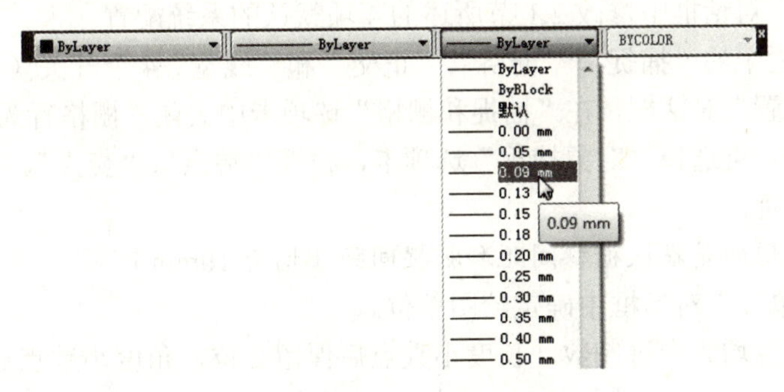

图 2.28　设置当前实体的线宽

提示：如果没有特殊需要，“特性”工具栏中的所有设置均应使用 ByLayer（随图层）。

2.8　创建文字样式

用 STYLE 命令按技术制图标准创建“工程图中的汉字”和“工程图中的数字和字母”两种文字样式（详见 1.10 节）。

2.9　绘制图框和标题栏

用 LINE 命令根据制图标准画出图框和标题栏，用 DTEXT 命令注写标题栏中的文字（具体见本章“上机练习与指导”中的作业 1）。

上机练习与指导

1. 基本操作训练

（1）练习用 LIMITS 命令选择和改变图幅。
（2）熟悉“线型管理器”对话框中各项的含义。
（3）练习固定对象捕捉模式的设置和应用。
（4）练习 13 种单一对象捕捉模式的应用。
（5）练习 ZOOM 命令中各常用项的操作。
（6）练习 LAYER 命令的各项操作。

2. 工程绘图训练

作业 1：
新建一张 A2 图，进行绘图环境的 9 项初步设置。
作业 1 指导：
① 用 NEW 命令新建一张图（默认图幅为 A3）。
② 用 QSAVE 命令指定路径，以“环境设置练习”为图名保存。
③ 在“选项”对话框中修改 2.1 节所述的 4 项默认的系统配置。
④ 打开状态栏中的“捕捉”、“栅格”、“正交”和“线宽”4 个开关（显示蓝色）。
打开“草图设置”对话框，在“捕捉和栅格”选项卡中关闭“栅格行为”区中的“自适应栅格”等全部开关，再选择“对象捕捉”选项卡，设置“端点”、“交点”、“延长线”3 种常用模式为固定对象捕捉。
说明： 此时使用的是默认栅格间距和捕捉间距（均为 10mm）。
⑤ 在“图形单位”对话框中确定绘图单位。
要求长度、角度均为十进制数，长度小数点后保留 2 位，角度小数点后为 0 位。
⑥ 用 LIMITS 命令选 A2 图幅。A2 图幅 *X* 方向长 594mm，*Y* 方向长 420mm。
⑦ 用 ZOOM 命令使 A2 图幅按指定方式显示。
键盘操作：

命令：Z↙，然后输入 A↙
命令：↙，然后输入 0.8↙（为便于画图幅线，缩小为原大的 80%显示）

⑧ 在“线型管理器”对话框中，按技术制图标准装入线型，并设定线型比例。
装入虚线（ACAD_ISO02W100）、点画线（ACAD_ISO04W100）、双点画线（ACAD ISO05W100），设置全局比例因子为 0.38。
⑨ 创建“工程图中的汉字”和“工程图中的数字和字母”两种文字样式。
⑩ 创建图层，颜色、线型、线宽设置如下：

粗实线	红色	实线（CONTINUOUS）	0.5 mm
虚线	蓝色	虚线（ACAD_ISO02W100）	0.2 mm
点画线	洋红	点画线（ACAD_ISO04W100）	0.2 mm
双点画线	白色（或黑色）	双点画线（ACAD_ISO05W100）	0.2 mm

细实线	白色（或黑色）	实线（CONTINUOUS）	0.2 mm
剖面线	白色（或黑色）	实线（CONTINUOUS）	0.2 mm
尺寸	白色（或黑色）	实线（CONTINUOUS）	0.2 mm
文字	白色（或黑色）	实线（CONTINUOUS）	0.2 mm

说明：因为 AutoCAD 中默认线宽是由计算机的系统配置确定的，所以在不同的计算机中绘制和输出图形时，一定要设置每个图层的具体线宽值，以避免出错。

⑪ 在“捕捉”、“栅格”、“正交”与“线宽”开关打开的状态下，用 LINE 命令绘制如图 2.29 所示的图框与标题栏。

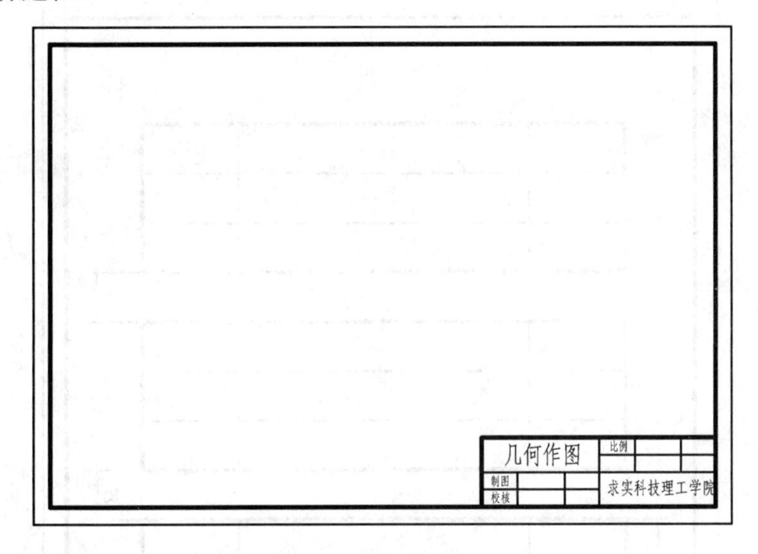

图 2.29　图框与标题栏

如图 2.29 所示图框为国家技术制图标准规定的非装订格式。绘制时，图幅线（细实线）沿栅格外边绘制，图框线（粗实线）周边离图幅线的距离均为 10mm。

标题栏为学生练习标题栏。标题栏长 140mm，高 40mm，内格高 10mm，长度均匀分配。标题栏内格线均为细实线，外边线均为粗实线。

注意：粗实线必须画在“粗实线”图层中，细实线必须画在“细实线”图层中。

⑫ 用 DTEXT 命令，选择“中间”对正模式定位（使文字居中），输入标题栏中的文字。标题栏内容如图 2.30 所示。

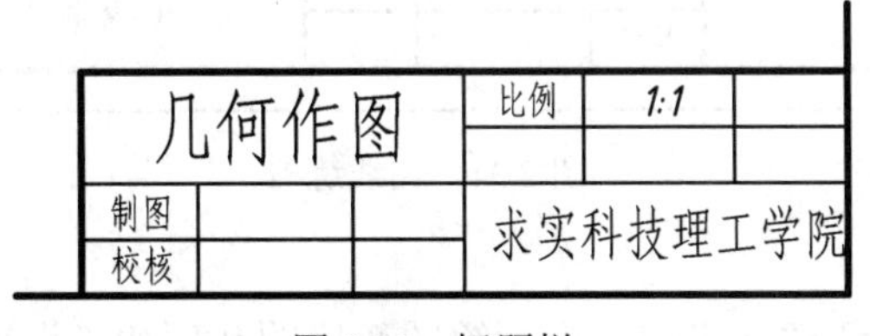

图 2.30　标题栏

输入前，应设“文字”图层为当前，关闭状态栏中的“捕捉”开关，并用 ZOOM 命令将标题栏部分放大显示。

要求：

图名：“几何作图”——10 号字。

单位："求实科技理工学院"——7 号字。
制图：（绘图者姓名）——5 号字。
校核：（校核者姓名）——5 号字。
比例：（比例数字）——5 号字。
注意：同字高的各行文字可在一次命令中完成注写。

作业 2：

根据所注尺寸按 1:1 比例绘制如图 2.31 所示的"图线练习"A4 大作业（不标注尺寸）。

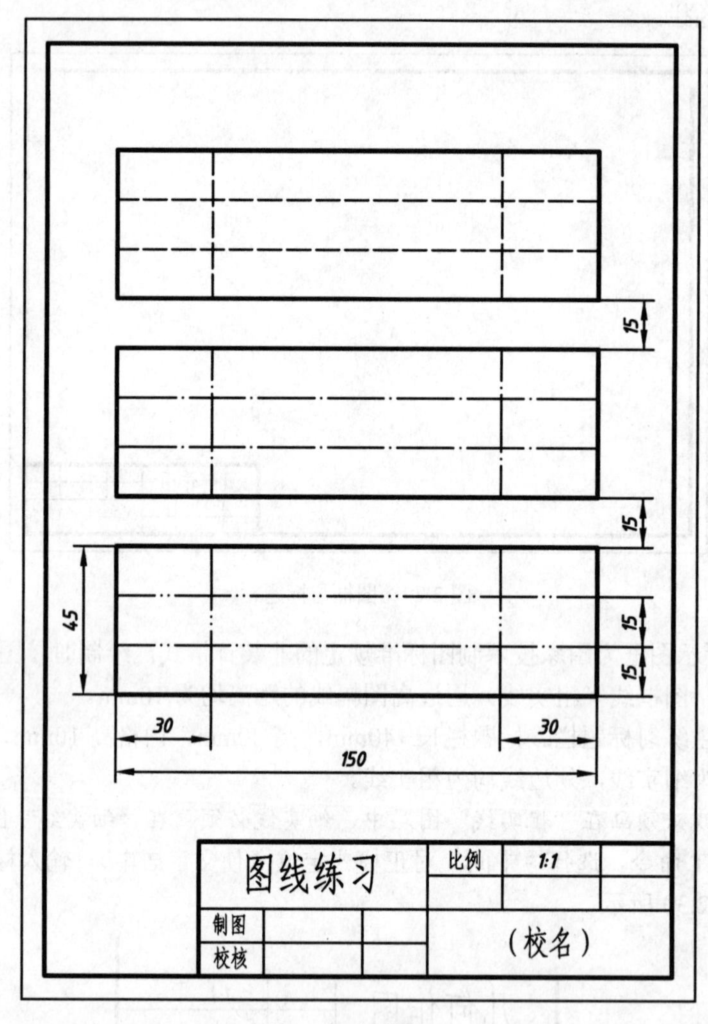

图 2.31　图线练习

作业 2 指导：

① 用 NEW 命令 新建一张图，进行绘图环境的 9 项初步设置（A4）。

注意：A4 图幅 *X* 方向长 210mm，*Y* 方向长 297mm；
A4 图幅的全局比例因子应设为 0.35；
修改栅格间距与捕捉间距为 15mm。

② 用 QSAVE 命令 保存图形文件，图名为"图线练习"。

③ 画直线。

设粗实线图层为当前图层，用 LINE 命令，应用栅格捕捉确定图线位置，用直接距离方式给尺寸画粗实线。

设虚线图层为当前图层，用 LINE 命令，同上绘制虚线。

设点画线图层为当前图层，用 LINE 命令，同上绘制点画线。

设双点画线图层为当前图层，用 LINE 命令，同上绘制双点画线。

注意：在绘图过程中，应根据需要，经常使用 ZOOM 命令将图形以所需方式显示。

④ 保存图形。

在绘图过程中应经常单击“保存”按钮，以防出现意外的退出或死机等情况。

绘图全部完成后，用 ZOOM 命令全屏显示，单击“保存”命令按钮保存图形；然后用 SAVEAS 命令将图形另存到移动盘中或硬盘另一处。

第3章

常用的绘图命令

📖本章导读

AutoCAD 提供了多种绘图命令用来绘制基本图形（也称实体）。要准确快速地绘制工程图，就应熟记常用绘图命令的功能并能熟练操作。

应掌握的知识要点：

- 用 XLINE 命令绘制无穷长直线的 6 种方式；
- 用 POLYGON 命令绘制多边形的 3 种方式；
- 用 RECTANG 命令绘制矩形、倾斜矩形、有斜角和圆角的矩形；
- 用 CIRCLE 命令绘制圆的 5 种方式；
- 用 ARC 命令绘制圆弧的 8 种方式；
- 用 PLINE 命令绘制工程图中常用的多段线；
- 用 REVCLOUD 命令实现徒手画线；
- 用 SPLINE 命令绘制工程图中常见的非圆曲线；
- 用 ELLIPSE 命令绘制椭圆（3 种方式）和椭圆弧；
- 用 DDPTYPE 命令设置点样式，用 POINT 命令绘制点，用 DIVIDE 命令按等分数绘制线段的等分点，用 MEASURE 命令按等分距离绘制线段的等分点；
- 用 MLSTYLE 命令设置“建筑结构平面图”多线样式，用 MLINE 命令绘制建筑平面图的墙体；
- 用 TABLESTYLE 命令设置表格样式，用 TABLE 命令绘制表格。

3.1　绘制无穷长直线

用 XLINE 命令可绘制无穷长直线，其常作为辅助线使用。该命令可按指定的方式和距离绘制一条或一组无穷长直线。

1. 输入命令

- 从“绘图”工具栏中单击：“构造线”按钮
- 从下拉菜单中选择：“绘图”⇨“构造线”
- 从键盘输入：XLINE 或 XL

2. 命令的操作

（1）指定两点绘制线（默认项）

使用该选项，可绘制一条或一组穿过起点和各通过点的无穷长直线，其操作过程如下。

命令: （输入命令）
指定点或 [水平(H) / 垂直(V) / 角度(A) / 二等分(B) / 偏移(O)]: （给起点）
指定通过点: （给通过点，绘制出一条线）
指定通过点: （给通过点，再绘制一条线或按〈Enter〉键结束）
命令:

（2）绘制水平线

使用“水平(H)”选项，可绘制一条或一组穿过指定点并平行于 *X* 轴的无穷长直线，其操作过程如下。

命令: （输入命令）
指定点或 [水平(H) / 垂直(V) / 角度(A) / 二等分(B) / 偏移(O)]: H↙（可从右键菜单中选择该选项）
指定通过点: （给通过点，绘制出一条水平线）
指定通过点: （给通过点，再绘制一条水平线或按〈Enter〉键结束）
命令:

（3）绘制垂直线

使用“垂直(V)”选项，可绘制一条或一组穿过指定点并平行于 *Y* 轴的无穷长直线，其操作过程如下。

命令: （输入命令）
指定点或 [水平(H) / 垂直(V) / 角度(A) / 二等分(B) / 偏移(O)]: V↙（可从右键菜单中选择该选项）
指定通过点: （给通过点，绘制出一条铅垂线）
指定通过点: （给通过点，再绘制一条铅垂线或按〈Enter〉键结束）
命令:

（4）指定角度绘制线

使用“角度(A)”选项，可绘制一条或一组指定角度的无穷长直线，其操作过程如下。

命令: （输入命令）
指定点或 [水平(H) / 垂直(V) / 角度(A) / 二等分(B) / 偏移(O)]: A↙（可从右键菜单中选择该选项）

选项后，按提示先给角度，再给通过点绘制线。

（5）指定三点绘制角平分线

使用“二等分(B)”选项，可通过给三点绘制一条或一组无穷长直线，该直线穿过第 1 点并平分以第 1 点为顶点，与第 2 点和第 3 点组成的夹角，如图 3.1 所示。

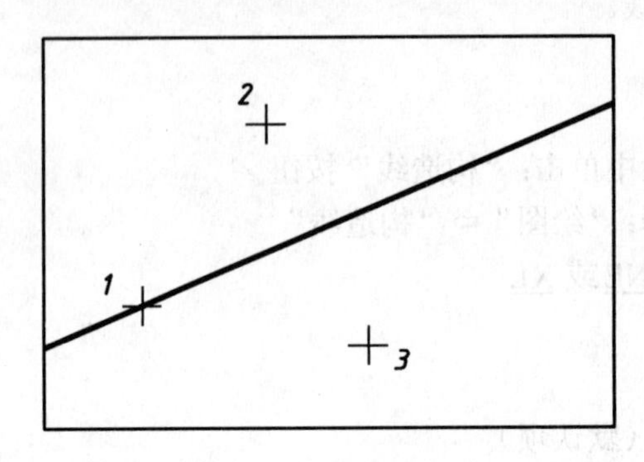

图 3.1　使用“二等分（B）”选项绘制无穷长直线示例

其操作过程如下。

命令: （输入命令）

指定点或［水平(H) / 垂直(V) / 角度(A) / 二等分(B) / 偏移(O)］: B↙（可从右键菜单中选择该选项）

选项后，按提示依次给出 3 个点，即绘制出一条角平分线。按提示若再给点，可再绘制一条该点与“1”和“2”点组成的夹角的角平分线（或按〈Enter〉键结束）。

（6）绘制所选直线的平行线

使用“偏移(O)”选项，可选择一条任意方向的直线来绘制一条或一组与所选直线平行的无穷长直线，其操作过程如下。

命令: （输入命令）

指定点或［水平(H) / 垂直(V) / 角度(A) / 二等分(B) / 偏移(O)］: O↙（可从右键菜单中选择该选项）

指定偏移距离或［通过(T)］〈20〉: （给偏移距离）

选择直线对象: （选择一条无穷长直线或直线）

指定向哪侧偏移: (在绘制线一侧任意给一个点，按偏移距离绘制一条与所选直线平行并等长的线)

选择直线对象: (可同上操作再绘制一条线，也可按〈Enter〉键结束该命令)

命令:

若在显示“指定偏移距离或［通过(T)］〈20〉:”提示行时输入“T”，将出现以下提示行:

选择直线对象: （选择一条无穷长直线或直线）

指定通过点: （给通过点，过该点绘制出一条与所选直线平行并等长的线）

选择直线对象: （可同上操作再绘制一条线，也可按〈Enter〉键结束该命令）

命令:

说明：AutoCAD 2012 在“绘图”工具栏中增加了一个“添加选定对象”命令按钮，这是输入绘图命令的一种新方式。单击它，可启动所选对象应用的绘图命令。

3.2 绘制正多边形

用 POLYGON 命令可按指定方式绘制有 3～1024 条边的正多边形。AutoCAD 提供了 3 种绘制正多边形的方式：边长方式、内接于圆方式和外切于圆方式，如图 3.2 所示。

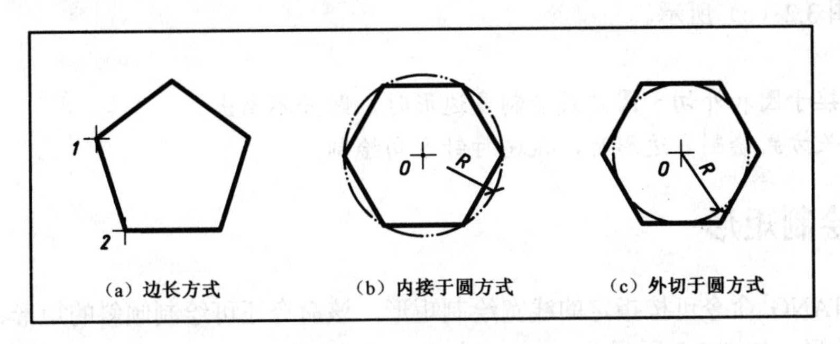

图 3.2 用 POLYGON 命令绘制正多边形示例

1. 输入命令

- 从“绘图”工具栏中单击：“多边形”按钮
- 从下拉菜单中选择：“绘图” ⇨ “多边形”
- 从键盘输入：POLYGON 或 POL

2. 命令的操作

（1）边长方式

命令: （输入命令）
输入侧面数〈4〉: 5↙（给边数）
指定正多边形的中心点或［边(E)］: E↙（选边长方式）
指定边的第一个端点: （给边上第 1 端点）
指定边的第二个端点: （给边上第 2 端点）
命令:

效果如图 3.2（a）所示。

（2）内接于圆方式（默认方式）

命令: （输入命令）
输入侧面数〈4〉: 6↙（给边数）
指定正多边形的中心点或［边(E)］: （给多边形中心点 O）
输入选项［内接于圆(I) / 外切于圆(C)］〈I〉: ↙（选默认方式）
指定圆的半径: （给圆半径）
命令:

效果如图 3.2（b）所示。

（3）外切于圆方式

命令: （输入命令）
输入侧面数〈4〉: 6↙（给边数）

指定正多边形的中心点或［边(E)]: (给多边形中心点 O)

输入选项［内接于圆(I) / 外切于圆(C)］〈I〉: C↙（选 C 方式）

指定圆的半径: (给圆半径)

命令:

效果如图 3.2（c）所示。

说明：

① 用内接于圆和外切于圆方式绘制多边形时，圆并不画出。

② 用边长方式绘制多边形时，按逆时针方向绘制。

3.3 绘制矩形

用 RECTANG 命令可按指定的线宽绘制矩形，该命令还可绘制倾斜的矩形、四角为斜角或者圆角的矩形，如图 3.3 所示。

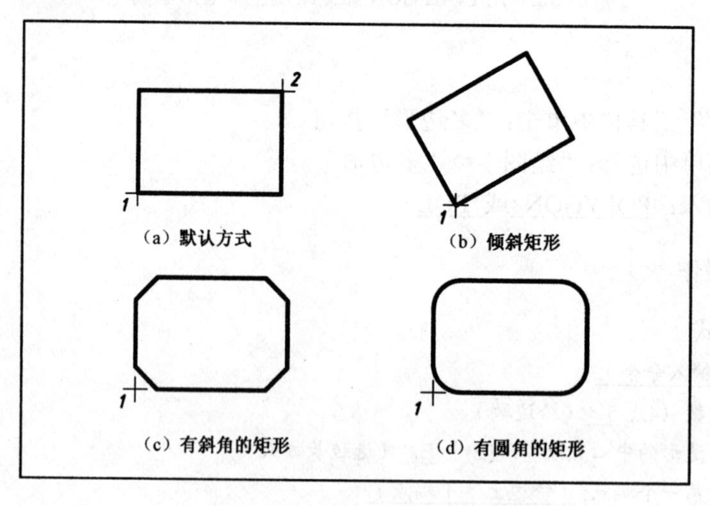

图 3.3 用 RECTANG 命令绘制矩形示例

1. 输入命令

- 从“绘图”工具栏中单击：“矩形”按钮
- 从下拉菜单中选择：“绘图”⇨“矩形”
- 从键盘输入：RECTANG 或 REC

2. 命令的操作

（1）绘制矩形

AutoCAD 提供了 3 种给矩形尺寸的方式：给两个对角点（默认方式）、给长度和宽度尺寸、给面积和一个边长。无论按哪种方式给尺寸，AutoCAD 都将按当前线宽绘制一个矩形，其操作过程如下。

命令: (输入命令)

指定第一个角点或［倒角(C) / 标高(E) / 圆角(F) / 厚度(T) / 宽度(W)]: (给第 1 个角点)

指定另一个角点或［面积(A)/尺寸(D)/旋转(R)］:（给第2个角点或选项）

命令:

说明：

① 若在“指定另一个角点或［面积(A)/尺寸(D)/旋转(R)］:”提示行中直接给第2个角点，AutoCAD将按所给两个对角点及当前线宽绘制一个矩形，如图3.3（a）所示。

② 若在“指定另一个角点或［面积(A)/尺寸(D)/旋转(R)］:”提示行中选“D”项，AutoCAD将依次要求输入矩形的长度和宽度，按提示操作，将按所给尺寸及当前线宽绘制一个矩形。

③ 若在“指定另一个角点或［面积(A)/尺寸(D)/旋转(R)］:”提示行中选“A”项，AutoCAD将依次要求输入矩形的面积和一条边的尺寸，按提示操作，将按所给尺寸及当前线宽绘制一个矩形。

④ 若在“指定另一个角点或［面积(A)/尺寸(D)/旋转(R)］:”提示行中选“R”项，AutoCAD将依次要求输入矩形的旋转角度和矩形尺寸，按提示操作，将按所指定的倾斜角度和矩形尺寸绘制一个倾斜的矩形，如图3.3（b）所示。

（2）绘制有斜角的矩形

其操作过程如下。

命令:（输入命令）

指定第一个角点或［倒角(C)/标高(E)/圆角(F)/厚度(T)/宽度(W)］: C↙

指定矩形的第一个倒角距离〈0.00〉:（给第1个倒角距离）

指定矩形的第二个倒角距离〈0.00〉:（给第2个倒角距离）

指定第一个角点或［倒角(C)/标高(E)/圆角(F)/厚度(T)/宽度(W)］:（给第1个角点）

指定另一个角点或［面积(A)/尺寸(D)/旋转(R)］:（给另一个对角点或选项后再给矩形尺寸）

命令:

效果如图3.3（c）所示。

（3）绘制有圆角的矩形

其操作过程如下。

命令:（输入命令）

指定第一个角点或［倒角(C)/标高(E)/圆角(F)/厚度(T)/宽度(W)］: F↙

指定矩形的圆角半径〈0.00〉:（给圆角半径）

指定第一个角点或［倒角(C)/标高(E)/圆角(F)/厚度(T)/宽度(W)］:（给第1个角点）

指定另一个角点或［面积(A)/尺寸(D)/旋转(R)］:（给另一个对角点或选项后再给矩形尺寸）

命令:

效果如图3.3（d）所示。

说明：

① 若在“指定第一个角点或［倒角(C)/标高(E)/圆角(F)/厚度(T)/宽度(W)］:”提示行中选“W”项，AutoCAD将提示重新指定当前线宽，当前线宽为0时，矩形的线宽为ByLayer（随图层）。该提示行中的“E”项用于设置3D矩形离地平面的高度，“T”项用于设置矩形的3D厚度。

② 在操作该命令时，所设选项内容将作为当前设置，即在下一次绘制矩形时，AutoCAD

将上次的设置作为默认方式，直至重新设置为止。

3.4 绘制圆

用 CIRCLE 命令可按指定的方式绘制圆，AutoCAD 提供了 5 种绘制圆方式。

① 给定圆心、半径（R）绘制圆。
② 给定圆心、直径（D）绘制圆。
③ 给定圆上两点（2）绘制圆。
④ 给定圆上三点（3）绘制圆。
⑤ 选两个相切目标并给半径（T）绘制公切圆。

1. 输入命令

- 从“绘图”工具栏中单击：“圆”按钮
- 从下拉菜单中选择：“绘图”⇨“圆”命令，然后从级联子菜单中选一种绘制圆方式
- 从键盘输入：CIRCLE 或 C

2. 命令的操作

用默认方式绘制圆，从“绘图”工具栏中输入命令，按提示操作不必选项；用非默认项绘制圆，在命令状态下从右键菜单中选择绘制圆的方式和操作项非常简捷灵活，是常用的方法；用非默认项绘制圆，也可从下拉菜单的级联子菜单中直接选择绘制圆方式，AutoCAD 会按所选方式给出提示，依次给出应答即可。

（1）圆心、半径方式（默认项）

命令:（从“绘图”工具栏中输入命令）

指定圆的圆心或［三点(3P) / 两点(2P) / 切点、切点、半径(T)］:（给圆心）

指定圆的半径或［直径(D)］⟨30⟩:（给半径值或拖动）

命令:

（2）三点方式

命令:（从“绘图”工具栏中输入命令，然后在绘图区中右键单击，从弹出的右键菜单中选择“三点”命令；或直接从下拉菜单中选择“绘图”⇨“圆”⇨“三点”命令）

指定圆上的第一点:（给圆上第 1 点）

指定圆上的第二点:（给圆上第 2 点）

指定圆上的第三点:（给圆上第 3 点）

命令:

效果如图 3.4 所示。

（3）两点方式

命令:（从“绘图”工具栏中输入命令，然后在绘图区中右键单击，从弹出的右键菜单中选择“两点”命令；或直接从下拉菜单中选择“绘图”⇨“圆”⇨“两点”命令）

指定圆直径的第一端点:（给直径线上第 1 点）

指定圆直径的第二端点:（给直径线上第 2 点）

命令:

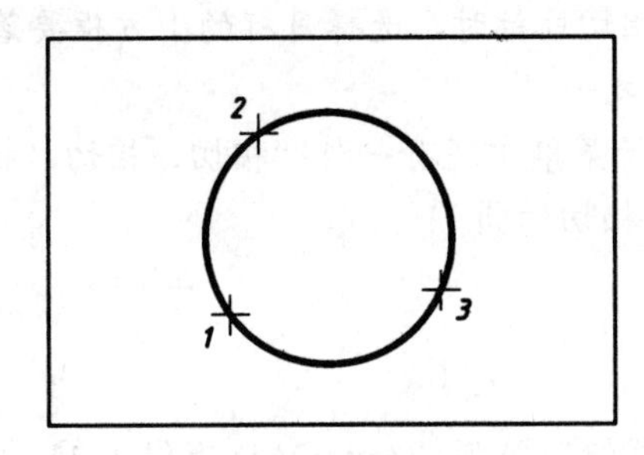

图 3.4　用三点方式绘制圆示例

（4）圆心、直径方式

命令:（从“绘图”工具栏中输入命令，然后在绘图区中右键单击，从弹出的右键菜单中选择“圆心、直径”命令；或直接从下拉菜单中选择“绘图”⇨“圆”⇨“圆心、直径”命令）

指定圆的圆心或［三点(3P)/两点(2P)/相切、相切、半径(T)］:（给圆心，若是从“绘图”工具栏中输入的命令，则给圆心后应在绘图区中右键单击，从弹出的右键菜单中选择“直径”命令）

指定圆的直径〈当前值〉:（给直径）

命令:

（5）切、切、半方式

命令:（从“绘图”工具栏中输入命令，然后在绘图区中右键单击，从弹出的右键菜单中选择“切点、切点、半径”命令；或直接从下拉菜单中选择“绘图”⇨“圆”⇨“相切、相切、半径”命令）

指定对象与圆的第一个切点:（指定第一个相切实体）

指定对象与圆的第二个切点:（指定第二个相切实体）

指定圆的半径〈80〉:（给公切圆半径）

命令:

效果如图 3.5 所示。

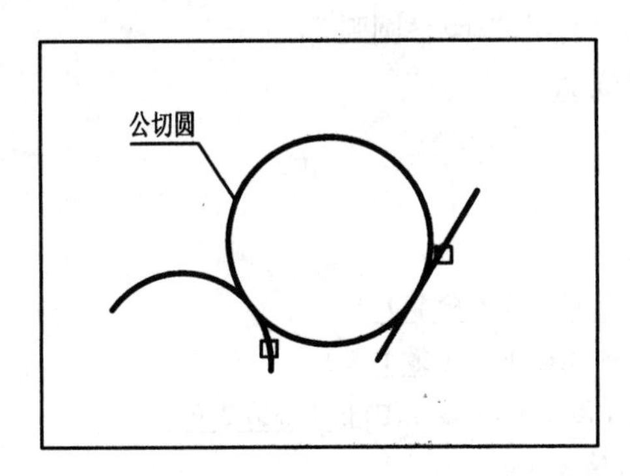

图 3.5　用切、切、半方式绘制圆示例

说明:

① 以上所述只是常用的操作方法，还可以通过键盘输入命令及选项完成绘制圆的操作。

② 当有多个选项时，默认选项可以直接操作，不必选择；其他选项必须先选择，再进行相应的操作。

③ 绘制公切圆，在选择相切目标时，选择目标的小方框要落在实体上并靠近切点，切圆半径应大于两切点距离的二分之一。

④ “绘图” ⇨ “圆” 级联子菜单中还有一种 “相切、相切、相切” 三切点绘制圆方式，用这种方式可绘制出与 3 个实体相切的圆。

3.5 绘制圆弧

用 ARC 命令可按指定方式绘制圆弧。AutoCAD 提供了 11 个选项来绘制圆弧：

① 三点(P)
② 起点、圆心、端点(S)
③ 起点、圆心、角度(T)
④ 起点、圆心、长度(A)
⑤ 起点、端点、角度(N)
⑥ 起点、端点、方向(D)
⑦ 起点、端点、半径(R)
⑧ 圆心、起点、端点(C)
⑨ 圆心、起点、角度(E)
⑩ 圆心、起点、长度(L)
⑪ 继续(O)

在上述选项中，⑧、⑨、⑩与②、③、④的 3 个条件相同，只是操作命令时提示顺序不同。因此，AutoCAD 实际提供的是 8 种绘制圆弧方式。

1. 输入命令

- 从“绘图”工具栏中单击：“圆弧”按钮
- 从下拉菜单中选择：“绘图” ⇨ “圆弧”
- 从键盘输入：ARC 或 A

2. 命令的操作

（1）三点方式（默认项）

命令:（从“绘图”工具栏中输入命令）
指定圆弧的起点或 [圆心(C)]:（给第 1 点）
指定圆弧的第二点或 [圆心(C) / 端点(E)]:（给第 2 点）
指定圆弧的端点:（给第 3 点）
命令:

效果如图 3.6 所示。

用其他方式绘制圆弧，从下拉菜单中选择命令或用右键菜单选项都可以。若从下拉菜单选择命令，在选择子菜单中的绘制圆弧方式后，AutoCAD 将按所取方式依次提示，给足 3 个条件即可绘制出一段圆弧。下面以从下拉菜单中选择命令的方法为例说明如何绘制圆弧。

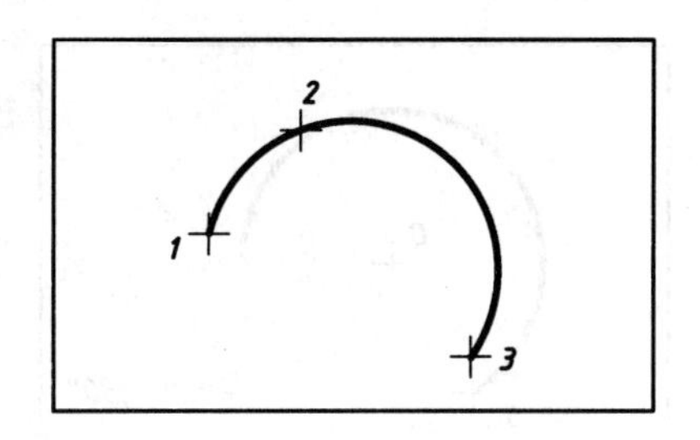

图 3.6　用三点方式绘制圆弧示例

（2）起点、圆心、端点方式

命令:（从下拉菜单中选择“绘图”⇨“圆弧”⇨“起点、圆心、端点”命令）

指定圆弧的起点或［圆心(C)]:（给起点 S）

指定圆弧的第二点或［圆心(C)／端点(E)]: _c 指定圆弧的圆心:（给圆心 O）

指定圆弧的端点或［角度(A)／弦长(L)]:（给端点 E）

命令:

以 S 点为起点，O 点为圆心，逆时针绘制圆弧，圆弧的终点落在圆心及终点 E 的连线上，效果如图 3.7 所示。

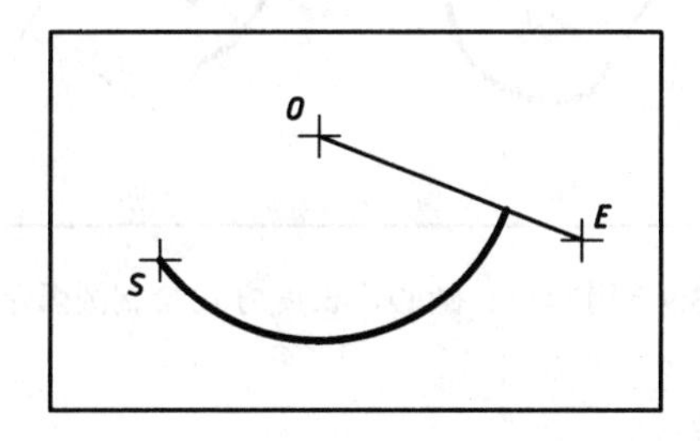

图 3.7　用起点、圆心、端点方式绘制圆弧示例

（3）起点、圆心、角度方式

命令:（从下拉菜单中选择“绘图”⇨“圆弧”⇨“起点、圆心、角度”命令）

指定圆弧的起点或［圆心(C)]:（给起点 S）

指定圆弧的第二点或［圆心(C)／端点(E)]: 指定圆弧的圆心:（给圆心 O）

指定圆弧的端点或［角度(A)／弦长(L)]: 指定包含角: –230↙（给角度）

命令:

以 S 点为起点，O 点为圆心（OS 为半径），按所给弧的包含角度–230° 绘制圆弧。若角度为正，则从起点开始逆时针绘制圆弧；若角度为负，则从起点开始顺时针绘制圆弧，效果如图 3.8 所示。

（4）起点、圆心、长度方式

命令:（从下拉菜单中选择“绘图”⇨“圆弧”⇨“起点、圆心、长度”命令）

指定圆弧的起点或［圆心(C)]:（给起点 S）

指定圆弧的第二点或［圆心(C)／端点(E)]: 指定圆弧的圆心:（给圆心 O）

指定圆弧的端点或［角度(A)／弦长(L)]: 指定弦长: 100↙（给长度）

命令:

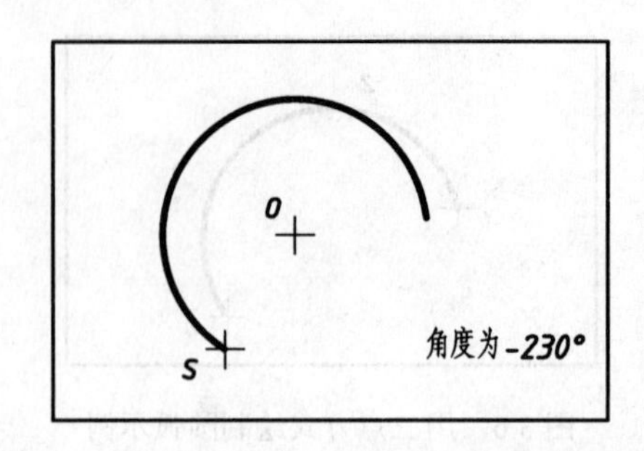

图 3.8 用起点、圆心、角度方式绘制圆弧示例

用这种方式绘制圆弧，都是从起点开始，按逆时针方向绘制圆弧的。若弦长为正值，则绘制小于半圆的圆弧，效果如图 3.9（a）所示（图中弦长为 100）；若弦长为负值，则绘制大于半圆的圆弧，效果如图 3.9（b）所示（图中弦长为-100）。

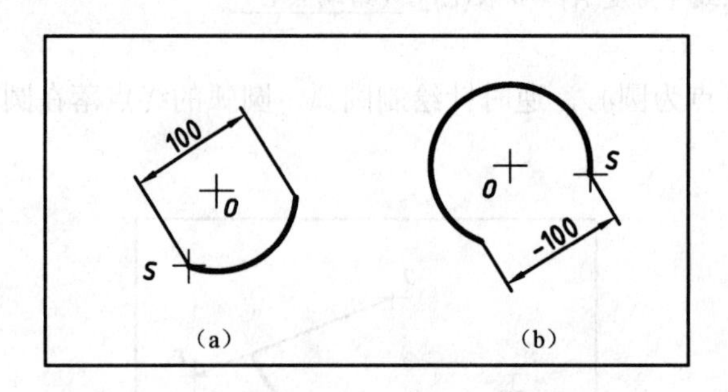

图 3.9 用起点、圆心、长度方式绘制圆弧示例

（5）起点、端点、角度方式

命令: （从下拉菜单中选择“绘图” ⇨ “圆弧” ⇨ “起点、端点、角度” 命令）

指定圆弧的起点或 [圆心(C)]: （给起点 S）

指定圆弧的第二点或 [圆心(C) / 端点(E)]: 指定圆弧的端点: （给终点 E）

指定圆弧的圆心或 [角度(A) / 方向(D) / 半径(R)]: 指定包含角: 200↙ （给角度）

命令:

所绘制圆弧以 S 点为起点，E 点为终点，圆弧的包含角度为 200°，效果如图 3.10 所示。

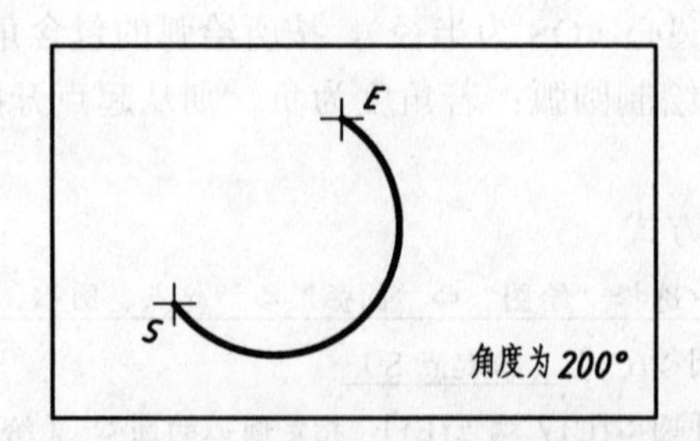

图 3.10 用起点、端点、角度方式绘制圆弧示例

（6）起点、端点、方向方式

命令: （从下拉菜单中选择“绘图”⇨“圆弧”⇨“起点、端点、方向”命令）

指定圆弧的起点或［圆心(C)］:（给起点 S）

指定圆弧的第二点或［圆心(C) / 端点(E)］: 指定圆弧的端点:（给终点 E）

指定圆弧的圆心或［角度(A) / 方向(D) / 半径(R)］: 指定圆弧的起点切向:（给方向点）

命令:

所绘制圆弧以 S 点为起点，E 点为终点，所给方向点与圆弧起点的连线是该圆弧的开始方向，效果如图 3.11 所示。

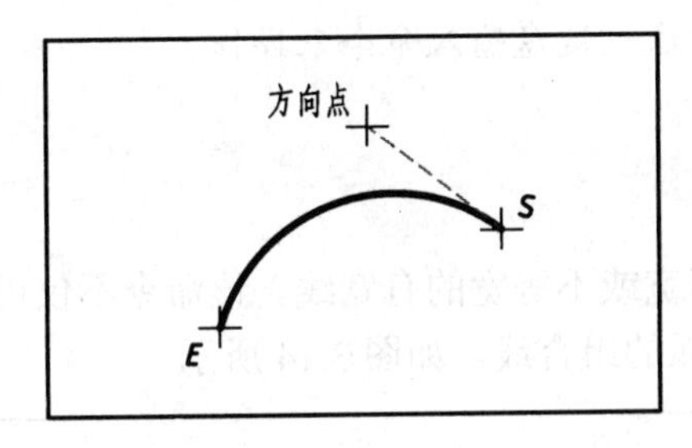

图 3.11　用起点、端点、方向方式绘制圆弧示例

（7）起点、端点、半径方式

命令: （从下拉菜单中选择“绘图”⇨“圆弧”⇨“起点、端点、半径”命令）

指定圆弧的起点或［圆心(C)］:（给起点 S）

指定圆弧的第二点或［圆心(C) / 端点(E)］: 指定圆弧的端点:（给终点 E）

指定圆弧的圆心或［角度(A) / 方向(D) / 半径(R)］: 指定圆弧的半径: 100↙（给半径）

命令:

所绘制圆弧以 S 点为起点，E 点为终点，半径为 100，效果如图 3.12 所示。

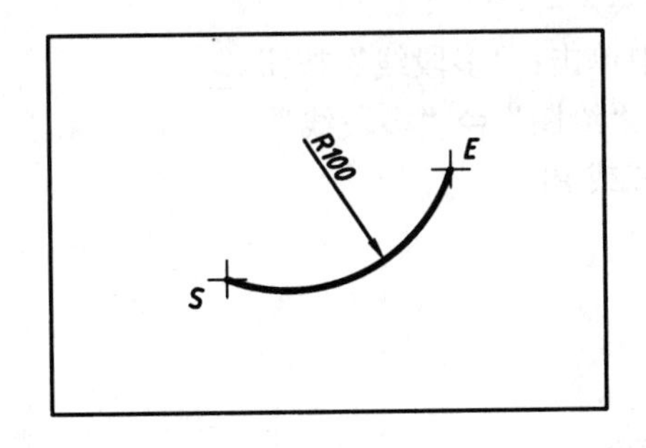

图 3.12　用起点、端点、半径方式绘制圆弧示例

（8）继续方式

如图 3.13 所示，这种方式以最后一次绘制的圆弧或直线（图中虚线）的终点为起点，再按提示给出圆弧的终点，所绘制圆弧将与上段线相切。

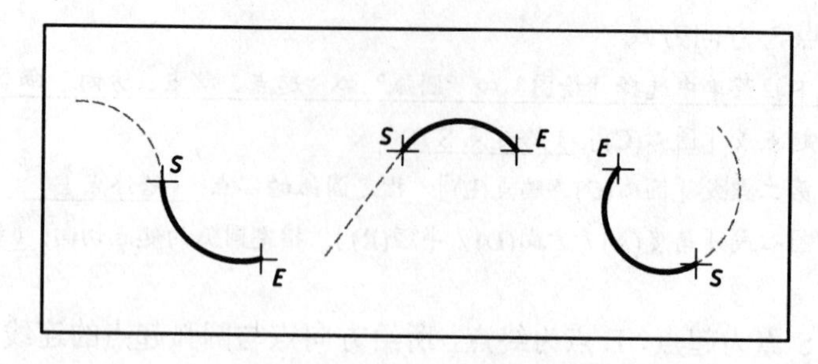

图 3.13 用继续方式绘制圆弧示例

说明： 绘制圆弧也可以通过键盘输入命令来操作。

3.6 绘制多段线

用 PLINE 命令可绘制等宽或不等宽的有宽线。该命令不仅可以绘制直线，还可以绘制圆弧及直线与圆弧、圆弧与圆弧的组合线，如图 3.14 所示。

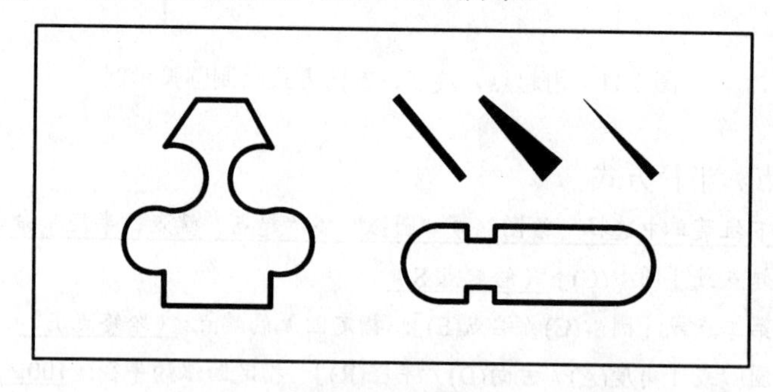

图 3.14 用 PLINE 命令绘制多段线示例

1. 输入命令

- 从“绘图”工具栏中单击：“多段线”按钮
- 从下拉菜单中选择：“绘图” ⇨ “多段线”
- 从键盘输入：PLINE 或 PL

2. 命令的操作

命令：（输入命令）

指定起点:（给起点）

当前线宽为 0.00　　（信息行）

指定下一点或［圆弧(A) / 半宽(H) / 长度(L) / 放弃(U) / 宽度(W)]:（给点或选项）

指定下一点或［圆弧(A) / 闭合(C) / 半宽(H) / 长度(L) / 放弃(U) / 宽度(W)]:（给点或选项）

注：最后一行称为直线方式提示行。

直线方式提示行各选项含义如下。

给点（默认项）：所给点是直线的另一个端点。给点后仍将出现直线方式提示行，可继续给点绘制直线或按〈Enter〉键结束命令（与 LINE 命令操作类似，并按当前线宽绘制直线）。

"C"：同 LINE 命令的"C"选项，绘制直线，使终点与起点相连并结束命令。

"W"：可改变当前线宽。

输入选项后，出现提示行：

指定起始宽度〈0.00〉：（给起始线宽）

指定端点宽度〈1.00〉：（给终点线宽）

给线宽后仍将出现直线方式提示行。

如果起始线宽与端点线宽相同，则绘制等宽线；如果起始线宽与端点线宽不同，则所绘制的第一条线为不等宽线，后续线段将按端点线宽绘制等宽线。

"H"：按线宽的一半指定当前线宽（同"W"项操作）。

"U"：在命令中擦去最后绘制的那条线。

"L"：可输入一个长度值，按指定长度延长上一条直线。

"A"：使 PLINE 命令转入绘制圆弧方式。

选项后，出现圆弧方式提示行：

指定圆弧的端点或［角度(A) / 圆心(CE) / 闭合(CL) / 方向(D) / 半宽(H) / 直线(L) / 半径(R) / 第二点(S) / 放弃(U) / 宽度(W)]：（给点或选项）

圆弧方式提示行各选项含义如下。

给点（默认项）：所给点是圆弧的终点，相当于 ARC 命令中的连续方式。

"A"：输入所绘制圆弧的包含角。

"CE"：指定所绘制圆弧的圆心。

"R"：指定所绘制圆弧的半径。

"S"：指定按三点方式绘制圆弧的第 2 点。

"D"：指定所绘制圆弧起点的切线方向。

"L"：返回绘制直线方式，出现直线方式提示行。

"CL"：绘制圆弧，与最后线段相切，与起点相连并结束命令。

其他"H"、"W"、"U"选项的含义与直线方式提示行中的同类选项相同。

说明：

① 用 PLINE 命令绘制圆弧与 ARC 命令的思路相同，可根据需要从提示行中逐一选项，给足 3 个条件（包括起始点）即可绘制出一段圆弧。

② 在同一次 PLINE 命令中所绘制的各线段是一个实体。

3.7　绘制云线和徒手画线

用 REVCLOUD 命令可绘制像云朵一样的连续曲线。若将弧长设置得很小，可实现徒手画线，如图 3.15 所示。

1．输入命令

- 从"绘图"工具栏中单击："修订云线"按钮
- 从下拉菜单中选择："绘图" ⇨ "修订云线"
- 从键盘输入：REVCLOUD

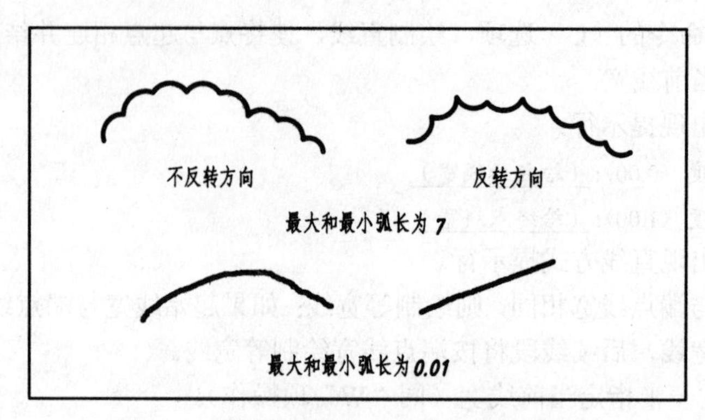

图 3.15　用 REVCLOUD 命令绘制云线示例

2．命令的操作

命令: （输入命令）

最小弧长: 15 最大弧长: 15 样式: 普通　　（信息行）

指定起点或 [弧长(A) / 对象(O) / 样式(S)]〈对象〉: （单击给起点）

沿云线路径引导十字光标... 移动鼠标手动绘制线，至终点右键单击或按〈Enter〉键确定）

反转方向 [是(Y) / 否(N)]〈否〉: （选项后按〈Enter〉键结束）

修订云线完成。

命令:

说明：

① 若在“指定起点或 [弧长(A) / 对象(O) / 样式(S)]〈对象〉:”提示行中选“A”项，可重新指定弧长。弧长用来确定所绘制云线的步距和弧的大小。云线的步距和弧的大小也与鼠标移动的速度相关。

② 若在“指定起点或 [弧长(A) / 对象(O) / 样式(S)]〈对象〉:”提示行中选“O”项，可修改已有的云线；若选“S”项，可在“普通”和“徒手”两种样式中重新选择。

3.8　绘制样条曲线

用 SPLINE 命令可绘制通过或接近所给一系列点的光滑曲线，如图 3.16 所示。

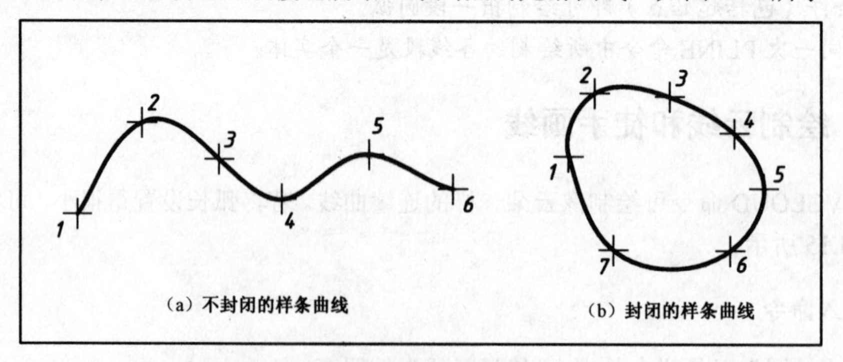

图 3.16　绘制样条曲线示例

1．输入命令

- 从“绘图”工具栏中单击:“样条曲线”按钮

- 从下拉菜单中选择："绘图" ⇨ "样条曲线" 命令，然后从级联子菜单中选一种绘制样条曲线的方式
- 从键盘输入：SPLINE 或 SPL

2．命令的操作

以图 3.16（a）为例，其操作过程如下。

命令: （输入命令）
当前设置: 方式=拟合　节点=弦　　（信息行）
指定第一个点或 [方式(M)/节点(K)/对象(O)]: （给第 1 点）
输入下一个点或 [起点切向(T)/公差(L)]: （给第 2 点）
输入下一个点或 [端点相切(T)/公差(L)/放弃(U)]: （给第 3 点）
输入下一个点或 [端点相切(T)/公差(L)/放弃(U)/闭合(C)]: （给第 4 点）
输入下一个点或 [端点相切(T)/公差(L)/放弃(U)/闭合(C)]: （给第 5 点）
输入下一个点或 [端点相切(T)/公差(L)/放弃(U)/闭合(C)]: （给第 6 点）
输入下一个点或 [端点相切(T)/公差(L)/放弃(U)/闭合(C)]: ↙
命令:

说明：

① 提示行中的 "M" 项，用来选择样条曲线的绘图方式（拟合点方式和控制点方式），默认是拟合点方式。使用控制点方式绘制样条曲线时，在指定的点之间显示临时线，从而形成确定样条曲线形状的控制多边形。

② 提示行中的 "T" 项，用来指定样条曲线起点或端点（即终点）的相切方向。

③ 提示行中的 "L" 项，用来指定拟合公差值。拟合公差值的大小决定了所绘制的曲线与指定点的接近程度。拟合公差值越大，离指定点越远；拟合公差值为 0，将通过指定点（默认值为 0）。

④ 提示行中的 "C" 项，用来使曲线首尾闭合，效果如图 3.16（b）所示。

3.9　绘制椭圆

用 ELLIPSE 命令可按指定方式绘制椭圆和椭圆弧。AutoCAD 提供了 3 种绘制椭圆的方式：轴端点方式、椭圆心方式和旋转角方式，如图 3.17 所示。

1．输入命令

- 从 "绘图" 工具栏中单击："椭圆" 按钮
- 从下拉菜单中选择："绘图" ⇨ "椭圆"
- 从键盘输入：ELLIPSE

2．命令的操作

（1）轴端点方式（默认方式）

该方式通过定义椭圆与轴的 3 个交点（即轴端点）来绘制一个椭圆，其操作过程如下。

命令: （输入命令）

指定椭圆的轴端点或［圆弧(A) / 中心点(C)］: （给第 1 点）

指定轴的另一个端点: （给该轴上的第 2 点）

指定另一条半轴长度或［旋转(R)］: （给第 3 点定另一条半轴长度）

命令:

效果如图 3.17（a）所示。

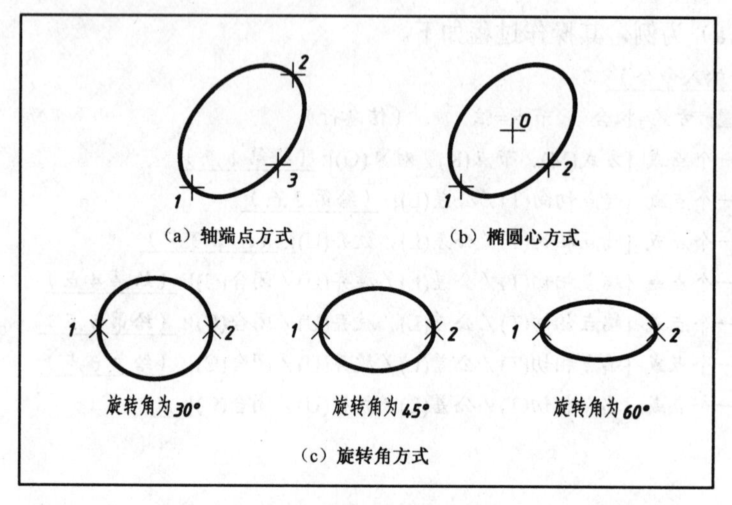

图 3.17　用 ELLIPSE 命令绘制椭圆示例

（2）椭圆心方式

该方式通过定义椭圆心和椭圆与两轴的两个交点（即两半轴长）来绘制一个椭圆，其操作过程如下。

命令: （输入命令）

指定椭圆的轴端点或［圆弧(A) / 中心点(C)］: C↙（选椭圆圆心方式）

指定椭圆的中心点: (给椭圆圆心 O)

指定轴的端点: （给轴端点 1 或其半轴长）

指定另一条半轴长度或［旋转(R)］: （给轴端点 2 或其半轴长）

命令:

效果如图 3.17（b）所示。

（3）旋转角方式

该方式通过先定义椭圆一个轴的两个端点，然后指定一个旋转角度来绘制椭圆。在绕长轴旋转画圆时，旋转的角度定义了椭圆长轴与短轴的比例。旋转角度值越大，长轴与短轴的比值就越大。如果旋转角度为 0，则 AutoCAD 绘制一个圆形。其操作过程如下。

命令: （输入命令）

指定椭圆的轴端点或［圆弧(A) / 中心点(C)］: （给第 1 点）

指定轴的另一个端点: （给该轴上第 2 点）

指定另一条半轴长度或［旋转(R)］: R↙（选旋转方式）

指定绕长轴旋转: （给旋转角度）

命令:

效果如图 3.17（c）所示。

（4）绘制椭圆弧

绘制椭圆弧就是用以上 3 种方式之一绘制出椭圆并取其一部分。以用默认方式绘制椭圆为例，其操作过程如下。

命令: （输入命令，即从“绘图”工具栏中单击“椭圆弧”按钮 ）

指定椭圆弧的轴端点或 [中心点(C)]: （给第 1 点）

指定轴的另一个端点: （给该轴上的第 2 点）

指定另一条半轴长度或 [旋转(R)]: （给第 3 点定另一条半轴长度）

指定起点角度或 [参数(P)]: （给切断起始点 A 或给起始角度）

指定端点角度或 [参数(P) / 包含角度(I)]: （给切断终点 B 或终止角度）

命令:

效果如图 3.18 所示。

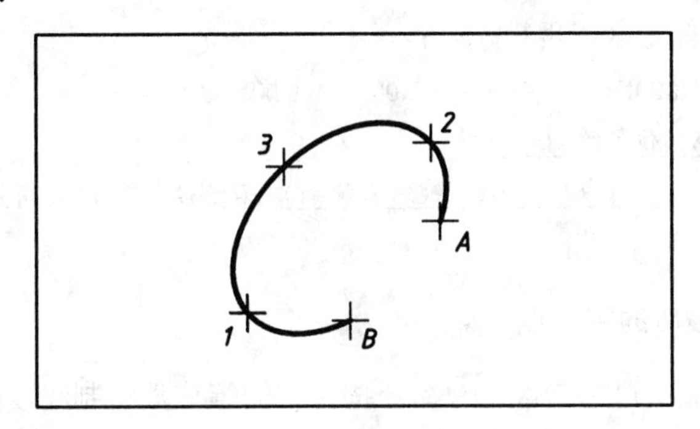

图 3.18　绘制椭圆弧示例

说明：若在最后一行提示行中选“I”项，则指定保留椭圆弧段的包含角度；若选“P”项，则按矢量方程式输入终止角度。

3.10　绘制点和等分线段

用 POINT 命令可按设定的点样式在指定位置绘制点，用 DIVIDE 和 MEASURE 命令可按设定的点样式在选定的线段上按指定的等分数或等分距离绘制等分点。以上命令，无论一次绘制出多少个点，每个点都是一个独立的实体。

1. 设定点样式

点样式决定了所绘制点的形状和大小。执行绘制点命令之前，应先设定点样式。在同一个图形文件中只能有一种点样式。当改变点样式时，该图形文件中所绘制点的形状和大小都将随之改变。

可以通过以下方式打开如图 3.19 所示的“点样式”对话框。

- 从下拉菜单中选择：“格式” ⇨ “点样式”
- 从键盘输入：DDPTYPE

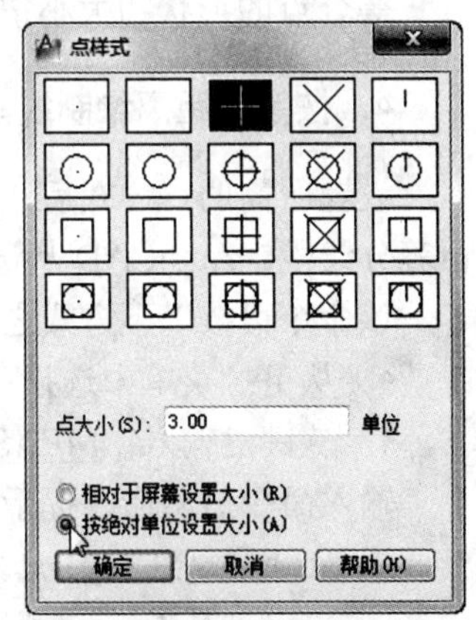

图 3.19　“点样式”对话框

操作该对话框可设置点的样式，具体操作过程如下。

① 单击对话框上部的点形状图例来设定点的形状。

② 选中“按绝对单位设置大小”单选钮以确定给点的尺寸方式。

③ 在“点大小”文字编辑框中指定所绘制点的大小。

④ 单击“确定”按钮完成点样式设置。

2．按指定位置绘制点

设置所需的点样式后，用 POINT 命令来绘制点，可按以下方式之一输入命令。

- 从“绘图”工具栏中单击：“点”按钮 ▫
- 从下拉菜单中选择：“绘图” ⇨ “点” ⇨ “多点”（若只绘制一个点则选择“单点”）
- 从键盘输入：POINT

输入命令后，命令提示区出现提示行：

当前点模式： PDMODE=2 PDSIZE=3.00 （信息行）

指定点：（指定点的位置绘制出一个点）

指定点：（可继续绘制点或按〈Esc〉键结束命令）（若选择“单点”，将直接结束命令）

命令：

3．按等分数绘制线段的等分点

设置所需的点样式后，可用 DIVIDE 命令按指定的等分数绘制线段的等分点，即定数等分线段。

该命令可按以下方式之一输入。

- 从下拉菜单中选择：“绘图” ⇨ “点” ⇨ “定数等分”
- 从键盘输入：DIVIDE

输入命令后，命令提示区出现提示行：

选择要定数等分的对象：（选择一条线段）

输入线段数目或 [块(B)]：8↙（给等分数）

命令：

等分点的形状和大小按所设的点样式被绘制出来，效果如图 3.20（a）所示。

4．按等分距离绘制线段的等分点

设置所需的点样式后，可用 MEASURE 命令按指定的等分距离绘制线段的等分点，即定距等分线段。AutoCAD 从选择实体时靠近的一端开始测量。

该命令可按以下方式之一输入。

- 从下拉菜单中选择：“绘图” ⇨ “点” ⇨ “定距等分”
- 从键盘输入：MEASURE

输入命令后，命令提示区出现提示行：

选择要定距等分的对象：（选择一条线段）

指定线段长度或 [块(B)]：10↙（给等分长度）

命令：

等分点的形状和大小按所设的点样式被绘制出来，效果如图 3.20（b）所示。

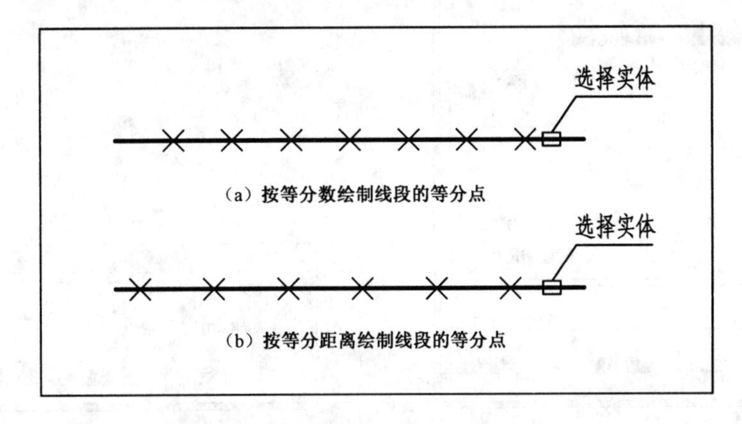

图 3.20　绘制线段等分点示例

3.11　绘制多条平行线

用 MLINE（多线）命令可按当前多线样式指定的线型、条数、比例及端口形式绘制多条平行线段。多线的间距可在该命令中重新指定。工程绘图中用“多线”命令画建筑平面图中的墙体非常方便，本节以绘制如图 3.21 所示房屋建筑平面图中的“24”墙体为例讲述该命令的操作过程。

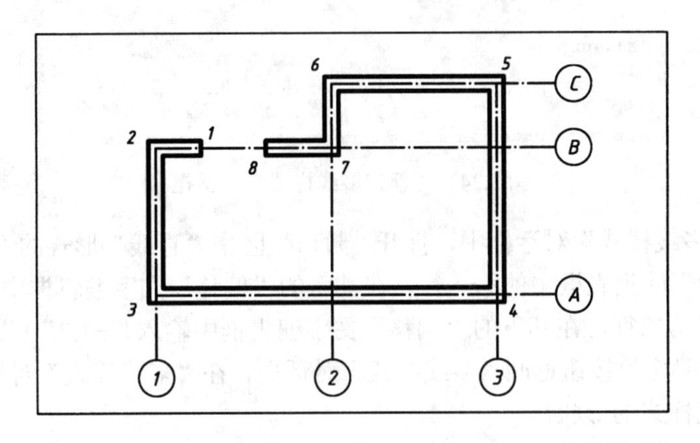

图 3.21　用“多线”命令绘制房屋建筑平面图中的墙体示例

1. 创建“24”墙体的多线样式

① 从下拉菜单中选择“格式”⇨“多线样式”命令，或从键盘输入 MLSTYLE 命令，AutoCAD 弹出“多线样式”对话框，如图 3.22 所示。

② 单击“多线样式”对话框中的“新建”按钮，弹出“创建新的多线样式”对话框，在该对话框的“新样式名”文字编辑框中输入“24”，如图 3.23 所示。

③ 单击“创建新的多线样式”对话框中的“继续”按钮，弹出“新建多线样式”对话框，如图 3.24 所示。

图 3.22 “多线样式”对话框

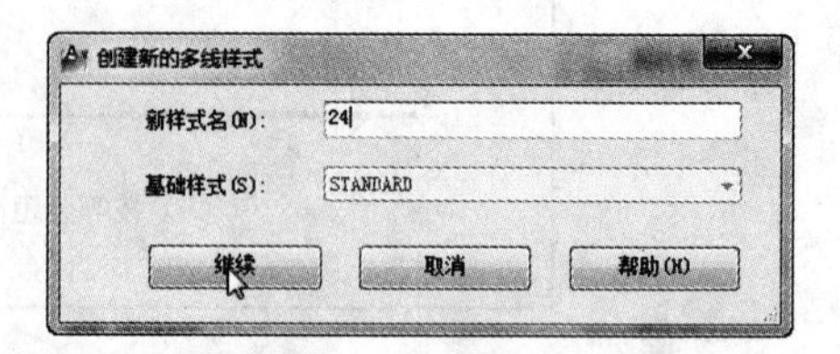

图 3.23 “创建新的多线样式”对话框

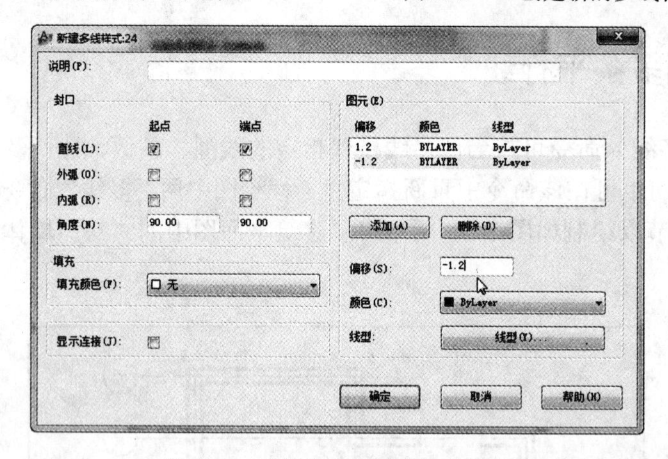

图 3.24 “新建多线样式”对话框

④ 在“新建多线样式”对话框中，打开“封口”区中“直线”形式的“起点”与“端点”开关；选择“图元”区列表框中的第一行，在其下的“偏移”文字编辑框中输入“1.2”（默认值为 0.5），再选择第二行，在其下的“偏移”文字编辑框中输入“−1.2”（默认值为−0.5）。设置完成后，单击“确定”按钮返回“多线样式”对话框，在“多线样式”对话框下部预览框内将显示所设置多线样式的形状。

说明：在“新建多线样式”对话框中，“偏移”值是指绘制图形时墙体轮廓线与定位轴线的距离。若绘制“37”墙体，则第一行“偏移”值应改为 2.5，第二行“偏移”值应改为−1.2。

⑤ 单击“多线样式”对话框中的“置为当前”按钮将“24”多线样式设成当前多线样式，再单击“确定”按钮退出“多线样式”对话框，完成创建。

2. 绘制墙体

用下列方式之一输入命令。

- 从下拉菜单中选择：“绘图” ⇨ “多线”
- 从键盘输入：<u>ML</u>

命令提示区出现提示行：

当前设置：对正 = 上，比例 = 20.00，样式 = 24　　　（信息行）

指定起点或 [对正(J) / 比例(S) / 样式(ST)]: S↙

输入多线比例 〈20.00〉: 1↙（墙体绘制出的厚度是 2.4mm，即按“24”样式中所设偏移值绘制）

指定起点或 [对正(J) / 比例(S) / 样式(ST)]: （给起点，即第 1 点）

指定下一点:（给第 2 点）

指定下一点或 [放弃(U)]: （给第 3 点）

指定下一点或 [闭合(C) / 放弃(U)]: （给第 4 点）

指定下一点或 [闭合(C) / 放弃(U)]: （给第 5 点）

指定下一点或 [闭合(C) / 放弃(U)]: （给第 6 点）

指定下一点或 [闭合(C) / 放弃(U)]: （给第 7 点）

指定下一点或 [闭合(C) / 放弃(U)]: （给第 8 点）

指定下一点或 [闭合(C) / 放弃(U)]: ↙

命令:

效果如图 3.21 所示。

说明：

① 应用以上创建的“24”多线样式绘制专业图时，无论绘图比例是多少，都按实际大小绘图，所以样式中偏移值均应设为 120 和−120，在“输入多线比例〈20.00〉:”提示行中均应输入“1”。创建“37”多线样式同理。

② 在“指定起点或 [对正(J) / 比例(S) / 样式(ST)]:”提示行中，选“ST”项，可按提示给出一个已有的多线样式的名字，确定后，AutoCAD 将其设为当前多线样式。

③ 在“指定起点或 [对正(J) / 比例(S) / 样式(ST)]:”提示行中，选“J”项，可在绘制多线时指定点与多线之间的关系。

选项后，命令提示区出现提示行：

输入对正类型 [上(T) / 无(Z) / 下(B)] <上>: （选项）

选“T”项，则指定点在多线最上边那条线上；选“Z”项，则指定点在多线中间那条线上；选“B”项，则指定点在多线最下边那条线上。效果如图 3.25 所示。

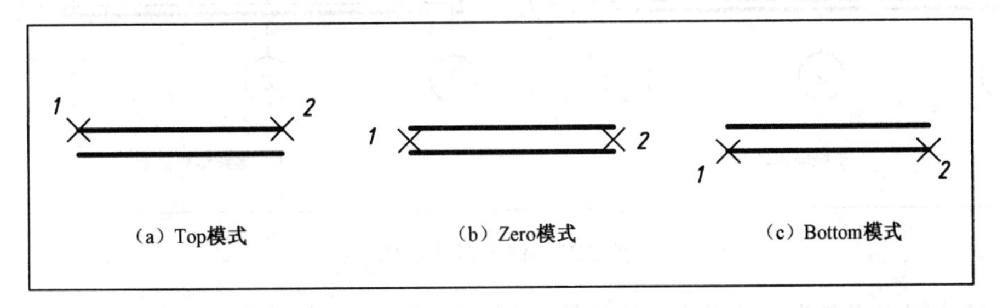

图 3.25　多线的 3 种对正模式示例

3. 修改多线

双击要修改的多线，AutoCAD 将弹出“多线编辑工具”对话框，如图 3.26 所示。可根据不同的交点类型采用不同的工具进行编辑。

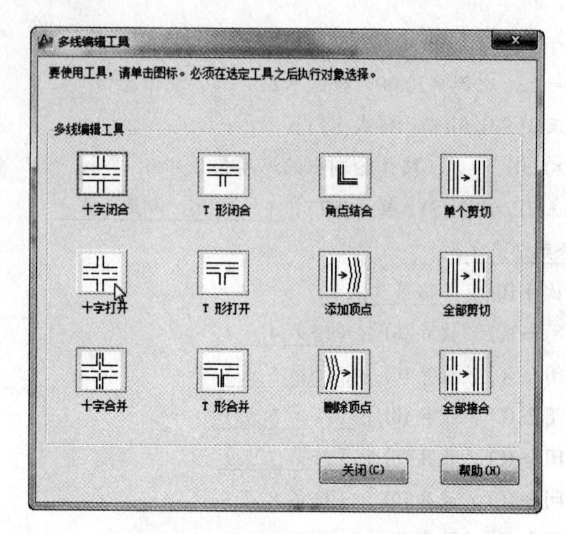

图 3.26　“多线编辑工具”对话框

在“多线编辑工具”对话框中单击其中的一个图标，AutoCAD 将给出相应的提示信息。对话框中第一列是修改十字交叉多线交点的工具，第二列是修改 T 形交叉多线交点的工具，第三列是修改多线角点和顶点的工具，第四列是修改要被断开或连接多线的工具。

以图 3.27 所示为例，操作过程如下。

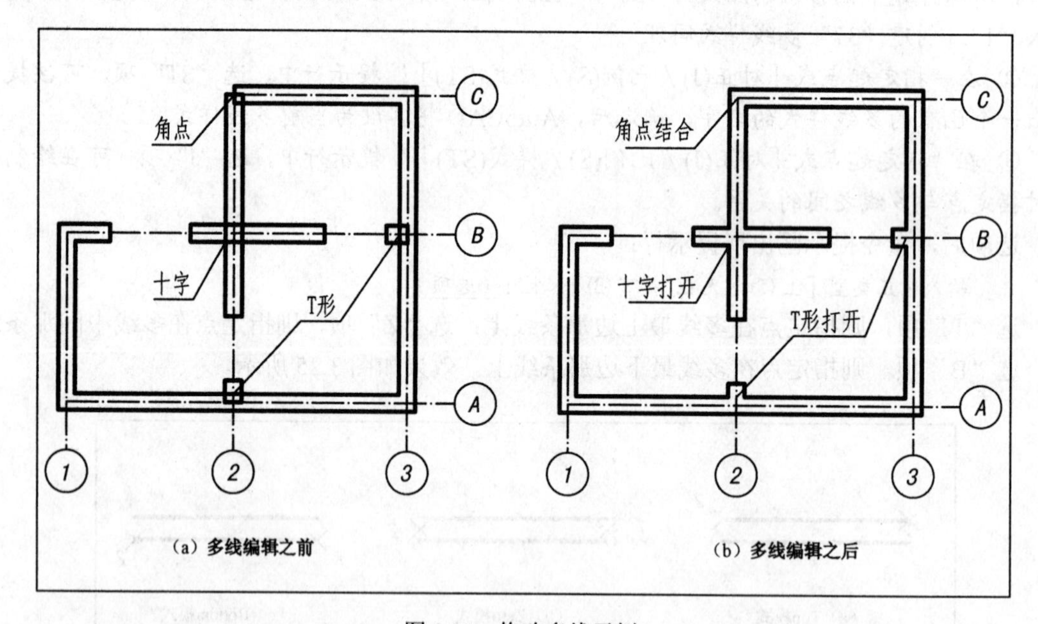

图 3.27　修改多线示例

在“多线编辑工具”对话框中，选中第一列中间的“十字打开”图标并单击“确定”按钮，返回绘图区，命令提示区出现提示行：

选择第一条多线: （选择十字相交的第一条多线）

选择第二条多线: （选择十字相交的第二条多线）

选择第一条多线或［放弃(U)]: ↙

命令:

同理可进行多线的“角点结合”和“T 形打开”操作。

说明：如果在“选择第一条多线或［放弃(U)]:”提示行中选择“U”项，则撤销命令中上一步的操作。

3.12　绘制表格

用 TABLE 命令可绘制表格，在该命令中可选择所需的表格样式、设置表格的行和列数、以多行文字格式注写文字，还可以进行公式运算等操作。执行 TABLE 表格命令之前，应先设置表格样式。

1. 设置表格样式

表格样式决定了所绘表格中的文字字形、大小、对正方式、颜色，以及表格线型的线宽、颜色和绘制方式等。可使用默认的 Standard 表格样式。如果默认表格样式不是所希望的，应先设置所需的表格样式。

可以通过以下方式之一打开“表格样式”对话框。

- 从“样式”工具栏中单击：“表格样式”按钮
- 从下拉菜单中选择：“格式”⇨“表格样式”
- 从键盘输入：TABLESTYLE

输入命令后，AutoCAD 弹出“表格样式”对话框，如图 3.28 所示。

“表格样式”对话框左边的“样式”列表框中显示了样式名，中间为样式预览区，右边为 4 个按钮。“新建”按钮用于创建文字样式。单击“新建”按钮将弹出“创建新的表格样式”对话框，如图 3.29 所示。

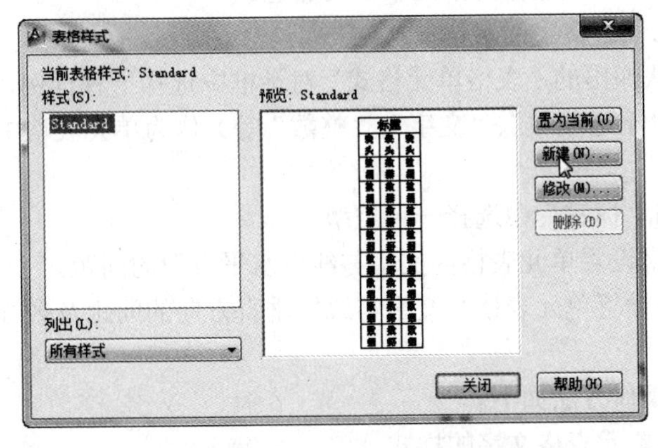

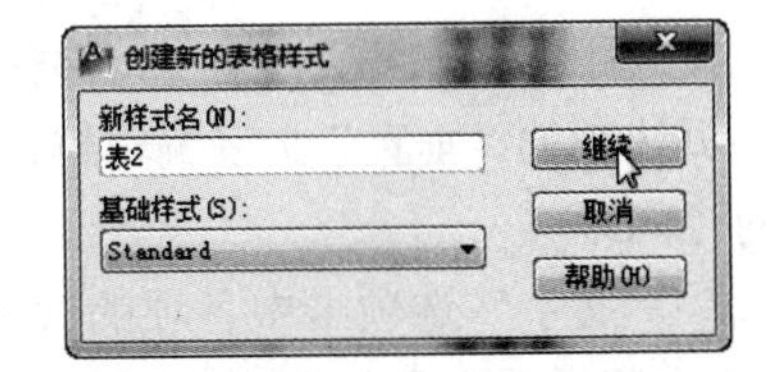

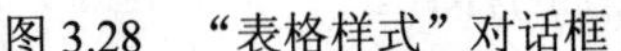

图 3.28　“表格样式”对话框　　　图 3.29　“创建新的表格样式”对话框

在“创建新的表格样式”对话框的“新样式名”文字编辑框中输入新建表格样式名称，单击“继续”按钮，弹出“新建表格样式”对话框，如图 3.30 所示。在其中进行相应的设置，然后单击“确定”按钮，返回“表格样式”对话框，单击“关闭”按钮，所设的表格样式将被保存起来并置为当前。

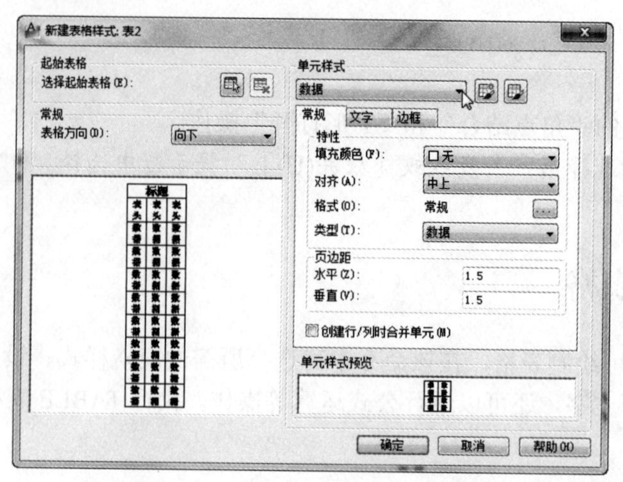

图 3.30 “新建表格样式”对话框

“新建表格样式”对话框有“起始表格”、“常规”和“单元样式”3 个区。

（1）“起始表格”区

单击“选择起始表格”右边的图标按钮返回图纸，可选择一个已有的表格作为新建表格样式的基础格式。

（2）“常规”区

在“表格方向”下拉列表中有“向上”、“向下”两个选项，默认为“向下”。如果选择“向上”选项，将使表格放置在标题和表头的上方。其下为表格样式的预览框。

（3）“单元样式”区

在下拉列表中，有“数据”、“表头”、“标题”3 个选项，每个选项都有对应的“常规”、“文字”、“边框”3 个选项卡和一个单元样式预览框。

①“常规”选项卡中各项的含义和操作方法如下。

“填充颜色”下拉列表：可从中选择一种颜色作为单元表格的底色。

“对齐”下拉列表：可从中选择单元表格文字的定位方式。

“格式”：单击右边的浏览按钮，可从弹出的“表格单元格式”对话框中选择一种样例（包括“百分比”、“日期”、“点”、“角度”、“十进制数”、“文字”、“整数”等）作为单元表格中输入文字的格式。

“类型”下拉列表：可从“数据”和“标签”中选择一种类型。

页边距的“水平”文字编辑框：用来设置单元表格内文字与线框水平方向的间距。

页边距的“垂直”文字编辑框：用来设置单元表格内文字与线框垂直方向的间距及多行文字的行间距。

②“文字”选项卡中各项的含义和操作方法如下。

“文字样式”下拉列表：可从中选择单元表格文字的样式。

“字体高度”文字编辑框：用来设置单元表格文字的高度。

“文字颜色”下拉列表：可从中选择单元表格文字的颜色。

“文字角度”文字编辑框：用来设置单元表格文字的角度。

③“边框”选项卡中各项的含义和操作方法如下。

“线宽”下拉列表：可从中选择单元表格线型的线宽。

“线型”下拉列表：可从中选择单元表格的线型。

“颜色”下拉列表：可从中选择单元表格线型的颜色。

下部的 8 个按钮，用来控制表格线型的绘制范围。

说明：单击“表格样式”对话框中的“修改”按钮，可修改已有的表格样式；单击“表格样式”对话框中的“置为当前”按钮，可将选中的表格样式设置为当前样式。

提示：在“样式”工具栏的“表格样式”下拉列表中选择当前表格样式是最快捷的方法。

2. 插入和填写表格

设置所需的表格样式后，用 TABLE 命令可插入和填写表格，可按以下方式之一输入命令。

- 从“绘图”工具栏中单击：“表格”按钮
- 从下拉菜单中选择：“绘图”⇨“表格”
- 从键盘输入：TABLE

输入命令后，AutoCAD 弹出“插入表格”对话框，如图 3.31 所示。

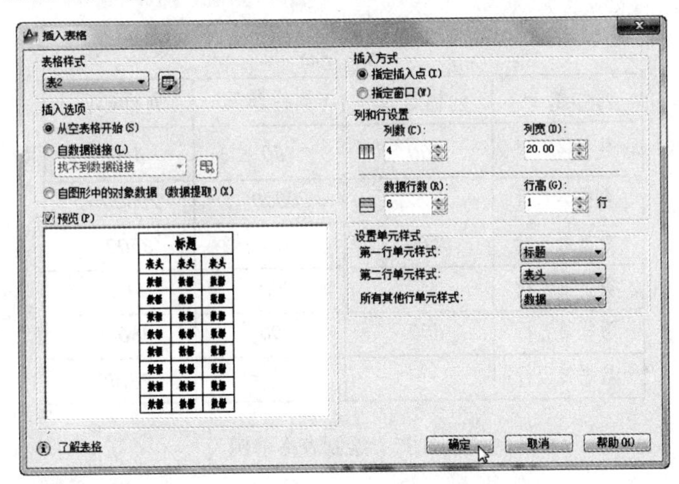

图 3.31　“插入表格”对话框

“插入表格”对话框中各区含义及操作方法介绍如下。

（1）“表格样式”区

“表格样式”下拉列表：可从中选择一种所需的表格样式。

单击“表格样式”下拉列表后的图标按钮，将弹出“表格样式”对话框，操作它可修改表格样式。

（2）“插入选项”区

该区有“从空表格开始”、“自数据链接”、“自图形中的对象数据（数据提取）”3 个单选钮，可根据需要选择其一（一般使用默认设置）。

（3）“列和行设置”区

“列数”文字编辑框：用来设置表格中数据和表头的列数。

“列宽”文字编辑框：用来设置表格中数据和表头单元的宽度。

“数据行数”文字编辑框：用来设置表格中数据的行数。

“行高”文字编辑框：用来设置表格中数据和表头单元中文字的行高。

（4）“设置单元样式”区

“第一行单元样式”下拉列表：可从中选择表格中第一行的样式。

“第二行单元样式”下拉列表：可从中选择表格中第二行的样式。

“所有其他行单元样式”下拉列表：可从中选择除第一行和第二行以外其他行的样式。

（5）“插入方式”区

该区有“指定插入点”和“指定窗口”两个单选钮，可选择其一作为表格的定位方式。若选择“指定窗口”方式，则“列和行设置”区的“列宽”和“数据行”文字编辑框将变为灰色不可用，表格的列宽和数据行数将在插入时由光标所给的窗口大小来确定。

（6）“预览”区

预览当前表格样式。

完成“插入表格”对话框的设置后，单击“确定”按钮，关闭对话框进入绘图状态。此时命令区提示“指定插入点”，指定后，AutoCAD 将显示多行文字输入格式，可操作键盘上的箭头移位键来选择位置或双击单元格输入文字，效果如图 3.32 所示。

标 题			
列标题一	列标题二	列标题三	列标题四
数据第一行	500	160	660
数据第二行		20000	20000
数据第三行	3500		3500
数据第四行		200	200
数据第五行	800	1000	1800
数据第六行		合 计	26160

图 3.32　绘制表格示例

若要编辑表格，可单击某单元格，表格上方将显示“表格”工具选项板，操作其中的命令可方便地进行插入行或列、删除行或列、合并或删除单元格、单元边框编辑等操作，还可进行插入图块、插入字段、求和运算、均值运算等更多的操作。

说明：

① 要修改表格中某一单元格内的文字，只需双击它，即可在多行文字编辑框中进行修改。

② 应用夹点功能可方便地修改表格大小（关于夹点功能详见 4.15 节）。

上机练习与指导

1．基本操作训练

（1）用 6 种方式绘制无穷长直线。

（2）用 3 种方式绘制多边形。

（3）绘制如图 3.3 所示的 4 种矩形。

（4）用 5 种方式绘制圆。

（5）用 8 种方式绘制圆弧。

（6）用 PLINE 命令绘制如图 3.14 所示的多段线。设粗实线图层为当前层，其中，图形的线宽设置为 0mm（即线宽为随图层），粗等宽线的线宽设置为 2mm，不等宽线的线宽设置为 2mm 和 6mm，大箭头的线宽设置为 0mm 和 2mm。

（7）用 REVCLOUD 命令绘制如图 3.15 所示的云线。

（8）用默认方式绘制如图 3.16 所示的样条曲线。

（9）用 3 种方式绘制椭圆。

（10）设点样式形状为“×”，大小为 4，按指定位置绘制几个点，练习定数等分线段和定距等分线段。

（11）绘制多重平行线，并创建“24”样式，然后按 1:100 的比例绘制如图 3.21 所示的图形，按图 3.27 练习绘制和修改多线。

（12）设置两种表格样式（一种标题在上，一种标题在下），用 TABLE 命令练习插入和填写表格，并练习删除行和列、添加行和列、求和等操作。

注意： 绘制斜线时，要将“正交”开关关闭；擦除时，如果不易选中目标，应将“栅格”开关关闭，需要时再打开。

2. 工程绘图训练

作业：

用 A3 图幅根据所注尺寸按 1:1 比例绘制如图 3.33 所示两个简单体的三视图（不标注尺寸）。

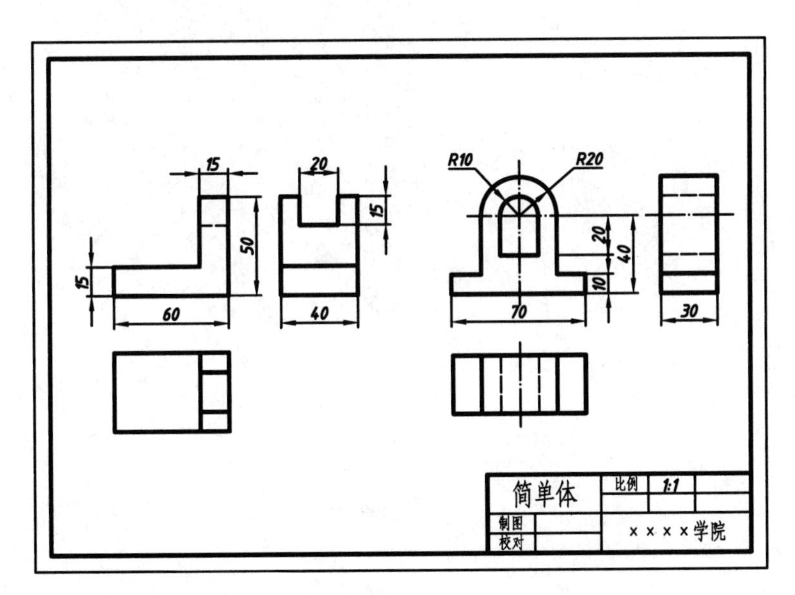

图 3.33　上机练习——简单体三视图

作业指导：

① 用 NEW 命令新建一张图。

② 进行绘图环境的 9 项初步设置。

注意：A3 图幅的全局比例因子应设置为 0.36。

③ 用 QSAVE 命令指定路径保存图形。

④ 用相应的绘图命令绘制各视图。因为许多绘图方式还没学到，所以，目前应使用栅格捕捉来确定各视图的起画点，以实现视图间的长对正、高平齐。

注意：图中所有线型均要绘制在相应的图层中。

⑤ 用 QSAVE 命令保存图形。

第4章

常用的编辑命令

📖本章导读

AutoCAD 提供了多个编辑命令用来编辑和修改图形（也称实体），只有熟记它们的功能并合理地选用它们，才能真正实现高效率绘图。本章介绍绘制工程图中常用编辑命令的功能与操作方法。

应掌握的知识要点：

- 编辑命令中选择实体的 6 种方式；
- 用 COPY 命令复制无规律分布的相同图形部分，用 MIRROR 命令复制对称的图形部分，用 ARRAY 命令复制成行、成列或在圆周上均匀分布的图形部分，用 OFFSET 命令复制已知间距的平行直线或类似的图形部分；
- 用 MOVE 命令或 ROTATE 命令将图形平移或旋转到所需的位置；
- 用 SCALE 命令按比例放大或缩小图形，用 STRETCH 命令以拉长或压缩的方式改变图形的大小；
- 用 EXTEND 命令延伸实体到指定的边界，用 TRIM 命令修剪实体到指定的边界；
- 用 BREAK 命令打断实体，即擦除实体上不需要指定边界的部分，用 JOIN 命令将断开的实体连接合并为一个实体；
- 用 CHAMFER 命令或 FILLET 命令对实体倒斜角或倒圆角；
- 用 BLEND 命令在两条开放线段间隙处光滑地绘制一条样条曲线；
- 用 EXPLODE 命令分解实体；
- 用 PEDIT 命令编辑多段线；
- 用 PROPERTIES 命令查看和全方位修改实体；
- 用特性匹配功能进行特别编辑；
- 用夹点功能进行快速编辑。

4.1 编辑命令中选择实体的方式

实体是指所绘工程图中的图形、文字、尺寸、剖面线等。用一个命令画出的图形或注写的文字，可能是一个实体，也可能是多个实体。例如，用 LINE 命令一次画出的 4 条线是 4 个实体，而用 PLINE 命令一次画出的 4 条线却是一个实体；用 DTEXT 命令一次所注写的文字，每行都是一个实体，而用 MTEXT 命令注写的文字，无论多少行都是一个实体。

AutoCAD 所有的图形编辑命令都要求选择一个或多个实体进行编辑，此时，AutoCAD 会提示：

选择对象:（选择需要编辑的实体）

当选择了实体之后，AutoCAD 将用虚像醒目显示它们。每次选定实体后，“选择对象:”提示会重复出现，直至按〈Enter〉键或右键单击结束选择。

AutoCAD 提供了多种选择实体的方法，下面介绍常用的几种方式（前 3 种在前面的章节中已经介绍）。

1．直接点选方式

直接点选方式一次只选一个实体。在出现“选择对象:”提示时，直接操作鼠标，让目标拾取框“口”移到所选取的实体上后单击，该实体变成虚像显示，表示被选中。

2．W 窗口方式

W 窗口方式选中完全在窗口内的所有实体。在出现“选择对象:”提示时，在默认状态下，可先给出窗口左边角点，再给出窗口右边角点，完全处于窗口内的实体变成虚像显示，表示被选中。

3．C 交叉窗口方式

C 交叉窗口方式选中完全和部分在窗口内的所有实体。在出现“选择对象:”提示时，在默认状态下，可先给出窗口右边角点，再给出窗口左边角点，完全和部分处于窗口内的所有实体都变成虚像显示，表示被选中。

4．栏选（Fence）方式

栏选方式可绘制若干条直线，它用来选中与所绘直线相交的实体。在出现“选择对象:”提示时，输入“F”，再按提示给出直线的各端点（即栏选点），确定后即选中与这组直线相交的实体。

5．扣除方式

扣除方式可撤销同一个命令中选中的任一个或多个实体。在出现“选择对象:”提示时，按下〈Shift〉键，然后用直接点选或窗选方式（包括 W 窗口方式和 C 交叉窗口方式），可撤销已选中的实体。

6．全选（ALL）方式

全选方式选中图形中的所有对象。在出现“选择对象:”提示时，输入“ALL”或“AL”，确定后，图形中的所有实体即被选中。

说明：若在实体重叠处选择对象，应打开状态栏中的“SC”（选择循环）模式开关，此时可在实体重叠处连续单击，所重叠的实体将依次循环亮显，直至要选择的对象；也可从单击后弹出的实时“选择集”对话框中直接选择。

4.2　复制

对于图形中任意分布的相同部分，绘图时可只画出一处，其他用 COPY 命令复制绘出；对于图形中对称的部分，一般只画一半，然后用 MIRROR 命令复制出另一半；对于成行成列或在圆周上均匀分布的结构，一般只画出一处，其他用 ARRAY 命令复制绘出；对于已知间距的平行直线或类似的图形部分，可只画出一个，其他用 OFFSET 命令复制绘出。

4.2.1　复制图形中任意分布的实体

用 COPY 命令可将选中的实体复制到指定的位置，可进行任意次复制，如图 4.1 所示。复制命令中的基点是确定新复制实体位置的参考点，也就是位移的第 1 点。

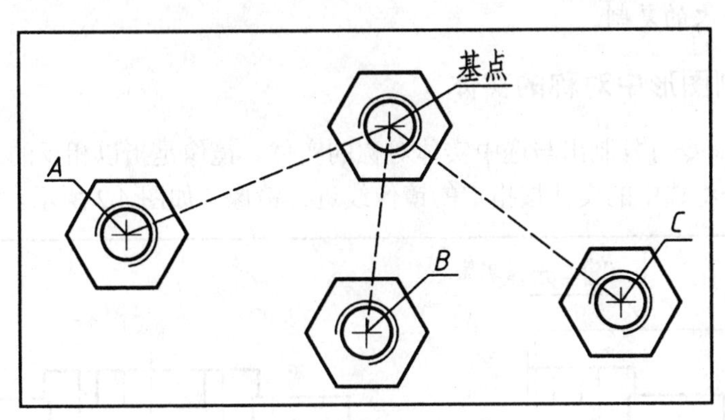

图 4.1　任意复制示例

1．输入命令

- 从“修改”工具栏中单击：“复制”按钮
- 从下拉菜单中选择：“修改”⇨“复制”
- 从键盘输入：COPY 或 CO

2．命令的操作

以如图 4.1 所示复制为例，操作过程如下。

命令: （输入命令）

选择对象:（选择要复制的实体）

选择对象: ↙（也可继续选择）

当前设置： 复制模式 = 多个 （信息行）
指定基点或［位移(D)／模式(O)］ 〈位移〉: （定基点）
指定第二个点或 [阵列(A)] <使用第一个点作为位移>: （给点 A） （复制一组实体）
指定第二个点或 [阵列(A)／退出(E)／放弃(U)] <退出>: （再给点 B） （再复制一组实体）
指定第二个点或 [阵列(A)／退出(E)／放弃(U)] <退出>: （再给点 C） （再复制一组实体）
指定第二个点或 [阵列(A)／退出(E)／放弃(U)] <退出>: ↙
命令:

说明：

① 在“指定基点或［位移(D)／模式(O)］〈位移〉:”提示行中选择“D”项，可输入相对坐标来确定复制实体的位置。

② 在“指定基点或［位移(D)／模式(O)］〈位移〉:”提示行中选择“O”项，可重新设定“单点”模式（默认是“多点”模式）。

③ 在“指定第二个点或［阵列(A)／退出(E)／放弃(U)］〈退出〉:”提示行中选择“A”项，然后按提示输入要进行阵列的项目数，再指定第二个点，AutoCAD 将按指定的个数、距离和方向均匀复制出多个实体。

④ 在“指定第二个点或［阵列(A)／退出(E)／放弃(U)］〈退出〉:”提示行中选择“E”项或按〈Enter〉键，可结束命令。

⑤ 在“指定第二个点或［阵列(A)／退出(E)／放弃(U)］〈退出〉:”提示行中选择“U”项，可撤销命令中上一次的复制。

4.2.2 复制图形中对称的实体

用 MIRROR 命令可复制出与选中实体对称的实体。镜像是指以相反的方向生成所选择实体的拷贝。该命令将选中的实体按指定的镜像线进行镜像，如图 4.2 所示。

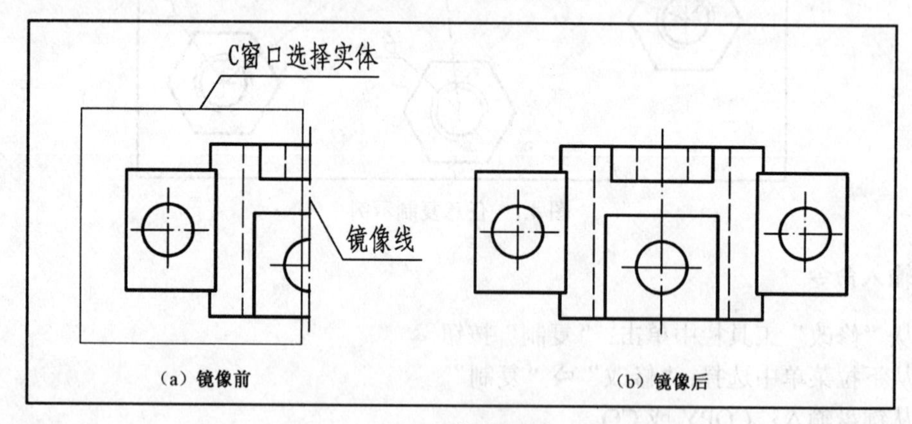

图 4.2 镜像示例

1. 输入命令

- 从“修改”工具栏中单击：“镜像”按钮
- 从下拉菜单中选择：“修改”⇨“镜像”
- 从键盘输入：MIRROR 或 MI

2. 命令的操作

命令: （输入命令）
选择对象: （选择要镜像的实体）
选择对象: ↙
指定镜像线的第一点: （给镜像线上任意一点）
指定镜像线的第二点: （再给镜像线上任意一点）
是否删除源对象吗? [是(Y) / 否(N)] 〈N〉: ↙
（若按〈Enter〉键，即选择“N”（默认）项，则不删除原实体；若输入“Y”，将删除原实体。）
命令:

4.2.3　复制图形中规律分布的实体

用 ARRAY 命令可一次复制生成多个均匀分布的实体，AutoCAD 2012 提供了 3 种阵列的方式。

① 指定行数、列数、行间距、列间距进行矩形阵列。
② 指定中心、个数、填充角度（即阵列的包含角度）进行环形阵列。
③ 指定路径、间距进行路径阵列。

1. 输入命令

- 从“修改”工具栏中单击并按住：“阵列”按钮，然后从中选择阵列方式
- 从下拉菜单中选择：“修改”⇨“阵列”命令，然后从级联子菜单中选择阵列方式
- 从键盘输入：ARRAY 或 AR，然后从提示行中选择阵列方式

2. 命令的操作

（1）矩形阵列

以如图 4.3 所示的矩形阵列为例，操作过程如下。

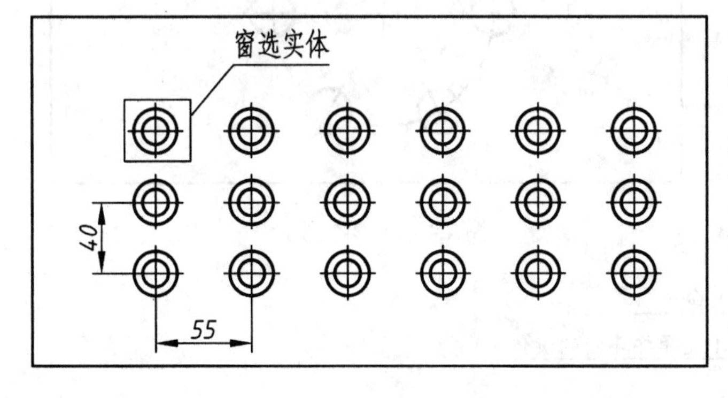

图 4.3　矩形阵列示例

命令: （输入命令）
选择对象: （选择要阵列的实体）
选择对象: ↙

类型 = 矩形 关联 = 是 （信息行）

为项目数指定对角点或 [基点(B) / 角度(A) / 计数(C)] <计数>: ↙

输入行数或 [表达式(E)] <4>: 3↙

输入列数或 [表达式(E)] <4>: 6↙

指定对角点以间隔项目或 [间距(S)] <间距>: ↙ （使用默认项）

指定行之间的距离或 [表达式(E)] <27.6401>: −40↙

指定列之间的距离或 [表达式(E)] <27.6401>: 60↙

按 Enter 键接受或 [关联(AS) / 基点(B) / 行(R) / 列(C) / 层(L) / 退出(X)] <退出>: ↙

命令:

说明:

① 在“指定行之间的距离或 [表达式(E)] <27.6401>:”提示行中，输入正值向上阵列，输入负值向下阵列；在“指定列之间的距离或 [表达式(E)] <27.6401>:”提示行中，输入正值向右阵列，输入负值向左阵列。

② 在“为项目数指定对角点或 [基点(B) / 角度(A) / 计数(C)] <计数>:”提示行中选择“A”项，可按提示指定角度进行斜向阵列；选择“B”项，可按提示重新指定基点。

③ 在“按 Enter 键接受或 [关联(AS) / 基点(B) / 行(R) / 列(C) / 层(L) / 退出(X)] <退出>:”提示行中，可选择其中选项进行修正和设置。

④ AutoCAD 2012 在默认状态下一次阵列出的一组实体是一个整体，若不希望是整体，可在最后的提示行中选择“AS”项，按提示再选择“N”项即可。

（2）环形阵列

以如图 4.4 所示的环形阵列为例，操作过程如下。

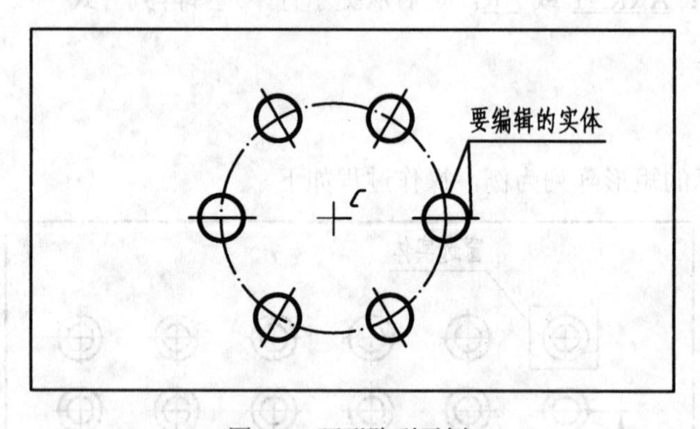

图 4.4 环形阵列示例

命令:（输入命令 ）

选择对象:（选择要阵列的实体）

选择对象: ↙

类型 = 极轴 关联 = 是 （信息行）

指定阵列的中心点或 [基点(B) / 旋转轴(A)]: 拾取中心点 C↙

输入项目数或 [项目间角度(A) / 表达式(E)] <4>: 6↙

指定填充角度(+=逆时针、−=顺时针)或 [表达式(EX)] <360>: ↙(使用默认角度，可输入其他角度)

按 Enter 键接受或 [关联(AS)/基点(B)/项目(I)/项目间角度(A)/填充角度(F)/行(ROW)/层(L)/旋转项目(ROT)/退出(X)] <退出>: ↙

命令:

说明:

① 环形阵列个数包括原实体在内。

② 在"按 Enter 键接受或 [关联(AS)/基点(B)/项目(I)/项目间角度(A)/填充角度(F)/行(ROW)/层(L)/旋转项目(ROT)/退出(X)] <退出>:"提示行中，可根据需要选择其中选项进行修正和设置。

③ AutoCAD 2012 在默认状态下原实体在环形阵列时会相应旋转，若不希望旋转，可在最后的提示行中选择"ROT"项，按提示再选择"N"项即可。

(3) 路径阵列

以如图 4.5 所示的路径阵列为例，操作过程如下。

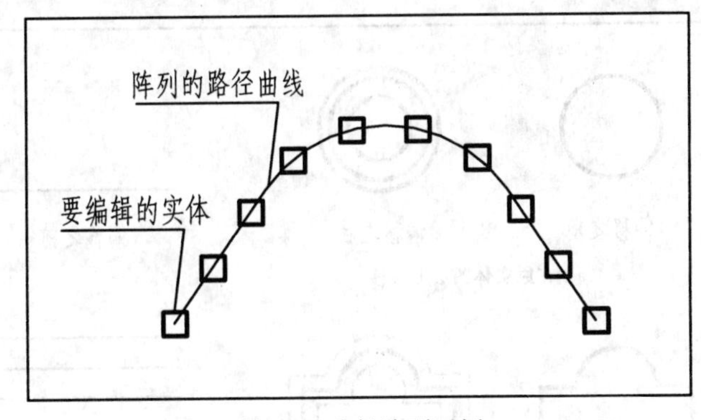

图 4.5 路径阵列示例

命令: (输入命令)

选择对象: (选择要阵列的实体)

选择对象: ↙

类型 =路径 关联 = 是 (信息行)

选择路径曲线: (选择阵列的路径曲线)

输入沿路径的项数或 [方向(O)/表达式(E)] <方向>: 10↙

指定沿路径的项目之间的距离或 [定数等分(D)/总距离(T)/表达式(E)] <沿路径平均定数等分(D)>: ↙ (使用默认项，也可选择其他选项)

按 Enter 键接受或 [关联(AS)/基点(B)/项目(I)/行(R)/层(L)/对齐项目(A)/Z 方向(Z)/退出(X)] <退出>: A↙

是否将阵列项目与路径对齐? [是(Y)/否(N)] <是>: N↙ (使原实体在路径阵列时不旋转)

按 Enter 键接受或 [关联(AS)/基点(B)/项目(I)/行(R)/层(L)/对齐项目(A)/Z 方向(Z)/退出(X)] <退出>: ↙

命令:

说明:

① 路径阵列个数包括原实体在内。

② 在“按 Enter 键接受或 [关联(AS) / 基点(B) / 项目(I) / 行(R) / 层(L) / 对齐项目(A) / Z 方向(Z) / 退出(X)] <退出>:” 提示行中，可根据需要选择其中选项进行修正和设置。

4.2.4 复制生成图形中的类似实体

用 OFFSET 命令可复制生成图形中的类似实体。该命令将选中的直线、圆弧、圆及二维多段线等按指定的偏移量或通过点生成一个与原实体形状类似的新实体（若为单条直线，则生成相同的新实体），新实体所在的图层可与原实体相同，也可绘制在当前图层中，如图 4.6 所示。

1. 输入命令

- 从“修改”工具栏中单击：“偏移”按钮
- 从下拉菜单中选择：“修改” ⇨ “偏移”
- 从键盘输入：OFFSET

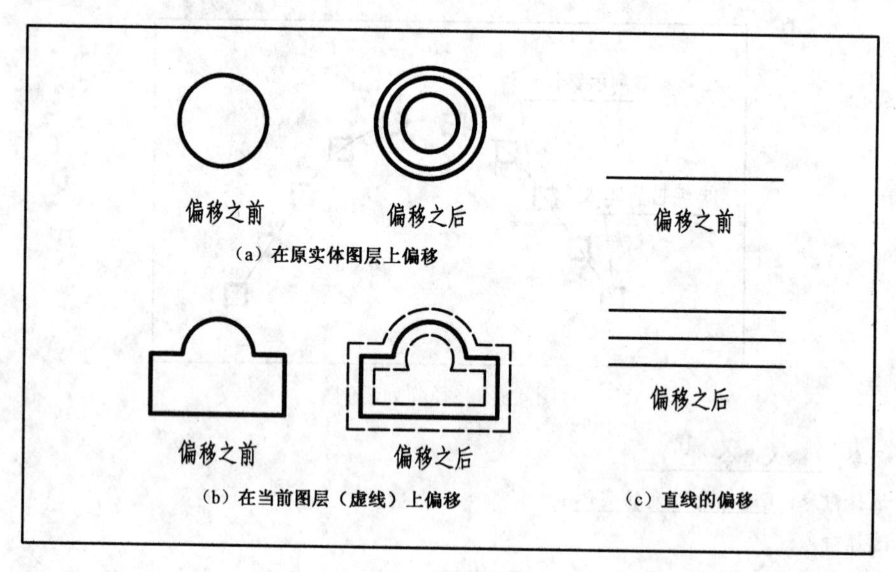

图 4.6 偏移示例

2. 命令的操作

（1）给偏移距离方式

命令: （输入命令）

当前设置: 删除源=否 图层=源 OFFSETGAPTYPE=0 （信息行）

指定偏移距离或 [通过(T) / 删除(E) / 图层(L)] 〈通过〉: （给偏移距离）

选择要偏移的对象，或 [退出(E) / 放弃(U)] 〈退出〉: （选择要偏移的实体）

指定要偏移的那一侧上的点，或 [退出(E) / 多个(M) / 放弃(U)] 〈退出〉: （指定偏移方位）

选择要偏移的对象，或 [退出(E) / 放弃(U)] 〈退出〉: （继续选择要偏移的实体或按〈Enter〉键结束命令）

再选择实体，将重复以上操作。

说明：

① 在“选择要偏移的对象，或［退出(E)／放弃(U)］〈退出〉:”提示行中选择“E”项或按〈Enter〉键，将结束命令；选择“U”项，将撤销命令中上一次的偏移。

② 在“指定要偏移的那一侧上的点，或［退出(E)／多个(M)／放弃(U)］〈退出〉:”提示行中，选择“M”项，AutoCAD 将继续提示“指定要偏移的那一侧上的点，或［退出(E)／放弃(U)］〈下一个对象〉:”，可对一个实体连续进行多次偏移复制。

③ 在“指定偏移距离或［通过(T)／删除(E)／图层(L)］〈通过〉:”提示行中选择“E”项，按提示操作，可实现在偏移后将原对象删除；选择“L”项，按提示选择“当前”项，偏移生成的新实体将绘制在当前图层中。

（2）给通过点方式

命令: <u>（输入命令）</u>

当前设置: 删除源=否　图层=源　OFFSETGAPTYPE=0　　（信息行）

指定通过点或［通过(T)／删除(E)／图层(L)］〈通过〉: <u>T↙</u>

选择要偏移的对象，或［退出(E)／放弃(U)］〈退出〉: <u>（选择要偏移的实体）</u>

指定通过点或［退出(E)／多个(M)／放弃(U)］〈退出〉: <u>（给新实体的通过点）</u>

选择要偏移的对象，或［退出(E)／放弃(U)］〈退出〉: <u>（继续选择要偏移的实体或按〈Enter〉键结束命令）</u>

再选择实体，可重复以上操作。

说明：该命令操作时，只能用直接点取方式选择实体，并且一次只能选择一个实体。

4.3　移动

用 MOVE 命令可将选中的实体移动到指定的位置，如图 4.7 所示。

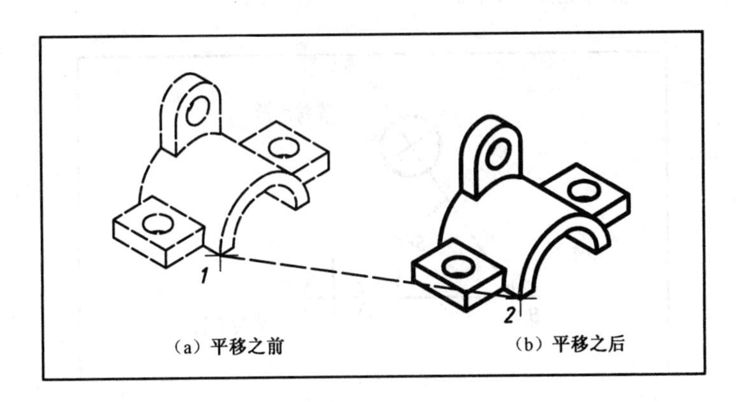

图 4.7　移动示例

1. 输入命令

- 从“修改”工具栏中单击：“移动”按钮
- 从下拉菜单中选择：“修改”⇨“移动”
- 从键盘输入：<u>MOVE</u> 或 <u>M</u>

2. 命令的操作

命令: （输入命令）
选择对象: （选择要移动的实体）
选择对象: （继续选择或按〈Enter〉键完成选择）
指定基点或［位移(D)］〈位移〉: （定基点，即给位移第 1 点）
指定第二个点或〈使用第一个点作为位移〉: （给位移第 2 点，或用鼠标导向直接给距离）
命令:

说明： 在“指定基点或［位移(D)］〈位移〉:”提示行中选择“D”项，可直接输入坐标移动实体。

4.4 旋转

用 ROTATE 命令可将选中的实体绕指定的基点进行旋转，可用给旋转角方式，也可用参照方式。

1. 输入命令

- 从“修改”工具栏中单击：“旋转”按钮
- 从下拉菜单中选择：“修改”⇨“旋转”
- 从键盘输入：ROTATE

2. 命令的操作

（1）给旋转角方式

示例如图 4.8 所示，操作过程如下。

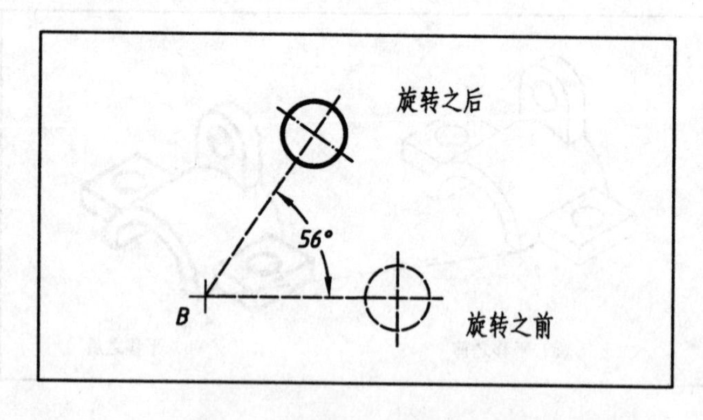

图 4.8 给旋转角方式旋转示例

命令: （输入命令）
UCS 当前的正角方向: ANGDIR=逆时针 ANGBASE=0 (信息行)
选择对象: （选择实体）
选择对象: ↙

指定基点:（给基点B）

指定旋转角度，或［复制(C)/参照(R)］〈0〉: 56↙

命令:

该方式直接给旋转角度后，选中的实体将绕基点B按指定旋转角旋转。

说明：若在“指定旋转角度，或［复制(C)/参照(R)］〈0〉:”提示行中选择“C”项，可实现复制性旋转，即旋转后原实体仍然存在。

（2）参照方式

示例如图4.9所示，操作过程如下。

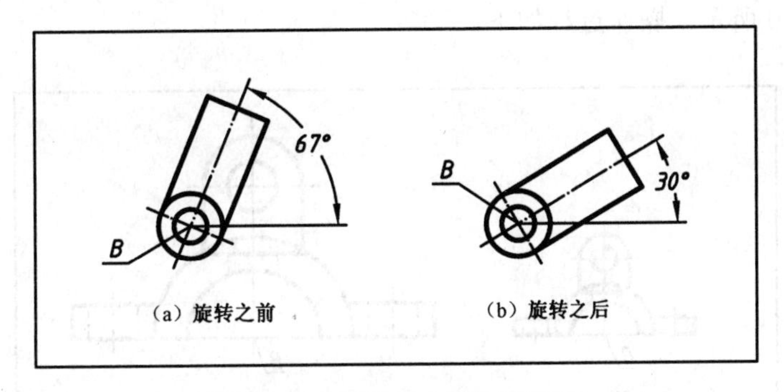

图4.9　参照方式旋转示例

命令:（输入命令）

UCS 当前的正角方向: ANGDIR=逆时针　ANGBASE=0　(信息行)

选择对象:（选择实体）

选择对象: ↙

指定基点:（给基点B）

指定旋转角度，或［复制(C)/参照(R)］〈0〉: R↙（选参照方式）

指定参照角〈0〉: 67↙（给参照角度即原角度）

指定新角度或［点(P)］〈0〉: 30↙

输入参照角度及新角度后，选中的实体即绕基点B旋转到新指定的30°角的位置。

说明：若在“指定新角度或［点(P)］〈0〉:”提示行中选择“P”项，可按提示给出两点来确定实体旋转后的位置。

4.5　改变大小

在AutoCAD中绘制和修改图形时，若图样中的图形或某些实体的大小不符合要求，可用图形编辑命令来改变其大小。针对不同的情况，应采用不同的图形编辑命令。

4.5.1　缩放图形中的实体

用SCALE命令将选中的实体相对于基点按比例进行放大或缩小，可用给比例值方式，也可用参照方式。

若所给比例值大于1，则放大实体；若所给比例值小于1，则缩小实体。比例值不能是负值。

1. 输入命令

- 从“修改”工具栏中单击：“缩放”按钮
- 从下拉菜单中选择：“修改”⇨“缩放”
- 从键盘输入：SCALE 或 SC

2. 命令的操作

（1）给比例值方式

示例如图 4.10 所示，操作过程如下。

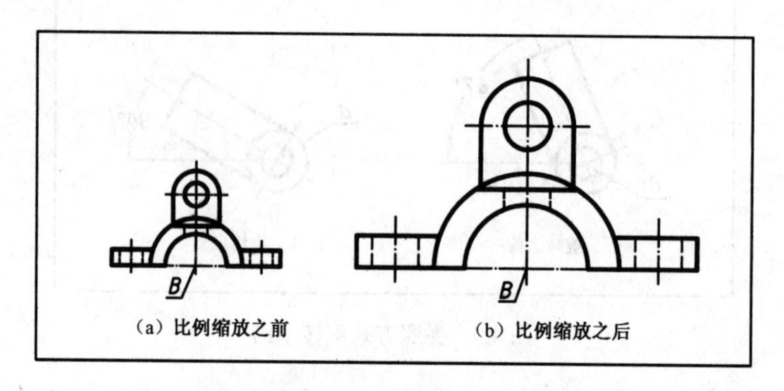

图 4.10　给比例值方式缩放示例

命令：（输入命令）
选择对象：（选择要缩放的实体）
选择对象：↙
指定基点：（给基点 B）
指定比例因子或［复制(C)／参照(R)］〈1.00〉：2↙（给比例值）

该方式直接给比例值 2，选中的实体将以 B 点为不动点，按比例放大为原实体的 2 倍。

说明：若在“指定比例因子或［复制(C)／参照(R)］〈1.00〉:”提示行中选择“C”项，可实现复制性缩放，即缩放后原实体仍然存在。

（2）参照方式

示例如图 4.11 所示，操作过程如下。

命令：（输入命令）
选择对象：（选择实体）
选择对象：↙
指定基点：（给基点 B）
指定比例因子或［复制(C)／参照(R)］〈1.00〉：R↙（选参考方式）
指定参照长度〈5〉：91↙（给参考长度，即原实体的任意一个尺寸的长度）
指定新的长度或［点(P)］〈1.00〉：60↙（给缩放后该尺寸的长度）

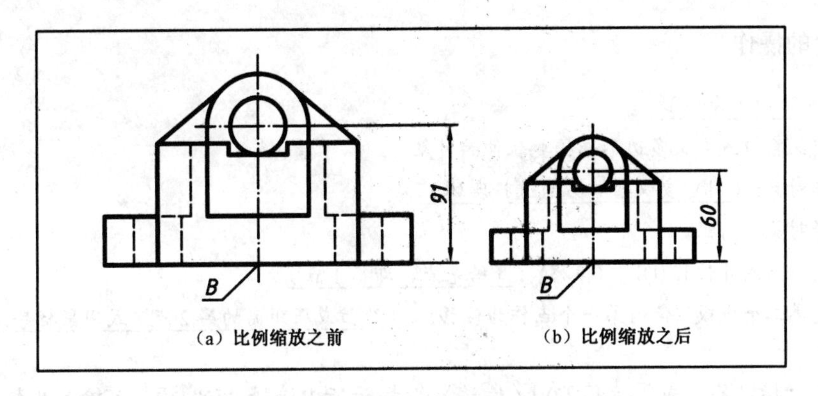

（a）比例缩放之前　　（b）比例缩放之后

图 4.11　参照方式缩放示例

说明：

① 用参照方式进行比例缩放，所给出的新长度与原长度之比即为缩放的比例值。当缩放一组实体时，只要知道其中任意一个尺寸的原长和缩放后的长度，就可用参照方式而不必计算缩放比例。该方式在绘图时非常实用。

② 在“指定新的长度或 [点(P)]〈1.00〉:”提示行中选择“P”项，可按提示给两点来确定实体缩放后的大小。

4.5.2　拉压图形中的实体

用 STRETCH 命令可将选中的实体拉长或压缩到给定的位置。在操作该命令时，必须用 C 交叉窗口方式来选择实体，与选取窗口相交的实体会被拉长或压缩，完全在选取窗口外的实体不会有任何改变，而完全在选取窗口内的实体将发生移动，如图 4.12 所示。

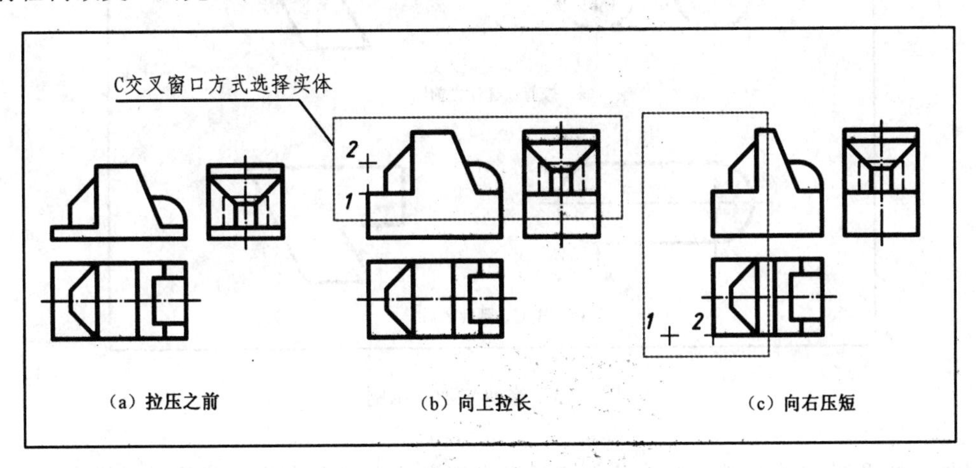

（a）拉压之前　　（b）向上拉长　　（c）向右压短

图 4.12　拉压示例

1. 输入命令

- 从“修改”工具栏中单击：“拉伸”按钮
- 从下拉菜单中选择：“修改”⇨“拉伸”（即拉压）
- 从键盘输入：STRETCH

2. 命令的操作

命令: （输入命令）
以交叉窗口或交叉多边形选择要拉伸的对象...　　（信息行）
选择对象: （用 C 交叉窗口方式选择实体）
选择对象: ↙
指定基点或［位移(D)］〈位移〉: （给基点，即第 1 点）
指定第二个点或〈使用第一个点作为位移〉: （给拉或压距离的第 2 点，或用鼠标导向直接给距离）
命令:

说明：在“指定基点或［位移(D)］〈位移〉:”提示行中选择“D”项，可输入坐标来拉压实体。

4.6 延伸与修剪到边界

为了提高绘图速度，在 AutoCAD 中绘图时，常根据所给尺寸的条件，先用绘图命令画出图形的基本形状，然后再用 TRIM 命令将各实体中多余的部分去掉。例如，画一个组合柱的底面，可先用 CIRCLE 命令和 LINE 命令画出两个圆和两条直线，如图 4.13（a）中左图所示，然后再用“修剪”命令以两直线为边界，将两圆多余的部分修剪掉，修剪后的效果如图 4.13（b）中左图所示。

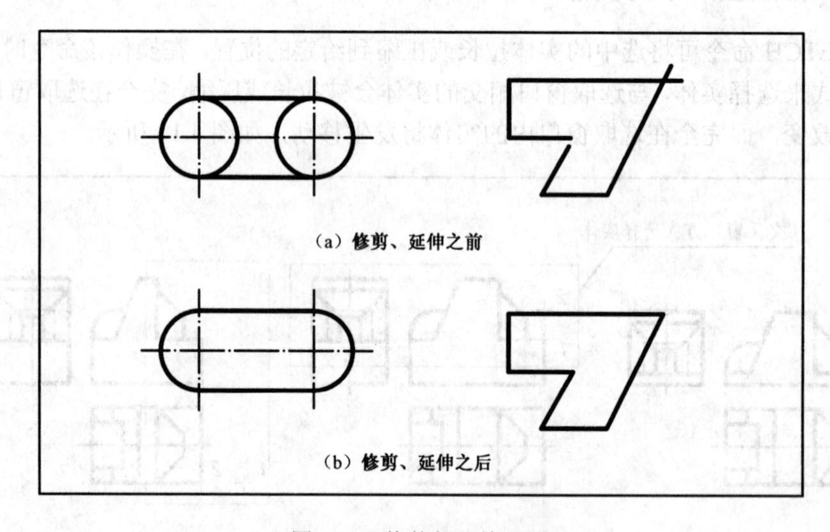

图 4.13　修剪与延伸示例

另外，绘图时常会出现误差，当所绘两线段相交处出现出头或有间隙时，如图 4.13（a）中右图所示，用 TRIM 命令和 EXTEND 命令去掉出头或画出间隙处的线段是最准确、最快捷的方法，效果如图 4.13（b）中右图所示。

4.6.1 延伸图形中实体到边界

用 EXTEND 命令可将选中的实体延伸到指定的边界。

1. 输入命令

- 从"修改"工具栏中单击："延伸"按钮--/
- 从下拉菜单中选择："修改"⇨"延伸"
- 从键盘输入：EXTEND 或 EX

2. 命令的操作

示例如图 4.14 所示，操作过程如下。

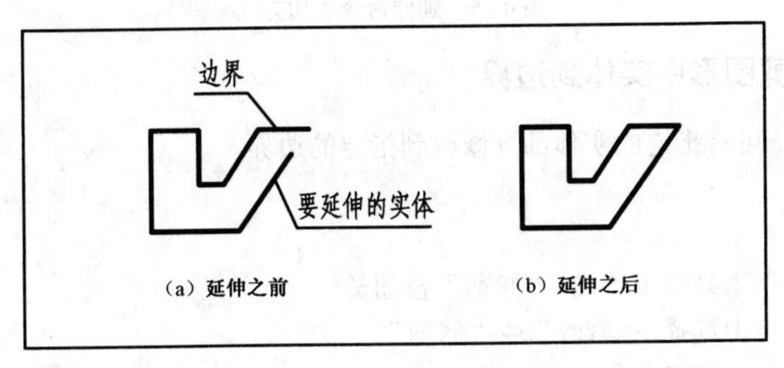

图 4.14　延伸示例

命令:（输入命令）
当前设置: 投影 = UCS　边 = 无　　（信息行）
选择边界的边...
选择对象〈全部选择〉:（选择边界实体）
选择对象: ↙（结束边界选择）
选择要延伸的对象，或按住 Shift 键选择要修剪的对象，或
[栏选(F) / 窗交(C) / 投影(P) / 边(E) / 放弃(U)]:（点选要延伸的实体）
选择要延伸的对象，或按住 Shift 键选择要修剪的对象，或
[栏选(F) / 窗交(C) / 投影(P) / 边(E) / 放弃(U)]: ↙（结束延伸）
命令:

说明：

① 以上操作为命令的默认方式，是常用的方式。

② 延伸命令最后一行提示行中后 5 项的含义如下。

"F"：用栏选方式选择要延伸的实体，一次延长多个实体。

"C"：用 C 交叉窗口方式选择要延伸的实体，一次延长多个实体。

"P"：用于确定是否指定或使用投影方式。

"E"：用于指定延伸的边方式，有"扩展延伸"与"不扩展延伸"两种方式。如图 4.15 所示，"不扩展延伸"方式限制延伸后实体必须与边界相交才可延伸；"扩展延伸"方式对延伸后被延伸实体是否与边界相交没有限制。

"U"：撤销命令中上一步的操作。

③ 在 AutoCAD 的延伸命令中，可按提示"按住 Shift 键选择要修剪的对象"进行修剪实体到边界的操作。

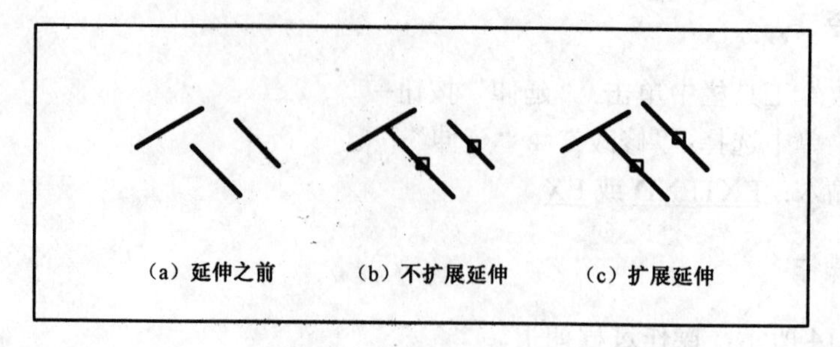

图 4.15　延伸命令的边方式

4.6.2　修剪图形中实体到边界

用 TRIM 命令可将指定的实体部分修剪到指定的边界。

1．输入命令

- 从“修改”工具栏中单击：“修剪”按钮 -/--
- 从下拉菜单中选择：“修改”⇨“修剪”
- 从键盘输入：TRIM 或 TR

2．命令的操作

示例如图 4.16 所示，操作过程如下。

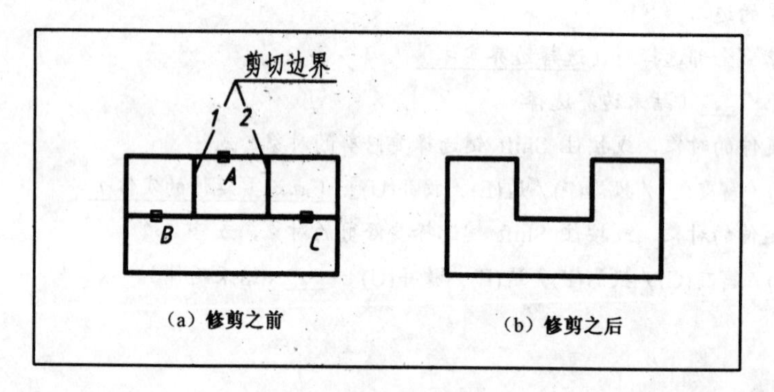

图 4.16　修剪示例

命令:（输入命令）
当前设置：投影 = UCS　边 = 无　（信息行）
选择边界的边...
选择对象〈全部选择〉:（选择修剪边界 1）
选择对象:（选择修剪边界 2）
选择对象: ↙
选择要修剪的对象，或按住 Shift 键选择要延伸的对象，或
[栏选(F) / 窗交(C) / 投影(P) / 边(E) / 删除(R) / 放弃(U)]:（用点选方式选择要修剪的 A 部分）
选择要修剪的对象，或按住 Shift 键选择要延伸的对象，或

[栏选(F) / 窗交(C) / 投影(P) / 边(E) / 删除(R) / 放弃(U)]: （用点选方式选择要修剪的 B 部分）
选择要修剪的对象，或按住 Shift 键选择要延伸的对象，或
[栏选(F) / 窗交(C) / 投影(P) / 边(E) / 删除(R) / 放弃(U)]: （用点选方式选择要修剪的 C 部分）
选择要修剪的对象，或按住 Shift 键选择要延伸的对象，或
[栏选(F) / 窗交(C) / 投影(P) / 边(E) / 删除(R) / 放弃(U)]: ↙（结束修剪）
命令:

说明：

① 在修剪命令中，剪切边界同时也可以作为被剪切的实体。

② 在“[栏选(F) / 窗交(C) / 投影(P) / 边(E) / 删除(R) / 放弃(U)]:”提示行中选择“R”项，将撤销上一次的修剪操作。其他选项与延伸命令中同类选项的含义相同。

③ 在 AutoCAD 的修剪命令中，可按提示“按住 Shift 键选择要延伸的对象”进行延伸实体到边界的操作。

4.7 打断

用 BREAK 命令可以打断实体，即擦除实体上的某一部分或将一个实体分成两部分。可以直接给两个打断点来切断实体；也可以先选择要打断的实体，再给两个打断点，效果如图 4.17 所示。后者常用于第一个断点定位不准确，需要重新指定的情况。

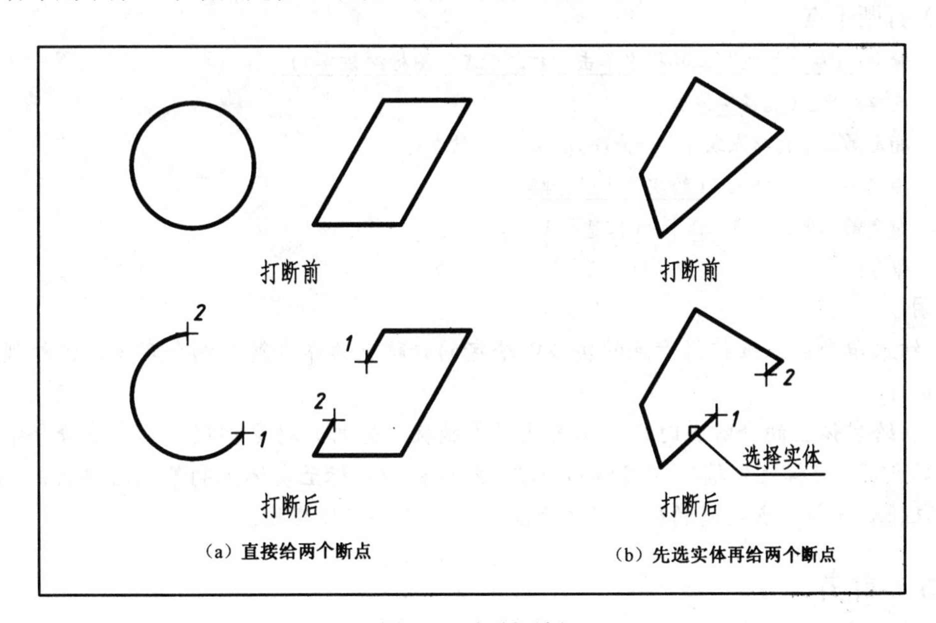

图 4.17　打断示例

1. 输入命令

- 从“修改”工具栏中单击：“打断”按钮
- 从下拉菜单中选择：“修改” ⇨ “打断”
- 从键盘输入：BREAK 或 BR

2. 命令的操作

（1）直接给两个断点

命令: （输入命令）

选择对象: （给打断点 1）

指定第二个打断点或 [第一点(F)]: （给打断点 2）

命令:

（2）先选实体，再给两个断点

命令: （输入命令）

选择对象: （选择实体）

指定第二个打断点或 [第一点(F)]: F↙

指定第一个打断点: （给打断点 1）

指定第二个打断点: （给打断点 2）

命令:

说明：

① 在命令提示行中给第 2 个打断点时，若在实体外取一点，则删除打断点 1 与此点之间的那段实体。

② 在打断圆时，擦除的部分是从打断点 1 到打断点 2 之间逆时针旋转的部分。

（3）打断于点

命令: （从“修改”工具栏中单击“打断于点”图标按钮 ）

选择对象: （选择实体）

指定第二个打断点或 [第一点(F)]: -f （信息行）

指定第一个打断点: （给实体上的分解点）

指定第二个打断点: @ （信息行）

命令:

说明：

① 结束命令后，被打断于点的实体以给定的分解点为界分解为两个实体，但外观上没有任何变化。

② 在给实体上的分解点时，必须关闭对象捕捉。若打开对象捕捉，则在该命令中给实体上的分解点时，光标将先捕捉该实体的一端，然后移动光标至实体上的某点后单击，AutoCAD 将把拾取的端点与此点之间的那段实体删除，相当于将实体变短。

4.8 合并

用 JOIN 命令可将一条线上的多个直线段或一个圆上的多个圆弧连接合并为一个实体，效果如图 4.18 所示。

1. 输入命令

- 从“修改”工具栏中单击：“合并”按钮
- 从下拉菜单中选择：“修改” ⇨ “合并”
- 从键盘输入：JOIN 或 J

2．命令的操作

（1）合并直线段

以如图 4.18（a）所示的图形为例，操作过程如下。

命令: （输入命令）

选择源对象或要一次合并的多个对象: （选择直线段 1 作为源线段）

选择要合并的对象: （选择要合并的直线段 2）

选择要合并的对象: （选择要合并的直线段 3）

选择要合并的对象: ↙（结束选择）

3 条直线已合并为 1 条直线　　　　（信息行）

命令:

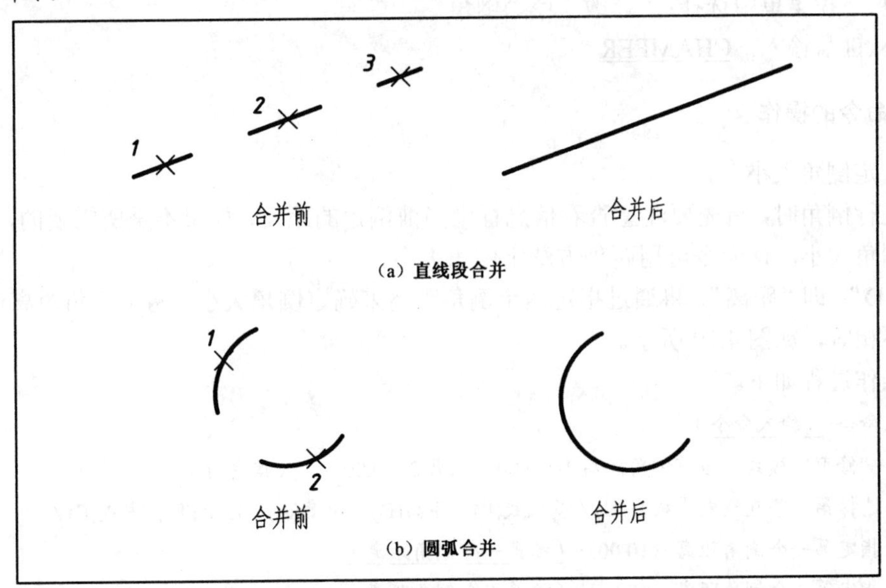

图 4.18　合并示例

提示：在命令第一行提示行中，用窗选方式一次选中要合并的所有对象是直线合并的快捷方法。

说明：用多段线命令绘制的直线不能合并。

（2）合并曲线段

以如图 4.18（b）所示的图形为例，操作过程如下。

命令: （输入命令）

选择源对象或要一次合并的多个对象: （选择圆弧段 1 作为源线段）

选择要合并的对象: （选择要合并的圆弧段 2）

选择要合并的对象: ↙（结束选择）

2 条圆弧已合并为 1 条圆弧　　　（信息行）

命令:

说明：在合并圆弧时，连接的部分是从圆弧段 1（源线段）到要合并的圆弧段 2 之间逆时针旋转的部分。

4.9 倒角

4.9.1 对图形中实体倒斜角

用 CHAMFER 命令可按指定的距离或角度在一对相交直线上倒斜角，也可对封闭的多段线（包括正多边形、矩形）各直线交点处同时进行倒角。

1. 输入命令

- 从“修改”工具栏中单击：“倒角”按钮
- 从下拉菜单中选择：“修改”⇨“倒角”
- 从键盘输入：CHAMFER

2. 命令的操作

（1）定倒角大小

当进行倒角时，首先要注意查看信息行中当前倒角的距离，如果不是所需要的，应先通过选项定倒角大小。该命令可用两种方法定倒角大小。

①“D”：即“距离”，将通过指定两个倒角距离来确定倒角大小。两个倒角距离可能相等，也可能不相等，如图 4.19 所示。

其操作过程如下。

命令:（输入命令）
（“修剪”模式）当前倒角距离 1=10.00，距离 2=10.00　　（信息行）
选择第一条直线或［放弃(U) / 多段线(P) / 距离(D) / 角度(A) / 修剪(T) / 方式(E) / 多个(M)］: D↙
指定第一个倒角距离〈10.00〉:（给第一个倒角距离）
指定第二个倒角距离〈10.00〉:（给第二个倒角距离）

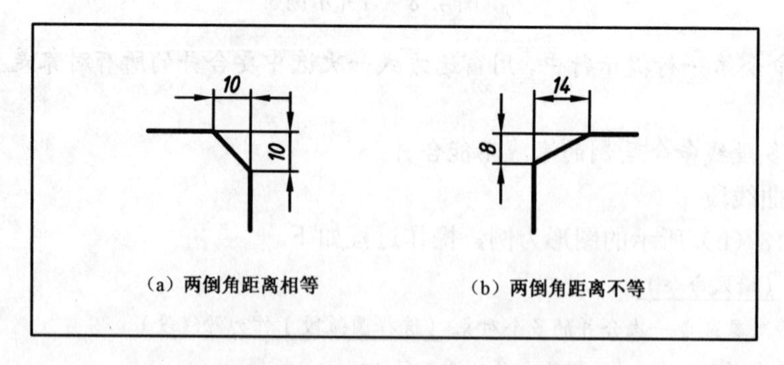

图 4.19　按距离定倒角大小示例

②“A”：即“角度”，将通过指定第一条线上的倒角距离和该线与斜角线间的夹角来确定倒角大小，如图 4.20 所示。

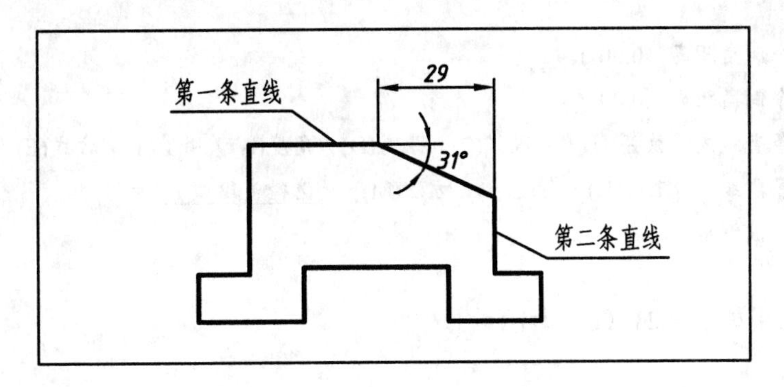

图 4.20　按角度定倒角大小示例

其操作过程如下。

命令: （输入命令）

（“修剪”模式）当前倒角距离 1=10.00，距离 2=10.00（信息行）

选择第一条直线或［放弃(U)/多段线(P)/距离(D)/角度(A)/修剪(T)/方式(E)/多个(M)]: A↙

指定第一条直线的倒角长度〈20〉: （给第一条倒角线上的倒角长度）

指定第一条直线的倒角角度〈0〉: （给角度）

说明：以上所定倒角大小将一直沿用，直到改变它。

（2）单个倒角的操作

指定倒角大小后，AutoCAD 继续显示第一行提示的内容。若要按指定的倒角大小给一对直线倒角，可按以下过程操作。

选择第一条直线或［放弃(U)/多段线(P)/距离(D)/角度(A)/修剪(T)/方式(E)/多个(M)]: （选择第一条倒角线）

选择第二条直线，或按住 Shift 键选择直线以应用角点或 [距离(D)/角度(A)/方法(M)]: （选择第二条倒角线）

命令:

（3）多段线倒角的操作

以如图 4.21（a）所示的多段线为例，倒角操作过程如下。

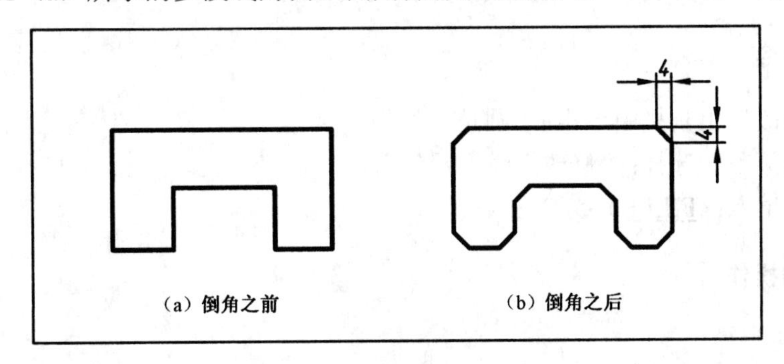

图 4.21　多段线倒斜角示例

命令: （输入倒角命令）

（“修剪”模式）当前倒角距离 1=10.00，距离 2=5.00　（信息行）

选择第一条直线或［放弃(U)/多段线(P)/距离(D)/角度(A)/修剪(T)/方式(E)/多个(M)]: D↙

指定第一个倒角距离〈0.00〉: 4↙

指定第二个倒角距离〈0.00〉: 4↙

选择第一条直线或［放弃(U) / 多段线(P) / 距离(D) / 角度(A) / 修剪(T) / 方式(E) / 多个(M)]: P↙

选择二维多段线或 [距离(D) / 角度(A) / 方法(M)]: （选择多段线）

8 条直线已被倒角

命令:

倒角后的效果如图 4.21（b）所示。

（4）其他

“U”：撤销命令中上一步的操作。

“T”：控制是否保留所切的角，包括“修剪”和“不修剪”两个控制选项，效果如图 4.22 所示。

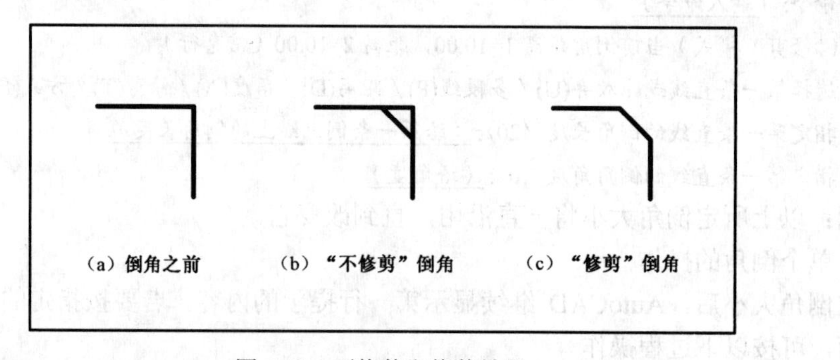

图 4.22　不修剪和修剪效果

“E”：控制倒角的方式。

“M”：可连续执行单个倒角的操作。

4.9.2　对图形中实体倒圆角

用 FILLET 命令可按指定的半径建立一条圆弧，用该圆弧可光滑连接直线、圆弧或圆等实体，还可用该圆弧对封闭的二维多段线中的各线段交点倒圆角。

1．输入命令

- 从“修改”工具栏中单击：“圆角”按钮
- 从下拉菜单中选择：“修改”⇨“圆角”
- 从键盘输入：FILLET 或 F

2．命令的操作

（1）定圆角半径

输入 FILLET 命令后，要注意查看信息行中当前圆角的半径，如果不是所需要的，应先通过选项指定半径大小。

具体操作过程如下。

命令:（输入命令）

当前设置：模式 = 修剪，半径 = 0.00　（信息行）

选择第一个对象或 [放弃(U) / 多段线(P) / 半径(R) / 修剪(T) / 多个(M)]: R↙

指定圆角半径 〈0.00〉:（给圆角半径）

说明：所给圆角半径将一直沿用，直到改变它。

（2）单个倒圆角的操作

指定圆角半径后，AutoCAD 继续显示第一行提示的内容。如图 4.23 所示的单个倒圆角，可按以下过程操作。

选择第一个对象或 [放弃(U) / 多段线(P) / 半径(R) / 修剪(T) / 多个(M)]:（选择第一个实体）

选择第二个对象，或按住 Shift 键选择对象以应用角点或 [半径(R)]:（选择第二个实体）

命令:

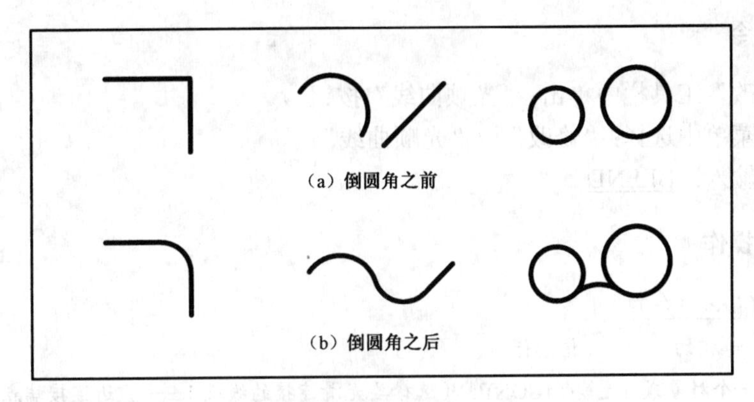

图 4.23　单个倒圆角示例

（3）多段线倒圆角的操作

操作方法与 CHAMFER 命令相同，效果如图 4.24 所示。

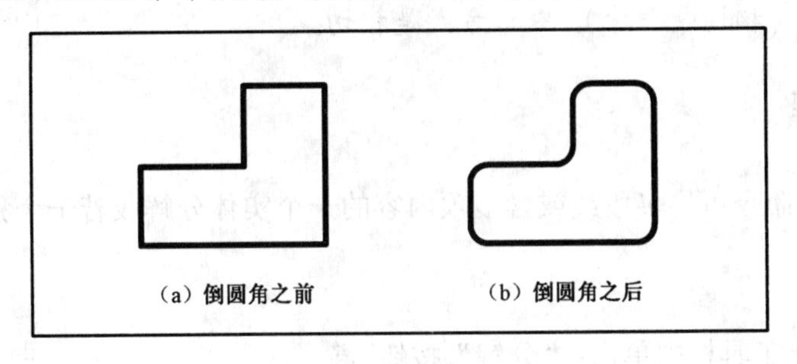

图 4.24　多段线倒圆角示例

说明：FILLET 命令中“放弃(U)”、“修剪(T)”和“多个(M)”选项的含义与 CHAMFER 命令的相同。

4.10　光滑连接

用 BLEND 命令可在两条选定直线或开放曲线的间隙处绘制一条样条曲线，以把两条线段光滑地连接起来，效果如图 4.25 所示。

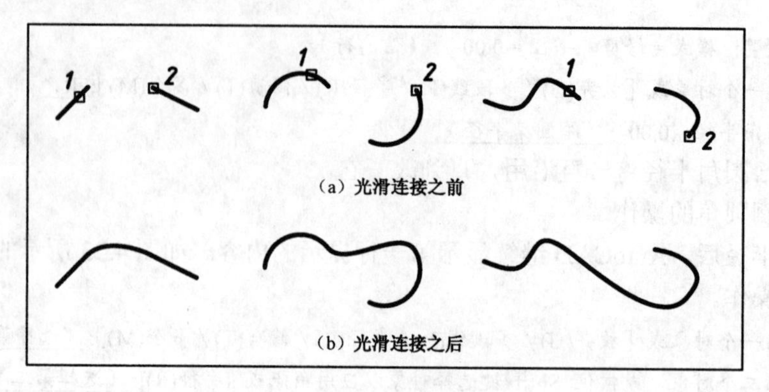

(a) 光滑连接之前

(b) 光滑连接之后

图 4.25 光滑连接示例

1. 输入命令

- 从“修改”工具栏中单击：“光顺曲线”按钮
- 从下拉菜单中选择：“修改”⇨“光顺曲线”
- 从键盘输入：BLEND

2. 命令的操作

命令:（输入命令）

连续性 = 相切　　（信息行）

选择第一个对象或 [连续性(CON)]: （选择要光滑连接的线段 1——靠近连接端点处选择）

选择第二个点:（选择要光滑连接的线段端点 2）

命令:

说明：在提示行“选择第一个对象或 [连续性(CON)]:”中选择“CON”项，可按提示设置光滑连接的方式（相切或平滑），默认方式是相切。

4.11 分解

用 EXPLODE 命令可将多段线或含多项内容的一个实体分解成若干个独立的实体。

1. 输入命令

- 从“修改”工具栏中单击：“分解”按钮
- 从下拉菜单中选择：“修改”⇨“分解”
- 从键盘输入：EXPLODE

2. 命令的操作

命令:（输入命令）

选择对象:（选择要分解的实体）

选择对象:（继续选择实体或按〈Enter〉键结束命令）

命令:

4.12　编辑多段线

用 PEDIT 命令可编辑多段线，并执行几种特殊的编辑功能以处理多段线的特殊属性。

1．输入命令

- 从下拉菜单中选择："修改" ⇨ "对象" ⇨ "多段线"
- 从键盘输入：PEDIT

2．命令的操作

命令:（输入命令）
选择多段线或 [多条(M)]:（选择多段线、直线或圆弧）
输入选项 [闭合(C) / 合并(J) / 宽度(W) / 编辑顶点(E) / 拟合(F) / 样条曲线(S) / 非曲线化(D) / 线型生成(L) / 反转(R) / 放弃(U)]:（选项）

各选项含义如下。
"C"：封闭所选的多段线。
"J"：将数条头尾相连的非多段线或多段线转换成一条多段线。
"W"：改变多段线线宽。
"E"：针对多段线某一顶点进行编辑。
"F"：将多段线拟合成双圆弧曲线。
"S"：将多段线拟合成样条曲线。
"D"：将拟合曲线修成的平滑曲线还原成多段线。
"L"：设置线型图案所表现的方式。
"R"：将多段线顶点的顺序反转。
"U"：撤销命令中上一步的操作。

4.13　用"特性"选项板进行查看和编辑

用 PROPERTIES 命令可查看实体（如：直线、圆、圆弧、多段线、矩形、正多边形、椭圆、样条曲线、文字、尺寸、剖面线、图块等）的信息并可全方位地修改单个实体的特性。该命令也可以同时修改多个实体上共有的实体特性。根据所选实体不同，AutoCAD 将分别显示不同内容的"特性"选项板。

要查看或修改一个实体的特性，一次应选择一个实体，"特性"选项板中将显示这个实体的所有特性，并可根据需要进行修改；要修改一组实体的共有特性，应一次选择多个实体，"特性"选项板中将显示这些实体的共有特性，可修改选项板中显示的内容。

该命令可用下列方法之一输入：

- 从"标准"工具栏中单击："特性"按钮
- 从键盘输入：PR
- 用快捷键：按下〈Ctrl+1〉组合键

输入命令后，AutoCAD 会立即弹出“特性”选项板。弹出选项板后，在待命状态下，可以直接选择所要修改的实体（实体特征点上出现彩色小方框即为选中）；也可单击“特性”选项板上部的选择对象按钮来选择实体。结束选择后，“特性”选项板中将显示所选实体的特性。

在“特性”选项板中修改实体的特性，无论一次修改一个还是多个，无论修改哪一种实体，都可归纳为以下两种情况。

1．修改数值选项

修改数值选项有两种方式。

（1）用“拾取点”方式修改

如图 4.26 所示，单击需要修改的选项行，该行最后会显示一个“拾取点”按钮。单击该按钮，即可在绘图区中用拖动的方法给出所选直线的起点或终点的新位置，确定后即可完成修改。

（2）用“输入新值”方式修改

如图 4.27 所示，单击需要修改的选项行，再单击其数值，进入修改状态，输入一个新值代替原有的值，按〈Enter〉键确定后即可完成修改。

可继续选项对该实体进行修改。要结束对该实体的修改，按〈Esc〉键即可。

单击“特性”选项板标题栏中的按钮，可关闭它。

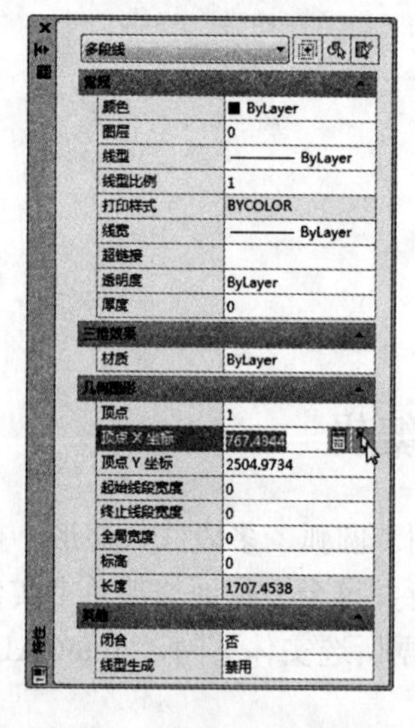

图 4.26 “拾取点”方式

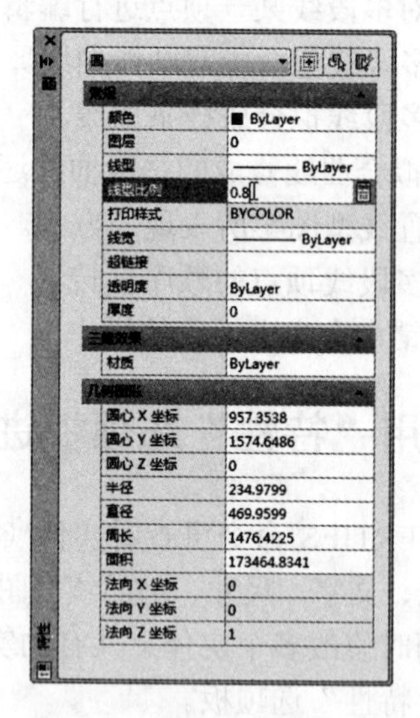

图 4.27 “输入新值”方式

说明：

① 在“特性”选项板的“常规”区中显示的“线型比例”数值是该实体当前对象的缩放比例。当某条（或某些）虚线或点画线的长短间隔不合适或不在线段处相交时，可单击“线型比例”选项行，用上述“输入新值”方式修改它们的当前线型比例值（绘制工程图时一般只在 0.6～1.3 之间进行调整），直至虚线或点画线的长短间隔合适或在线段处相交为止。

② 激活数值后还将显示“计算器”按钮，单击它可弹出“快速计算器”对话框，如

图 4.28 所示。AutoCAD 的快速计算器提供交点、距离和角度的计算等功能。在快速计算器中执行计算时，计算值将自动存储到历史记录列表中，可在后续的计算中查看。

2．修改有下拉列表的选项

修改方法是：先单击需要修改的选项行，再单击该行最后面的下拉按钮，如图 4.29 所示为“图层”下拉列表，从下拉列表中选择所需的选项即可完成修改。可继续选项对该实体进行修改或按〈Esc〉键结束修改。

图 4.28　“快速计算器”对话框

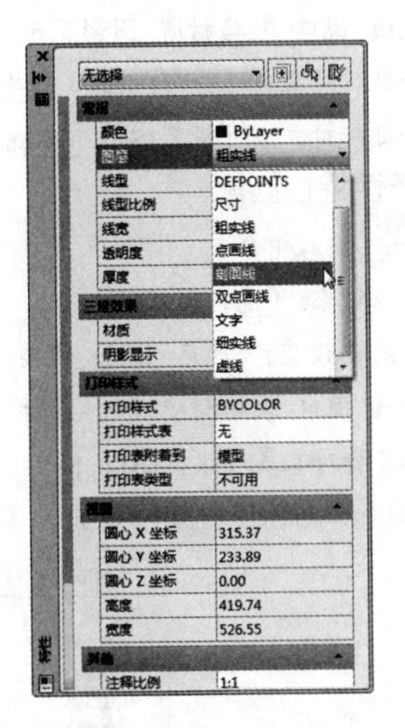

图 4.29　修改有下拉列表的选项

说明：

① AutoCAD 的“特性”选项板具有自动隐藏功能。

② 打开状态栏中的“QP”（快捷特性）开关，在待命状态下，选择所要查看或修改的实体，AutoCAD 将在所选实体处自动弹出“快捷特性”选项板，显示所选实体的特性，并可在其中进行修改。

4.14　用特性匹配功能进行特别编辑

所谓特性匹配功能，就是把源实体的颜色、图层、线型、线型比例、线宽、文字样式、标注样式和剖面线等特性复制给其他实体。若对上述特性进行全部复制，则称为“全特性匹配”；若只对上述特性进行部分复制，则称为“选择性特性匹配”。

1．输入命令

- 从“标准”工具栏中单击：“特性匹配”按钮
- 从下拉菜单中选择：“修改”⇨“特性匹配”
- 从键盘输入：MA

2. 命令的操作

（1）全特性匹配

在默认设置状态时，全特性匹配的操作过程如下。

命令: （输入命令）

选择源对象: （选择源实体）

当前活动设置: 颜色 图层 线型 线型比例 线宽 透明度 厚度 打印样式 标注 文字 填充图案 多段线 视口 表格材质 阴影显示 多重引线 （信息行）

选择目标对象或 [设置(S)]: （选择需要修改的实体）

选择目标对象或 [设置(S)]: （可继续选择需要修改的实体或按〈Enter〉键结束命令）

（2）选择性特性匹配

命令: （输入命令）

选择源对象: （选择源实体）

当前活动设置: 颜色 图层 线型 线型比例 线宽 透明度 厚度 打印样式 标注 文字 填充图案 多段线 视口 表格材质 阴影显示 多重引线 （信息行）

选择目标对象或 [设置(S)]: S↙

AutoCAD 立即弹出“特性设置”对话框，如图 4.30 所示。

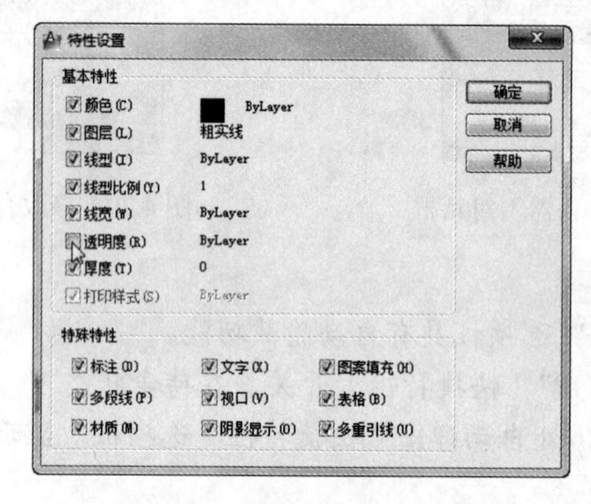

图 4.30 “特性设置”对话框

“特性设置”对话框中的默认设置为全特性匹配，即对话框中的所有特性开关均打开。如果只需要复制其中的某些特性，关闭不需要复制的特性开关即可。

4.15 用夹点功能进行快速编辑

- 夹点功能是指用与传统的 AutoCAD 修改命令完全不同的方式来快速完成在绘图中常用的 STRETCH（拉压）、MOVE（移动）、ROTATION（旋转）、SCALE（缩放）、MIRROR（镜像）命令的操作。AutoCAD 2012 增加了多功能夹点，在任意一个夹点上悬停光标，AutoCAD 即可显示相关的编辑选项菜单，直接选项操作，可实现拉伸顶点、添加顶点、删除顶点、转换为圆弧（或转换为直线）、拉伸、拉长等快速编辑。

1. 夹点功能的设置

打开夹点功能并在待命状态下选择实体时，一些小方框会出现在实体的特定点上，这些小方框就称为实体的夹点。这些夹点是实体本身的一些特征点，如图 4.31 所示。

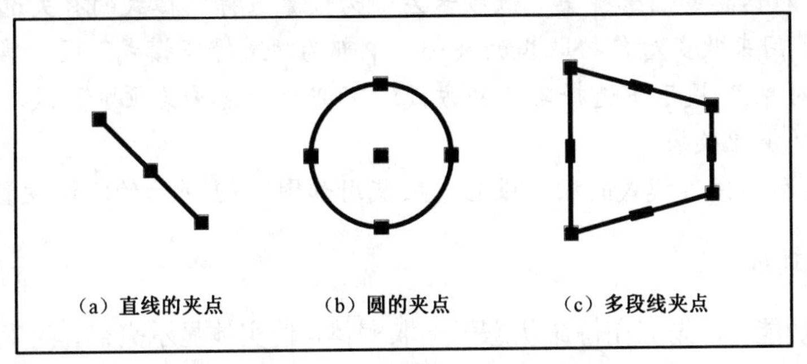

图 4.31　显示实体上的夹点

通过“选项”对话框中“选择集”选项卡可进行夹点功能的相关设置。

单击工作界面左上角的“应用程序”按钮，从弹出的列表中单击“选项”按钮，弹出“选项”对话框，然后单击“选择集”选项卡，显示内容如图 4.32 所示。

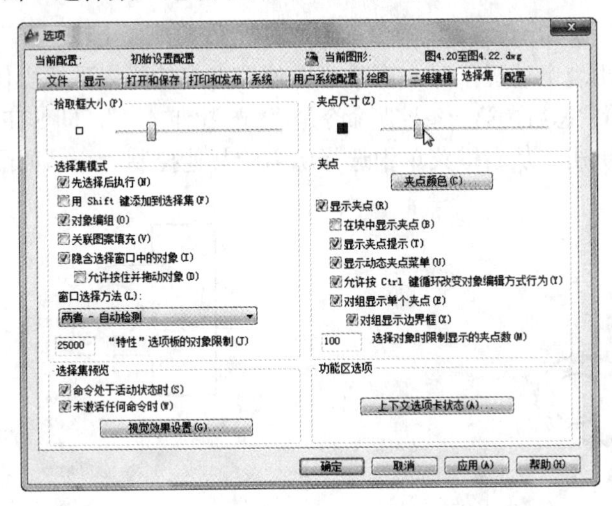

图 4.32　显示“选择集”选项卡的“选项”对话框

该对话框右侧为设置夹点功能的有关选项，主要选项说明如下。

“夹点尺寸”滑块：用来改变夹点方框的大小。当移动滑块时，左边的小图标会即时显示当前夹点方框的大小。

“夹点颜色”按钮：单击它可显示“夹点颜色”对话框，用来改变“未选中夹点的颜色”、“悬停夹点颜色”、“选中夹点的颜色”（即基点）和“夹点轮廓的颜色”。

“显示夹点”开关：控制夹点的显示。若打开此开关，则显示夹点，即打开夹点功能；若关闭此开关，则不显示夹点。默认为打开。

“在块中显示夹点”开关：控制图块中实体上夹点的显示。若打开此开关，则图块中所有实体的夹点都显示出来；若关闭此开关，则只显示图块的插入点上的夹点。默认为关闭。

“显示夹点提示”开关：控制使用夹点时是否显示相应的文字提示。默认为打开。

要取消实体上显示的夹点，可连续按两次〈Esc〉键，也可在工具栏中单击其他命令按钮使其消失。

说明：

① “选项”对话框的“选择集”选项卡左侧为设置选择集模式的有关选项，上部为“拾取框大小”滑块，用来改变对象拾取框的大小；中部为“选择集模式”区，其中的 6 个开关用于控制在“选择对象:”提示下选择实体的方式；下部为“选择集预览”区，主要用来改变选择实体窗口底色的视觉效果。

② 夹点功能和选择集模式的相关设置一般使用如图 4.32 所示的默认设置。

2. 使用夹点功能

要使用夹点功能，首先应在待命状态下选取实体，使实体显示夹点，当光标悬停在某些夹点上时，AutoCAD 会显示即时菜单（此为多功能夹点），如图 4.33 所示，可在菜单中选项对该夹点进行快速编辑。

无论是否为多功能夹点，当实体显示夹点后，单击某个夹点，这个夹点将红色高亮显示（该夹点即为控制命令中的“基点”），同时命令提示区中立即显示如下控制命令与提示：

** 拉伸 **

指定拉伸点或［基点(B) / 复制(C) / 放弃(U) / 退出(X)]:

当命令提示区中出现上述提示时，表示可以使用夹点功能来进行操作了。

进入夹点功能编辑状态后，第一条控制命令是“* * 拉伸 * *”，即 STRETCH 命令。若不进行伸缩操作，可右键单击，从右键菜单中选择所需的其他控制命令，如图 4.34 所示。

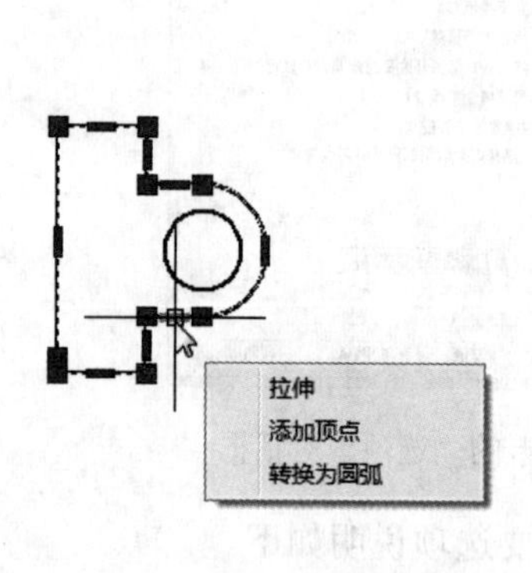

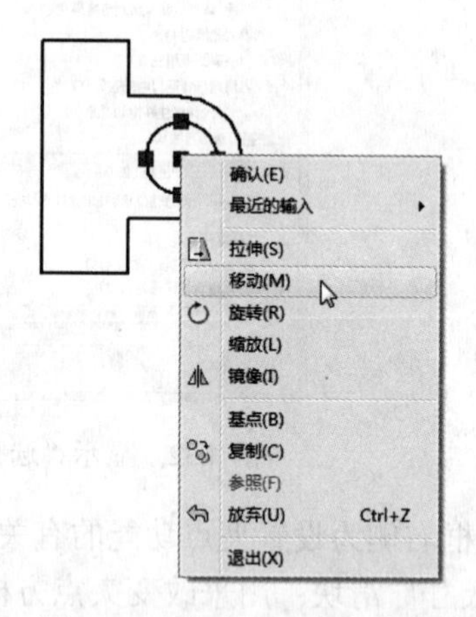

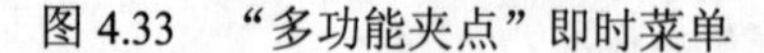

图 4.33 “多功能夹点”即时菜单　　图 4.34 “夹点”功能右键菜单

在右键菜单中可选择“移动”、“镜像”、“旋转”、“缩放”或“拉伸”等命令。选择不同的命令，AutoCAD 将在命令提示区中显示不同的提示：

** 拉伸 **

指定拉伸点或［基点(B) / 复制(C) / 放弃(U) / 退出(X)]: ↙

** 移动 **

指定移动点或［基点(B) / 复制(C) / 放弃(U) / 退出(X)]: ↙

** 旋转 **

指定旋转角度或［基点(B) / 复制(C) / 放弃(U) / 参照(R) / 退出(X)]: ↙

** 比例缩放 **

指定比例因子或［基点(B) / 复制(C) / 放弃(U) / 参照(R) / 退出(X)]: ↙

** 镜像 **

指定第二点或［基点(B) / 复制(C) / 放弃(U) / 退出(X)]: ↙

这 5 个控制命令中的选项，与前面介绍过的同名的图形编辑命令的基本相同。不同的是，每个控制命令的提示行中又多了几个共有的选项，其含义说明如下。

“B”：允许改变基点位置。

“U”：用来撤销该命令中最后一次的操作。

“X”：使该控制命令结束并返回待命状态。

“C”：可对选中的实体实现复制性控制操作。

要实现复制性控制操作，应在执行控制命令时选择“C”项，否则执行一次后将退出命令。如图 4.35 所示，是在“旋转”控制命令中进行复制性操作的示例，其操作过程如下。

在待命状态下，选择实体椭圆使其显示夹点，再选择椭圆中心为基点，在命令提示区中出现提示行：

** 拉伸 **

指定拉伸点或［基点(B) / 复制(C) / 放弃(U) / 退出(X)]: （从右键菜单中选择“旋转”命令）

** 旋转 **

指定旋转角度或［基点(B) / 复制(C) / 放弃(U) / 参照(R) / 退出(X)]: C↙

指定旋转角度或［基点(B) / 复制(C) / 放弃(U) / 参照(R) / 退出(X)]: （给旋转角将旋转复制一个椭圆）

指定旋转角度或［基点(B) / 复制(C) / 放弃(U) / 参照(R) / 退出(X)]: （给新旋转角将再旋转复制一个椭圆）

指定旋转角度或［基点(B) / 复制(C) / 放弃(U) / 参照(R) / 退出(X)]: X↙

命令:

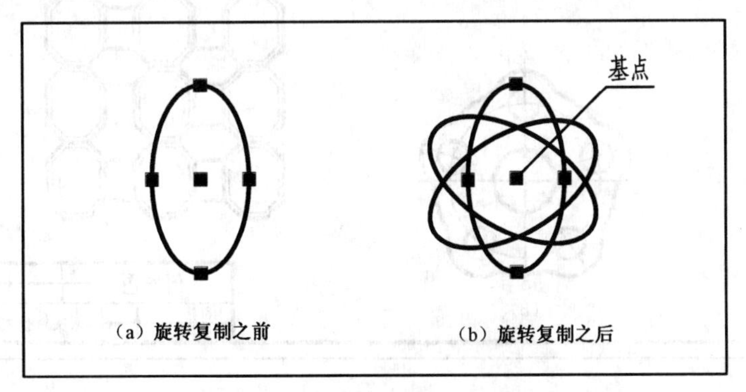

图 4.35　使用夹点功能旋转复制示例

提示： 在绘制工程图时，用夹点功能来修正点画线的长短非常快捷。

上机练习与指导

1．基本操作训练

（1）进行绘图环境的 9 项初步设置（A3）。

提示：用右键菜单命令打开“草图设置”对话框，关闭“捕捉和栅格”选项卡中“栅格行为”区的“自适应栅格”等开关。

（2）用前面所学的绘图命令随意画出几组实体，然后用 ERASE 命令练习选择实体的 6 种方式。熟练掌握各种选择实体的方式是快速操作图形编辑命令的关键一环。

（3）按前面所学内容依次练习复制、移动、旋转、改变大小、延伸与修剪到边界、打断、合并、倒角、分解等图形编辑命令，以及查看与全方位修改实体、特性匹配功能、夹点功能。通过练习，要掌握每个常用图形编辑命令的各种操作方式，并要熟悉它们的用途。这样才能在今后绘制工程图时，针对不同的情况选择最简捷、最合理的编辑图形命令，这也是提高绘图速度的关键一环。

2．工程绘图训练

作业：

用 A3 图幅，目测尺寸绘制如图 4.36 所示“几何作图”中的各图形（目的是练习编辑命令的操作）。

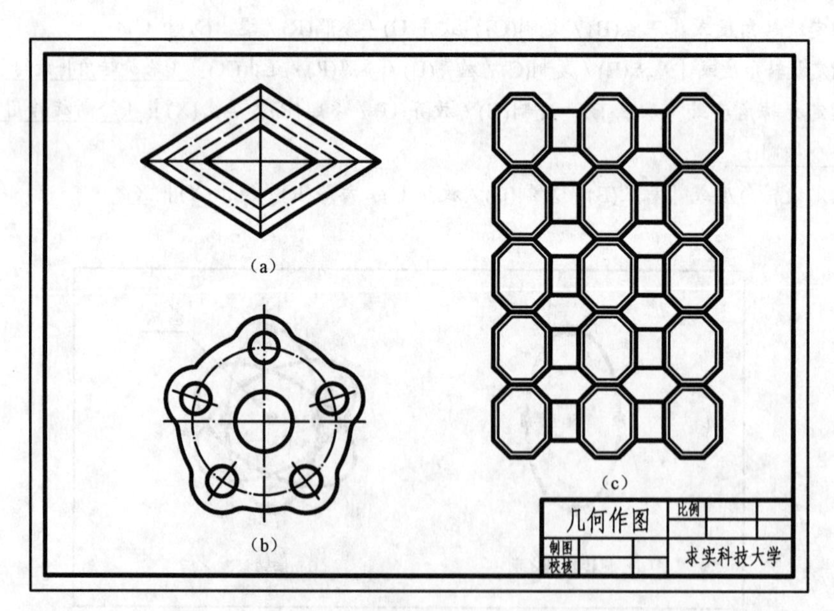

图 4.36　上机练习——几何作图

作业指导：

可用基本操作训练中新建的 A3 图幅绘制各图形。

提示：应设置“端点”、“交点”、“延长线”、“圆心”4 种模式为固定对象捕捉，并打开状态栏中的“栅格”、“正交”（不用时应关闭）、“对象捕捉”和“线宽”模式开关。

① 图4.36（a）的作图步骤分解图如图4.37所示。

设细实线图层为当前图层。

用LINE命令画出图形的1/4外廓（直角三角形），效果如图4.37（a）所示。

用OFFSET命令偏移出3条斜线，效果如图4.37（b）所示。

用TRIM命令修剪多余的线段，效果如图4.37（c）所示。

用“图层”工具栏中的“图层列表”下拉列表，将4条斜线分别换到相应的图层中，效果如图4.37（d）所示。方法是：选取需要改变图层的实体，使实体显示夹点，然后从“图层”工具栏中的“图层列表”下拉列表中选择新的图层名，即可将所选实体换到新的图层中。

用MIRROR命令镜像出右半部分图形，效果如图4.37（e）所示。

用MIRROR命令镜像出下半部分图形，效果如图4.37（f）所示。

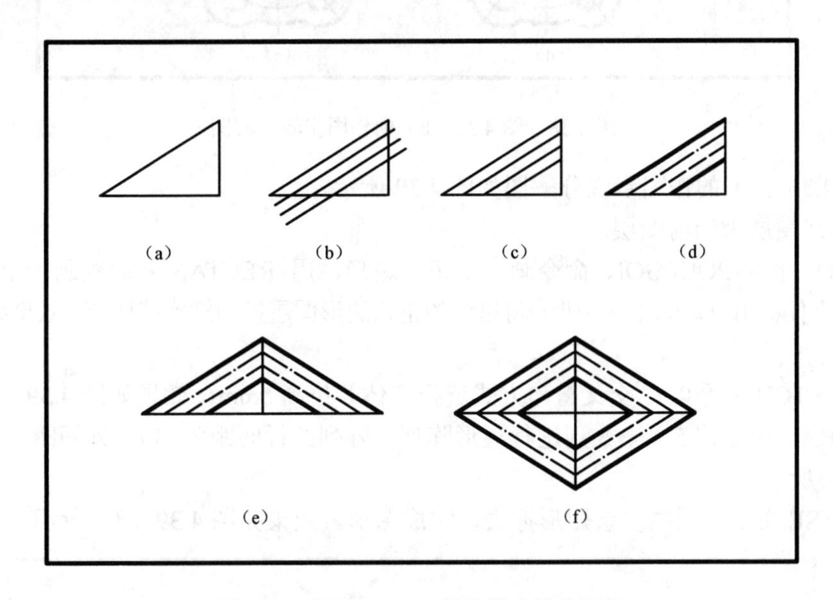

图4.37　图4.36（a）的作图步骤分解图

② 图4.36（b）的作图步骤分解图如图4.38所示。

设点画线图层为当前图层。

用LINE和CIRCLE命令画出大圆中心线及点画线圆。切换粗实线图层为当前图层，再用CIRCLE命令画4个小的实线圆。使用夹点功能调整点画线至合适的长度，效果如图4.38（a）所示。

用TRIM命令修剪相交小圆与大圆中的多余线段，效果如图4.38（b）所示。

用ARRAY命令将圆弧、小圆、竖直点画线3个实体环形阵列5组，效果如图4.38（c）所示。

用TRIM命令以各圆弧为界修剪大圆的多余部分，效果如图4.38（d）所示。

用FILLET命令对图形外轮廓各圆弧线段交点处倒圆角。使用夹点功能或用BREAK打断命令修正点画线，完成图形，效果如图4.38（e）所示。

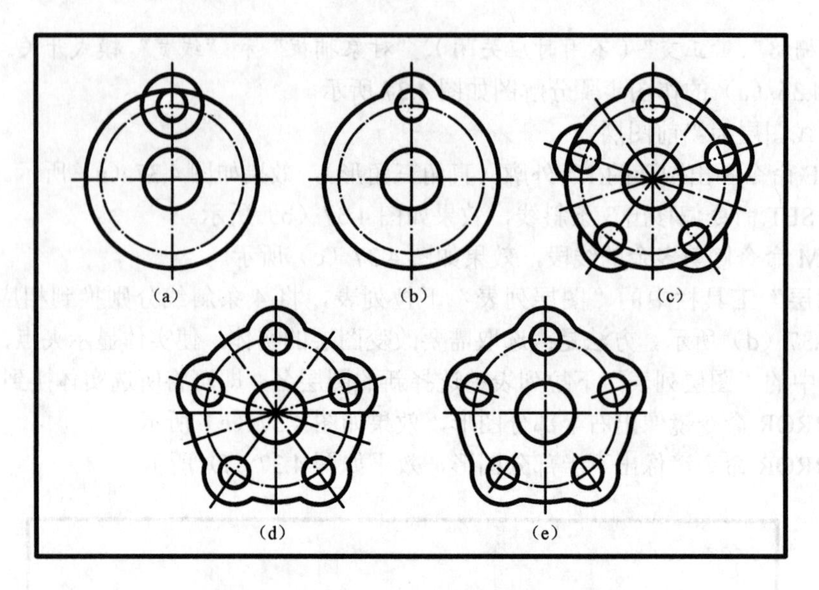

图 4.38 图 4.36（b）的作图步骤分解图

③ 图 4.36（c）的作图步骤分解图如图 4.39 所示。

设粗实线图层为当前图层。

按图示尺寸用 POLYGON 命令画一个正八边形，用 RECTANG 命令画一个矩形，再用 OFFSET 命令偏移出里边的正八边形。将里边的正八边形图层换为细实线图层。效果如图 4.39（a）所示。

用 STRETCH 命令以 C 交叉窗口方式选择实体并拉高 5mm，效果如图 4.39（b）所示。

用 ARRAY 命令按 5 行、3 列进行矩形阵列，阵列的行间距为-30，列间距为 36，效果如图 4.39（c）所示。

用 ERASE 命令将图中多余矩形擦去，完成图形。效果如图 4.39（d）所示。

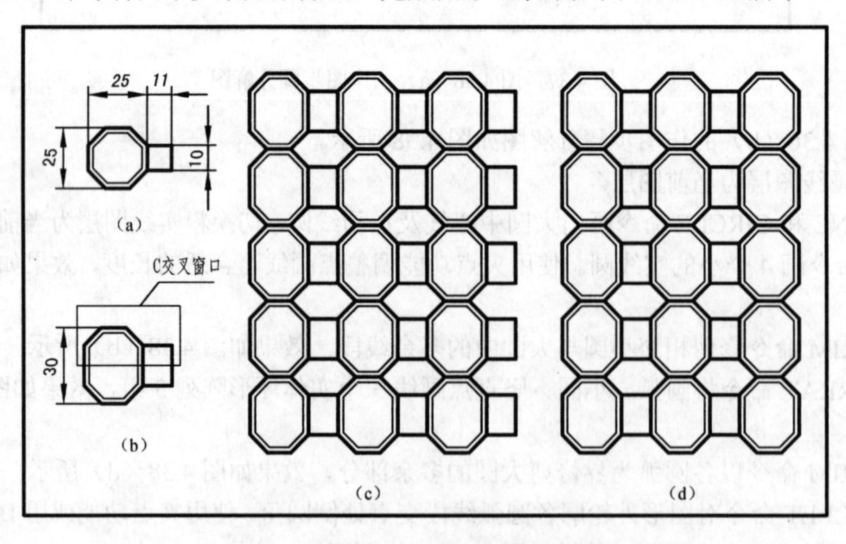

图 4.39 图 4.36（c）的作图步骤分解图

练习中应注意以下几点。

① 在以上操作过程中，3 个图形中的点画线可一起画出。如果某处点画线、虚线未在其线段处相交或某条虚线长短不合适，可激活“特性”选项板（或打开状态栏中的“快捷特性”模式开关），在待命状态下选中它们，在“特性”选项板中单击“线型比例”选项行，修改它们的当前线型比例值（绘制工程图时，一般只在 0.6～1.3 之间进行调整），直至合适为止。

② 绘制完各图形后，要用 SCALE 命令进行比例缩放，用 MOVE 命令移动，以调整图形的大小及其在图纸上的位置，使所画图形的结构大小合适、布局合理。

第5章

按尺寸绘图的方式

📖本章导读

工程图样都是按尺寸精确绘制的。AutoCAD 2012 提供了多种按尺寸绘图的方式，应用这些方式，可以实现精确绘图。合理应用这些方式，还将大大提高绘图的速度。本章介绍按尺寸绘图的常用方式，重点介绍在绘制工程图中如何合理选用按尺寸绘图的方式与相关技术。

应掌握的知识要点：

- 用直接给距离的绘图方式绘制标注出长度尺寸的直线段；
- 用给坐标的绘图方式绘制标注出坐标尺寸的斜向线段；
- 用精确定点的绘图方式绘制通过指定目标点的线段；
- 视图间按照“长对正、高平齐”原则绘制工程图的绘图方式；
- 用不需计算尺寸的绘图方式绘制没有直接标注出长度的线段；
- 用临时追踪方式绘制起点的参考点；
- 各种按尺寸绘图方式在绘制三视图和轴测图中的合理选用。

5.1　直接给距离绘图方式

直接给距离方式是绘制已知长度线段的最快捷方式。直接给距离方式主要用于绘制直接注出长度尺寸的水平和铅垂线段。在 1.8 节已提到，直接给距离方式通过用鼠标导向，从键盘直接输入相对于前一点的距离（即线段长度）来绘制图形。用该方式绘图，一般应启用极轴追踪（详见 5.4 节）进行导向。

5.2　给坐标绘图方式

给坐标方式是绘图中输入尺寸的一种基本方式。在坐标系中，用该方式给尺寸是通过给出图中线段的每个端点坐标来实现的。给坐标方式包括：绝对直角坐标、相对直角坐标、相对极坐标、球坐标和柱坐标 5 种输入方法。其中，绝对直角坐标、相对直角坐标、相对极坐标 3 种输入方法用于二维绘图，球坐标和柱坐标输入方法用于三维绘图。本节只介绍前 3 种输入方法。

1. 绝对直角坐标

在 1.8 节中已提到，绝对直角坐标是相对于坐标原点的直角坐标，其输入形式为“*X*,*Y*”。从原点开始，*X* 坐标向右为正，向左为负；*Y* 坐标向上为正，向下为负。

使用者可以使用自己定义的坐标系（UCS）或者世界坐标系（WCS）作为当前位置参照系统来输入点的绝对直角坐标值。

世界坐标系（WCS）的默认原点（0,0）在图纸的左下角。

用户坐标系（UCS）的坐标原点是自行设定的。在某些情况下，使用用户坐标系可给绘图带来方便。如果直接把坐标原点定义在某一实体的特定点上，可直接输入绝对直角坐标值定点，而不需要进行换算。绕某一个坐标轴旋转 *XY* 平面，有助于绘制那些形状奇特的对象。在 AutoCAD 2012 中，建立新的坐标系非常方便，只需单击如图 5.1 所示的绘图界面右上角的“WCS”按钮，选择弹出菜单中的“新 UCS”项，即可在图形中用鼠标直接指定新 UCS 的原点和方向，还可按命令提示选项进行设置。

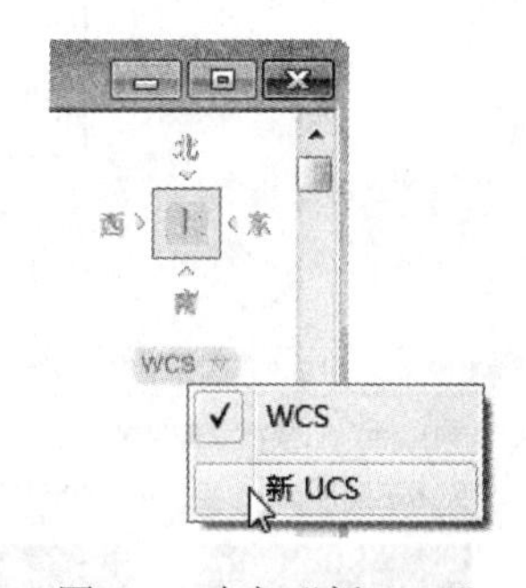

图 5.1　建立“新 UCS”

2. 相对直角坐标

在 1.8 节中已提到，相对直角坐标是相对于前一点的直角坐标，其输入形式为“@*X*,*Y*”。相对于前一点，*X* 坐标向右为正，向左为负；*Y* 坐标向上为正，向下为负。

相对直角坐标常用来绘制已知 *X*、*Y* 两方向尺寸的斜线，如图 5.2 所示。

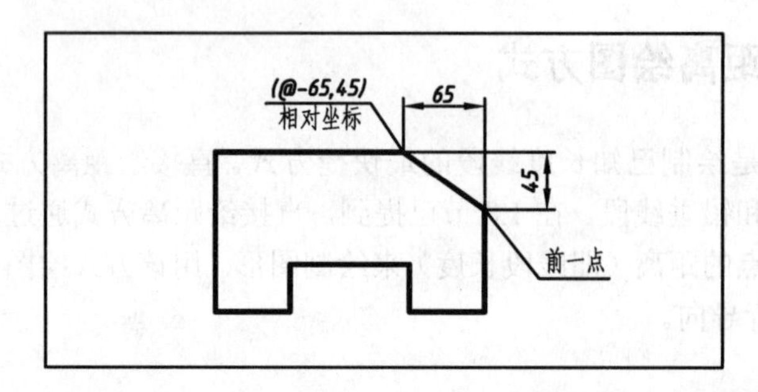

图 5.2　用相对直角坐标输入尺寸示例

3．相对极坐标

相对极坐标是相对于前一点的极坐标，通过指定该点到前一点的距离及与 X 轴的夹角来确定点。相对极坐标输入方法为“@距离∠角度”（在相对极坐标中，距离与角度之间以“∠”符号相隔）。在 AutoCAD 中，默认设置的角度正方向为逆时针方向，水平向右为零角度。

在按尺寸绘图时，使用相对极坐标可方便地绘制已知线段长度和角度尺寸的斜线，如图 5.3 所示。

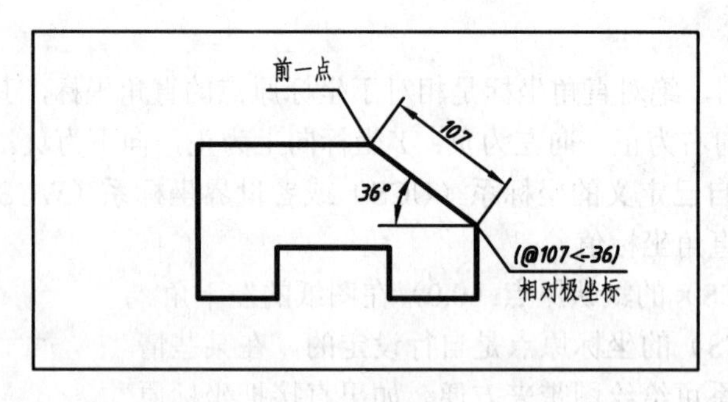

图 5.3　用相对极坐标输入尺寸示例

图 5.4　显示“动态输入”选项卡的“草图设置”对话框

提示： 在 AutoCAD 中，打开状态栏中的“DYN”（动态输入）模式开关，可以在光标处显示的工具栏提示中直接输入相对坐标值，不必输入“@”符号。

说明： 若要修改动态输入模式的设置，可右键单击状态栏中的“DYN”模式开关，然后从右键菜单中选择“设置”命令，AutoCAD 将弹出显示“动态输入”选项卡的“草图设置”对话框，如图 5.4 所示，在该对话框中可按需要进行修改。

另外，“QP”快捷特性和“SC”选择循环模式的设置也可在“草图设置”对话框进行修改，一般使用默认。

5.3　精确定点绘图方式

对象捕捉是绘图时常用的精确定点方式。对象捕捉方式可把点精确定位到可见实体的某特征点上。在 2.2.3 节中已提到，对象捕捉有“单一对象捕捉”和“固定对象捕捉”两种方式，两者是配合使用的。

绘制工程图时，一般将常用的几种对象捕捉模式（至少要设置“端点”、“交点”、“延长线”3 种，多者不要超过 6 种）设置成固定对象捕捉，对偶尔用到的对象捕捉模式则使用单一对象捕捉（在自定义工作界面中将单一对象捕捉工具栏固定放在绘图区外的下方）。

【例 5-1】 将如图 5.5（a）所示的小圆平移到多边形内，要求小圆圆心与多边形内两条点画线的交点重合。

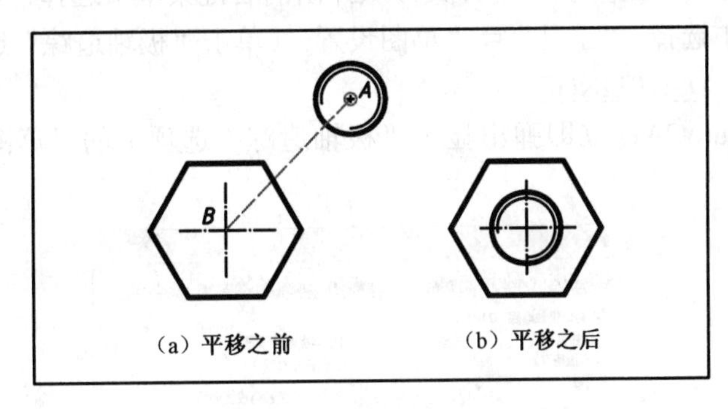

图 5.5　对象捕捉示例

操作步骤如下。

① 设置固定捕捉方式

命令: （输入 OSNAP 命令）

AutoCAD 弹出显示“对象捕捉”选项卡的“草图设置”对话框，设置“端点”、“交点”、“延长线”、“圆心”4 种对象捕捉模式为固定对象捕捉方式，单击“确定”按钮退出对话框。

打开状态栏中的“对象捕捉”模式开关，即打开固定捕捉。

② 移动

命令: （输入 MOVE 命令）

选择对象: （选择小圆）

选择对象: ↙

指定基点或 [位移(D)]〈位移〉: （直接拾取小圆的圆心点 A）（移动光标靠近该小圆的圆心，使其显示圆心标记后单击确定）

指定位置的第二点或〈用第一点作位移〉: （直接拾取点 B）（移动光标靠近 B 点，使其显示交点标记后单击确定）

命令:

效果如图 5.5（b）所示。

5.4 “长对正、高平齐”绘图方式

在 AutoCAD 2012 中综合应用对象捕捉、极轴追踪和对象捕捉追踪，可方便地按照视图间“长对正、高平齐”的原则来绘图。它们都可以通过单击状态栏中的相应按钮来打开或关闭。

极轴追踪可捕捉所设角增量线上的任意点，对象捕捉追踪可捕捉通过指定点延长线上的任意点。在应用极轴追踪和对象捕捉追踪前，应先进行设置。

1. 追踪的设置

极轴追踪和对象捕捉追踪的设置要通过操作“草图设置”对话框来完成。

可用下列方法之一弹出该对话框：

- 右键单击状态栏中的“极轴”开关，从弹出的右键菜单中选择“设置”命令
- 从下拉菜单中选择：“工具”⇨“草图设置”（单击“极轴追踪”选项卡）
- 从键盘输入：DSETTINGS

输入命令后，AutoCAD 立即弹出显示“极轴追踪”选项卡的“草图设置”对话框，如图 5.6 所示。

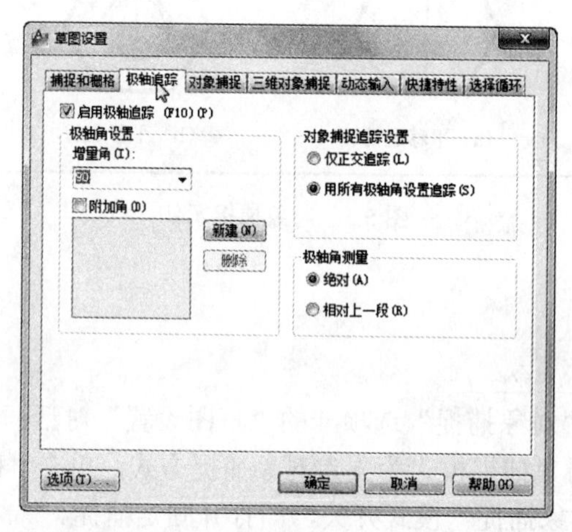

图 5.6 显示“极轴追踪”选项卡的“草图设置”对话框

对话框中各项说明如下。

（1）“启用极轴追踪”开关

该开关控制极轴追踪的打开与关闭。

（2）“极轴角设置”区

该区用于设置极轴追踪的角度，设置方法是：从“增量角”下拉列表中选择一个角度值或输入一个新角度值。所设角度将使 AutoCAD 在此角度线及该角度的倍数线上进行极轴追踪。

操作“附加角”开关与“新建”按钮，可在“附加角”开关下方的列表框中为极轴追踪增加一些附加追踪角度。

（3）“对象捕捉追踪设置”区

该区用于设置对象捕捉追踪的模式。选择“仅正交追踪”单选钮，将使对象捕捉追踪通过指定点时仅显示水平和竖直追踪方向；选择“用所有极轴角设置追踪”单选钮，将使对象捕捉

追踪通过指定点时显示极轴追踪所设的所有追踪方向。

（4）“极轴角测量”区

该区用于设置测量极轴追踪角度的参考基准。选择“绝对”单选钮，将使极轴追踪角度以当前用户坐标系为参考基准；选择“相对上一段”单选钮，将使极轴追踪角度以最后绘制的实体为参考基准。

（5）“选项”按钮

单击“选项”按钮，AutoCAD 将弹出显示“绘图”选项卡的“选项”对话框，如图 5.7 所示。在右侧“靶框大小”区中，拖动滑块可调整捕捉靶框的大小，其他各项一般使用默认设置。

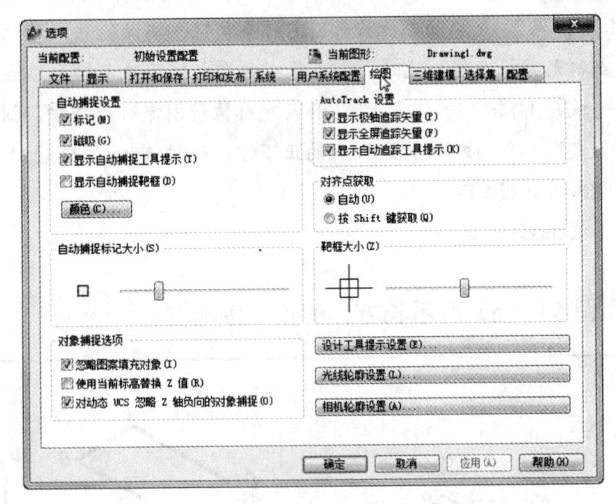

图 5.7　显示“绘图”选项卡的“选项”对话框

2. 应用举例

【例 5-2】 绘制如图 5.8 所示的直线 CD，要求 CD 与已知 L 形线框高平齐。

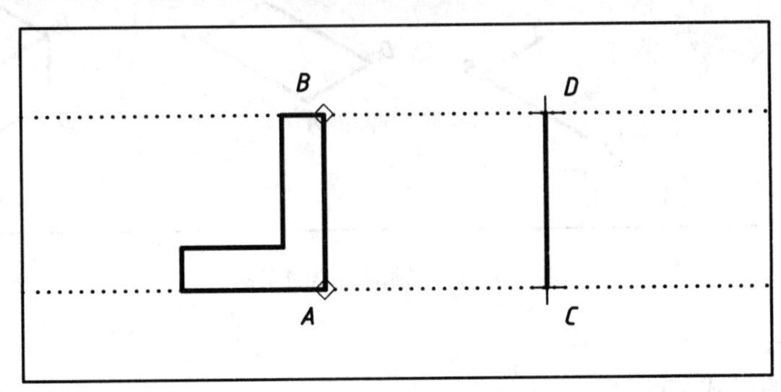

图 5.8　“高平齐”绘图示例

操作步骤如下。

① 设置追踪的模式。

命令:（右键单击状态栏中的“极轴”开关，从右键菜单中选择“设置”命令）

输入命令后，AutoCAD 弹出显示“极轴追踪”选项卡的“草图设置”对话框，在“极轴角设置”区的“增量角”下拉列表中选择或输入 90，在“对象捕捉追踪设置”区中选择“用所有极轴角设置追踪”单选钮。

② 设置固定对象捕捉模式。

单击“草图设置”对话框中的“对象捕捉”选项卡，选中“端点”、“交点”、“延长点”等捕捉模式，单击“确定”按钮退出该对话框。

③ 打开相应模式开关。

打开状态栏中的“极轴”开关、“对象捕捉”开关、“对象追踪”开关，即显示为蓝色。

④ 画线。

命令: （输入 LINE 命令）

指定第一点: （给 D 点） （移动光标执行固定对象捕捉，捕捉到 B 点后，AutoCAD 在通过 B 点处自动绘制一条点状无穷长直线，此时，沿点状线向右水平移动光标至 D 点，单击确定）

指定下一点或 [放弃(U)]: （给 C 点） （移动光标执行固定对象捕捉，捕捉到 A 点后，沿通过 A 点的点状无穷长直线水平向右移动至 D 点的正下方，此时 AutoCAD 绘制两条点状无穷长相交线，单击确定后，即画出直线 CD）

指定下一点或 [放弃(U)]: ↙

命令:

【例 5-3】 绘制如图 5.9（a）所示长方体的正等轴测图。

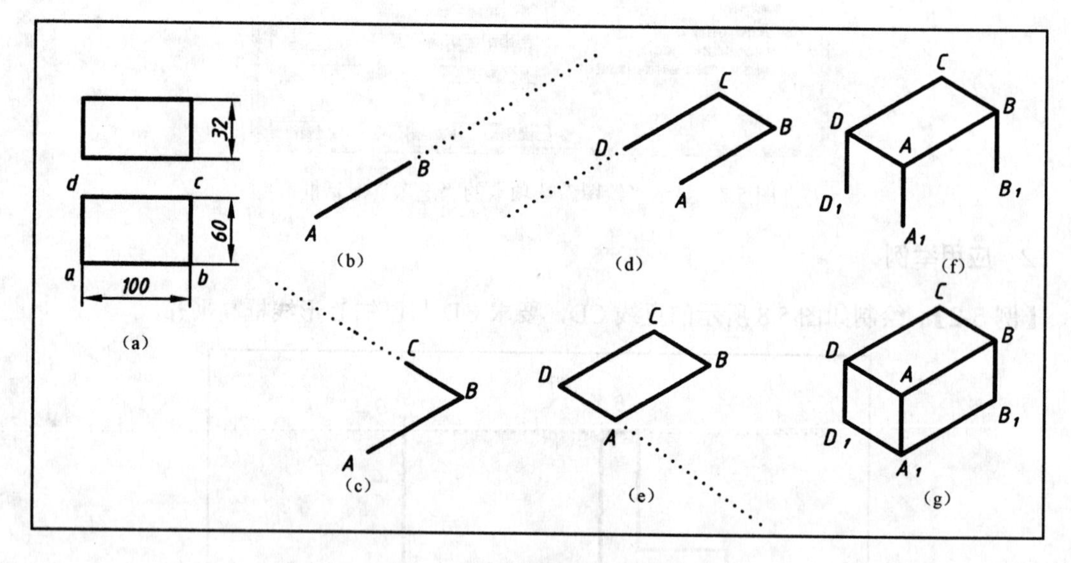

图 5.9 正等轴测图绘图示例

操作步骤如下。

① 设置追踪的模式。

命令: （右键单击状态栏中的“极轴”开关，从右键菜单中选择“设置”命令）

输入命令后，AutoCAD 弹出显示“极轴追踪”选项卡的“草图设置”对话框，在“极轴角设置”区的“增量角”下拉列表中选择或直接输入30，在“对象捕捉追踪设置”区中选择“用所有极轴角设置追踪”单选钮。

② 设置固定对象捕捉模式。

单击“草图设置”对话框中的“对象捕捉”选项卡，选中“端点”、“交点”、“延长点”等捕捉模式，单击“确定”按钮退出该对话框。

③ 打开相应模式开关。

打开状态栏中的“极轴”开关、“对象捕捉”开关、“对象追踪”开关。

④ 画长方体的顶面 ABCD。

命令: （输入 LINE 或 PLINE 命令）

指定第一点: （给 A 点）（用鼠标直接确定起点 A）

指定下一点或 [放弃(U)]: （给 B 点）（向右上方移动光标，自动在 30° 线上出现一条点状射线，此时输入直线长度 100，确定后画出直线 AB，如图 5.9（b）所示）

指定下一点或 [放弃(U)]: （定 C 点）（向左上方移动光标，自动在 150° 线上出现一条点状射线，输入直线长度 60，确定后画出直线 BC，如图 5.9（c）所示）

指定下一点或 [闭合(C)/放弃(U)]: （给 D 点）（向左下方移动光标，自动在 210° 线上出现一条点状射线，此时，再利用对象捕捉追踪定出 D 点，画出直线 CD，如图 5.9（d）所示）

指定下一点或 [闭合(C)/放弃(U)]: （连 A 点）（向右下方移动光标，自动在 270° 线上出现一条点状射线，此时，捕捉端点 A，确定后画出直线 DA，效果如图 5.9（e）所示）

指定下一点或 [闭合(C)/放弃(U)]: ↙

命令:

⑤ 画长方体的可见侧棱。

命令: （输入 LINE 命令）

指定第一点: （直接拾取点 D）（移动光标靠近该交点或直线端点，使其显示“交点”或“端点”标记，即捕捉到端点 D，单击确定）

指定下一点或 [放弃(U)]: （给点 D_1）（向下方移动光标，用直接给距离方式输入侧棱长 32，按回车键确定）

命令:

同理，再绘制出可见侧棱 AA_1 和 BB_1（用 COPY 命令复制绘制更快捷），效果如图 5.9（f）所示。

⑥ 画长方体的底面。

命令: （输入 LINE 或 PLINE 命令）

指定第一点: （直接拾取点 D_1）（移动光标靠近该直线端点，使其显示 “端点”标记，即捕捉到端点 D_1，单击确定）

指定下一点或 [放弃(U)]: （给点 A_1）（向右下方移动光标，捕捉端点 A_1，单击确定）

指定下一点或 [放弃(U)]: （给点 B_1）（向右上方移动光标，捕捉端点 B_1，单击确定）

指定下一点或 [闭合(C)/放弃(U)]: ↙

命令:

完成图形，效果如图 5.9（g）所示。

5.5 不需计算尺寸绘图方式

在工程图样中，有些线段的尺寸不是直接标注的，要实现不经计算按尺寸直接绘图，可应用参考追踪方式。参考追踪方式与极轴追踪方式和对象追踪方式的不同之处是：极轴追踪方式和对象追踪方式所捕捉的点与前一点的连线是画出的，而参考追踪方式从追踪开始到追踪结束所捕捉到的点与前一点的连线是不画出的，其捕捉到的点称为参考点。通常，参考点是通过其他输入尺寸的方式得到的，所以，参考追踪也必须与其他输入尺寸方式配合使用。

激活参考追踪的常用方法是：从“对象捕捉”工具栏中单击“临时追踪点”按钮 或“捕捉自”按钮 。“临时追踪点”按钮用于第一点的追踪，即绘图命令中第一点不直接画出的情况；“捕捉自”按钮用于非第一点的追踪，即绘图命令中第一点或前几点已经画出，后边的点没有直接给尺寸，需要按参考点画出的情况。

当 AutoCAD 要求输入一个点时，就可以激活参考追踪。

【例 5-4】 绘制如图 5.10 所示的图形。

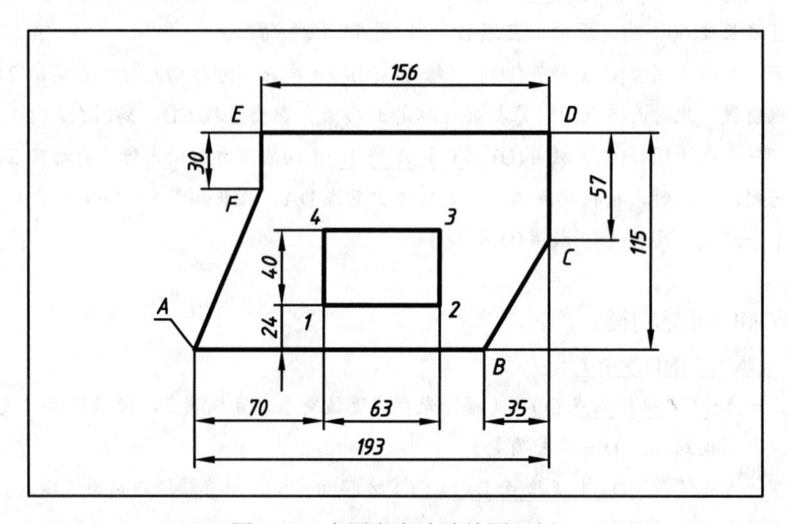

图 5.10　应用参考追踪绘图示例

绘制图形的外轮廓时，使用“捕捉自”参考追踪方式，可不经计算按尺寸直接绘图；完成图形外轮廓后再画里边小矩形时，使用“临时追踪点”参考追踪方式，可不画任何辅助线直接确定小矩形的起画点“1”点。

操作步骤如下。

① 画图形外轮廓。

命令: （输入 LINE 命令）
指定第一点: （移动光标直接确定起画点 A ）
指定下一点或 [放弃(U)]: （单击 按钮，准备绘制参考点）
from 基点: 193↙（用直接给距离方式，向右导向给距离，绘制一个参考点）
〈偏移〉: 35↙(用直接给距离方式，向左导向给距离，绘制 B 点)
指定下一点或 [放弃(U)]: （单击 按钮，绘制参考点）
from 基点: 35↙（用直接给距离方式，向右导向给距离，绘制一个参考点）
指定下一点或 [放弃(U) / 放弃(U)]: （单击 按钮，准备绘制参考点）
from 基点: 115↙（用直接给距离方式，向上导向给距离，绘制一个参考点）
〈偏移〉: 57↙（用直接给距离方式，向下导向给距离，绘制 C 点）
指定下一点或 [闭合(C) / 放弃(U)]: 57↙（用直接给距离方式，绘制 D 点）

指定下一点或［闭合(C)/放弃(U)]: 156↙（用直接给距离方式，绘制 E 点）
指定下一点或［闭合(C)/放弃(U)]: 30↙（用直接给距离方式，绘制 F 点）
指定下一点或［闭合(C)/放弃(U)]: C↙（封闭多边形，并结束命令）
命令:

② 画内部小矩形。

命令:（输入 LINE 命令）
指定第一点:（单击⊷按钮，准备绘制参考点）
_tt 指定临时对象捕捉追踪点:（捕捉交点 A）
指定起点:（再次单击⊷按钮，准备绘制参考点）
_tt 指定临时对象捕捉追踪点: 70↙（用直接给距离方式，输入 *X* 方向定位尺寸）
指定起点: 24↙（用直接给距离方式，绘制小矩形的“1”点）
指定下一点或［放弃(U)]: 63↙（用直接给距离方式，绘制小矩形的“2”点）
指定下一点或［放弃(U)]: 40↙（用直接给距离方式，绘制小矩形的“3”点）
指定下一点或［闭合(C)/放弃(U)]: 63↙（用直接给距离方式，也可用对象捕捉追踪方式，绘制小矩形的“4”点）
指定下一点或［闭合(C)/放弃(U)]: C↙（封闭矩形，也可用对象捕捉方式绘制）
命令:

提示:

① 应用临时追踪时，若只有一个参考点，不必单击⊷按钮，可简化操作。方法是：直接将光标移到参考点上，出现捕捉标记后（不要单击），直接移动光标导向，从键盘输入尺寸，然后按回车键即可。

② 临时追踪若有多个参考点，操作不方便时可执行“TRACK”命令，应用该命令可按提示连续给参考点，直至按回车键画出起点。

说明:

在 AutoCAD 精确绘图时，经常需要了解两点间的距离，或两点间沿 *X*、*Y* 方向的距离（即 *X* 增量、*Y* 增量），使用“DIST”（距离）命令测量任意两点间的距离非常容易。具体操作如下：

单击“查询”工具栏中的“距离”按钮，然后按提示依次指定第一个点和第二个点，指定后在命令提示区中将显示这两点间的距离和两点间沿 *X* 和 *Y* 方向的距离等，如图 5.11 所示。

```
命令: MEASUREGEOM
输入选项 [距离(D)/半径(R)/角度(A)/面积(AR)/体积(V)] <距离>: _distance
指定第一点:
指定第二个点或 [多个点(M)]:
距离 = 1038.7928, XY 平面中的倾角 = 0,    与 XY 平面的夹角 = 0
X 增量 = 1038.7928,    Y 增量 = 0.0000,    Z 增量 = 0.0000
输入选项 [距离(D)/半径(R)/角度(A)/面积(AR)/体积(V)/退出(X)] <距离>:
```

图 5.11　在命令提示区中显示指定两点间的距离示例

5.6　按尺寸绘图实例

本节以如图 5.12 所示轴承座三视图为例，讲解按尺寸绘图的方法与思路。

【例 5-5】 根据所注尺寸按 1:1 比例绘制如图 5.12 所示的轴承座三视图。

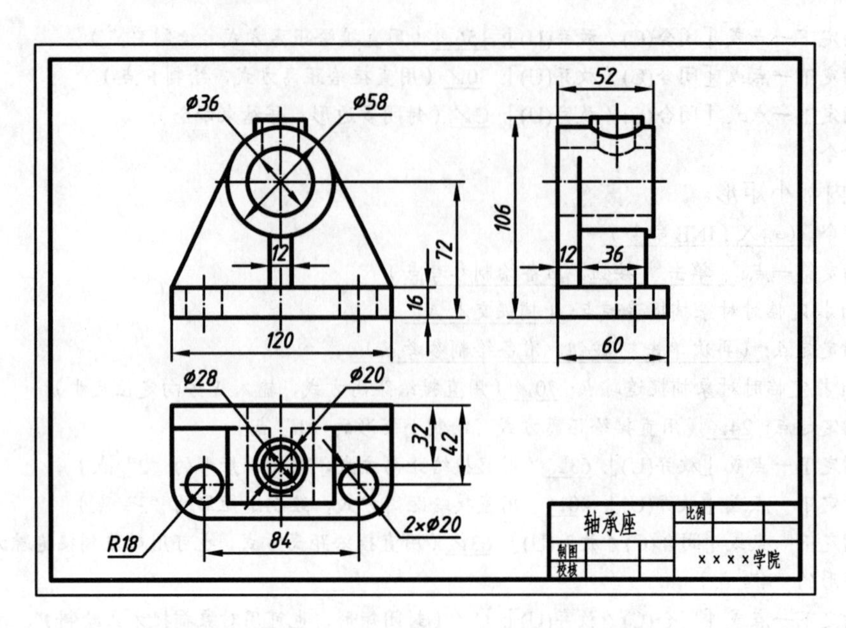

图 5.12　按尺寸绘图实例——轴承座三视图

操作步骤如下。

① 画基准线、搭图架。

关闭正交模式、栅格显示、栅格捕捉及动态输入，打开极轴追踪、对象捕捉及对象捕捉追踪并进行相应的设置（设“端点”、“交点”、“延长线”、“切点”捕捉模式为固定对象捕捉，设极轴追踪角度为 90°，设对象捕捉追踪为“用所有极轴角设置追踪”）。

设置“0”图层为当前图层，用 XLINE 命令画三视图基准线，效果如图 5.13 所示。

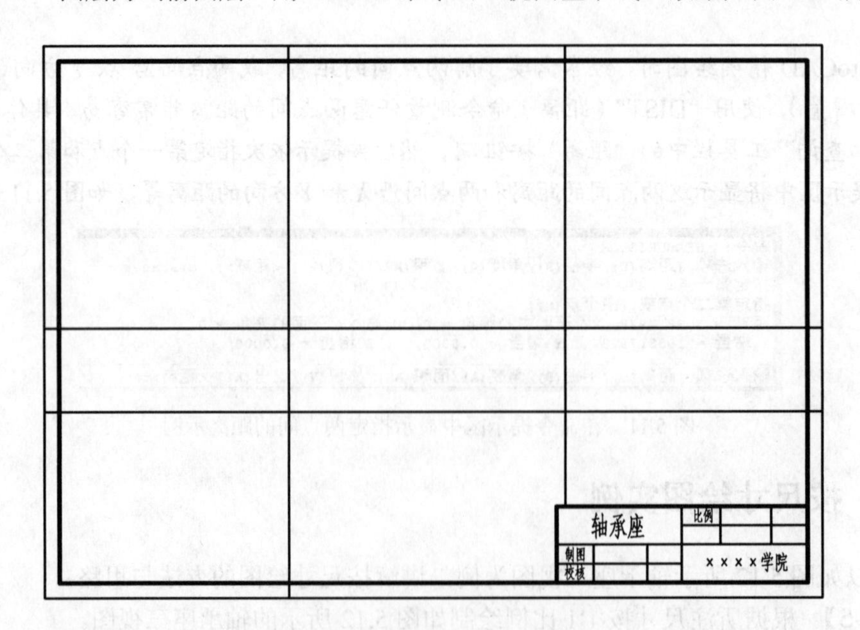

图 5.13　分解图——画基准线

用 OFFSET 命令分别给偏移距离 72、106、84/2、42、32，偏移出所需的图架线，效果如图 5.14 所示。

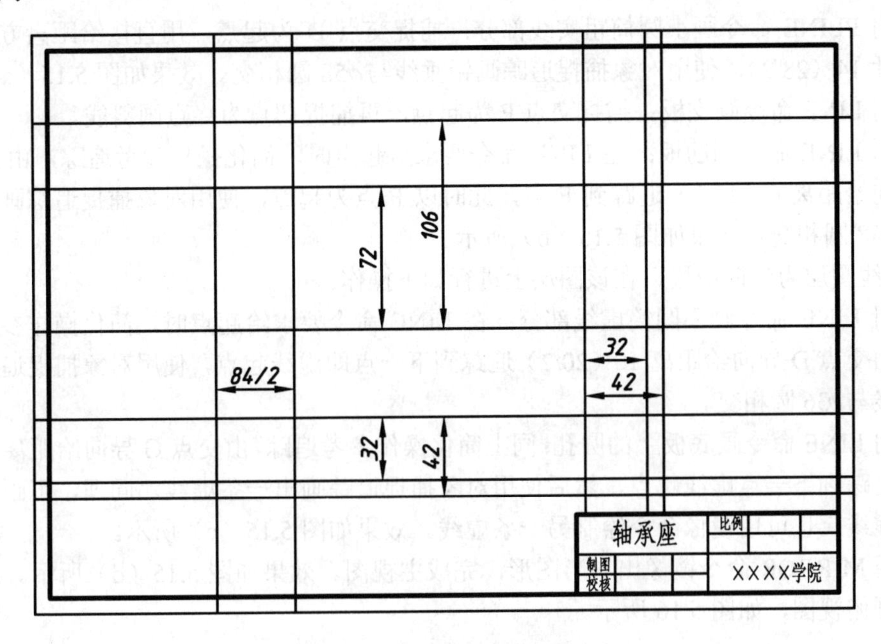

图 5.14　分解图——搭图架

② 画主视图，如图 5.15 所示。

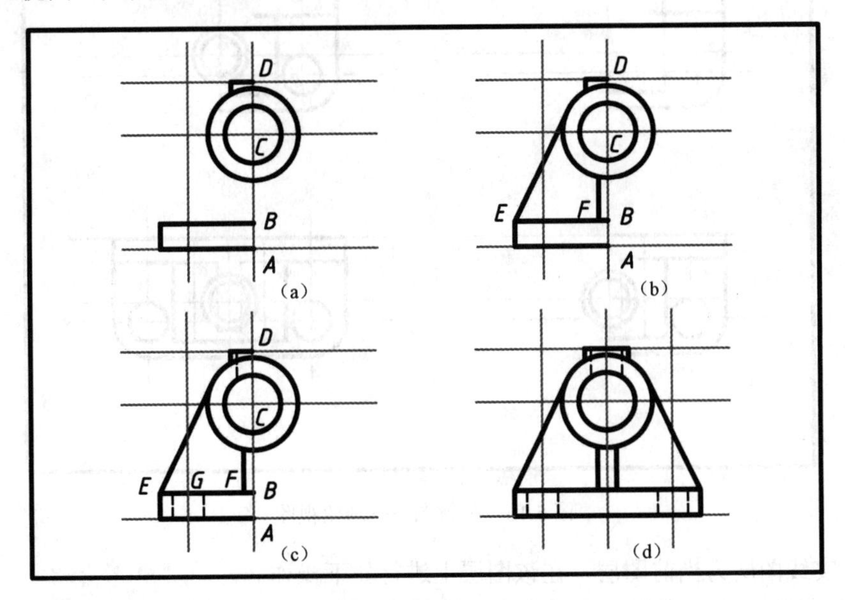

图 5.15　分解图——画主视图

换粗实线图层为当前图层，在该图层上进行如下操作。

- 用 PLINE 命令画底板：捕捉交点 A 为起点，用直接给距离方式输入尺寸 60（120/2）、16 画线，然后利用对象捕捉追踪画出 B 点。

- 用 CIRCLE 命令画大圆筒：捕捉交点 C 为圆心，用直径方式输入直径尺寸 58（大圆）和 36（小圆）画出两个圆。
- 用 PLINE 命令画小圆筒粗实线部分：捕捉交点 D 为起点，用直接给距离方式输入尺寸 14（28/2），使用对象捕捉追踪画铅垂线与ϕ58 圆相交。效果如图 5.15（a）所示。
- 用 LINE 命令画支板：捕捉交点 E 为起点，再捕捉切点为终点画斜线。
- 用 LINE 命令画肋板：在 LINE 命令要求给起点时，简化操作参考追踪，由交点 B 导向给距离 6（12/2）追踪到 F 点，此时以 F 点为起点，使用对象捕捉追踪画铅垂线与ϕ58 圆相交。效果如图 5.15（b）所示。

换虚线图层为当前图层，在该图层上进行如下操作。

- 用 LINE 命令画小圆筒虚线部分：在 LINE 命令要求给起点时，简化操作参考追踪，由交点 D 导向给距离 10（20/2）追踪到下一点即虚线起点，使用对象捕捉追踪画铅垂线与ϕ36 圆相交。
- 用 LINE 命令画底板上的圆孔：同上简化操作参考追踪，由交点 G 导向给距离 10(20/2)追踪到下一点虚线起点，然后使用对象捕捉追踪画出一条虚线。同理，可画出另一条虚线，也可用镜像命令绘制另一条虚线。效果如图 5.15（c）所示。
- 用 MIRROR 命令镜像出右半图形，完成主视图。效果如图 5.15（d）所示。

③ 画俯视图，如图 5.16 所示。

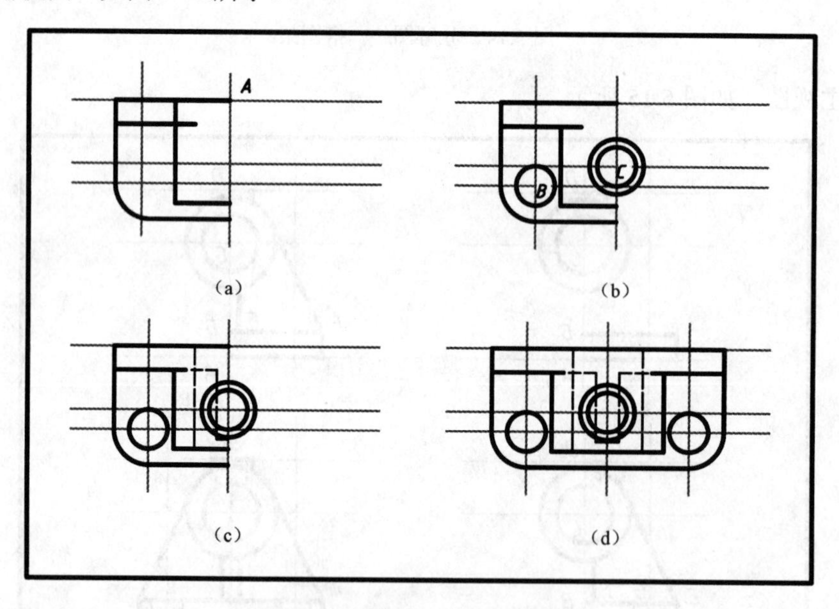

图 5.16　分解图——画俯视图

设置粗实线图层为当前图层，在该图层上进行如下操作。

- 用 PLINE 命令画底板和大圆筒粗实线部分，使用对象捕捉追踪“长对正”与直接给距离方式给尺寸。
- 用 PLINE 命令画支板，使用对象捕捉追踪与主视图切点“长对正”画出。
- 用 FILLET 命令按半径 18 对底板倒圆角，效果如图 5.16（a）所示。
- 用 TRIM 命令修剪多余的线段。用 CIRCLE 命令分别捕捉交点 B、C 为圆心，给直径或半径画出各圆。效果如图 5.16（b）所示。

换虚线图层为当前图层，在该图层上进行如下操作。

- 用 LINE 命令或 PLINE 命令，简化操作参考追踪、应用对象捕捉追踪、直接给距离等方式给尺寸画出俯视图中各条虚线。如果需要，可用 TRIM 命令修剪多余的虚线段。效果如图 5.16（c）所示。
- 用 MIRROR 命令镜像出右半图形，完成俯视图。效果如图 5.16（d）所示。

④ 画左视图，如图 5.17 所示。

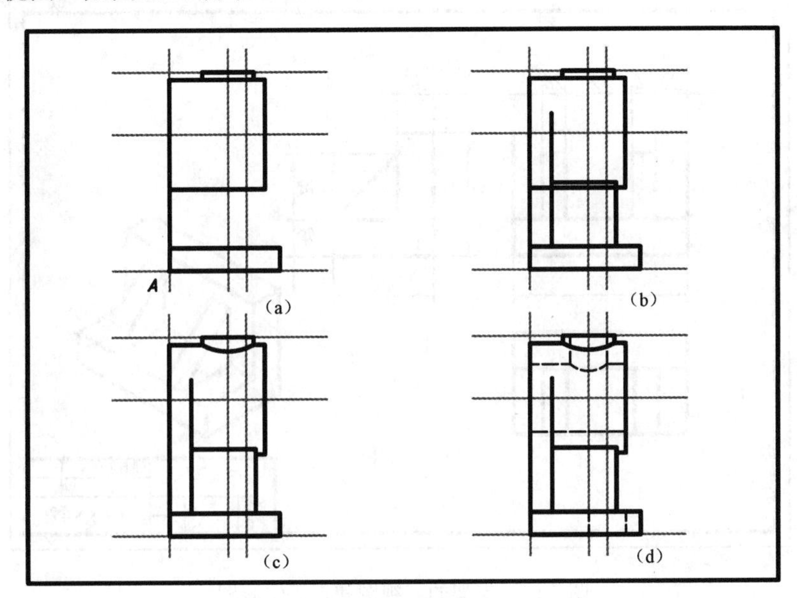

图 5.17　分解图——画左视图

设置粗实线图层为当前图层，在该图层上进行如下操作。

- 如图 5.17（a）所示，用 PLINE 命令，使用对象捕捉追踪“高平齐”与直接给距离方式给尺寸画线。
- 如图 5.17（b）所示，用 PLINE 命令，同上给尺寸画线。

注意：肋板与圆筒相贯线处一定要用对象捕捉追踪，与主视图保持“高平齐”。

- 如图 5.17（c）所示，用 TRIM 命令修剪多余的线段；用 ARC 命令中三点方式画两圆筒相贯线（相贯线圆弧两端点要用交点捕捉定位，最低点要用对象捕捉追踪与主视图保持“高平齐”定位）。

换虚线图层为当前图层，如图 5.17（d）所示，用 LINE 命令，使用参考追踪捕捉得到起点，结合其他给尺寸方式画出左视图中所有虚线，完成左视图。

⑤ 画三视图中的点画线。

换点画线图层为当前图层，用 LINE 命令画出三视图中所有点画线。

⑥ 合理布图。

用 MOVE 命令移动图形，使布图匀称（不能破坏投影关系），完成轴承座三视图。

⑦ 关闭“0”图层，隐藏基准线和图架线。

说明：

以上操作步骤只是引导初学者学习如何按尺寸绘图，并不是最简捷的绘图方式。画组合体三视图时，也可先绘制点画线；如果需要进行设计或根据立体图画三视图，一般应将物体分成若干部分，一部分一部分地画三视图。按尺寸绘图时，减少尺寸输入数值的计算及合理地使用编辑命令是提高绘图速度的关键。

【例 5-6】 根据所注尺寸按 1:1 比例绘制如图 5.18 所示的支架的三视图和正等轴测图。

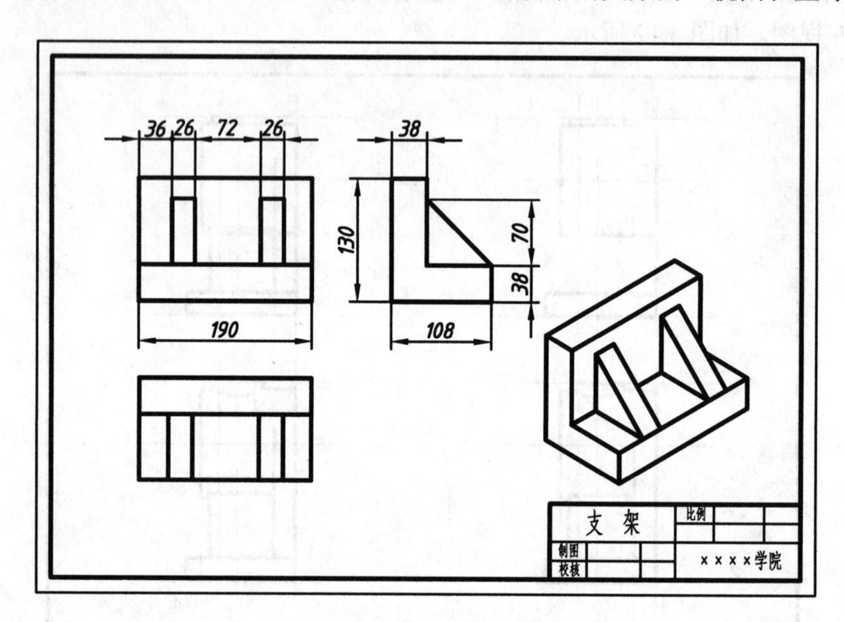

图 5.18　支架的三视图和正等轴测图

（1）绘制支架的三视图

支架的三视图各线段间定位比较简单，所以不需要搭图架，可直接确定起画点，绘制时要注意应用“捕捉自”模式，实现不经计算直接按尺寸快速绘图。

提示：当要从一个尺寸中减去两个或多个尺寸时，应连续使用“捕捉自”模式。

（2）绘制支架的正等轴测图

在 AutoCAD 中画轴测图与画平面图一样，只需将极轴设成所需要的角度（如正等轴测设为 30°、斜二测设为 45°）或将“栅格”捕捉类型设成“等轴测捕捉”。

具体绘图步骤如下。

① 设置辅助绘图工具模式。在“草图设置”对话框中：选择“极轴追踪”选项卡，设置“增量角”为 30，设置对象捕捉追踪为“用所有极轴角设置追踪”；选择“对象捕捉”选项卡，将常用的“端点”、“交点”、“延长点”等设成固定对象捕捉模式。

② 绘制支架主体的左底面。设粗实线图层为当前图层，用 PLINE 命令，以 A 点为起画点，先向右下角移动光标，沿-30° 极轴方向给尺寸 108 画线。同理，依次画出支架的左底面形状。效果如图 5.19（a）所示。

③ 绘制支架主体的侧棱。用 LINE 命令，捕捉左底面上的交点，向右上角移动光标，沿 30° 极轴方向给尺寸 190 画出一条侧棱，然后可用 COPY 命令复制绘制出其他可见侧棱。效果如图 5.19（b）所示。

④ 绘制支架主体的右底面。用 PLINE 命令捕捉各侧棱右端点，画出支架主体的右底面。效果如图 5.19（c）所示。

⑤ 绘制左三棱柱。用 PLIN 命令参考追踪输入 36 到 B 点，画出左侧三棱柱的左底面（底面的斜线应最后画），再绘制出可见侧棱和右底面。效果如图 5.19（d）所示。

⑥ 绘制右三棱柱。用 COPY 命令给距离 98（26+72）复制绘制出右三棱柱。效果如图 5.19（e）所示。

⑦ 修剪多余的线段。用 TRIM 命令修剪多余的线段。效果如图 5.19（f）所示。

⑧ 合理布图。用 MOVE 命令移动图形，均匀布图。

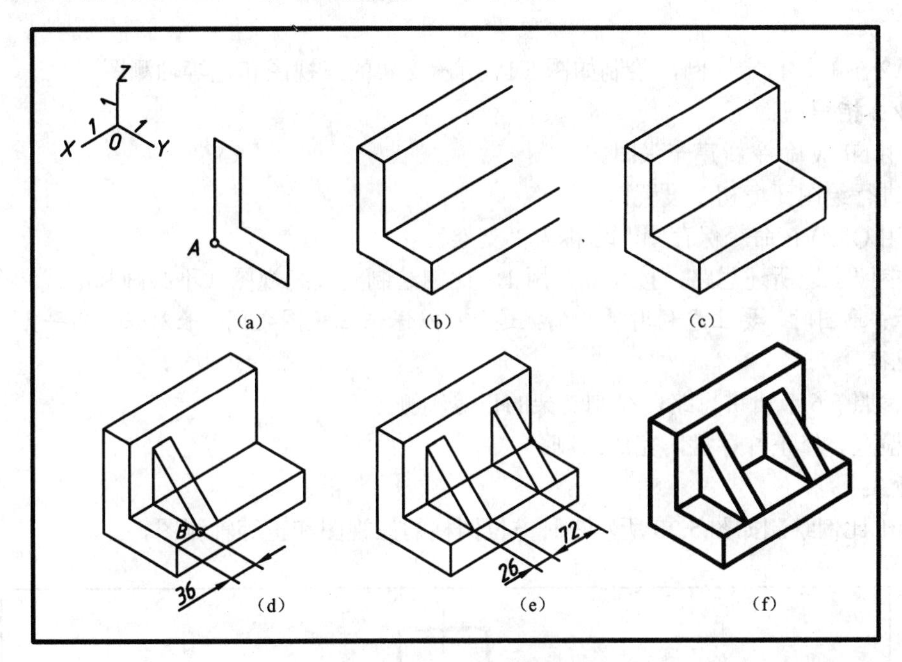

图 5.19　分解图——画正等轴测图

上机练习与指导

1. 基本操作训练

按本章内容依次练习各种按尺寸绘图的方式。通过练习要掌握直接给距离绘图方式、给坐标绘图方式、精确定点绘图方式、“长对正、高平齐”绘图方式和不需计算尺寸绘图方式的操作方法。

2. 工程绘图训练

作业 1：

用 A3 图幅，按 1:1 比例绘制如图 5.12 所示轴承座的三视图。

作业 1 指导：

① 用 NEW 命令新建一张图。

② 进行绘图环境初步设置。

③ 用 QSAVE 命令保存图形，名称为“轴承座”。

④ 用 DTEXT 命令，填写标题栏。

⑤ 参照 5.6 节所讲思路，绘制轴承座三视图。

提示：用 AutoCAD 精确绘图时，图线不要重复（即不要线压线）。精确绘图时，除起画点外，每个点都不能靠目测定位，应给尺寸或捕捉，也可应用编辑命令定位。

⑥ 检查、修正并存盘，完成绘制。

注意：在绘图过程中要经常存盘。

作业 2：

用 A2 图幅，自定比例，绘制如图 5.18 所示支架的三视图和正等轴测图。

作业 2 指导：

① 用 NEW 命令新建一张图。

② 进行绘图环境初步设置。

③ 用 QSAVE 命令保存图，名称为“支架”。

④ 参照上题所述思路，按尺寸、用 1:1 比例绘制支架三视图（不必画基准线和图架线）。

提示：画图时，要注意利用对象捕捉追踪，以保证三视图之间“长对正、高平齐、宽相等”的投影规律。

⑤ 参照 5.6 节所讲思路，绘制支架的正等轴测图。

⑥ 检查、修正并存盘，完成绘制。

作业 3：

用 1:1 比例绘制如图 5.20 所示 3 种方位圆柱的三视图和正等轴测图。

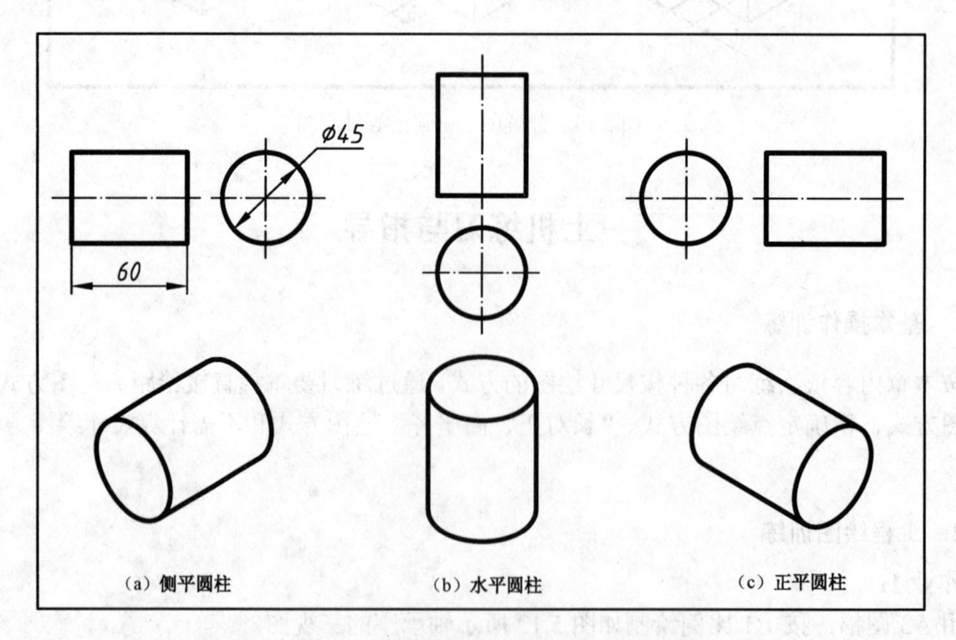

（a）侧平圆柱　（b）水平圆柱　（c）正平圆柱

图 5.20　3 种方位圆柱的三视图和正等轴测图

作业 3 指导：

① 将“轴承座”图形文件另存为“圆柱正等轴测”图形文件。

② 用“删除”命令擦除图框中轴承座三视图。

③ 打开显示“捕捉和栅格”选项卡的“草图设置”对话框，设“捕捉类型”为“等轴测捕捉”。

④ 在“草图设置”对话框中，单击“极轴追踪”选项卡，设极轴追踪“增量角”为 30；设对象捕捉追踪为“用所有极轴角设置追踪”；单击“对象捕捉”选项卡，将常用的“端点”、“交点”、“延长点”模式设成固定捕捉。

⑤ 画圆柱底面。用 ELLIPSE 命令，在命令提示区中给出提示行后，首先选择“等轴测圆(I)”项，再按<F5>功能键切换椭圆的方位直至所需位置，然后按提示操作，即可画出圆柱的一个底面；用极轴追踪定方向、给尺寸复制绘制出另一个底面。

⑥ 画圆柱公切线。用 LINE 命令，由椭圆圆心开始，沿椭圆长轴方向用极轴追踪至椭圆线上得到公切线起点，再沿轴线方向用极轴追踪至另一椭圆线上得到公切线终点。

⑦ 修剪多余的图线。

⑧ 同理绘制出另外两种方位圆柱的正等轴测图。

作业 4：

自定图幅和比例，根据所学专业选择绘制如图 5.21 或图 5.22 所示立体的三视图。

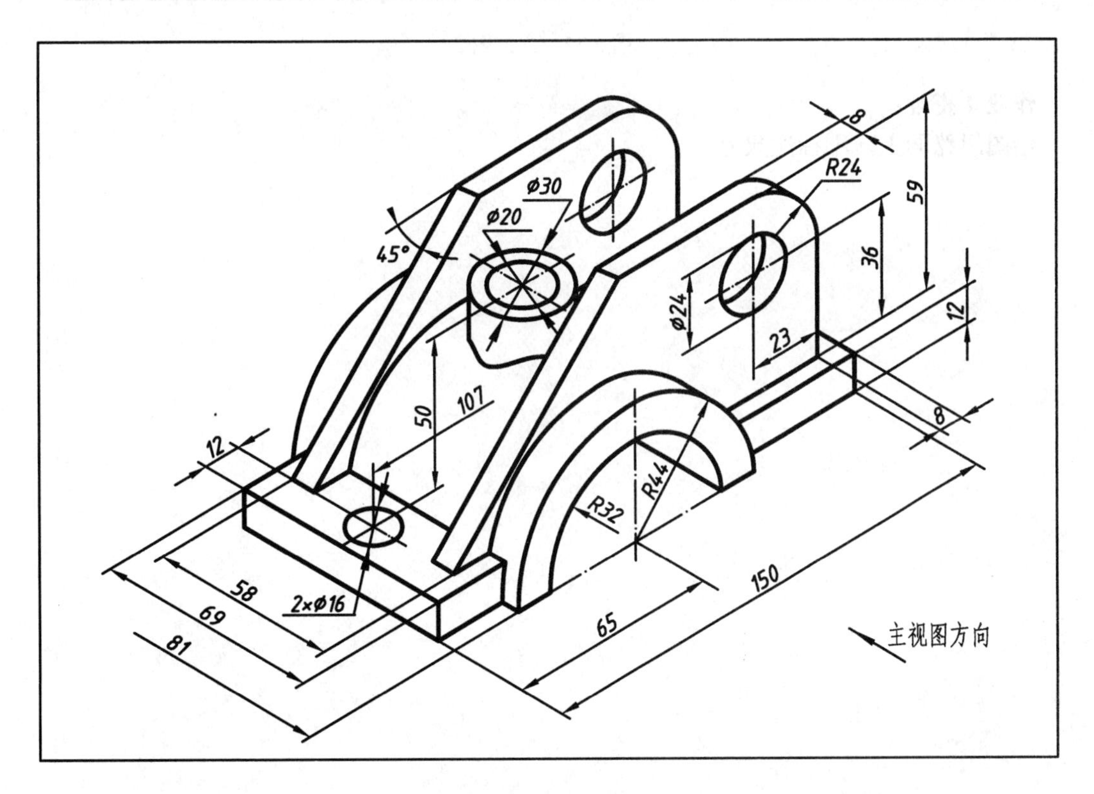

图 5.21　立体图 1

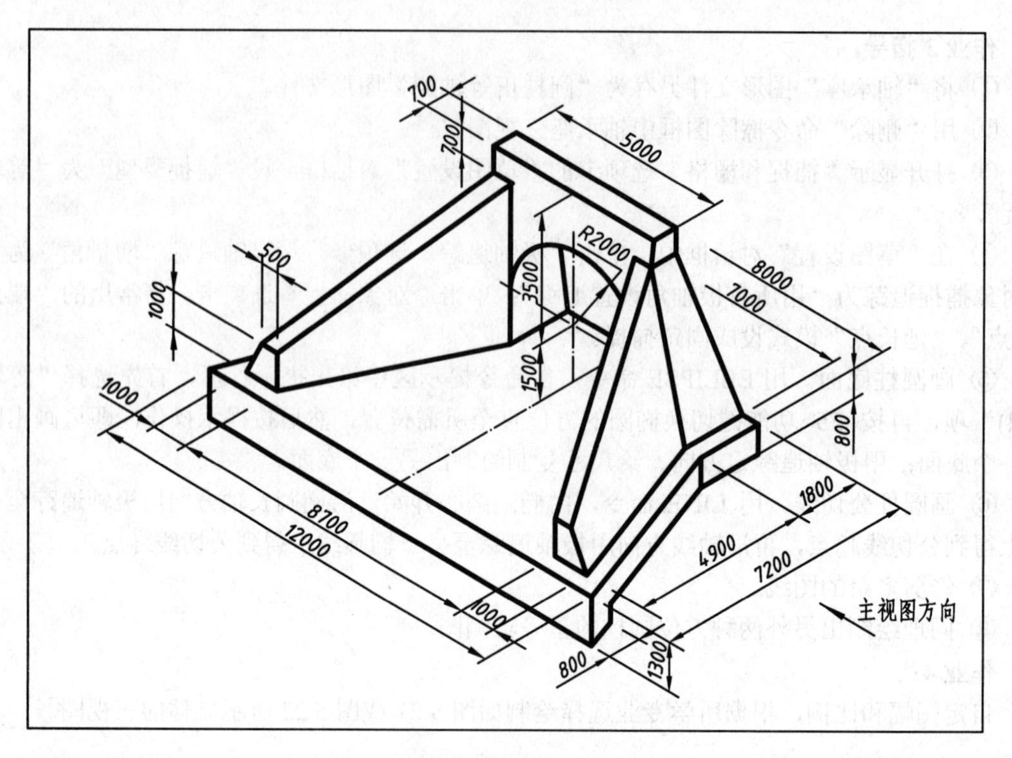

图 5.22　立体图 2

作业 4 指导：

绘图思路同上，不标注尺寸。

第6章

尺 寸 标 注

本章导读

尺寸是工程图中不可缺少的一项内容。工程图中的尺寸用来确定工程形体的大小。在AutoCAD 2012中标注尺寸，应首先根据制图标准创建所需要的标注样式。本章介绍创建标注样式和标注尺寸的方法，重点介绍如何根据技术制图标准及各行业制图标准创建标注样式的方法和相关技术。

应掌握的知识要点：

- “标注样式管理器”对话框中各项的含义；
- 创建本专业“直线”、“圆引出与角度”等尺寸标注样式的具体操作步骤和相关技术；
- 标注工程图中尺寸的方式，包括标注直线尺寸的方式、标注半径与直径尺寸的方式、标注弧长尺寸的方式、标注坐标尺寸的方式、标注角度尺寸的方式、标注尺寸公差与形位公差的方式等；
- 用“标注”工具栏中的命令修改尺寸标注；
- 用多功能夹点即时菜单中的命令修改尺寸；
- 用“特性”选项板全方位修改尺寸。

6.1 尺寸标注基础

工程图中的尺寸包括：尺寸界线、尺寸线、尺寸起止符号、尺寸数字四要素。

工程图中的尺寸标注必须符合制图标准。目前，各国制图标准有许多不同之处，我国各行业的制图标准中对尺寸标注的要求也不完全相同。AutoCAD 是一个通用的绘图软件，因此在 AutoCAD 中标注尺寸，应首先根据制图标准创建所需要的标注样式。标注样式控制尺寸四要素。

创建了标注样式后，就能很容易地进行尺寸标注。例如，要标注如图 6.1 所示图形的直线长度，可通过选取该线段的两个端点，即尺寸界线的第“1”点和第“2”点，然后再指定决定尺寸线位置的第“3”点，即可完成标注。

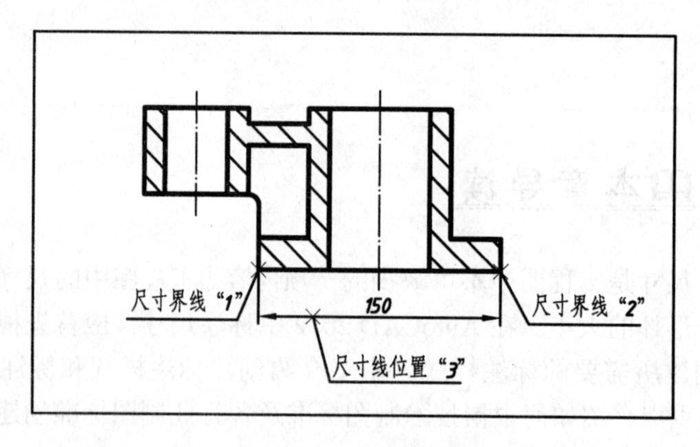

图 6.1　尺寸标注示例

6.2 标注样式管理器

在 AutoCAD 2012 中，用“标注样式管理器”对话框创建标注样式是最直观、最简便的方法。“标注样式管理器”对话框可用下列方法之一弹出。

- 从“样式”（或“标注”）工具栏中单击：“标注样式”按钮
- 从下拉菜单中选择：“标注”⇨“标注样式”
- 从键盘输入：DIMSTYLE

输入命令后，AutoCAD 弹出“标注样式管理器”对话框，如图 6.2 所示。

对话框左边为“样式”列表框，其中显示当前图中已有的标注样式名称。其下的“列出”下拉列表中的选项，用来控制“样式”列表框中所显示的标注样式名称的范围。图 6.2 中选择的是“所有样式”项，即在“样式”列表框中显示当前图中全部标注样式的名称。

对话框中间为“预览”区，在“预览：”后显示的是当前标注样式的名称，该区中显示的图形为当前标注样式的示例，其下的“说明”文字区中显示对当前标注样式的描述。

“置为当前”、“新建”、“修改”、“替代”和“比较”5个按钮的作用和操作方法说明如下。

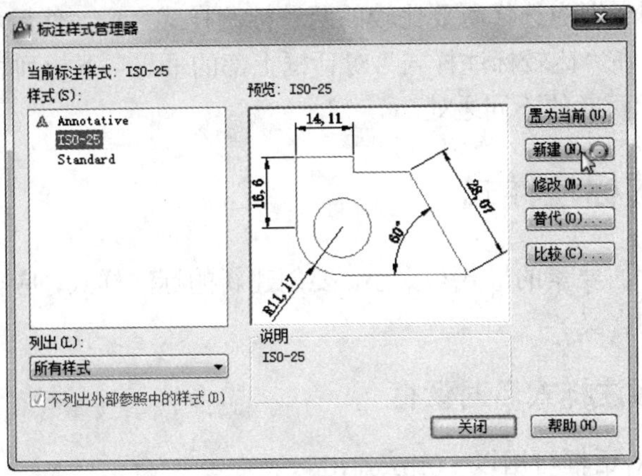

图6.2　“标注样式管理器”对话框

1.“置为当前”按钮

该按钮用于设置当前标注样式。在创建所需的标注样式后，要标注哪种尺寸，就应把相应的标注样式设为当前标注样式。

提示：设置当前标注样式常用的方法是：从“样式”工具栏的“标注样式名”下拉列表中选择一个标注样式，使其显示在窗口中。

2.“修改”按钮

该按钮用于修改已有的标注样式。单击该按钮，将弹出“修改标注样式”对话框（该对话框与“创建新标注样式”对话框的内容完全相同，操作方法也一样），进行所需的修改后，确定即可。

提示：标注样式被修改后，所有用该标注样式标注的尺寸（包括已经标注和将要标注的尺寸）均自动按修改后的标注样式进行更新。

3.“替代”按钮

该按钮用于设置一个临时的标注样式来替代当前实体的标注样式。当个别尺寸与所设的标注样式相近但不相同，又不需要保存这些尺寸的标注样式时，可应用标注样式的替代功能。

首先从“样式”列表框中选择相近的标注样式，然后单击该按钮，将弹出“替代标注样式”对话框（该对话框与“创建新标注样式”对话框的内容完全相同，操作方法也一样），进行所需的修改后，单击“确定”按钮返回“标注样式管理器”对话框，AutoCAD将在所选标注样式下自动生成一个临时标注样式，并在“样式”列表框中显示AutoCAD定义的临时标注样式名称。

当设另一个标注样式为当前样式时，AutoCAD将自动取消替代样式，结束替代功能。

4.“比较”按钮

该按钮用于比较两种标注样式。AutoCAD中的标注样式比较功能主要显示两种标注样式之间标注系统变量的不同之处。

首先从“样式”列表框中选择所要比较的两种标注样式之一，然后单击该按钮，弹出“比较标注样式”对话框，在“比较标注样式”对话框上部的“与”下拉列表中选择另一种标注样式，该对话框中将显示两者的不同之处。

6.3 创建新的标注样式

标注样式控制尺寸四要素的形式与大小。要创建新的标注样式，应首先了解“新建标注样式”对话框中各选项的含义。

6.3.1 “新建标注样式”对话框

“新建标注样式”对话框可用以下方法弹出。

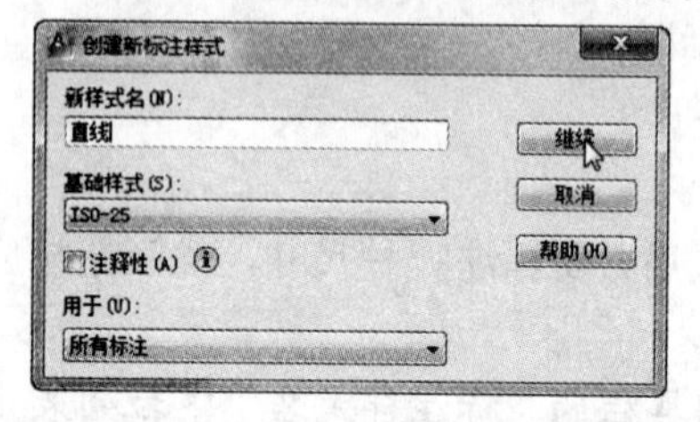

图 6.3 “创建新标注样式”对话框

单击“标注样式管理器”对话框中的“新建”按钮，首先弹出“创建新标注样式”对话框，如图 6.3 所示。

在“创建新标注样式”对话框的“新样式名”文字编辑框中输入标注样式名称，单击“继续”按钮，将弹出“新建标注样式”对话框。

“新建标注样式”对话框中有 7 个选项卡，其中各项含义说明如下。

1. “线”选项卡

如图 6.4 所示是显示“线”选项卡的“新建标注样式”对话框，该选项卡用来控制尺寸线和尺寸界线的标注形式。除预览区外，该选项卡中有“尺寸线”和“尺寸界线”（即尺寸界线）两个区。

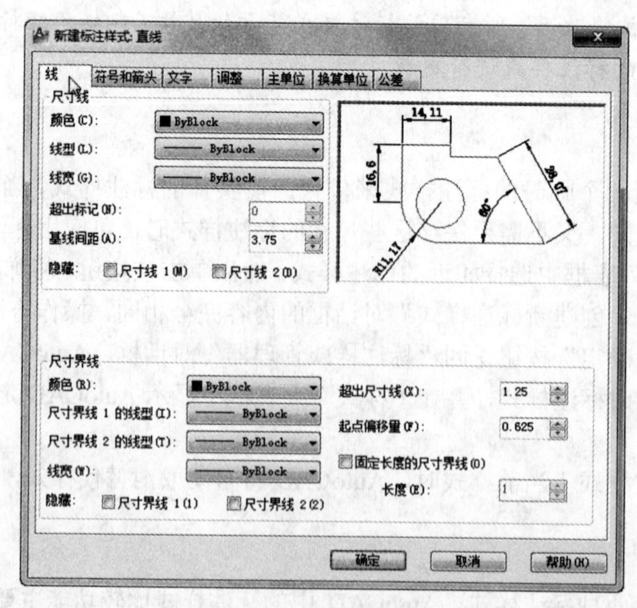

图 6.4 显示“线”选项卡的“新建标注样式”对话框（默认状态）

（1）“尺寸线”区

“颜色”下拉列表：用于设置尺寸线的颜色，一般使用默认设置或设置为ByLayer。

“线型”下拉列表：用于设置尺寸线的线型，一般使用默认设置或设置为ByLayer。

“线宽”下拉列表：用于设置尺寸线的线宽，一般使用默认设置或设置为ByLayer。

“超出标记”文字编辑框：用来指定当尺寸起止符号为斜线时，尺寸线超出尺寸界线的长度，效果如图6.5所示（一般使用默认值0）。

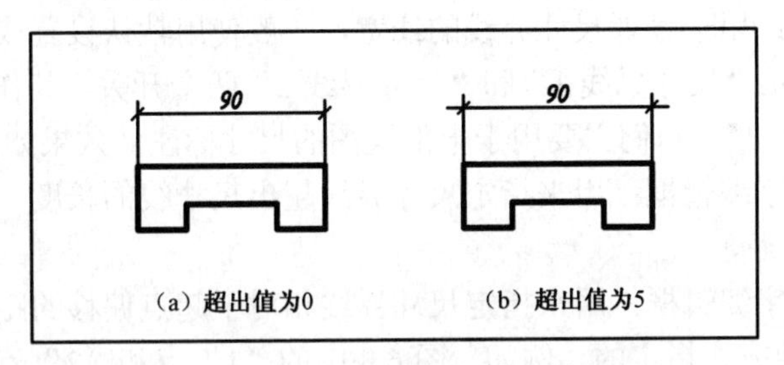

图6.5　尺寸线超出的示例

“基线间距”文字编辑框：用来指定执行基线尺寸标注方式时两条尺寸线间的距离，效果如图6.6所示。

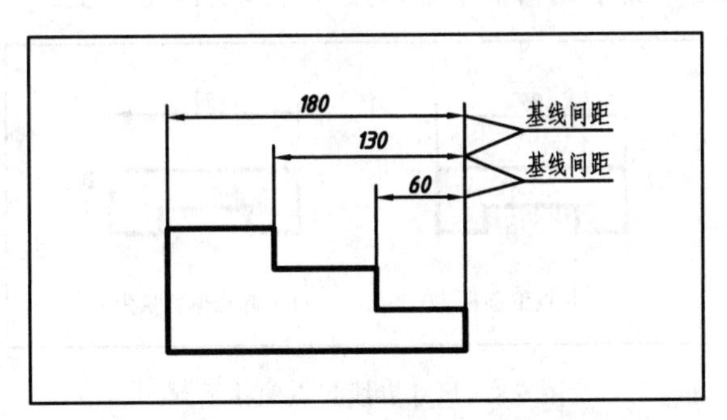

图6.6　尺寸线间距控制示例

“隐藏”选项：包括“尺寸线1”和“尺寸线2”两个开关，其作用是分别消隐“尺寸线1”和“尺寸线2”。所谓“尺寸线1”，是指靠近第一条尺寸界线的大半尺寸线；所谓“尺寸线2”，是指靠近第二条尺寸界线的大半尺寸线。它们主要用于半剖视图的尺寸标注，效果如图6.7所示。

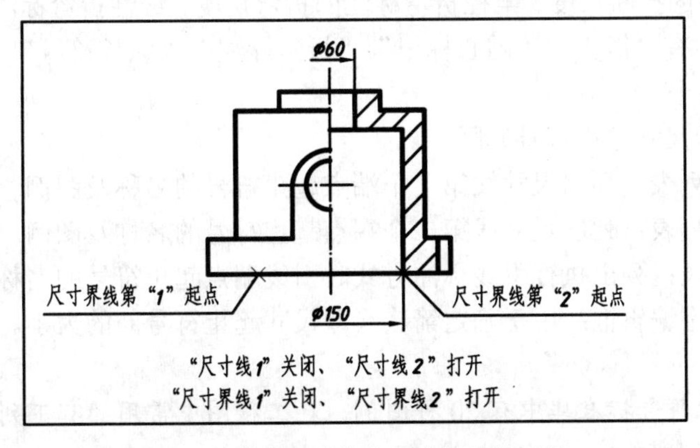

图6.7　隐藏尺寸线和尺寸界线的示例

（2）“尺寸界线”区

“颜色”下拉列表：用于设置尺寸界线的颜色，一般使用默认设置或设置为 ByLayer。

“尺寸界线 1 的线型”下拉列表：用于设置尺寸界线 1 的线型，一般使用默认设置或设置为 ByLayer。

“尺寸界线 2 的线型”下拉列表：用于设置尺寸界线 2 的线型，一般使用默认设置或设置为 ByLayer。

“线宽”下拉列表：用于设置尺寸界线的线宽，一般使用默认设置或设置为 ByLayer。

“隐藏”选项：包括“尺寸界线 1”和“尺寸界线 2”两个开关，其作用是分别消隐“尺寸界线 1 ”或“尺寸界线 2”。它们主要用于半剖视图的尺寸标注，效果如图 6.7 所示。

“超出尺寸线”文字编辑框：用来指定尺寸界线超出尺寸线的长度，一般按制图标准规定设为 2mm。

“起点偏移量”文字编辑框：用来指定尺寸界线相对于起点偏移的距离。该起点是在进行尺寸标注时用对象捕捉方式指定的。例如，图 6.8 中的“1”点和“2”点是对象捕捉方式指定的尺寸界线起点，而实际的尺寸界线起点按所给的偏移距离与指定点分开一段。

“固定长度的尺寸界线”开关：用来控制是否使用固定长度的尺寸界线长度来标注尺寸。若打开它，可在其下的“长度”文字编辑框中输入尺寸界线的固定长度。

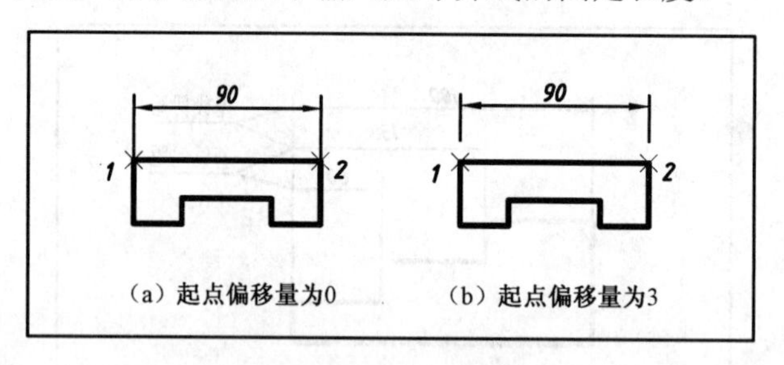

图 6.8　尺寸界线起点偏移示例

2.“符号和箭头”选项卡

如图 6.9 所示是显示“符号和箭头”选项卡的“新建标注样式”对话框，该选项卡用来控制尺寸起止符号（在 AutoCAD 中称为箭头）的形式与大小、圆心标记的形式与大小、弧长符号的形式、折断标注的折断长度、半径折弯标注的折弯角度、线性折弯标注的折弯高度。除预览区外，该选项卡中有“箭头”、“圆心标记”、“折断标注”、“弧长符号”、“半径折弯标注”、“线性折弯标注”6 个区。

（1）“箭头”（即尺寸起止符号）区

“第一个”下拉列表：列出尺寸线第一个端点起止符号的名称及图例。

“第二个”下拉列表：列出尺寸线第二个端点起止符号的名称及图例。

“引线”下拉列表：列出执行引线标注方式时引线端点起止符号的名称及图例。

“箭头大小”文字编辑框：用于确定箭头（即尺寸起止符号）的大小。按制图标准应设为 3mm 左右。

说明：尺寸起止符号标准库中有 20 种图例，在工程图中常用的有下列 5 种：

■ 实心闭合（即箭头）

- 倾斜（即细 45° 斜线）
- 建筑标记（即中粗 45° 斜线）
- 小点（即小圆点）
- 无

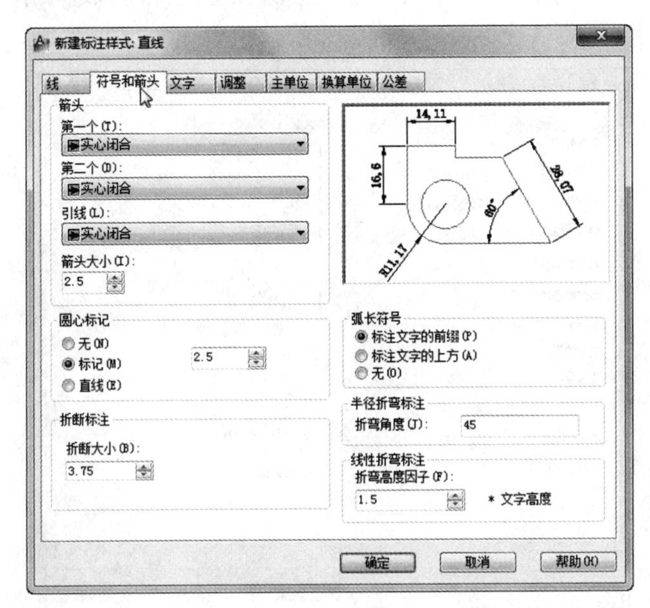

图 6.9　显示“符号和箭头”选项卡的“新建标注样式”对话框（默认状态）

（2）“圆心标记”区

“圆心标记”区用于确定执行“圆心标记”命令时，是否以及如何画出圆心标记。

单选钮组：用于选择圆心标记的类型，一般选择“无”。

文字编辑框：用于指定圆心标记的大小。

（3）“折断标注”区

“折断标注”区用于确定执行“折断标注”命令时，在所选尺寸上自动打断的长度。

该区中只有一个“折断大小”文字编辑框，用于指定尺寸界线上从起点开始自动打断的长度。

（4）“弧长符号”区

“弧长符号”区用于确定执行“弧长”命令时，是否以及如何画出弧长符号。

该区中共有 3 个单选钮，可按需要选择其中一项。

（5）“半径折弯标注”区

“半径折弯标注”区用于确定执行“折弯”命令时，所标注半径尺寸的折弯角度。

该区中只有一个“折弯角度”文字编辑框，用于指定半径尺寸折弯处的角度。

（6）“线性折弯标注”区

“线性折弯标注”区用于确定执行“折弯线性”命令时，所选尺寸上的折弯高度。

该区中只有一个“折弯高度因子”文字编辑框，用于指定折弯高度因子，输入的数值与尺寸数字高度的乘积即为线性尺寸的折弯高度。

3．“文字”选项卡

如图 6.10 所示为显示“文字”选项卡的“新建标注样式”对话框，主要用来选定尺寸数字的样式及设定尺寸数字高度、位置和对齐方式。除预览区外，该选项卡中有“文字外观”、“文字位置”和“文字对齐”3 个区。

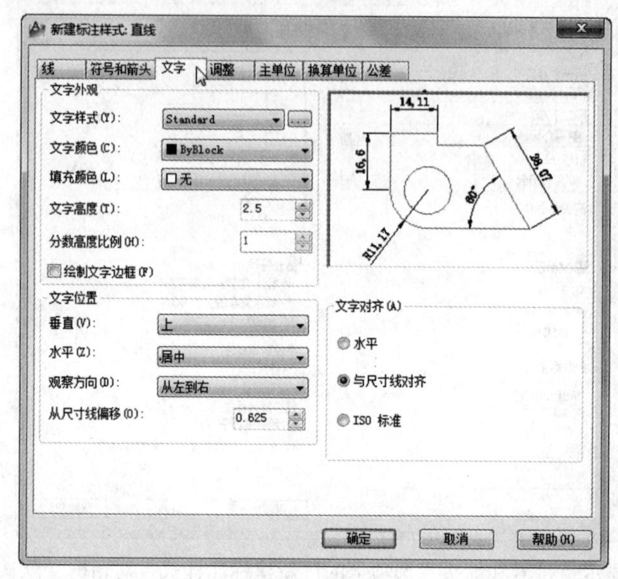

图 6.10　显示“文字”选项卡的“新建标注样式”对话框（默认状态）

（1）“文字外观”区

“文字样式”下拉列表：用来选择尺寸数字的文字样式，在此应选择“工程图中的数字和字母”文字样式。

“文字颜色”下拉列表：用来选择尺寸数字的颜色，一般使用默认设置或设置为 ByLayer。

“填充颜色”下拉列表：用来选择尺寸数字的背景颜色，一般设置为“无”。

“文字高度”文字编辑框：用来指定尺寸数字的字高（即字号），一般设置为 3.5mm。

“分数高度比例”文字编辑框：用来设置基本尺寸中分数数字的高度。在其中输入一个数值，AutoCAD 将用该数值与尺寸数字高度的乘积来指定基本尺寸中分数数字的高度。

“绘制文字边框”开关：控制是否给尺寸数字绘制边框。例如，打开它，尺寸数字 30 将注写为30的形式。

（2）“文字位置”区

“垂直”下拉列表：用来控制尺寸数字沿尺寸线垂直方向的位置，包括“居中”、“上”、“外部”、“下”和“JIS”（日本工业标准）5 个选项，部分效果如图 6.11 所示。

“水平”下拉列表：用来控制尺寸数字沿尺寸线水平方向的位置，有 5 个选项。

- 选“居中”项，使尺寸界线内的尺寸数字居中放置，效果如图 6.12（a）所示。
- 选“第一条尺寸界线”项，使尺寸界线之间的尺寸数字靠向第一条尺寸界线放置，效果如图 6.12（b）所示。
- 选“第二条尺寸界线”项，使尺寸界线之间的尺寸数字靠向第二条尺寸界线放置，效果如图 6.12（c）所示。

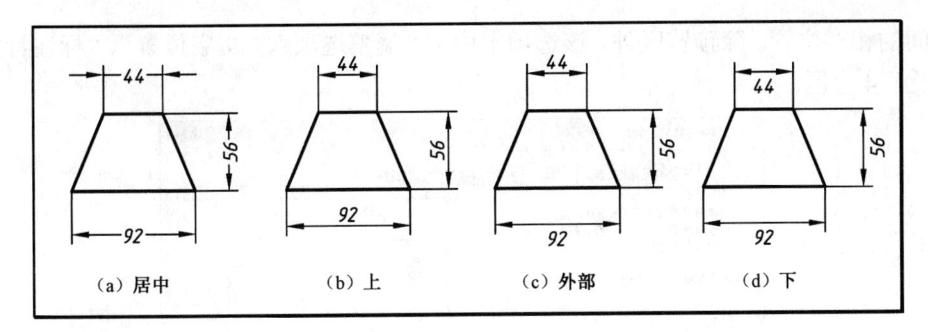

图 6.11　文字垂直位置选项示例

- 选“第一条尺寸界线上方”项，将尺寸数字放在第一条尺寸界线上方并平行于第一条尺寸界线，效果如图 6.12（d）所示。
- 选“第二条尺寸界线上方”项，将尺寸数字放在第二条尺寸界线上方并平行于第二条尺寸界线，效果如图 6.12（e）所示。

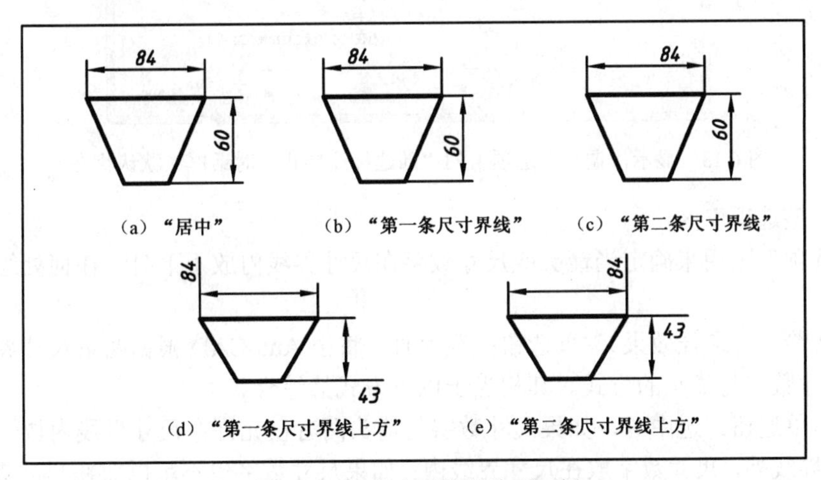

图 6.12　文字水平位置选项示例

“观察方向”下拉列表：用来控制尺寸数字的排列方向。该列表中有两个选项，默认为“从左到右”选项，使尺寸数字从左到右排列，一般用此项。

“从尺寸线偏移”文字编辑框：用来确定尺寸数字放在尺寸线上方时，尺寸数字底部与尺寸线之间的间隙。

(3)“文字对齐”区

“文字对齐”区用来控制尺寸数字的字头方向是水平向上还是与尺寸线平行。

“水平”单选钮：选中时，尺寸数字字头永远向上，用于引出尺寸和角度尺寸的标注。

“与尺寸线对齐”单选钮：选中时，尺寸数字字头方向与尺寸线平行，用于直线尺寸标注。

“ISO 标准”单选钮：选中时，尺寸数字字头方向符合国际制图标准，即尺寸数字在尺寸界线内时，字头方向与尺寸线平行；在尺寸界线外时，字头永远向上。

4．“调整”选项卡

如图 6.13 所示为显示“调整”选项卡的“新建标注样式”对话框，主要用来调整各尺寸要素之间的相对位置。除预览区外，该选项卡中有“调整选项”、“文字位置”、“标注特征比例”和“优化”4 个区。

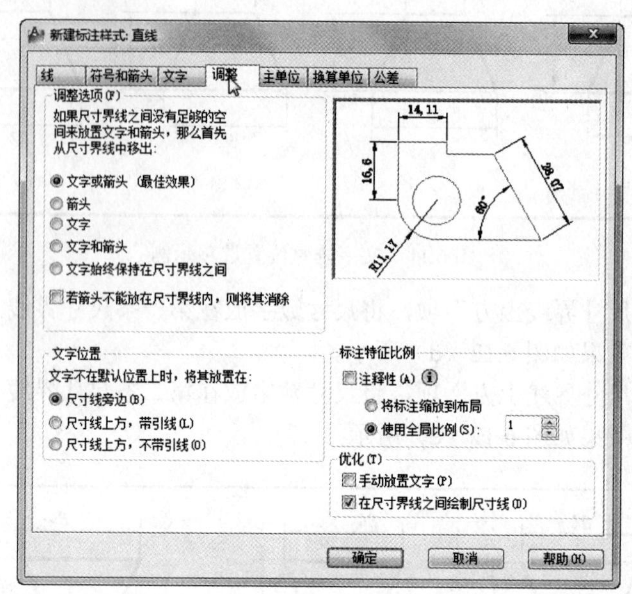

图 6.13　显示“调整”选项卡的“新建标注样式”对话框（默认状态）

（1）“调整选项”区

“调整选项”区用来确定当箭头或尺寸数字在尺寸界线内放不下时，在何处绘制箭头和尺寸数字。

“文字或箭头（最佳效果）”单选钮：选中时，将由 AutoCAD 根据两条尺寸界线间的距离确定放置尺寸数字与箭头的方式。其相当于以下方式的综合。

“箭头”单选钮：选中时，如果尺寸数字与箭头两者仅允许在尺寸界线内放一种，则将箭头放在尺寸界线外，尺寸数字放在尺寸界线内；如果尺寸数字也不足以放在尺寸界线内，则尺寸数字与箭头都放在尺寸界线外。

“文字”单选钮：选中时，如果箭头与尺寸数字两者仅允许在尺寸界线内放一种，则将尺寸数字放在尺寸界线外，尺寸箭头放在尺寸界线内；如果尺寸箭头也不足以放在尺寸界线内，则尺寸数字与箭头都放在尺寸界线外。

“文字和箭头”单选钮：选中时，如果空间允许，则将尺寸数字与箭头都放在尺寸界线之内；否则，都放在尺寸界线之外。

“文字始终保持在尺寸界线之间”单选钮：选中时，在任何情况下，都将尺寸数字放在两条尺寸界线之间（注意：选中该单选钮，下面“文字位置”区中的各选项不起作用）。

“若箭头不能放在尺寸界线内，则将其消除”开关：打开时，如果尺寸界线内空间不够，就省略箭头。

（2）“文字位置”区

“尺寸线旁边”单选钮：选中时，当尺寸数字不在默认位置时，在尺寸线旁放置尺寸数字，效果如图 6.14（a）所示。

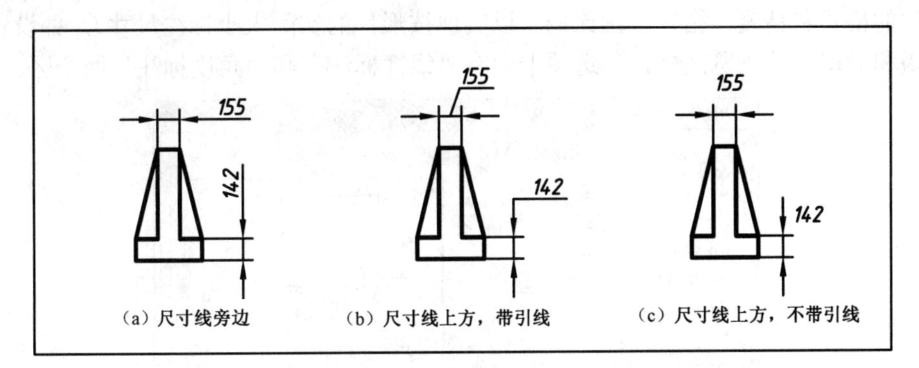

图 6.14　“文字位置”区选项示例

“尺寸线上方，带引线”单选钮：选中时，当尺寸数字不在默认位置时，若尺寸数字和箭头都不足以放到尺寸界线内，则 AutoCAD 自动绘出一条引线标注尺寸数字，效果如图 6.14（b）所示。

“尺寸线上方，不带引线”单选钮：选中时，当尺寸数字不在默认位置时，若尺寸数字和箭头都不足以放到尺寸界线内，则呈引线模式，但不画出引线，效果如图 6.14（c）所示。

（3）“标注特征比例”区

“注释性”开关：打开该开关，将在尺寸标注时指定注释比例。注释比例用来改变尺寸四要素的大小，其可在状态栏后面的“注释比例”下拉列表中实时选择。

“将标注缩放到布局”单选钮：控制是在图纸空间上还是在当前的模型空间视口上使用全局比例。

“使用全局比例”单选钮：用来设定全局比例系数。选中时，该标注样式中所有尺寸四要素的大小及偏移量的尺寸标注变量都会乘上全局比例系数。全局比例系数的默认值为 1，也可以在右边的文字编辑框中指定其他值。一般使用默认值 1。

（4）“优化”区

“手动放置文字”开关：打开该开关，进行尺寸标注时，AutoCAD 允许自行指定尺寸数字的位置。

“在尺寸界线之间绘制尺寸线”开关：该开关控制尺寸箭头在尺寸界线外时，两条尺寸界线之间是否画尺寸线。若打开该开关，则画尺寸线；若关闭该开关，则不画尺寸线。效果如图 6.15 所示。一般应打开该开关。

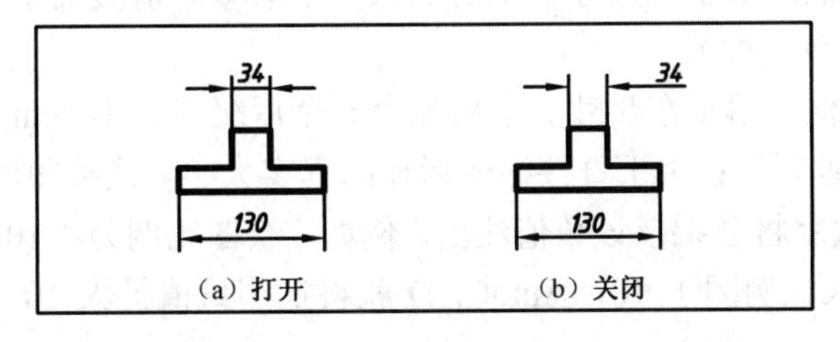

图 6.15　“在尺寸界线之间绘制尺寸线”开关效果示例

5. “主单位”选项卡

如图 6.16 所示为显示“主单位”选项卡的“新建标注样式”对话框，主要用来设置基本尺寸单位的格式和精度，指定绘图比例（以实现按形体的实际大小标注尺寸），并设置尺寸数字的前缀和后缀。除预览区外，该选项卡中有“线性标注”和“角度标注”两个区。

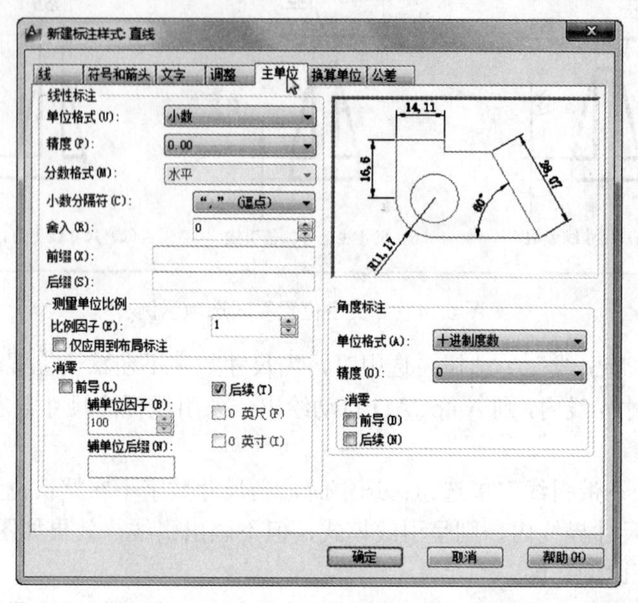

图 6.16　显示“主单位”选项卡的“新建标注样式”对话框（默认状态）

（1）“线性标注”区

“线性标注”区用于控制线性基本尺寸度量单位、比例，以及尺寸数字中的前缀、后缀和“0”的显示。

“单位格式”下拉列表：用来设置线性尺寸单位格式，包括科学、小数（即十进制数）、工程、分数等。其中，小数为默认设置。

“精度”下拉列表：用来设置线性基本尺寸小数点后保留的位数。

“分数格式”下拉列表：用来设置线性基本尺寸中分数的格式，包括“对角”、“水平”和“非重叠”3 个选项。

“小数分隔符”下拉列表：用来指定十进制数单位中小数分隔符的形式，包括句点（句号）、逗点（逗号）和空格 3 个选项。

“舍入”文字编辑框：用于设置线性基本尺寸值的舍入（即取近似值）规定。

“前缀”文字编辑框：用于在尺寸数字前加上一个前缀。前缀文字将替换掉任何默认的前缀（如半径“R”将被替换掉）。

“后缀”文字编辑框：用于在尺寸数字后加上一个后缀（如 183cm）。

“比例因子”文字编辑框：用于直接标注形体的真实大小。按绘图比例，输入相应的数值，在标注尺寸时，尺寸数字将会乘以该数值注出。例如，绘图比例为 1:10，即图形缩小为原大的 1/10 来绘制，在此输入比例因子 10，AutoCAD 就将把测量值扩大 10 倍，使用形体真实的尺寸数值标注尺寸。

“仅应用到布局标注”开关：打开时，把比例因子仅用于布局中的尺寸。

“前导”开关：用来控制是否对前导 0 加以显示。打开“前导”开关，将不显示十进制尺寸整数 0。例如，“0.80”显示为“.80”。

“后续”开关：用来控制是否对后续 0 加以显示。打开“后续”开关，将不显示十进制尺寸小数后的 0。例如，“0.80”显示为“0.8”。

说明：“辅单位因子”和“辅单位后缀”文字编辑框，只有打开“前导”开关时才可用。

（2）“角度标注”区

“角度标注”区用于控制角度基本尺寸度量单位、精度及尺寸数字中“0”的显示。

“单位格式”下拉列表：用来设置角度尺寸单位，包括十进制度数、度/分/秒、百分度、弧度等角度单位。其中，十进制度数为默认设置。

“精度”下拉列表：用来设置角度基本尺寸小数点后保留的位数。

“前导”开关：用来控制是否对角度基本尺寸前导 0 加以显示。

“后续”开关：用来控制是否对角度基本尺寸后续 0 加以显示。

6.“换算单位”选项卡

如图 6.17 所示为显示“换算单位”选项卡的“新建标注样式”对话框，主要用来设置换算尺寸单位的格式和精度以及尺寸数字的前缀和后缀。其中各操作项与“主单位”选项卡的同类项基本相同，在此不再详述。

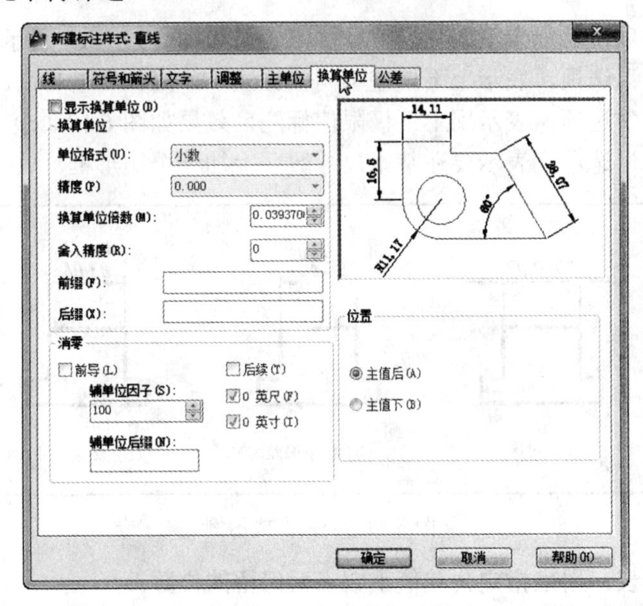

图 6.17　显示“换算单位”选项卡的“新建标注样式”对话框（默认状态）

7.“公差”选项卡

如图 6.18 所示为显示“公差”选项卡的“新建标注样式”对话框，用来控制尺寸公差标注形式、公差值大小及公差数字的高度和位置，主要用于机械图。除预览区外，该选项卡中有“公差格式”和“换算单位公差”两个区。

“公差格式”区用于设置公差标注的方式、公差值精度等。

“方式”下拉列表：用来指定公差标注方式，其中包括 5 个选项。

- “无”选项，表示不标注公差。

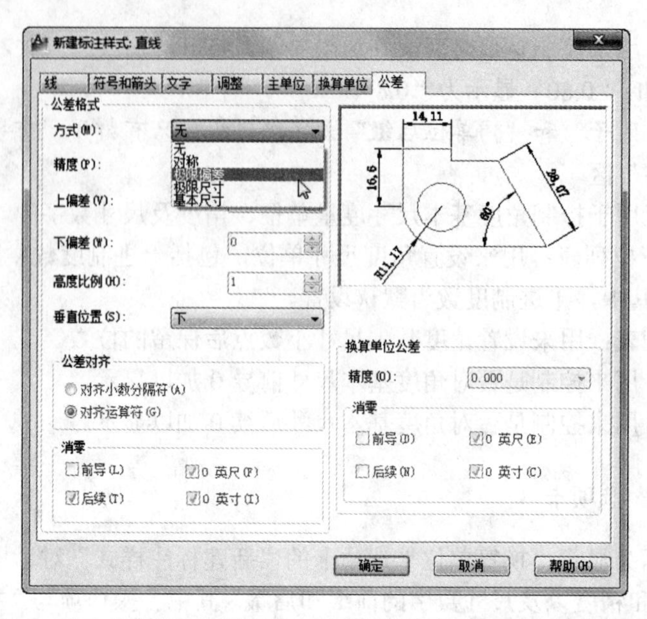

图 6.18　显示“公差”选项卡的“新建标注样式”对话框（默认状态）

- “对称”选项，表示上下偏差同值标注，效果如图 6.19（a）所示。
- “极限偏差”选项，表示上下偏差不同值标注，效果如图 6.19（b）所示。
- “极限尺寸”选项，表示用上下极限值标注，效果如图 6.19（c）所示。
- “基本尺寸”选项，表示要在基本尺寸数字上加一个矩形框。

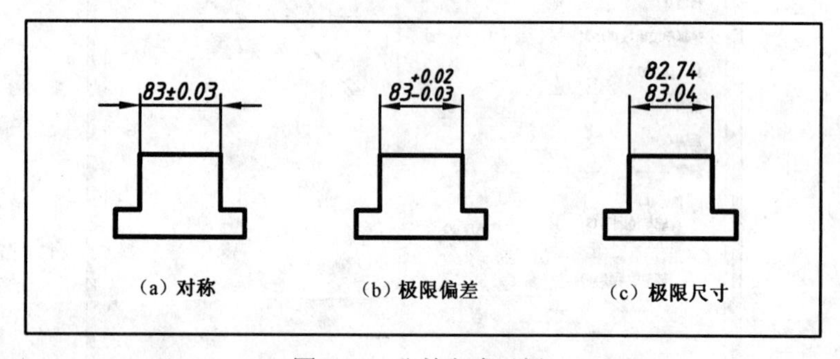

（a）对称　（b）极限偏差　（c）极限尺寸

图 6.19　公差方式示例

“精度”下拉列表：用来指定公差值小数点后保留的位数。

“上偏差”文字编辑框：用来设定尺寸的上偏差值。

“下偏差”文字编辑框：用来设定尺寸的下偏差值。

“高度比例”文字编辑框：用来设定尺寸公差数字的高度。该高度由尺寸公差数字字高与基本尺寸数字高度的比值来确定。例如，设定 0.8，将使尺寸公差数字字高为基本尺寸数字高度的 8/10。

“垂直位置”下拉列表：用来控制尺寸公差相对于基本尺寸的位置，其中包括 3 个选项。

- “上”选项，尺寸公差数字顶部与基本尺寸顶部对齐，效果如图 6.20（a）所示。
- “中”选项，尺寸公差数字中部与基本尺寸中部对齐，效果如图 6.20（b）所示。
- “下”选项，尺寸公差数字底部与基本尺寸底部对齐，效果如图 6.20（c）所示。

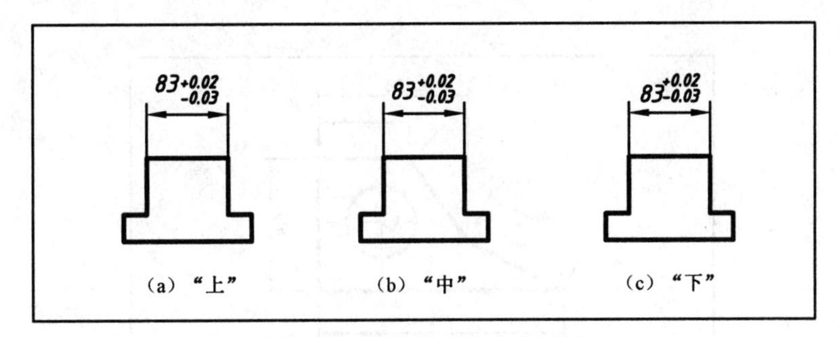

图 6.20　公差值对齐方式示例

“公差对齐”选项组：用来设置公差对齐的方式。

“前导”开关：用来控制是否对尺寸公差值中的前导 0 加以显示。

“后续”开关：用来控制是否对尺寸公差值中的后续 0 加以显示。

6.3.2　创建新标注样式实例

在绘制工程图时，通常会有多种尺寸标注的形式，应把绘图中常用的尺寸标注形式创建为标注样式。在标注尺寸时，需要用哪种标注样式，就将它设为当前标注样式，这样可提高绘图效率，并且便于修改。下面介绍“直线”和“圆引出与角度”两种常用标注样式的创建。

【例 6-1】 创建“直线”标注样式（该标注样式不仅用于直线段的尺寸标注，还可用于字头与尺寸线平行的任何尺寸的标注），该标注样式各专业的应用示例分别如图 6.21、图 6.22 和图 6.23 所示。

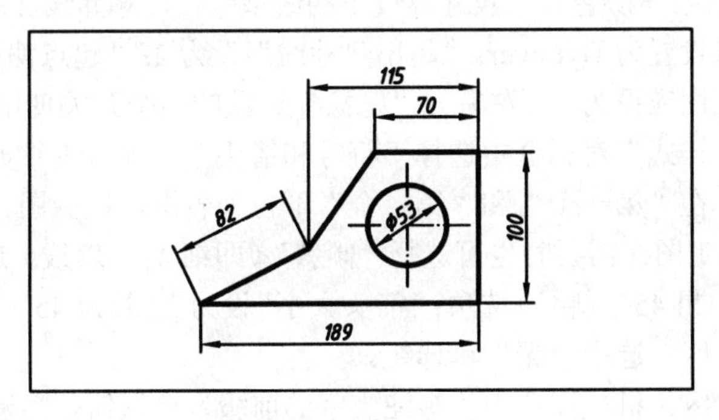

图 6.21　机械图“直线”标注样式应用示例

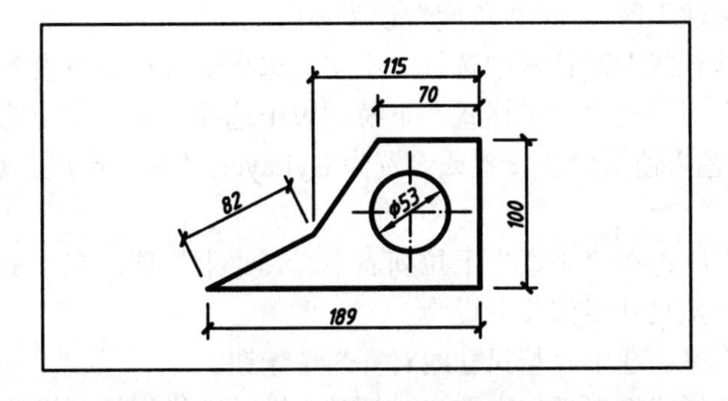

图 6.22　房建图“直线”标注样式应用示例

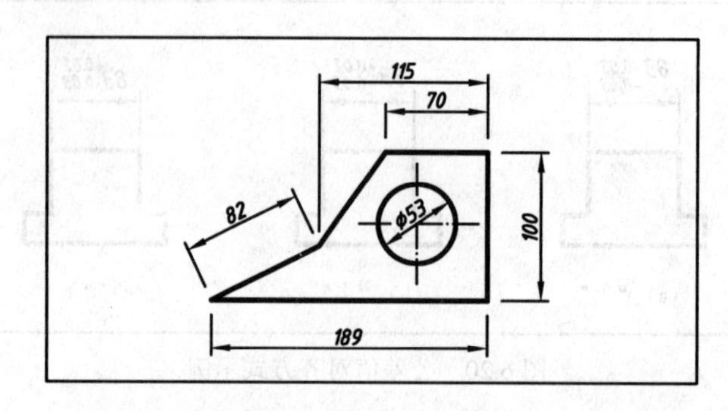

图 6.23　水工图“直线”标注样式应用示例

创建过程如下。

① 从“样式”工具栏中单击“标注样式”按钮，弹出“标注样式管理器”对话框。单击该对话框中的“新建”按钮，弹出“创建新标注样式”对话框。

② 在“创建新标注样式”对话框的“基础样式”下拉列表中选择一种与所要创建的标注样式相近的标注样式作为基础样式，在“新样式名”文字编辑框中输入所要创建的标注样式的名称“直线”，单击“继续”按钮，弹出“新建标注样式”对话框。

③ 在“新建标注样式”对话框中选择“线”选项卡进行如下设置。

- “尺寸线”区：“颜色”、“线型”和“线宽”使用默认设置或设置为 ByLayer；“超出标记”设为 0；“基线间距”设为 7；“隐藏”选项的两个开关使用默认关闭。
- “尺寸界线”区：“颜色”、“尺寸界线 1 的线型”、“尺寸界线 2 的线型”和“线宽”使用默认设置或设置为 ByLayer；“超出尺寸线”设为 2；“起点偏移量”，机械图设为 0，房建图及水工图应设为 3（左右）；“隐藏”选项的两个开关使用默认关闭。

④ 在“新建标注样式”对话框中选择“符号和箭头”选项卡进行如下设置。

- “箭头”区：在“第一个”和“第二个”下拉列表中，机械图、水工图选择“实心闭合”选项，水工图在需要时也可选择“倾斜”（即细 45° 斜线）选项，房建图选择“建筑标记”（即中粗 45° 斜线）选项；“箭头大小”设为 3（若为 45° 斜线则设为 2 或 1.5）。
- “圆心标记”区：选中“无”单选钮。
- “弧长符号”区：机械图选中“标注文字的前缀”单选钮，房建图与水工图选中“标注文字的上方”单选钮。
- “半径折弯标注”区：“折弯角度”设为 30。

⑤ 在“新建标注样式”对话框中选择“文字”选项卡进行如下设置。

- “文字外观”区：在“文字样式”下拉列表中选择“工程图中的数字和字母”文字样式；“文字颜色”使用默认设置或设置为 ByLayer；“文字高度”设为 3.5；其他使用默认设置。
- “文字位置”区：在“垂直”下拉列表中选择“上”项；在“水平”下拉列表中选择“居中”项；“从尺寸线偏移”设为 1。
- “文字对齐”区：选中“与尺寸线对齐”单选钮。

⑥ 在“新建标注样式”对话框中选择“调整”选项卡进行如下设置。

- “调整选项”区：选中“文字”单选钮。

- “文字位置”区：使用默认设置，即“尺寸线旁边”。
- “标注特征比例”区：使用默认设置，即“使用全局比例”。
- “优化”区：使用默认设置，仅打开“在尺寸界线之间绘制尺寸线”开关。

⑦ 在“新建标注样式”对话框中选择“主单位”选项卡进行如下设置。

- “线性标注”区：在“单位格式”下拉列表中使用默认的“小数”（即十进制数）项，在“精度”下拉列表中选择“0”项（表示尺寸数字是整数，如为小数应按需要进行选择），在“比例因子”文字编辑框中应根据当前图的绘图比例输入比例值。
- “角度标注”区：在“单位格式”下拉列表中使用默认的“十进制度数”项，在“精度”下拉列表中列表中也使用默认的“0”项。

⑧ 设置完成后，单击“确定”按钮，AutoCAD将存储新创建的“直线”标注样式，返回“标注样式管理器”对话框，并在其“样式”列表框中显示“直线”标注样式名称，完成创建。

说明：“公差”选项卡只在标注公差时才进行设置，“换算单位”选项卡也只在需要时才进行设置。

【例6-2】 创建“圆引出与角度”标注样式，其应用如图6.24所示。

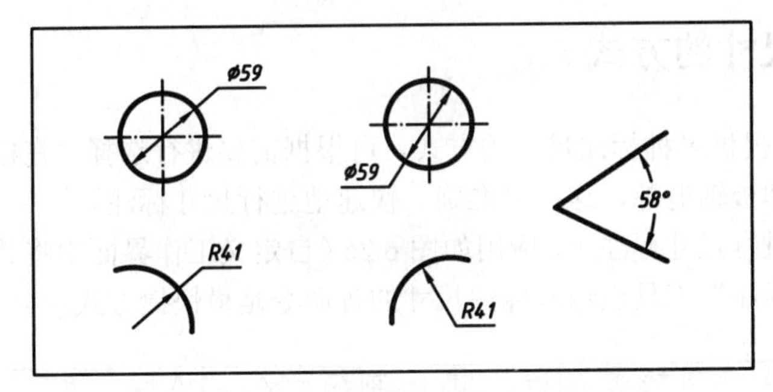

图6.24　“圆引出与角度”标注样式的应用示例

“圆引出与角度”标注样式的创建应基于“直线”标注样式。

创建过程如下。

① 从“样式”工具栏中单击“标注样式”按钮，弹出“标注样式管理器”对话框。单击该对话框中的“新建”按钮，弹出“创建新标注样式”对话框。

② 在“基础样式”下拉列表中选择“直线”标注样式作为基础样式，在“新样式名”文字编辑框中输入标注样式的名称“圆引出与角度”，单击“继续”按钮，弹出“新建标注样式”对话框。

③ 在“新建标注样式”对话框中只需修改与“直线”标注样式不同的两处。

选择“文字”选项卡：在“文字对齐”区中改选“水平”单选钮。

选择“调整”选项卡：在“优化”区中打开“手动放置文字”开关。

④ 设置完成后，单击“确定”按钮，AutoCAD将存储新创建的“圆引出与角度”标注样式，返回“标注样式管理器”对话框，并在“样式”列表框中显示“圆引出与角度”标注样式名称，完成创建。

说明：

① 标注如图6.25所示的连续小尺寸，可基于“直线”标注样式，只修改箭头（即尺寸起止符号）来创建“连续小尺寸1”、“连续小尺寸2”等标注样式。标注连续小尺寸也可以不设

标注样式，而是先用“直线”标注样式注出小尺寸，然后再应用“特性”选项板进行修改调整（详见 6.5.3 节）。

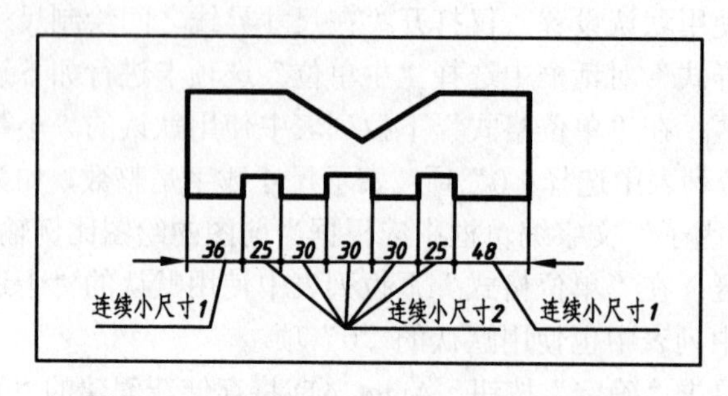

图 6.25　“连续小尺寸”标注样式应用示例

② 在机械图中，若标注有公差的尺寸，可基于“直线”标注样式，只修改“新建标注样式”对话框的“公差”选项卡中的相关内容来创建所需的标注样式，也可使用标注样式的“替代”功能。

6.4　标注尺寸的方式

AutoCAD 2012 提供多种标注尺寸的方式，可根据需要进行选择。在标注尺寸时，一般应打开固定对象捕捉和极轴追踪，这样可准确、快速地进行尺寸标注。

在绘制工程图进行尺寸标注时，应用如图 6.26（自定义工作界面中将其固定放在绘图区外的下方）所示的“标注”工具栏输入标注尺寸的各命令是最快捷方式。

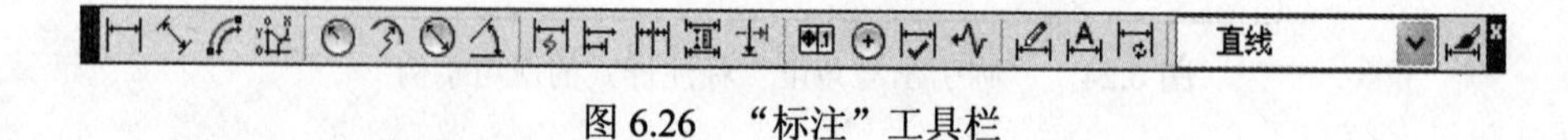

图 6.26　“标注”工具栏

6.4.1　标注水平或铅垂方向的线性尺寸

用 DIMLINEAR 命令可标注水平或铅垂方向的线性尺寸。设置所需的标注样式为当前标注样式后，可用该命令标注线性尺寸。如图 6.27 所示是用“直线”标注样式标注的水平和铅垂方向的线性尺寸。

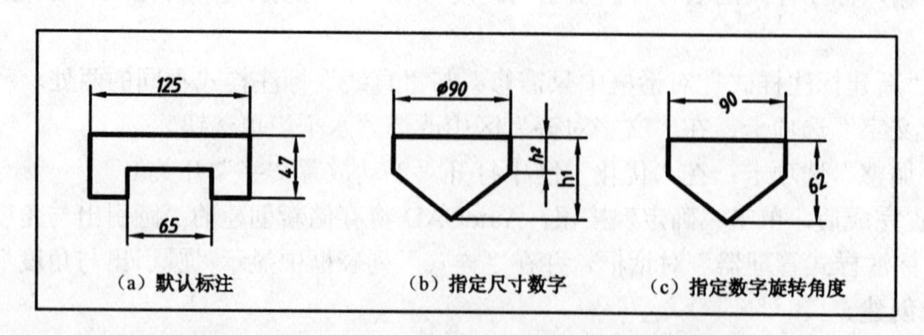

图 6.27　用“直线”标注样式标注的水平和铅垂方向线性尺寸示例

1. 输入命令

- 从“标注”工具栏中单击：“线性”按钮
- 从下拉菜单中选择：“标注”⇨“线性”
- 从键盘输入：DIMLINEAR

2. 命令的操作

命令：（输入命令）

指定第一条尺寸界线原点或〈选择对象〉：（指定第一条尺寸界线起点）

指定第二条尺寸界线原点：（指定第二条尺寸界线起点）

指定尺寸线位置或［多行文字(M) / 文字(T) / 角度(A) / 水平(H) / 垂直(V) / 旋转(R)］：（指定尺寸线位置或选项）

若直接指定尺寸线位置，AutoCAD 将按测定的尺寸数字完成标注，效果如图 6.27（a）所示。若需要，可进行选项，上述提示行中各选项含义说明如下。

- “M”：用多行文字编辑器重新指定尺寸数字，如图 6.27（b）所示。
- “T”：用单行文字方式重新指定尺寸数字。
- “A”：指定尺寸数字的旋转角度。如图 6.27（c）所示是旋转角度指定为 30° 的标注示例（其默认值是 0，即字头向上）。
- “H”：指定尺寸线水平标注（实际可直接拖动）。
- “V”：指定尺寸线铅垂标注（实际可直接拖动）。
- “R”：指定尺寸线与尺寸界线的旋转角度（以原尺寸线为零起点）。

选项操作后，AutoCAD 会要求给出尺寸线位置，指定后，完成标注。

6.4.2　标注倾斜方向的线性尺寸

用 DIMALIGNED（对齐）命令可标注倾斜方向的线性尺寸。如图 6.28 所示为用“直线”标注样式标注的对齐尺寸。

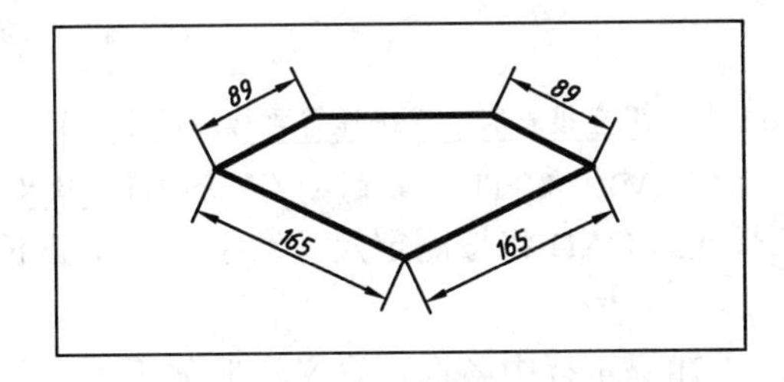

图 6.28　用“直线”标注样式标注的对齐尺寸示例

1. 输入命令

- 从“标注”工具栏中单击：“对齐”按钮
- 从下拉菜单中选择：“标注”⇨“对齐”
- 从键盘输入：DIMALIGNED

2. 命令的操作

命令: (输入命令)

指定第一条尺寸界线原点或〈选择对象〉: (指定第一条尺寸界线起点)

指定第二条尺寸界线原点: (指定第二条尺寸界线起点)

指定尺寸线位置或 [多行文字(M) / 文字(T) / 角度(A)]: (指定尺寸线位置或选项)

若直接指定尺寸线位置，AutoCAD 将按测定尺寸数字完成标注，效果如图 6.28 所示。若需要，可进行选项，各选项含义与线性尺寸标注方式的同类选项相同。

6.4.3 标注弧长尺寸

用 DIMARC 命令可标注弧长尺寸。设置所需的标注样式为当前标注样式后，可用该命令标注弧长尺寸。如图 6.29 所示为用“直线”标注样式标注的弧长尺寸。

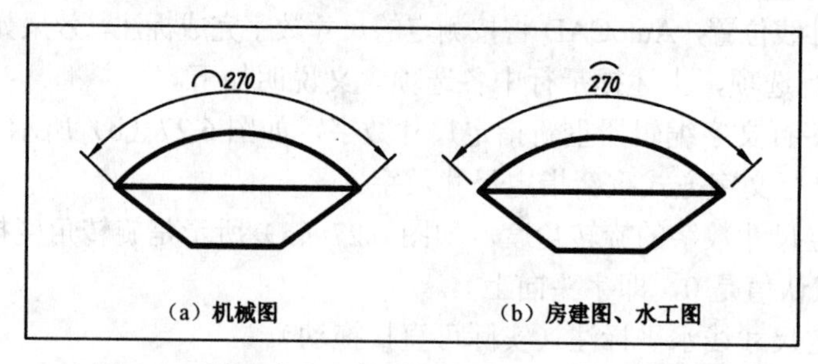

（a）机械图　　（b）房建图、水工图

图 6.29　用“直线”标注样式标注的弧长尺寸示例

1. 输入命令

- 从“标注”工具栏中单击：“弧长”图标按钮
- 从下拉菜单中选择：“标注” ⇨ “弧长”
- 从键盘输入：DIMARC

2. 命令的操作

命令: (输入命令)

选择弧线段或多段线圆弧线段: (用直接点取方式选择需要标注的圆弧)

指定弧长标注位置或 [多行文字(M) / 文字(T) / 角度(A) / 部分(P)]: (给尺寸线位置或选项)

若直接给出尺寸线位置，AutoCAD 将按测定尺寸数字并加上弧长符号完成弧长尺寸标注，效果如图 6.29 所示。

若需要，可进行选项。上述提示行中各选项含义说明如下。

“M”、“T”、“A” 选项与 DIMLINEAR 命令中的同类选项相同。

“P”：标注选中圆弧中某一部分的弧长。

6.4.4 标注坐标尺寸

用 DIMORDINATE 命令可标注坐标尺寸。设置所需的标注样式为当前标注样式后，可用该命令标注图形中特征点的 *X* 坐标和 *Y* 坐标，如图 6.30 和图 6.31 所示。

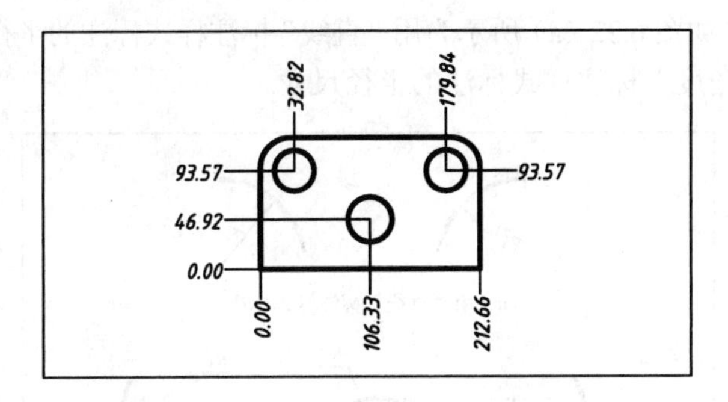

图 6.30　直接给引线端点标注坐标尺寸示例

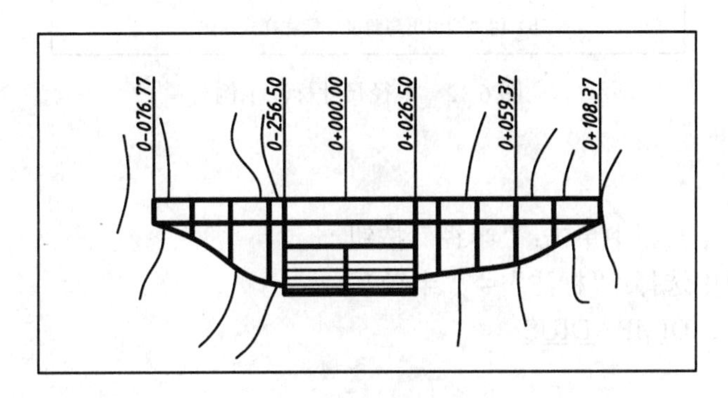

图 6.31　改变坐标值标注桩号尺寸示例

因为 AutoCAD 使用世界坐标系或当前用户坐标系的 *X* 坐标和 *Y* 坐标，所以标注坐标尺寸时，应使图形的（0,0）基准点与坐标系的原点重合，否则需要重新输入坐标值。

1. 输入命令

- 从“标注”工具栏中单击：“坐标”按钮
- 从下拉菜单中选择：“标注” ⇨ “坐标”
- 从键盘输入：DIMORDINATE

2. 命令的操作

命令：（输入命令）

指定点坐标：（选择引线的起点）

指定引线端点或 [X 基准(X) / Y 基准(Y) / 多行文字(M) / 文字(T) / 角度(A)]:（指定引线端点或选项）

若直接指定引线端点，AutoCAD 将按测定坐标值完成尺寸标注，如图 6.30 所示。

若需改变坐标值，可选“T”或“M”项，给出新坐标值，再指定引线端点即完成标注，如图 6.31 所示。

说明： 坐标标注中尺寸数字的位置由当前标注样式决定。

6.4.5　标注半径尺寸

用 DIMRADIUS 命令可标注半径尺寸。设置所需的标注样式为当前标注样式后，可用该命令标注圆弧的半径。如图 6.32（a）所示为用“直线”标注样式标注的半径尺寸，如图 6.32（b）所示为用“圆引出与角度”标注样式标注的半径尺寸。

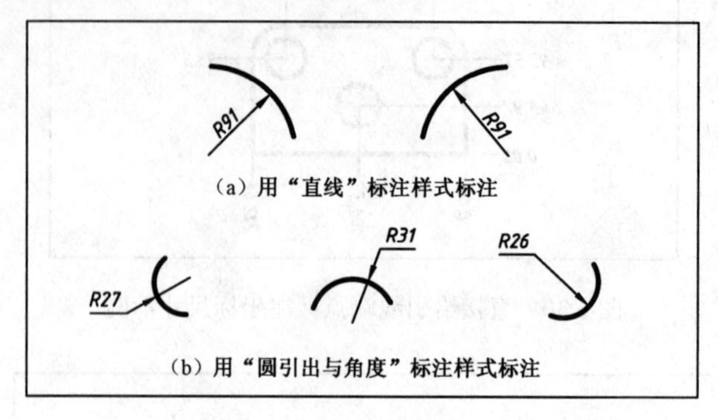

图 6.32　半径尺寸标注示例

1. 输入命令

- 从“标注”工具栏中单击：“半径”按钮
- 从下拉菜单中选择：“标注” ⇨ “半径”
- 从键盘输入：DIMRADIUS

2. 命令的操作

命令:（输入命令）
选择圆弧或圆:（选择圆弧或圆）
标注文字 =91　　　（信息行）
指定尺寸线位置或 [多行文字(M) / 文字(T) / 角度(A)]:（指定尺寸线位置或选项）

若直接给出尺寸线位置，AutoCAD 将按测定尺寸数字并加上半径符号“R”完成尺寸标注。若需要，可进行选项，各选项含义与线性尺寸标注方式的同类选项相同。

6.4.6　标注折弯半径尺寸

用 DIMJOGGED 命令可标注折弯半径尺寸。设置所需的标注样式为当前标注样式后，用该命令可标注较大圆弧的折弯半径尺寸。如图 6.33 所示是用“直线”标注样式所标注的折弯半径尺寸。

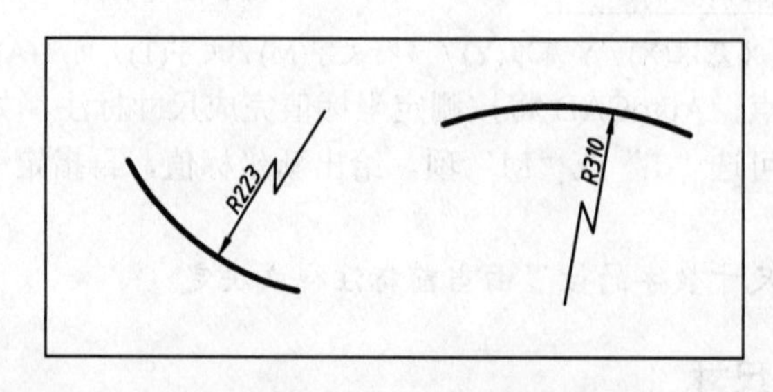

图 6.33　用“直线”标注样式标注的折弯半径尺寸示例

1. 输入命令

- 从“标注”工具栏中单击：“折弯”按钮
- 从下拉菜单中选择：“标注”⇨“折弯”
- 从键盘输入：DIMJOGGED

2. 命令的操作

命令：（输入命令）
选择圆弧或圆：（用直接点取方式选择需标注的圆弧或圆）
指定图示中心位置：（给折弯半径尺寸线起点）
标注文字 =223　　（信息行）
指定尺寸线位置或［多行文字(M)／文字(T)／角度(A)］：（指定尺寸线位置或选项）
指定折弯位置：（拖动指定尺寸线折弯位置）
命令：

若需要，可进行选项，各选项含义与线性尺寸标注方式的同类选项相同。

6.4.7 标注直径尺寸

用 DIMDIAMETER 命令可标注直径尺寸。如图 6.34（a）所示为用“直线”标注样式标注的直径尺寸，图 6.34（b）所示为用“圆引出与角度”标注样式标注的直径尺寸。

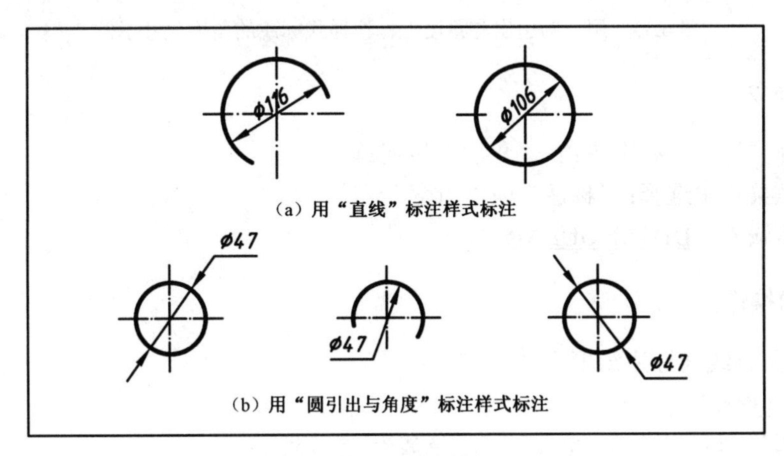

（a）用“直线”标注样式标注

（b）用“圆引出与角度”标注样式标注

图 6.34 直径尺寸标注示例

1. 输入命令

- 从“标注”工具栏中单击：“直径”按钮
- 从下拉菜单中选择：“标注”⇨“直径”
- 从键盘输入：DIMDIAMETER

2. 命令的操作

命令：（输入命令）

选择圆弧或圆: （选择圆或圆弧）

标注文字 =116　（信息行）

指定尺寸线位置或 [多行文字(M) / 文字(T) / 角度(A)]: （拖动确定尺寸线位置或选项）

若直接指定尺寸线位置，AutoCAD 将按测定的尺寸数字完成尺寸标注。

若需要，可进行选项，各选项含义与线性尺寸标注方式的同类选项相同。

6.4.8　标注角度尺寸

用 DIMANGULAR 命令可标注角度尺寸。设置所需的标注样式为当前标注样式后，可用该命令标注角度尺寸。操作该命令可标注两条非平行线间、圆弧及圆上两点间的角度，如图 6.35 所示为用“圆引出与角度”标注样式标注的角度尺寸。

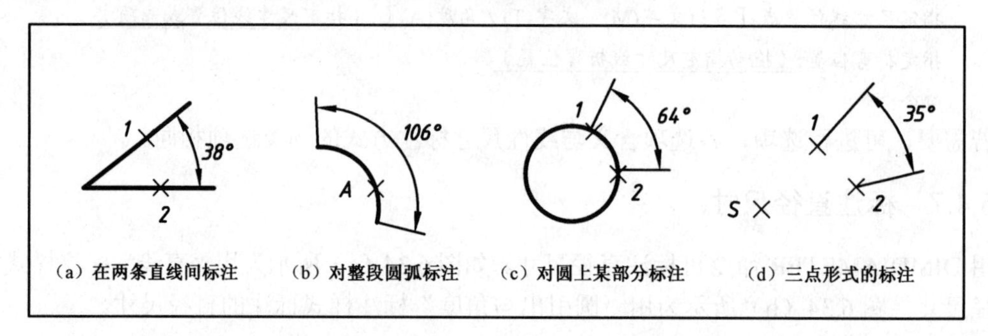

图 6.35　用“圆引出与角度”标注样式标注的角度尺寸示例

1. 输入命令

- 从“标注”工具栏中单击：“角度”按钮
- 从下拉菜单中选择：“标注” ⇨ “角度”
- 从键盘输入：DIMANGULAR

2. 命令的操作

（1）在两条直线间标注角度尺寸

命令: （输入命令）

选择圆弧、圆、直线或〈指定顶点〉: （点选第一条直线）

选择第二条直线: （点选第二条直线）

指定标注弧线位置或 [多行文字(M) / 文字(T) / 角度(A) / 象限点(Q)]: （拖动确定尺寸线位置或选项）

效果如图 6.35（a）所示。

若直接指定尺寸线位置，AutoCAD 将按测定的尺寸数字完成尺寸标注。

若需要，可进行选项。选项“M”、“T”、“A”的含义与线性尺寸标注方式的同类选项相同；若选择“Q”选项，可按指定点的象限方位标注角度。

（2）对整段圆弧标注角度尺寸

命令: （输入命令）

选择圆弧、圆、直线或 〈指定顶点〉: （选择圆弧上的任意一点 A）

指定标注弧线位置或［多行文字(M)/文字(T)/角度(A)/象限点(Q)]:（指定尺寸线位置或选项）

效果如图 6.35（b）所示。

若直接指定尺寸线位置，AutoCAD 将按测定尺寸数字完成尺寸标注。

若需要，可进行选项。

（3）对圆上某部分标注角度尺寸

命令:（输入命令）

选择圆弧、圆、直线或 〈指定顶点〉:（选择圆上的“1”点）

指定角的第二端点:（选择圆上的“2”点）

指定标注弧线位置或［多行文字(M)/文字(T)/角度(A)/象限点(Q)]:（指定尺寸线位置或选项）

效果如图 6.35（c）所示。

若直接指定尺寸线位置，AutoCAD 将按测定的尺寸数字完成尺寸标注。

若需要，可进行选项。

（4）三点形式的角度标注

命令:（输入命令）

选择圆弧、圆、直线或 〈指定顶点〉:（直接按〈Enter〉键）

指定角的顶点:（指定角度顶点 S）

指定角的第一个端点:（指定第一条边端点 1）

指定角的第二个端点:（指定第二条边端点 2）

指定标注弧线位置或［多行文字(M)/文字(T)/角度(A)/象限点(Q)]:（指定尺寸线位置或选项）

效果如图 6.35（d）所示。

若直接指定尺寸线位置，AutoCAD 将按测定的尺寸数字完成尺寸标注。

若需要，可进行选项。

6.4.9 标注基线尺寸

用 DIMBASELINE 命令可标注基线尺寸。设置所需的标注样式为当前标注样式后，可用该命令快速地标注具有同一起点的若干个相互平行的尺寸，如图 6.36 所示为用“直线”标注样式标注的一组基线尺寸。

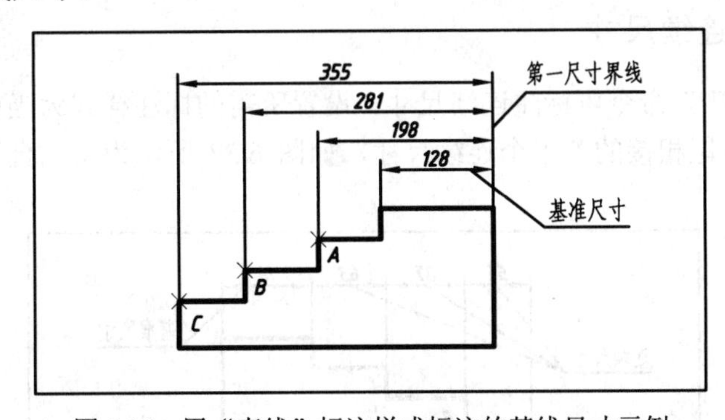

图 6.36　用“直线”标注样式标注的基线尺寸示例

1. 输入命令

- 从“标注”工具栏中单击:“基线”按钮

- 从下拉菜单中选择："标注" ⇨ "基线"
- 从键盘输入：DIMBASELINE

2. 命令的操作

以如图 6.36 所示的一组基线尺寸为例，先用线性尺寸标注命令标注基准尺寸，然后再标注基线尺寸，每个基线尺寸都将以基准尺寸的第一条尺寸界线为第一尺寸界线进行尺寸标注。基线尺寸标注命令的操作过程如下。

命令: （输入命令）

指定第二条尺寸界线原点或 [放弃(U) / 选择(S)]〈选择〉: （指定第一个基线尺寸的第二条尺寸界线起点 A）（注出一个尺寸）

标注文字 ＝198 （信息行）

指定第二条尺寸界线原点或 [放弃(U) / 选择(S)]〈选择〉: （指定第二个基线尺寸的第二条尺寸界线起点 B）（又注出一个尺寸）

标注文字 ＝281 （信息行）

指定第二条尺寸界线原点或 [放弃(U) / 选择(S)]〈选择〉: （指定第三个基线尺寸的第二条尺寸界线起点 C）（又注出一个尺寸）

标注文字 ＝355 （信息行）

指定第二条尺寸界线原点或 [放弃(U) / 选择(S)]〈选择〉: （按〈Enter〉键结束该基线标注）

选择基准标注: （可另选一个基准尺寸采用同上操作进行基线尺寸标注或按〈Enter〉键结束命令）

说明：

① 在"指定第二条尺寸界线原点或 [放弃(U) / 选择(S)]〈选择〉:"提示行中选"U"项，可撤销前一个基线尺寸。

② 在"指定第二条尺寸界线原点或 [放弃(U) / 选择(S)]〈选择〉:"提示行中选"S"项，允许重新指定基线尺寸第一尺寸界线的位置。

③ 各基线尺寸间距离是在标注样式中给定的（在"直线"标注样式中是 7mm）。

④ 所注基线尺寸数值只能使用 AutoCAD 内测值，不能重新指定。

6.4.10 标注连续尺寸

用 DIMCONTINUE 命令可标注连续尺寸。设置所需的标注样式为当前标注样式后，可用该命令快速地标注首尾相接的若干个连续尺寸，如图 6.37 所示为用"直线"标注样式标注的一组连续尺寸。

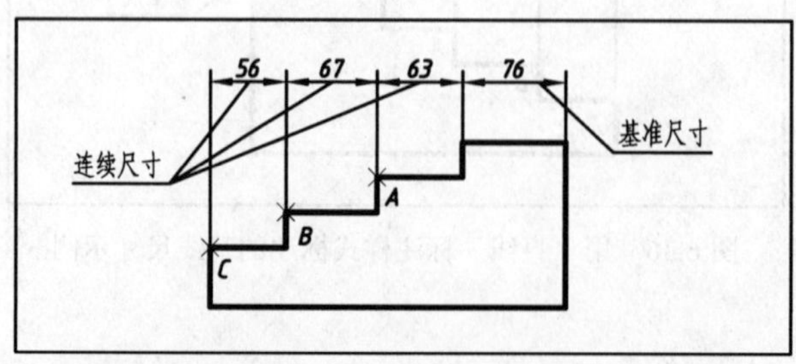

图 6.37 用"直线"标注样式标注的连续尺寸示例

1．输入命令

- 从"标注"工具栏中单击："连续"按钮
- 从下拉菜单中选择："标注"⇨"连续"
- 从键盘输入：DIMCONTINUE

2．命令的操作

以如图 6.37 所示的一组连续尺寸为例，先用线性尺寸标注命令注出基准尺寸，然后再进行连续尺寸标注，每个连续尺寸都以前一尺寸的第二条尺寸界线为第一尺寸界线进行标注。连续尺寸标注命令的操作过程如下。

命令:（输入命令）

指定第二条尺寸界线原点或［放弃(U)／选择(S)］〈选择〉:（指定第一个连续尺寸的第二条尺寸界线起点 A）（注出一个尺寸）

标注文字 =63　（信息行）

指定第二条尺寸界线原点或［放弃(U)／选择(S)］〈选择〉:（指定第二个连续尺寸的第二条尺寸界线起点 B）（又注出一个尺寸）

标注文字 =67　（信息行）

指定第二条尺寸界线原点或［放弃(U)／选择(S)］〈选择〉: (指定第三个连续尺寸的第二条尺寸界线起点 C)（又注出一个尺寸）

标注文字 =56　（信息行）

指定第二条尺寸界线原点或［放弃(U)／选择(S)］〈选择〉:（按〈Enter〉键结束该连续标注）

选择连续标注:（可另选一个基准尺寸同上操作进行连续尺寸标注，或者按〈Enter〉键结束命令）

说明：

① 在"指定第二条尺寸界线原点或［放弃(U)／选择(S)］〈选择〉:"提示行中，"U"、"S"选项含义与基线尺寸标注命令同类选项相同。

② 所注连续尺寸数值也只能使用 AutoCAD 内测值，不能重新指定。

6.4.11　注写形位公差

用 TOLERANCE 命令可注写形位公差，确定形位公差的框格及框格内的各项内容，并可动态地将其拖动到指定位置。该命令不绘制引线，也不能注写基准代号。

1．输入命令

- 从"标注"工具栏中单击："公差"按钮
- 从下拉菜单中选择："标注"⇨"公差"
- 从键盘输入：TOLERANCE

2．命令的操作

下面以如图 6.38 所示的 3 种情况为例，讲解该命令的操作方法。

【例 6-3】 注写如图 6.38 所示的形位公差，包括框格及其内容。

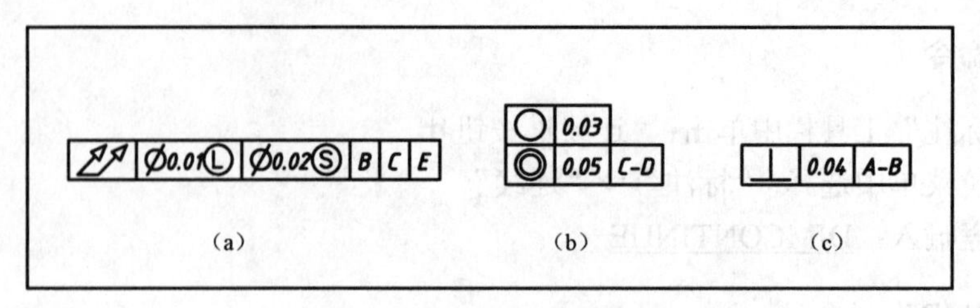

图 6.38　形位公差注写示例

操作步骤如下。

① 输入命令。

命令:（输入命令）

弹出“形位公差”对话框，如图 6.39 所示。

② 注写公差符号。

单击“形位公差”对话框中的“符号”图标，将弹出“特征符号”对话框，如图 6.40 所示。从中选择全跳动位置公差符号，AutoCAD 自动关闭“特征符号”对话框并在“形位公差”对话框中的“符号”图标处显示所选择的全跳动位置公差符号。

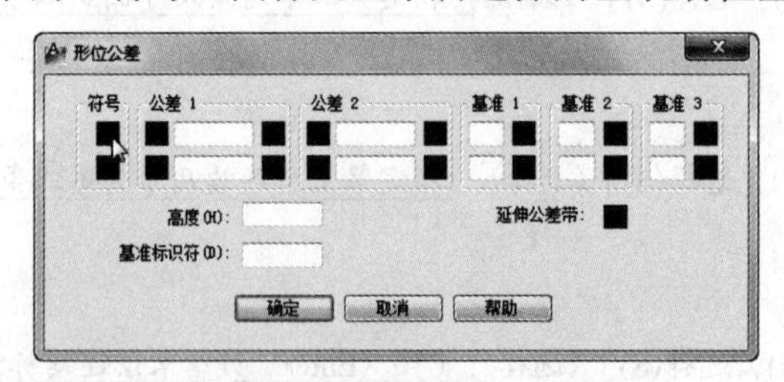

图 6.39　“形位公差”对话框

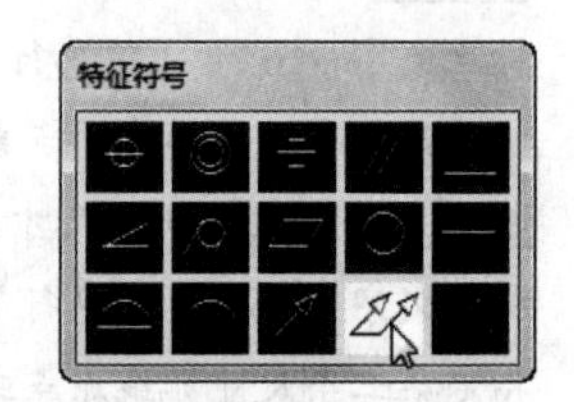

图 6.40　“特征符号”对话框

③ 注写公差框格内的其他内容。

用类似的方法，在“形位公差”对话框中输入或选定其他所需各项。

设置如图 6.41 所示内容，效果如图 6.38（a）所示。

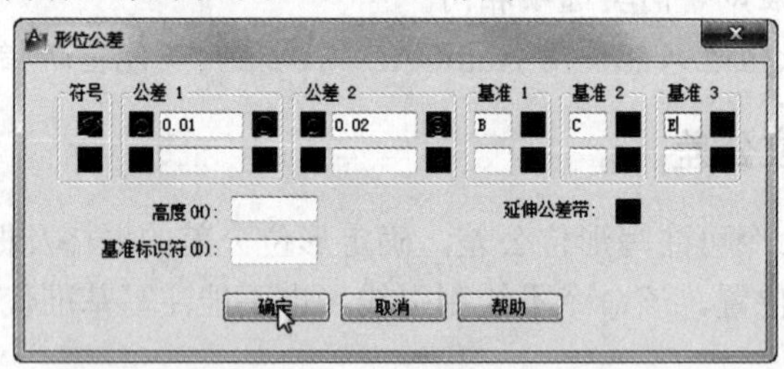

图 6.41　“形位公差”对话框设置示例（a）

设置如图 6.42 所示内容，效果如图 6.38（b）所示。

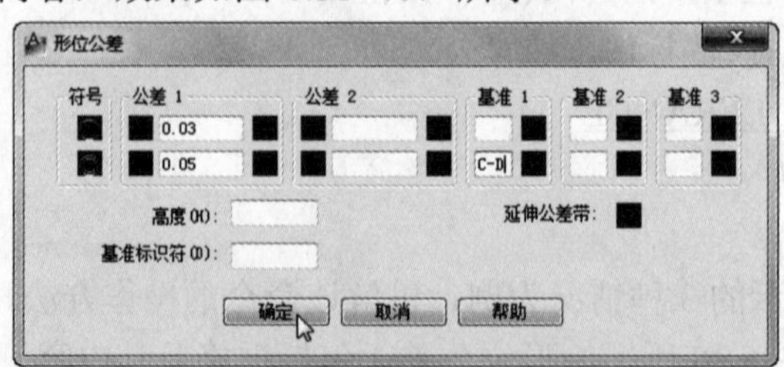

图 6.42　“形位公差”对话框设置示例（b）

设置如图 6.43 所示内容，效果如图 6.38（c）所示。

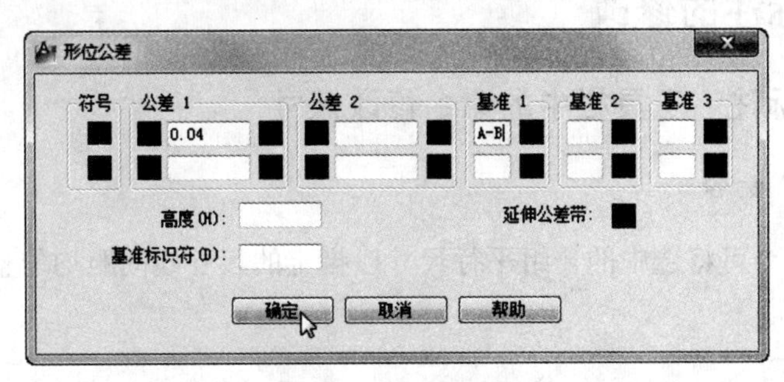

图 6.43　“形位公差”对话框设置示例（c）

④ 单击“确定”按钮，退出“形位公差”对话框，命令提示区中出现提示行：

输入公差位置: （拖动，确定形位公差框位置）

命令:

说明：

① 公差框内文字高度、字形均由当前标注样式控制。

② 形位公差的引线可用相关绘图命令绘制。

③ 基准代号可通过创建属性图块绘制（有关图块参见 7.2 节）。

6.4.12　快速标注

用 QDIM 命令可一次标注一批形式相同的尺寸。

1. 输入命令

- 从“标注”工具栏中单击：“快速标注”按钮
- 从下拉菜单中选择：“标注”⇨“快速标注”
- 从键盘输入：QDIM

2. 命令的操作

命令: （输入命令）

选择要标注的几何图形: （选择要标注的实体）

选择要标注的几何图形: （再选择实体或按〈Enter〉键结束选择）

指定尺寸线位置或［连续(C)／并列(S)／基线(B)／坐标(O)／半径(R)／直径(D)／基准点(P)／编辑(E)／设置(T)］〈连续〉: （拖动指定尺寸线位置或选项）

若直接指定尺寸线位置，确定后将按默认设置标注出一批连续尺寸并结束命令；要标注其他形式的尺寸，应在提示行中选项，按提示操作后，将重复上一行的提示，然后再指定尺寸线位置，AutoCAD 将按所选形式标注尺寸并结束命令。

说明：“标注”工具栏中的“圆心标记”按钮，用来绘制圆心标记，包括“无”、“标记”和“直线”3 种形式。圆心标记的形式和大小在标注样式中设定。

6.5 尺寸标注的修改

6.5.1 用“标注”工具栏中的命令修改尺寸

1. “等距标注”命令

“等距标注”命令可将选中的一组平行尺寸以指定的尺寸线间距均匀整齐地排列起来，效果如图 6.44 所示。

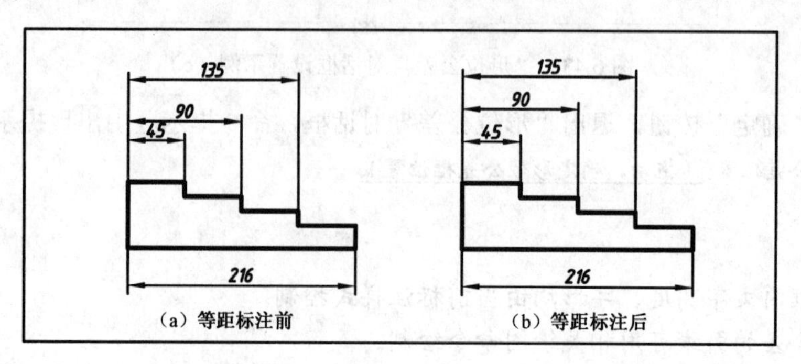

(a) 等距标注前　(b) 等距标注后

图 6.44 用“等距标注”命令修改尺寸标注示例

该命令的操作如下（以图 6.44 为例）。

命令: （输入命令）
选择基准标注: （选择尺寸 45）
选择要产生间距的标注: （选择尺寸 90）
选择要产生间距的标注: （选择尺寸 135）
选择要产生间距的标注: （按〈Enter〉键结束选择）
输入值或 [自动(A)]〈自动〉: （输入尺寸线间距 7）
命令:

2. “打断标注”命令

“打断标注”命令可将已有线性尺寸的尺寸线或尺寸界线按指定位置删除一部分，效果如图 6.45 所示。

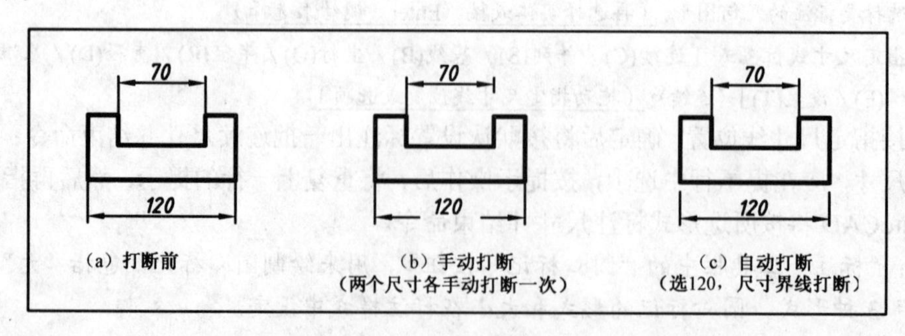

(a) 打断前　(b) 手动打断（两个尺寸各手动打断一次）　(c) 自动打断（选120，尺寸界线打断）

图 6.45 用“打断标注”命令修改尺寸标注示例

该命令的操作如下（以手动打断为例）。

命令: （输入命令）

选择要添加 / 删除折断的标注或［多个(M)］: （选择一个线性尺寸）

选择要折断标注的对象或［自动(A) / 手动(M) / 删除(R)］<自动>: （选择手动“M”方式）

指定第一个打断点: （在尺寸线或尺寸界线上指定第一个打断点）

指定第二个打断点: （在尺寸线或尺寸界线上指定第二个打断点）

命令:

说明：

① 在“选择要折断标注的对象或［自动(A) / 手动(M) / 删除(R)］<自动>:”提示行中，如果选“A”项，AutoCAD 将所选尺寸的尺寸界线从起点开始折断一段长度，其折断的长度由当前标注样式设定。

② 在“选择要折断标注的对象或［自动(A) / 手动(M) / 删除(R)］<自动>:”提示行中，如果选“R”项，AutoCAD 将所选尺寸的打断处恢复原状。

3.“检验”命令

“检验”命令可在所选中的尺寸上添加检验信息，效果如图 6.46 所示。

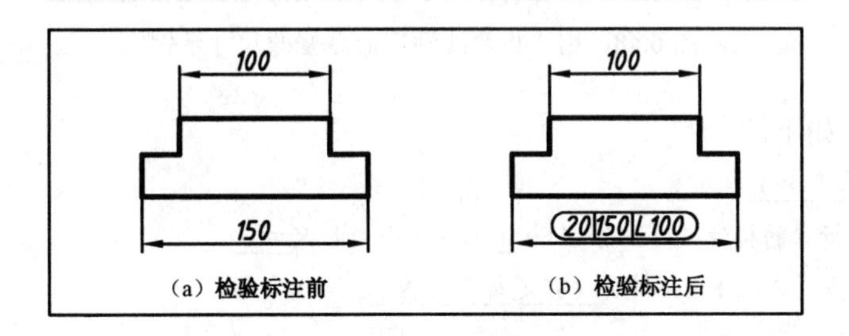

图 6.46　用“检验”命令修改尺寸标注示例

输入命令后，AutoCAD 弹出“检验标注”对话框，如图 6.47 所示。

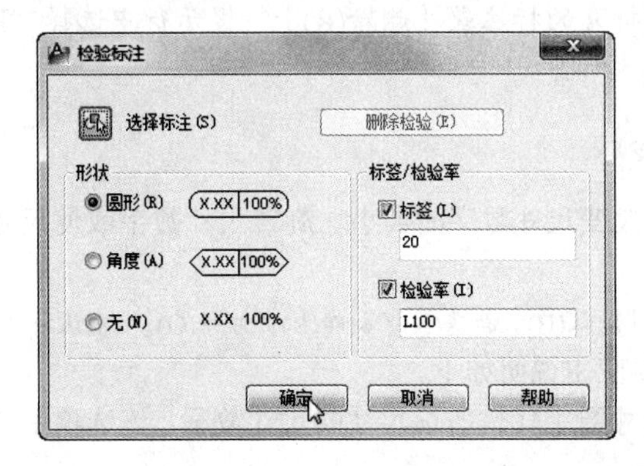

图 6.47　“检验标注”对话框

在该对话框中进行相应的设置，再单击“选择标注”按钮切换到绘图界面，选择所要修改的尺寸，右键单击返回“检验标注”对话框，然后单击“确定”按钮完成修改。

说明：

① 在“检验标注”对话框的“形状”区中有 3 个单选钮，用来设置在尺寸数字和加注的文字上所加画外框的形状。若选择“无”，将不画外框和分隔线。

② 打开“检验标注”对话框“标签/检验率”区中的“标签”开关，可在其下的文字编辑框中输入要加注在尺寸数字前的文字。

③ 打开“检验标注”对话框“标签/检验率”区中的“检验率”开关，可在其下的文字编辑框中输入要加注在尺寸数字后的文字。

4.“折弯线性”命令

“折弯线性”命令可在已有线性尺寸的尺寸线上加一个折弯，效果如图 6.48 所示。

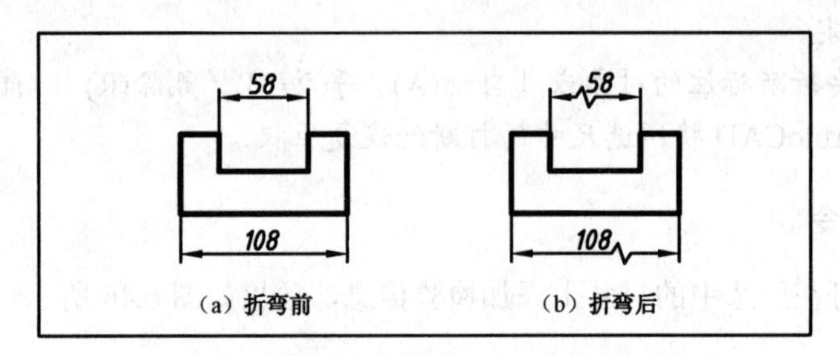

图 6.48　用“折弯线性”命令修改尺寸示例

该命令的操作如下。

命令: （输入命令）

选择要添加折弯的标注或［删除(R)］: （选择一个线性尺寸）

指定折弯位置（或按 Enter 键）: （指定折弯位置）

命令:

说明：

① 折弯的高度由当前标注样式设定。

② 在“选择要添加折弯的标注或［删除(R)］:”提示行中选择“R”选项，按提示操作，可删除已有的折弯。

5.“编辑标注”命令

“编辑标注”命令可改变尺寸数字的大小、旋转尺寸数字或使尺寸界线倾斜。输入该命令后，出现提示行：

输入编辑标注类型［默认(H) / 新建(N) / 旋转(R) / 倾斜(O)］<默认>: （选项）

各选项的含义及主要应用说明如下。

“N”：用新输入的尺寸数字代替所选尺寸的尺寸数字。该选项主要应用于多个尺寸数字需要改为同一尺寸数字的情况。

“R”：将所选尺寸数字以指定的角度旋转。

“O”：将所选尺寸的尺寸界线以指定的角度倾斜。此选项是标注轴测图尺寸必用的命令操作项。

如图 6.49 所示，操作过程如下。

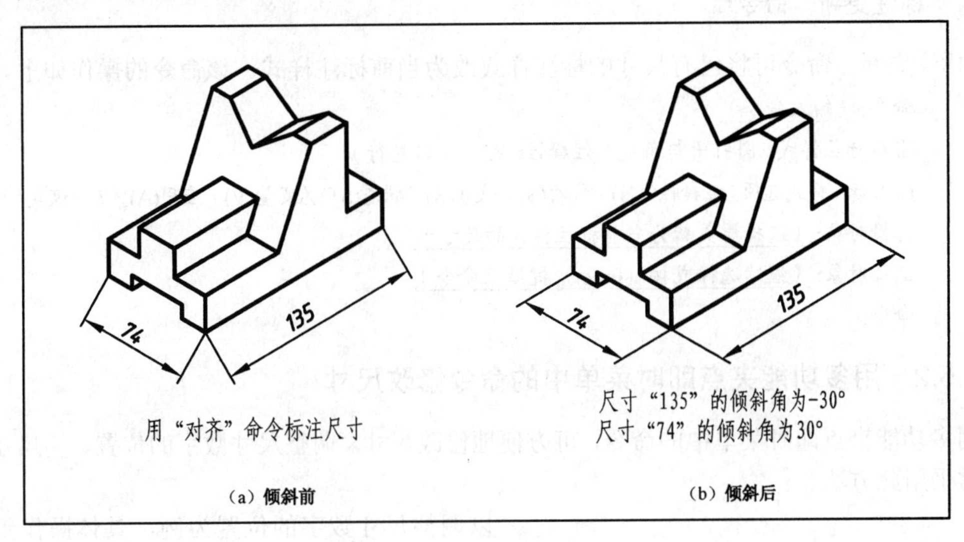

（a）倾斜前　　（b）倾斜后

图 6.49　“倾斜”选项的应用示例

首先执行尺寸标注的“对齐”命令，如图 6.49（a）所示；再执行“编辑标注”命令，具体操作如下。

命令: （输入“编辑标注”命令）

输入编辑标注类型［默认(H)／新建(N)／旋转(R)／倾斜(O)］<默认>: （选“O”项）

选择对象: （选择需要倾斜的尺寸）

选择对象: （可继续选择，也可按〈Enter〉键结束选择）

输入倾斜角度（按 Enter 表示无）: （输入旋转后尺寸界线的倾斜角度）

命令:

效果如图 6.49（b）所示。

说明：选择“H”项可将所选尺寸标注恢复到“旋转”编辑前的状况。

6.“编辑标注文字”命令

“编辑标注文字”命令可改变尺寸数字的放置位置。

该命令具体操作如下。

命令: （输入命令）

选择标注: （选择需要编辑的尺寸）

为标注文字指定新位置或［左对齐(L)／右对齐(R)／居中(C)／默认(H)／角度(A)］: （此时，可动态拖动所选尺寸进行修改，也可选项进行编辑）

各选项含义说明如下。

“L”：将尺寸数字移到尺寸线左边。

“R”：将尺寸数字移到尺寸线右边。

“C”：将尺寸数字移到尺寸线正中。

“H”：恢复到编辑前的尺寸标注状态。

7. “标注更新”命令

“标注更新”命令可将已有尺寸的标注样式改为当前标注样式。该命令的操作如下。

命令: （输入命令）

当前标注样式: 圆引出与角度　注释性: 否　（信息行）

输入标注样式选项［注释性(AN)/保存(S)/恢复(R)/状态(ST)/变量(V)/应用(A)/?］〈恢复〉: _apply

选择对象: （选择要更新为当前标注样式的尺寸）

选择对象: （继续选择或按〈Enter〉键结束命令）

命令:

6.5.2 用多功能夹点即时菜单中的命令修改尺寸

用多功能夹点即时菜单中的命令，可方便地修改尺寸。调整尺寸数字的位置、使尺寸箭头翻转常采用此方法。

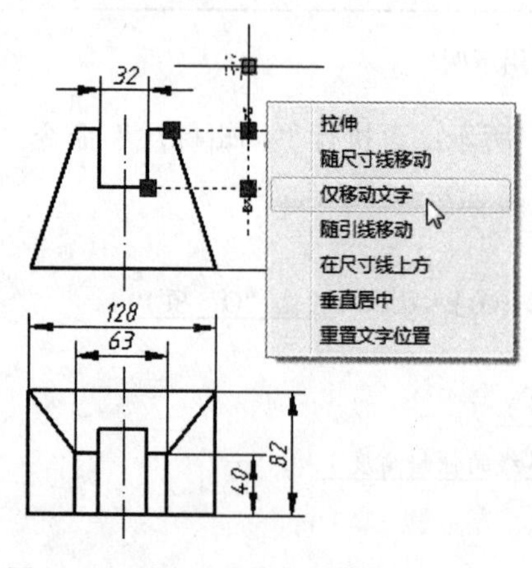

图 6.50　调整尺寸数字位置的即时菜单

以调整尺寸数字的位置为例，具体操作步骤如下。

① 在待命状态下选择需要修改的尺寸，使尺寸显示夹点。

② 移动光标至尺寸数字的夹点处，AutoCAD 显示即时菜单，如图 6.50 所示。

③ 从即时菜单中选择“仅移动文字”命令，AutoCAD 进入绘图状态，移动鼠标可将尺寸数字拖动到所希望的任意位置（或选择其他选项，将尺寸数字调整到设定的位置）。

说明：显示夹点后，若将光标移至尺寸箭头的夹点处，就会显示不同内容的即时菜单，从中选择“翻转箭头”命令，AutoCAD 会立即翻转该箭头。

6.5.3 用“特性”选项板全方位修改尺寸

要全方位地修改一个尺寸标注，应使用“特性”命令打开“特性”选项板，不仅能修改所选尺寸标注的颜色、图层、线型，还可修改尺寸数字的内容，并能重新编辑尺寸数字、重新选择标注样式、修改标注样式内容，操作方法同前所述。

提示：

① 要标注少数的半剖尺寸，先标注为完整尺寸，再用“特性”选项板修改是一种实用的方法。

② 要标注连续的小尺寸，若中间的尺寸起止符号需要设为“小圆点”，先用“直线”样式标注尺寸，再用“特性”选项板修改也是一种很实用的方法。

上机练习与指导

1．基本操作训练

（1）进行绘图环境的初步设置（A3）。

（2）按6.3.2节实例练习创建工程图中“直线”和“圆引出与角度”基本标注样式。

（3）按本章内容依次练习各标注尺寸方式命令的操作方法。

（4）按本章内容依次练习各修改尺寸标注命令的操作方法。

2．工程绘图训练

作业1：

完成第5章中轴承座三视图的尺寸标注（见图5.12）。

作业1指导：

① 标注尺寸前，先创建“直线”与“圆引出与角度”两种标注样式。

② 标注尺寸前，打开对象捕捉、极轴追踪与对象捕捉追踪。

③ 标注尺寸时，把要应用的标注样式设置为当前样式。

④ 用“标注”工具栏中相应的命令标注尺寸。

⑤ 检查、修改尺寸标注。

提示：修改尺寸标注时，如果是标注样式的设置问题，不需要一个一个地修改尺寸，只修改该标注样式，就可以把用该标注样式标注的所有尺寸全部修正过来。

作业2：

选做题。自定图幅和比例绘制如图6.51和图6.52所示的视图并标注尺寸。

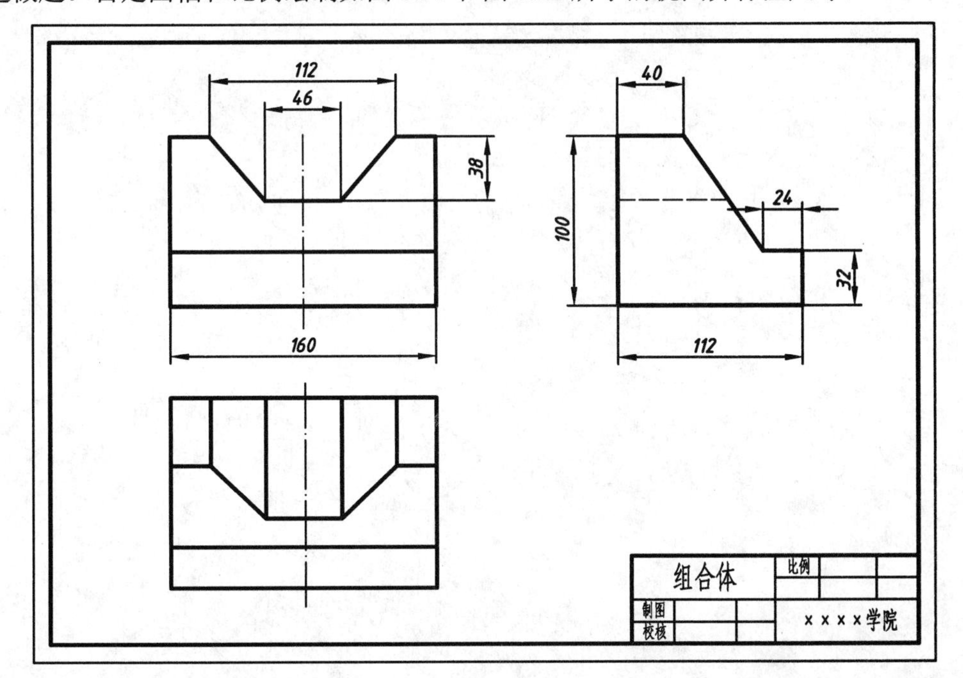

图6.51　选做题1

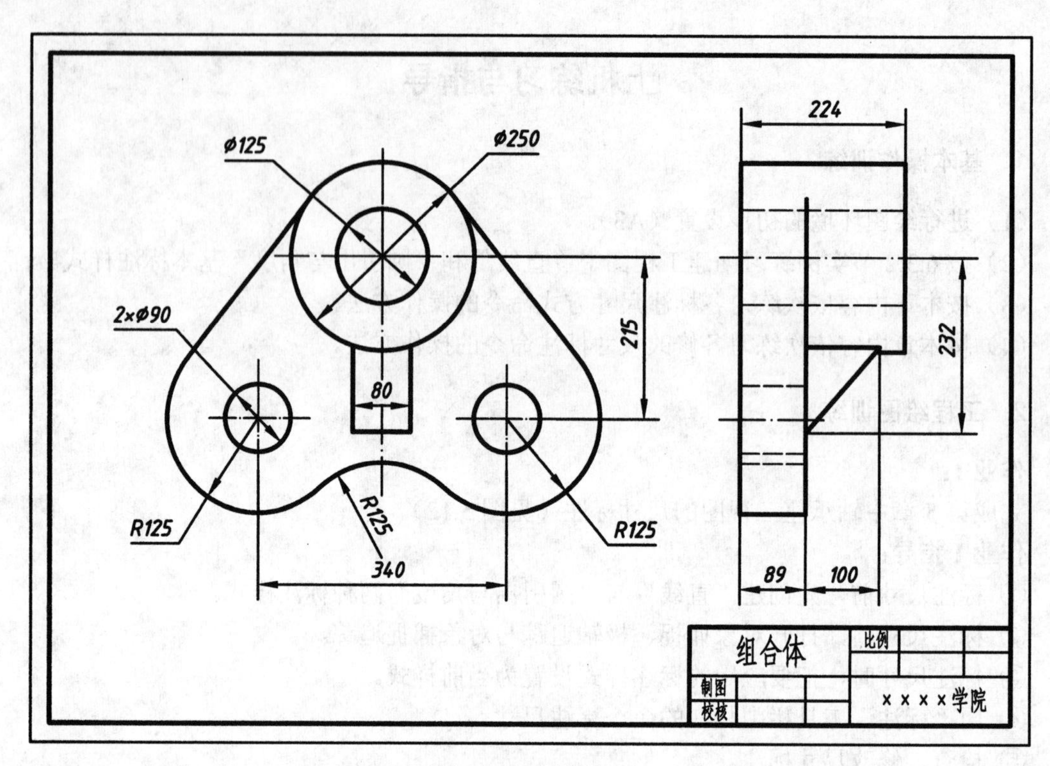

图 6.52　选做题 2

作业 2 指导：

图 6.51 和图 6.52 中是按机械制图标准标注的尺寸，其他专业绘图时应按本专业的制图标准标注尺寸。

第 7 章

图案与图块的应用

📖本章导读

工程图样中采用剖视图和断面图来表示工程形体的内部形状，绘制剖视图和断面图时应按行业制图标准绘制出剖面线（剖面材料符号）。应用 AutoCAD 中内设的图案可绘制常用的剖面线，应用 AutoCAD 中的图块功能可自行创建所需的剖面材料符号和常用的符号。本章重点介绍如何根据制图标准绘制剖面线及创建符号库的方法和相关技术。

应掌握的知识要点：

- 用 BHATCH 命令绘制“预定义”图案剖面线；
- 用 BHATCH 命令绘制“用户定义”图案剖面线；
- 按制图标准绘制工程图样中图案剖面线的方法和相关技术；
- 用 HATCHEDIT 命令修改图案剖面线，用“特性”选项板修改图案剖面线，用 TRIM 命令修剪图案剖面线，用多功能夹点即时菜单中的命令修改图案剖面线；
- 创建和使用普通图块；
- 创建和使用文字内容需要变化的属性图块；
- 创建和使用动态图块；
- 修改普通块、属性块和动态块的方法。

7.1 应用图案填充命令绘制剖面线

7.1.1 “图案填充和渐变色”对话框

用 BHATCH（图案填充）命令可方便地绘制剖面线。

BHATCH 命令可用下列方法之一输入：

- 从“绘图”工具栏中单击：“图案填充”按钮
- 从下拉菜单中选择：“绘图”⇨“图案填充”
- 从键盘输入：<u>BHATCH</u>

输入命令后，AutoCAD 2012 弹出“图案填充和渐变色”对话框，如图 7.1 所示。

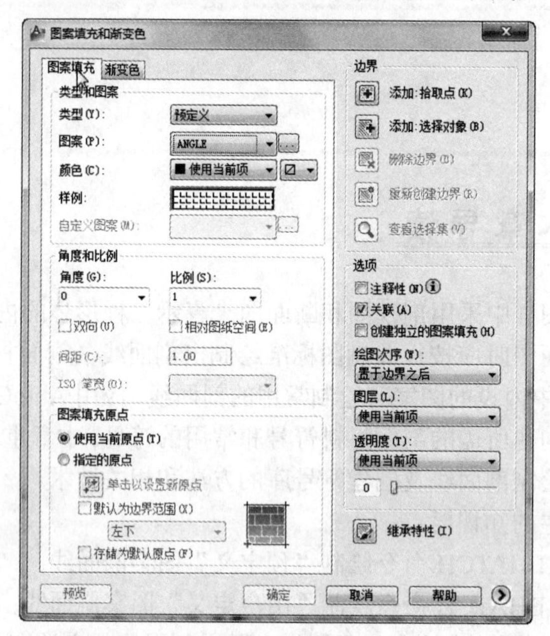

图 7.1 “图案填充和渐变色”对话框

该对话框左侧为两个选项卡，右侧为“边界”区和“选项”区，还包括“继承特性”按钮和“预览”按钮等，下面分别进行介绍。

1. “图案填充”选项卡和“渐变色”选项卡

在“图案填充”选项卡的“类型和图案”区的“类型”下拉列表中有“预定义”、“用户定义”和“自定义”3 种类型的图案供选择和定义。“渐变色”选项卡用于填充渐变颜色（渐变颜色主要用于示意图，以增加图形的可视性，本书不进行详细介绍）。在“图案填充”选项卡中，选择和定义图案剖面线的操作方法如下。

（1）“预定义”类型剖面线的选择和定义

在“类型和图案”区的“类型”下拉列表中选择“预定义”项，该选项允许从 ACAD.PAT 文件提供的图案中选择一种剖面线。

单击“图案”下拉列表后面的浏览按钮，弹出“填充图案选项板”对话框，如图 7.2

所示，可从中选择一种所需的图案。如果熟悉图案的名称，也可直接从“图案”下拉列表中选择预定义的图案。

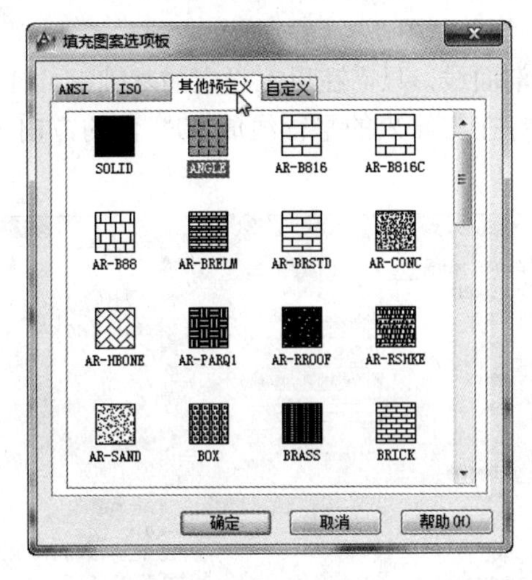

图 7.2　“填充图案选项板”对话框

选择预定义图案后，可在“角度和比例”区的“比例”和“角度”文字编辑框中改变图案的缩放比例和角度值。缩放比例默认值为 1，角度默认值为 0（此时，0 角度是指所选图案中线段的位置），改变这些设置可使剖面线的间距和角度发生变化，效果如图 7.3 所示。

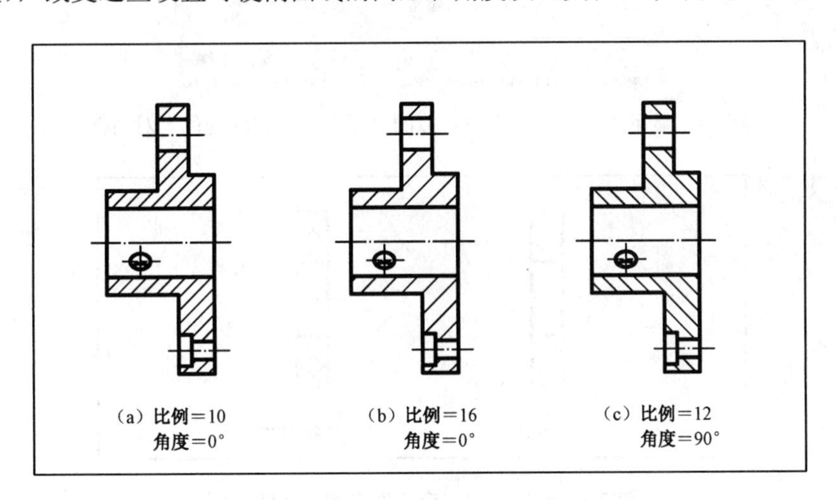

图 7.3　具有不同比例和角度的剖面线

（2）“用户定义”类型剖面线的选择和定义

在“类型”下拉列表中选择“用户定义”项，该选项允许使用者用当前线型定义一个简单的图案，即通过指定间距和角度来定义一组平行线或两组平行线（90° 交叉）的图案。

选择“用户定义”类型剖面线后，“角度和比例”区中的“间距”文字编辑框变为可用，可在其中输入所定义剖面线中平行线间的距离，并在“角度”文字编辑框中输入剖面线的角度（此时的 0 角度对应当前坐标系 UCS 的 *X* 轴，默认状态是东方向）。

机械制图中常用的“金属材料”和“非金属材料”剖面线用此方法定义非常方便。例如，定义“金属材料”剖面线，根据图形的大小，间距可在 3～10mm 之间给定，角度为 45° 或-45°。如图 7.4 所示，选择“用户定义”项后，在“间距”文字编辑框中输入剖面线间距 5，在“角度”文字编辑框中输入 45。效果如图 7.5（a）所示。

要定义“非金属材料”剖面线，只需在以上设定的基础上，打开“双向”开关即可。打开“双向”开关后，AutoCAD 将在与原来的平行线成 90° 角的方向上再画出一组平行线，效果如图 7.5（b）所示。

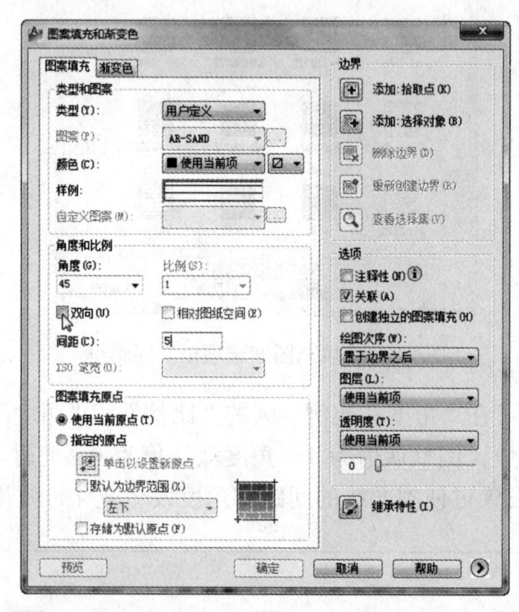

图 7.4　显示“用户定义”设定值的“图案填充和渐变色”对话框

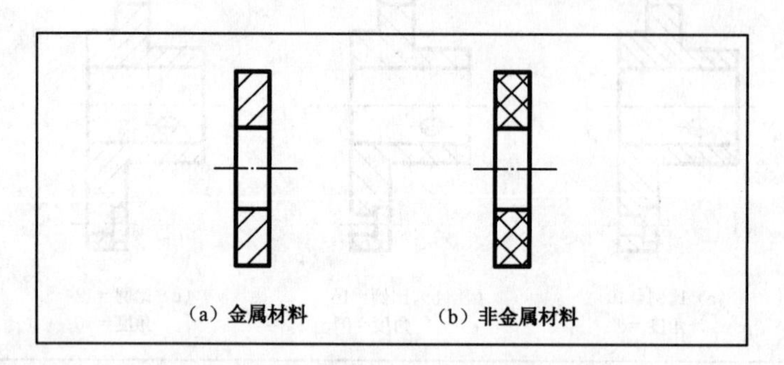

图 7.5　绘制“用户定义”图案剖面线示例

（3）“自定义”类型剖面线的选择和定义

在“类型”下拉列表中选择“自定义”项，可以从其他.PAT 文件中指定一种剖面线。

自定义类型的剖面线，通过在“自定义图案”文字编辑框中输入图案的名称来选择。另外，可在“比例”和“角度”文字编辑框中改变自定义图案的缩放比例和角度。

说明：

①“类型和图案”区的“颜色”右侧有两个下拉列表，左边的下拉列表用来定义剖面线的颜色（一般选择随图层 ByLayer），右边的下拉列表用来定义绘制剖面线区域的底色（一般使用默认“无”）。

② BHATCH命令中默认的图案填充原点（当前原点）在图案的左下角点，若选择“图案填充原点”区中的“指定的原点”单选钮，可重新指定图案填充的原点。

2.“边界”区

“边界”区用来选择剖面线的边界并控制定义剖面线边界的方法，该区中包含5个按钮，各按钮的含义及操作方法说明如下。

（1）“添加：拾取点”按钮

单击该按钮，将返回绘图状态，此时可在要绘制剖面线的封闭区域内分别单击来选择（点选）边界，选择后按〈Enter〉键或使用右键菜单命令返回“图案填充和渐变色”对话框，再单击“确定”按钮，即可绘制出剖面线，如图7.6所示。

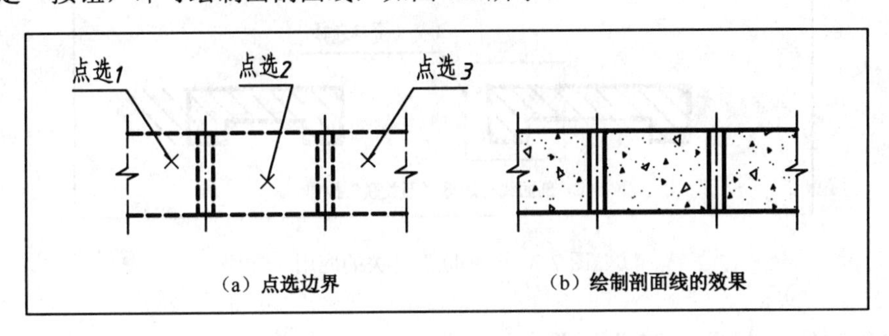

图7.6　“点选”边界示例

（2）“添加：选择对象”按钮

单击该按钮，将返回绘图状态，可按“选择对象”的各种方式指定边界。该方式要求作为边界的实体必须封闭。

（3）“删除边界”按钮

单击该按钮，将返回绘图状态，可用拾取框选择该命令中已定义的边界，选择一个，将取消一个。当没有选择或定义边界时，此项不能用。

（4）“重新创建边界”按钮

该按钮在执行修改图案填充命令时才可用。

（5）“查看选择集”按钮

单击该按钮，将返回绘图状态，可以查看当前已选择的边界。当没有选择或定义边界时，此项不可用。

3.“选项”区

“选项”区中包含“注释性”开关、“关联”开关、“创建独立的图案填充”开关和“绘图次序”下拉列表、“图层”下拉列表、“透明度”下拉列表等。

（1）“注释性”开关

打开“注释性”开关，所填充的剖面线将成为注释性对象。“注释性”功能应用于布局。

（2）“关联”开关

所谓“关联”是指填充的剖面线与其边界相关联。它用于控制当前边界改变时，剖面线是否跟随变化。

打开“关联”开关，AutoCAD 将把图案剖面线作为与边界关联的实体来绘制；关闭“关联”开关，AutoCAD 将把图案剖面线作为一个独立的实体来绘制，与边界不相关联。

若打开“关联”开关，在修改边界时，绘制的剖面线图案也将自动更新，如图 7.7 所示。

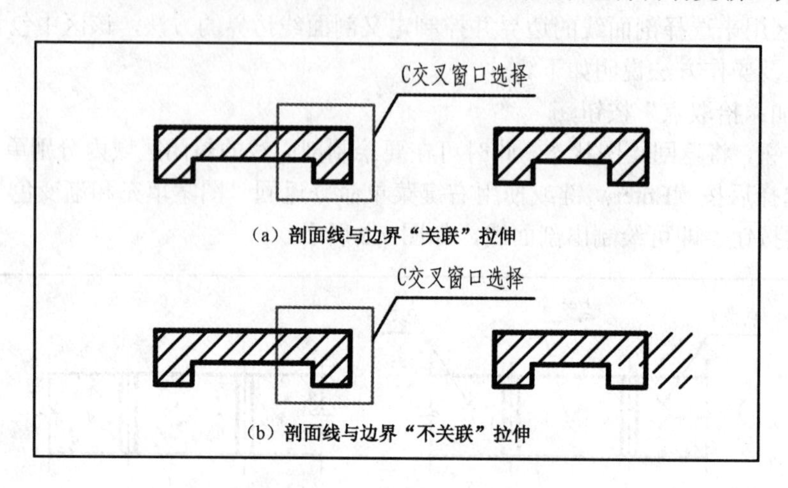

图 7.7 “关联”开关的应用

（3）“创建独立的图案填充”开关

关闭“创建独立的图案填充”开关，在同一个命令中指定的各边界中所绘制的剖面线是一个实体；打开“创建独立的图案填充”开关，将使在同一个命令中指定的各边界中所绘制的剖面线相互独立，即各自都是独立的实体。

（4）“绘图次序”下拉列表

所谓“绘图次序”，是指绘制的剖面线与其边界的绘图次序，用于控制两者重叠处的显示顺序。在“绘图次序”下拉列表中有“置于边界之后”、“置于边界之前”、“前置”、“后置”、“不指定”5 个选项，默认为“置于边界之后”，即在边界与图案重叠处显示边界。

（5）“图层”下拉列表

该“图层”下拉列表，用来定义剖面线所在的图层。在“图层”下拉列表中列出了当前图的所有图层名称（一般选择自创的“剖面线”图层）。

（6）“透明度”下拉列表

“透明度”下拉列表，用来定义绘制剖面线区域的透明度。可从“透明度”下拉列表中选择一项，也可拖动列表下的滑块来设定透明度值（一般使用默认值 0）。

4.“继承特性”按钮

单击“继承特性”按钮，进入图纸空间，可选择已填充在实体中的剖面线作为当前剖面线。

5.“预览”按钮

选择并定义剖面线图案和边界后，单击“预览”按钮，AutoCAD 将显示绘制剖面线的预览效果。预览满意，可右键单击结束命令；若不满意，则按〈Esc〉键返回“图案填充和渐变色”对话框进行修改，直至满意为止。

7.1.2　绘制图案剖面线实例

【例 7-1】 绘制如图 7.8 所示图形中的图案剖面线。

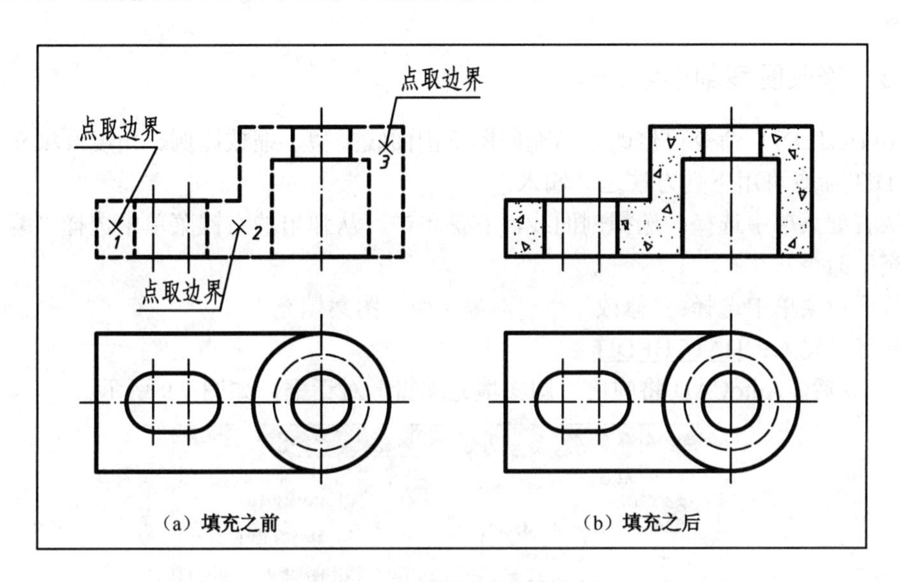

图 7.8　绘制图案剖面线示例

具体操作步骤如下。

① 输入命令。从“绘图”工具栏中单击“图案填充”按钮，弹出“图案填充和渐变色”对话框。

② 选择剖面线类型。在“图案填充”选项卡中，先在“类型和图案”区的“类型”下拉列表中选择“预定义”项，再单击“图案”下拉列表后面的浏览按钮，在弹出的“填充图案选项板”对话框中选择所需的图案剖面线，单击“确定”按钮返回“图案填充和渐变色”对话框。

③ 设置剖面线的疏密和角度。在“角度和比例”区中设置“角度”为 0，“比例”为 0.7。

④ 其他设置。在右侧“选项”区中打开“关联”和“创建独立的图案填充”开关，在“绘图次序”下拉列表中选择“置于边界之后”项，在“图层”下拉列表中选择自创的“剖面线”图层，透明度使用默认设置。

⑤ 设置剖面线边界。单击右侧“边界”区中的“添加：拾取点”按钮，进入图纸空间，分别在如图 7.8 所示的“1”、“2”和“3”三个区域内单击，使其剖面线边界呈虚像显示，然后按〈Enter〉键返回“图案填充和渐变色”对话框。

⑥ 预览效果。单击“预览”按钮，进入图纸空间，显示绘制剖面线的预览效果。按〈Esc〉键，返回“图案填充和渐变色”对话框。如果认为剖面线间距值不合适，可修改“比例”值，修改后再预览，直至满意为止。

⑦ 绘制出剖面线。预览效果满意后，右键单击结束该命令，绘制出剖面线。

说明：

① 在绘制剖面线时，也可先定边界再选图案，然后再进行相应的设置。

② 如果被选边界中包含有文字，AutoCAD 默认设置为在文字区域内不进行填充，以使文字清晰显示。

③ 单击“图案填充和渐变色”对话框右下角按钮，可展开显示更多的内容，一般使用默认设置。

7.1.3 修改图案剖面线

用 HATCHEDIT 命令可修改已填充的图案剖面线类型、缩放比例、角度及填充方式等。HATCHEDIT 命令可用下列方法之一输入：

- 从右键菜单中选择：选择剖面线，右键单击，从弹出的右键菜单中选择“编辑图案填充”命令
- 从下拉菜单中选择：“修改” ⇨ “对象” ⇨ “图案填充”
- 从键盘输入：HATCHEDIT

输入命令后，AutoCAD 将弹出“图案填充编辑”对话框，如图 7.9 所示。

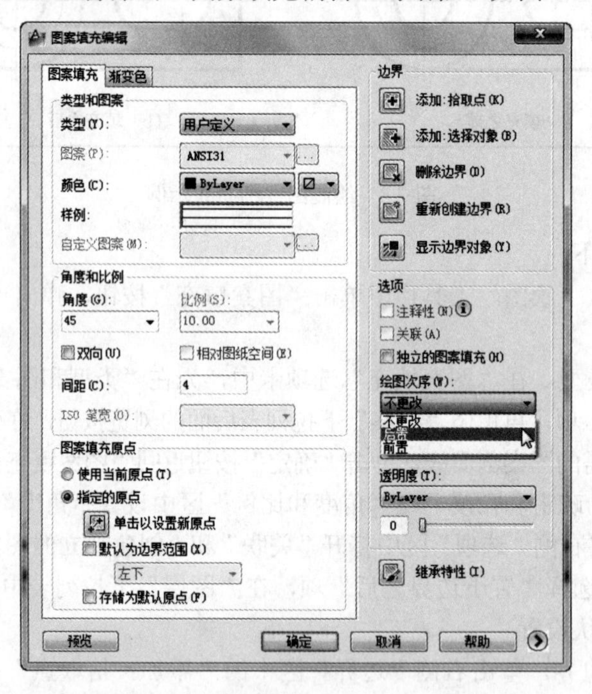

图 7.9 “图案填充编辑”对话框

“图案填充编辑”对话框中的内容与“图案填充和渐变色”对话框基本相同，这里不再赘述。

说明：

① 用 PROPERTIES（特性）命令打开“特性”选项板，也可修改剖面线特性。

② 在 AutoCAD 2012 中，可用 TRIM（修剪）命令修剪填充的图案。

③ 在 AutoCAD 2012 中，可用多功能夹点即时菜单中的命令方便地修改剖面线。

7.2　应用图块命令创建符号库

7.2.1　图块的基础知识

1. 图块的概念

图块（简称为块）是指由多个实体（也可以是一个实体）组成并赋予块名的一个整体。AutoCAD 把块当作一个单一的实体来处理。绘图时，可根据需要将制作的块插入到图中任意指定的位置。插入时可以指定缩放比例和旋转角度来改变它的大小和方位。

2. 图块的功能

（1）建立符号库

有些工程图中需要用到的剖面材料符号，AutoCAD 没有提供。在工程图中，还有一些重复出现的符号和结构，如机械图中的粗糙度代号、螺栓等标准件，房建图中的定位轴线编号、高程符号、门窗等标准构件，水利图中的水流符号、高程符号等。如果把需要创建的剖面材料符号和经常出现的符号做成块存放在一个符号库中，在需要绘制它们时，就可以用插入块的方法来实现，这样可避免大量的重复工作而提高绘图速度，并可节省存储空间。

（2）便于修改图形

修改一组相同的块，非常方便。例如，在机械图中，绘制完一张图样后，发现表面粗糙度代号绘制得不标准，如果粗糙度符号不是块，就需要一处一处进行修改，既费时又不方便。如果在绘图时将粗糙度代号定义为块绘制，此时只需要修改其中一个块（或重新绘制），然后进行重新定义，则图中所有该粗糙度代号均会自动修改。

（3）便于图形文件间的交流

将工程图中常用的符号和重复结构创建为块，通过 AutoCAD 的设计中心可将这些块方便地复制到当前图形文件中，也就是说，块可以在图形文件之间相互进行调用。

3. 图块与图层的关系

组成块的实体所处的图层非常重要。插入块时，AutoCAD 有如下约定：

- 块中位于 0 图层上的实体被绘制在当前图层上；
- 块中位于其他图层上的实体仍在它原来的图层上；
- 若没有与块同名的图层，AutoCAD 将给当前图形增加相应的图层。

提示： 创建块的实体必须事先画出，并应绘制在相应的图层上。

7.2.2　创建和使用普通块

普通块用于形状和文字内容都不需要变化的情况，如对称符号、水流符号、指北针等。

1. 创建普通块

用 BLOCK 命令可在当前图形文件中创建块。

（1）输入命令

- 从“绘图”工具栏中单击：“创建块”按钮

- 从下拉菜单中选择：“绘图” ⇨ “块” ⇨ “创建”
- 从键盘输入：BLOCK

（2）命令的操作

输入命令后，AutoCAD 立刻弹出如图 7.10 所示的“块定义”对话框。

具体操作过程如下。

① 输入要创建的块名称。

在“名称”文字编辑框中输入要创建的块名。

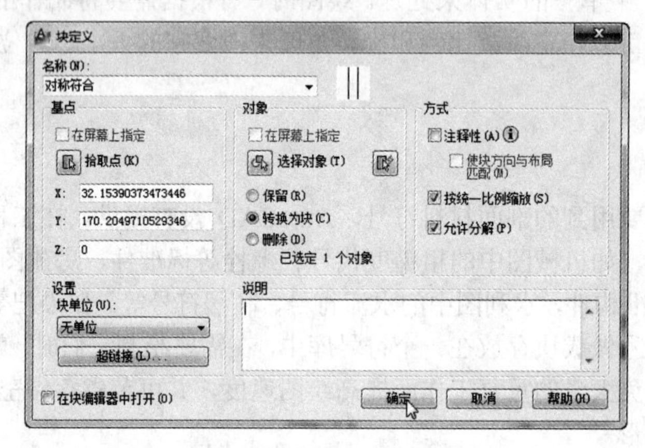

图 7.10 “块定义”对话框

② 确定块的插入点。

单击“基点”区中的“拾取点”按钮进入图纸空间，同时在命令提示区中出现提示：

指定插入点：（在图上指定块的插入点）

指定插入点后，又重新显示“块定义”对话框。也可在“拾取点”按钮下边的“X”、“Y”、“Z”文字编辑框中输入坐标值来指定插入点。

③ 选择要定义的实体。

单击“对象”区中的“选择对象”按钮进入图纸空间，同时在命令提示区中出现提示：

选择对象：（选择要定义的实体）

选择对象：↙

选定实体后，又重新显示“块定义”对话框。

④ 其他设置。

若希望块插入后可用“分解”命令进行分解，则应打开“方式”区中的“允许分解”开关；反之，应关闭它。

若希望在插入时，块在 X 和 Y 方向上以同一比例缩放，应打开“方式”区中的“按统一比例缩放”开关；反之，应关闭它。

若希望所创建的块成为注释性对象，应打开“方式”区中的“注释性”开关；反之，应关闭它。

其他一般使用默认设置。

⑤ 完成创建。

单击“确定”按钮，完成块的创建。

说明：

① “对象”区中其他各项的含义说明如下。

“保留”单选钮：选中它，定义块后将以原特性保留用来定义块的实体。

“转换为块”单选钮：选中它，定义块后将定义块的实体转换为块。

“删除”单选钮：选中它，定义块后，删除当前图形中定义块的实体。

“快速选择”按钮：单击该按钮可从随后弹出的对话框中定义选择集。

② “设置”区中的“块单位”下拉列表：用来选择块插入时的单位。一般选“无单位”项。

③ “说明”文字编辑框：用来输入对所定义块的用途说明或其他相关描述文字。

④ “在块编辑器中打开”开关：用来设置动态块。创建普通块时使用默认关闭。

2. 使用普通块

用 DDINSERT 命令可将已创建的块插入到当前图形文件中，也可选择某图形文件作为块插入到当前图形文件中。

（1）输入命令

- 从“绘图”工具栏中单击：“插入块”按钮
- 从下拉菜单中选择：“插入”⇨“块”
- 从键盘输入：<u>DDINSERT</u>

（2）命令的操作

输入命令后，弹出“插入”对话框，如图 7.11 所示。

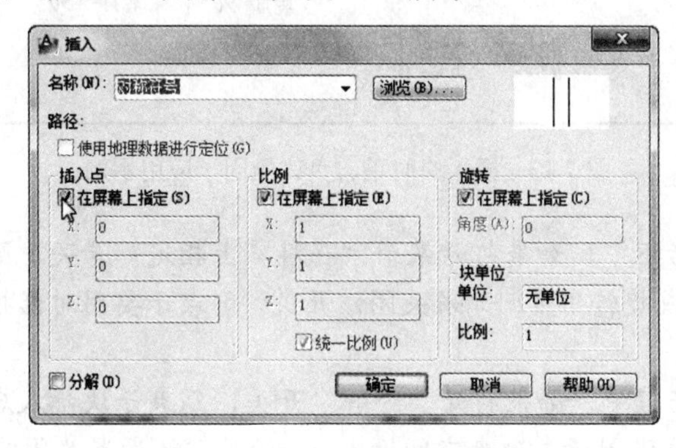

图 7.11　“插入”对话框

具体操作过程如下。

① 选择块。

在“插入”对话框中，从“名称”下拉列表中选择一个已有的块名。也可单击“浏览”按钮，从随后弹出的对话框中指定路径，选择一个块文件。

② 指定插入点、缩放比例、旋转角度。

在“插入”对话框中，将“插入点”、“比例”、“旋转”3 个区中的“在屏幕上指定”开关全部打开，单击“确定”按钮，AutoCAD 将退出“插入”对话框进入绘图状态，同时在命令提示区中出现以下提示：

指定插入点或［基点(B)/比例(S)/旋转(R)]：<u>（指定插入点）</u>

输入 X 比例因子，指定对角点，或［角点(C)/XYZ(XYZ)]〈1.00〉：<u>（输入 *X* 方向的比例因子）</u>

输入 Y 比例因子或〈使用 X 比例因子〉: （输入 *Y* 方向的比例因子）

指定旋转角度〈0.00〉: （输入块相对于插入点的旋转角度）

提示： 插入块时，若比例因子小于 1，则缩小块，若大于 1，则放大块。因此，定义块的实体应按制图标准或常用大小绘制，以便插入。

说明：

① 在“插入”对话框的“比例”区中打开“统一比例”开关（若在“块定义”对话框的“方式”区中已打开“按统一比例缩放”开关，则该开关呈灰色，表示已经定义了插入时 *X* 和 *Y* 方向同比例缩放），在指定插入点后，AutoCAD 将直接提示：

指定比例因子〈1.00〉: （输入比例因子）

指定旋转角度〈0.00〉: （输入块相对于插入点的旋转角度）

② 插入块时，比例因子可正可负，若为负值，则其结果是插入镜像图。几种典型情况如图 7.12 所示。

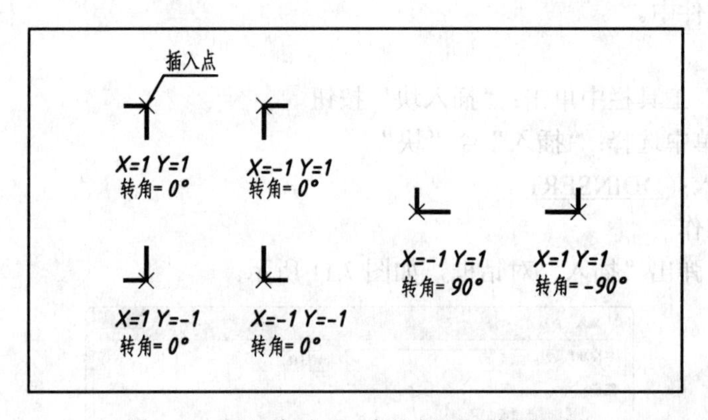

图 7.12　插入块时正、负比例因子应用示例

③ 在“插入”对话框中，如果打开某个“在屏幕上指定”开关，则表示要在绘图状态下指定插入点、缩放比例或旋转角度；如果关闭该开关，则表示要用对话框中相应的文字编辑框来指定。

④ 在“插入”对话框中，如果打开“分解”开关，则表示块插入后要分解回退成一个个单一的实体，这样将使这张图所占磁盘空间增大。一般按默认设置关闭它，需要编辑某个块时，再使用 EXPLODE 命令分解它。

7.2.3　创建和使用属性块

属性块用于形状相同，而文字内容需要变化的情况，如机械图中的表面粗糙度代号、明细表行，建筑图中的高程符号、定位轴线编号等，将它们创建为有属性的块，使用时可按需要指定文字内容。

1. 在机械图中创建和使用属性块实例

下面以创建零件图中注写在标题栏附近的其余去除材料表面粗糙度代号（GB/T 131—2006）为例讲述操作过程。

（1）绘制属性块中的图形部分

在尺寸图层上，按制图标准、1:1 比例画出块中不变化的部分“$\triangledown\sqrt{Ra}$ (√)”。

（2）定义块中内容需要变化的文字（即属性文字）

从下拉菜单中选择：“绘图” ⇨ “块” ⇨ “定义属性”，输入命令后，弹出“属性定义”对话框，如图 7.13 所示。

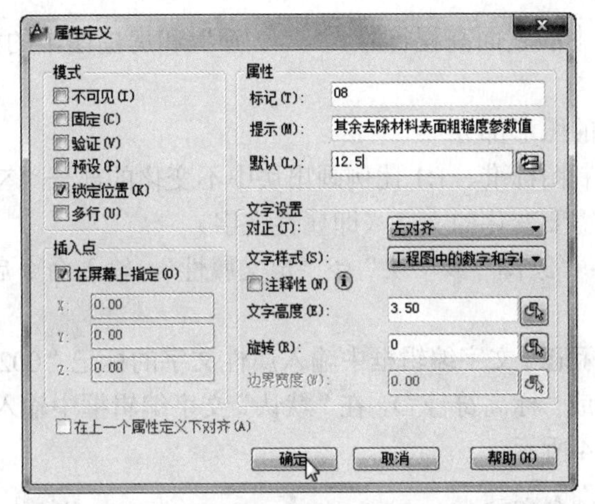

图 7.13　“属性定义”对话框机械图应用示例

在“属性”区的“标记”文字编辑框中输入属性文字的标记“08”（该标记将在创建后作为属性文字的编号显示在图形中），在“提示”文字编辑框中输入“其余去除材料表面粗糙度参数值”（该提示将在定义和使用属性块时显示在有关对话框和命令行中），在“默认”文字编辑框中输入需要变化的值“12.5”。

在“文字设置”区的“对正”下拉列表中选择“左对齐”文字对正模式，在“文字样式”下拉列表中选择“工程图中的数字和字母”文字样式，在“文字高度”文字编辑框中输入属性文字的字高“3.5”，在“旋转”文字编辑框中输入属性文字行的旋转角度“0”。

在“插入点”区中打开“在屏幕上指定”开关。

单击“确定”按钮，关闭对话框，进入绘图状态，指定属性文字的插入点，完成属性文字的创建，图形中将显示“$\sqrt{Ra\ 08}$ (√)”。

说明：在“属性定义”对话框的“模式”区中可根据需要进行选项，一般使用默认设置。

（3）定义属性块

从“绘图”工具栏中单击“创建块”按钮输入命令，弹出“块定义”对话框。在该对话框中以“$\sqrt{Ra\ 08}$ (√)”作为要定义的实体，以图形符号最下点作为块的插入点，创建名称为“其余去除材料表面粗糙度代号”的块。单击“确定”按钮后，AutoCAD 关闭“块定义”对话框，并弹出“编辑属性”对话框，单击“确定”按钮，完成属性块的创建，图形中将显示“$\sqrt{Ra\ 12.5}$(√)”。

（4）使用属性块

从“绘图”工具栏中单击“插入块”按钮输入命令，弹出“插入”对话框，从“名称”下拉列表中选择属性块“其余去除材料表面粗糙度代号”，指定插入点、缩放比例和旋转角度后，AutoCAD 在命令提示行中将提示：

输入属性值

1.6 <12.50>: 25↙（输入一个新值，或按〈Enter〉键使用默认值）

确定后结束命令，AutoCAD 将插入一个属性块“$\sqrt{Ra\ 25}\ (\sqrt{\ })$”。

2. 在建筑图中创建和使用属性块实例

下面以创建水工图中的立面高程符号“▽98.000”和房建图中的标高符号“3.200▽”为例讲述操作过程。

（1）绘制属性块中的图形部分

在尺寸图层上，按制图标准、1:1 比例画出块中不变化的部分“▽”（或“▽——”）。

（2）定义块中内容需要变化的文字（即属性文字）

从下拉菜单中选择：“绘图”⇨“块”⇨“定义属性”，输入命令后，弹出“属性定义”对话框。

在“属性”区的“标记”文字编辑框中输入属性文字的标记“002”，在“提示”文字编辑框中输入“立面高程”（或“标高符号”），在“默认”文字编辑框中输入需要变化的值“98.000”（或“3.200”），如图 7.14 所示。

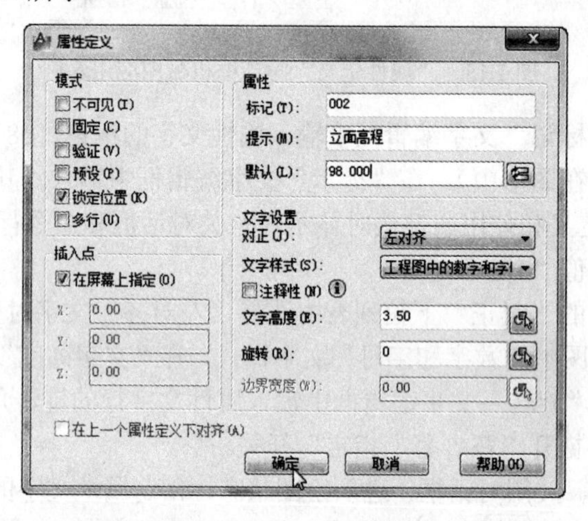

图 7.14 “属性定义”对话框建筑图应用示例

在“文字设置”区的“对正”下拉列表中选择“左对齐”文字对正模式，在“文字样式”下拉列表中选择“工程图中的数字和字母”文字样式，在“文字高度”文字编辑框中输入属性文字的字高“3.5”，在“旋转”文字编辑框中输入属性文字行的旋转角度“0”。

在“插入点”区中打开“在屏幕上指定”开关。

单击“确定”按钮，关闭对话框，进入绘图状态，指定属性文字的插入点，完成属性文字的创建，图形中将显示“▽002”（或“002▽”）。

说明：在“模式”区中可根据需要进行选项，一般使用默认设置。

（3）定义属性块

从“绘图”工具栏中单击“创建块”按钮输入命令，弹出“块定义”对话框。在该对话框中以“▽002”（或“002▽”）作为要定义的实体，以图形符号最下点作为块的插入点，创建名称为“立面高程”（或“标高符号”）的块。单击“确定”按钮后，AutoCAD 关闭“块定义”对话框，并弹出“编辑属性”对话框，单击“确定”按钮，完成属性块的创建，图形中将显示“▽ 98.000”（或“3.200▽”）。

（4）使用属性块

从“绘图”工具栏中单击“插入块”按钮输入命令，弹出“插入”对话框，从“名称”下拉列表中选择“立面高程”（或“标高符号”）属性块，指定插入点、缩放比例和旋转角度后，AutoCAD 在命令提示区中将继续提示，在提示行中输入一个新值（若使用默认值可直接按〈Enter〉键），确定后结束命令，AutoCAD 将插入一个显示新值的“立面高程”（或“标高符号”）属性块。

7.2.4　创建和使用动态块

动态块用于形式类同但需要变化的情况，动态块可在位进行拉伸、翻转、阵列、旋转、对齐等操作，动态块中可包含属性文字。机械图中的表面粗糙度代号、标准件，建筑图中的浆砌块石、示坡线、标准构件和示意图例等均可创建为动态块。

1. 在机械图中创建和使用动态块实例

零件视图中的表面粗糙度代号，标注时有多种方位，如图 7.15 所示（GB/T 131—2006）。图中选中的表面粗糙度代号显示动态块的动作位置标记。下面以创建零件视图中常用的“上和左（包括斜面）表面粗糙度代号”为例讲述创建过程。按制图标准应将其创建为代号与所注表面对齐（即垂直），符号的水平线长度可拉伸（即能与文字的长度一致）的动态块。

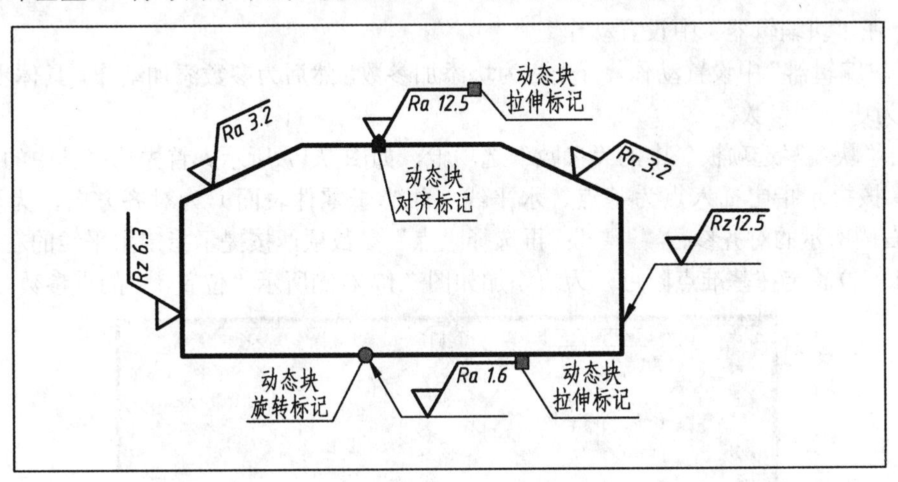

图 7.15　使用“上和左表面粗糙度代号”动态块示例

（1）绘制动态块中的图形部分

在尺寸图层上，按制图标准画出块中的图形部分“√￣”。

（2）定义动态块中内容需要变化的属性文字

从下拉菜单中选择：“绘图”⇨“块”⇨“定义属性”，输入命令后，弹出“属性定义”对话框，在“属性”区的“标记”文字编辑框中输入属性文字的标记“R”，在“提示”文字编辑框中输入“上和左表面粗糙度代号”，在“默认”文字编辑框中输入需要变化的文字“Ra”，其他操作同前，完成属性文字的创建后，图形中将显示“$\sqrt{R}$”。

（3）进入“块编辑器”

从“绘图”工具栏中单击“创建块”按钮输入命令，弹出“块定义”对话框，在该对话框中以“$\sqrt{R}$”作为要定义的实体，以图形最下点作为块的插入点，名称定义为“上和左表面粗糙度代号”，然后打开对话框左下角的“在块编辑器中打开”开关，单击“确定”按钮后，AutoCAD 进入“块编辑器”并在其中显示定义为块的实体和“块编写选项板”，如图 7.16 所示。

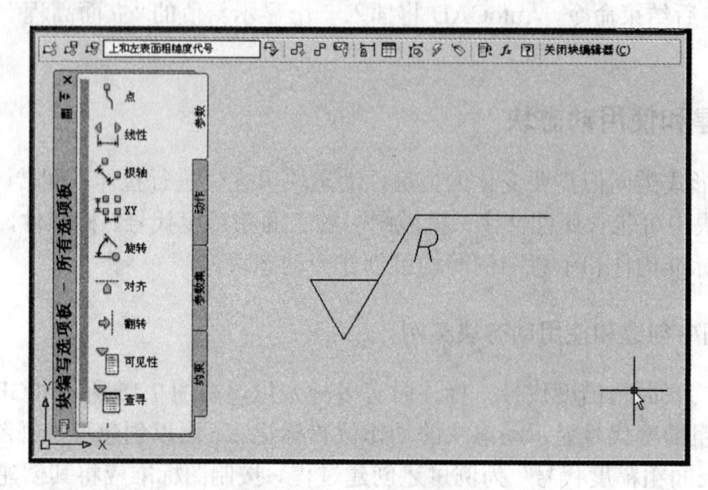

图 7.16　进入“块编辑器”

（4）在“块编辑器”中设置动作

在“块编辑器”中设置动作，首先应为块添加参数，然后为参数添加动作，具体步骤如下。

① 为块添加参数。

单击“块编写选项板”中的“参数”选项卡，如图 7.17 所示。首先选择其中的“对齐”参数项，按提示指定插入点为基点、水平线（相当于零件表面）为对齐方向，为块添加如图 7.17 右侧所示的对齐参数“ ”；再选择“点”参数项，按提示指定水平线的右端点为基准点、标签位置定在基准点附近，为块添加如图 7.17 右侧所示“位置 1”的点参数。

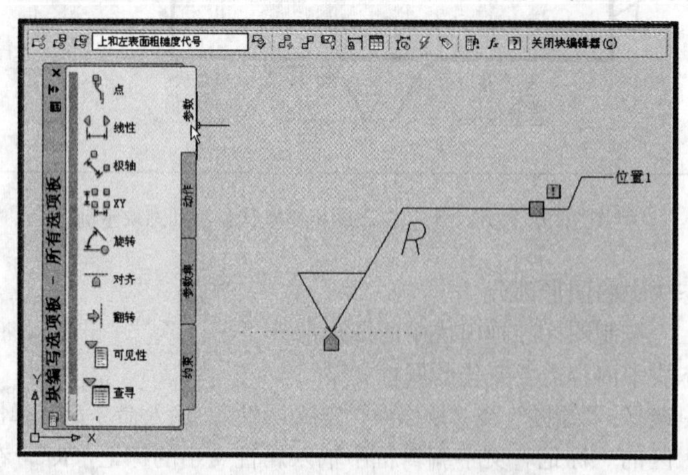

图 7.17　在“块编辑器”中为块添加参数

② 为参数添加动作。

单击“块编写选项板”中的“动作”选项卡，如图 7.18 所示。选择其中的“拉伸”动作项，按提示选择“点”参数，给出拉伸的 C 交叉窗口位置，选择粗糙度符号为对象，即可为块中符号的右端点添加如图 7.18 右侧所示的“拉伸”动作。

说明：AutoCAD 中的“对齐”是一个特殊的参数，其自带动作，不需要添加。

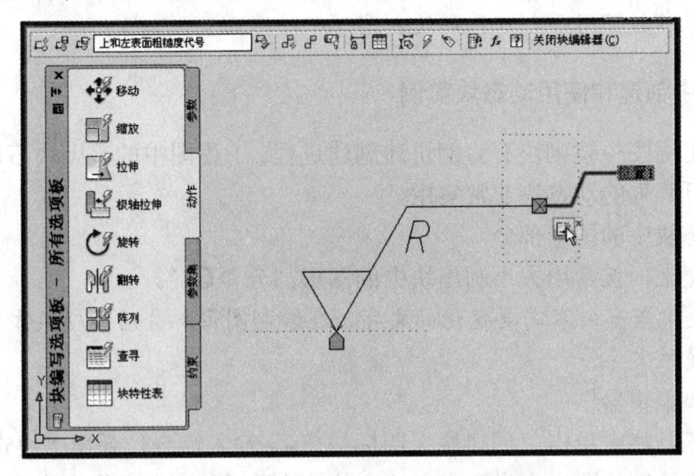

图 7.18　在“块编辑器”中为参数添加动作

（5）保存动态块

单击“块编辑器”上部的关闭块编辑器(C)按钮，在弹出的保存对话框中选择“将更改保存到上和左表面粗糙度代号”，AutoCAD 将退出“块编辑器”，完成动态块的创建。

说明：

①“块编写选项板”的“参数集”选项卡中的各项，用于将参数和动作关联，可以直接选项，按提示操作为块一并添加参数和动作。

②“块编写选项板”的“约束”选项卡中的各项，用于给动态块添加相应的几何约束，添加约束可简化动作的设置。

（6）使用“上和左表面粗糙度代号”动态块

① 操作“插入块”对话框。

从“绘图”工具栏中单击“插入块”命令按钮输入命令，弹出“插入”对话框，从“名称”下拉列表中选择动态块“上和左表面粗糙度代号”。在图形中指定插入点时，该动态块会自动与零件表面“对齐”。应使用默认的缩放比例“1”和旋转角度“0”，按需要输入属性文字（也可插入后双击修改属性文字），确定后结束命令，AutoCAD 将在指定位置插入动态块，效果如图 7.15 所示。

提示：要在零件外表面上标注具有对齐功能的粗糙度代号，插入块时应从零件内表面靠近插入点，反之，将会插入方向相反的粗糙度代号。

② 单击动态块显示夹点。

若表面粗糙度代号中的水平线长度与文字行长度不一致，应在待命状态下单击动态块使其显示夹点。

③ 激活参数按需要动作。

显示动态块夹点后，单击拉伸夹点“■”使其显示为红色，即激活“点”参数，可用拖动的方法拉伸水平线右端至所需的位置。

说明：

① 若所标注的表面粗糙度代号有其他需要，可同理进行相应设置。

② 在“参数”选项卡中，有的参数可与多个动作协作，有的参数仅对应一个动作。动态块中的“可见性”参数可用于创建系列块，实现一块多用。

2. 在建筑图中创建和使用动态块实例

下面以创建工程图中浆砌块石为例讲述创建过程。工程图中的浆砌块石，其数量常常不确定，将其创建为可阵列的动态块非常实用。

（1）绘制动态块中的图形部分

在剖面线图层上，按常用大小画出块中的图形部分“○”。

说明：动态块中若有内容需要变化的文字，在绘制图形部分后，应操作“属性定义”对话框将文字创建为属性文字。

（2）进入“块编辑器”

从“绘图”工具栏中单击“创建块”图标按钮输入命令，弹出“块定义”对话框。在该对话框中以刚才绘制的图形作为要定义的实体，以图形左边中点作为块的插入点，名称定义为“浆砌块石”，然后打开对话框左下角的“在块编辑器中打开”开关。单击“确定”按钮后，AutoCAD 进入“块编辑器”并在其中显示定义为块的实体和“块编写选项板”，如图 7.19 所示。

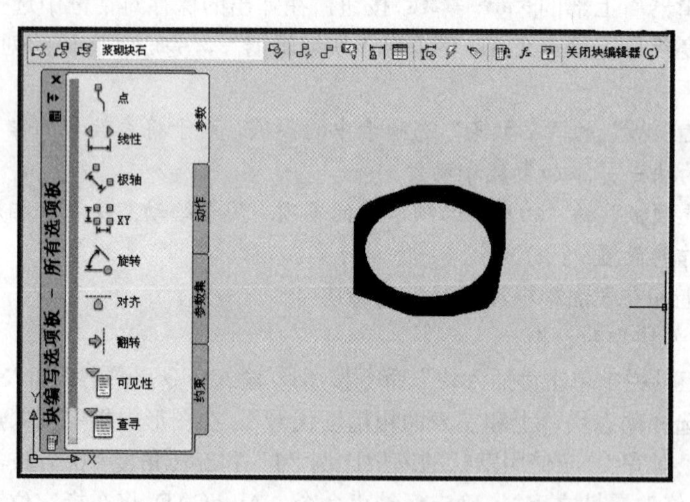

图 7.19　进入“块编辑器”

（3）在“块编辑器”中设置动作

在“块编辑器”中设置动作，具体步骤如下。

① 为块添加参数。

单击“块编写选项板”中的“参数”选项卡，首先选择“线性”参数项，按提示操作后，为块添加如图 7.20 右侧所示的“距离”线性参数，该距离的尺寸线方向（即蓝色三角形所指方向）为阵列的方向。

② 为参数添加动作。

单击“块编写选项板”中的“动作”选项卡，选择“阵列”动作项，按提示选择“距离”作为参数，选择整个图形作为对象，以略短于图形宽度的长度作为阵列距离，即可为块添加如图 7.21 右侧所示的“阵列”动作。

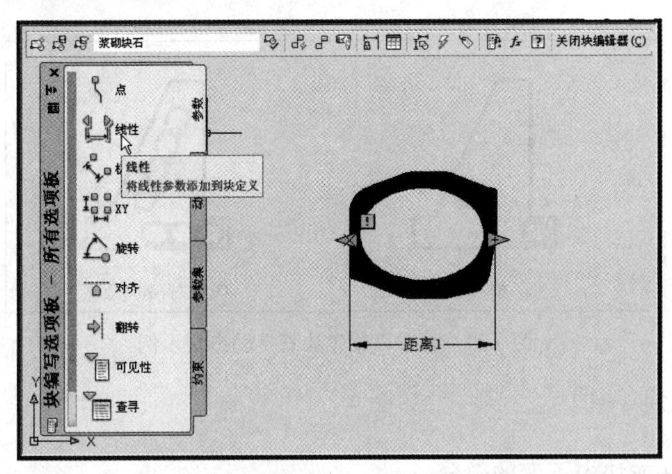

图 7.20　在“块编辑器”中为块添加参数

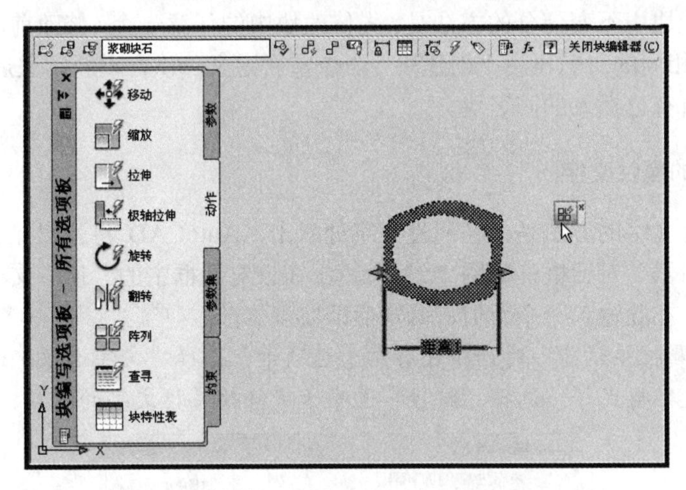

图 7.21　在“块编辑器”中为参数添加动作

（4）保存动态块

单击“块编辑器”上部的关闭块编辑器(C)按钮，在弹出的保存对话框中选择“将更改保存到浆砌块石”，AutoCAD 将退出“块编辑器”，完成动态块的创建。

（5）使用“浆砌块石”动态块

① 操作“插入块”对话框。

从“绘图”工具栏中单击“插入块”图标按钮输入命令，弹出“插入块”对话框，从“名称”下拉列表中选择动态块“浆砌块石”，按需要指定插入点、缩放比例和旋转角度，确定后结束命令，AutoCAD 将在指定位置插入动态块。如图 7.22（a）所示是动态块“浆砌块石”插入后的效果（图中斜放浆砌块石的旋转角度一般采用拖动方式指定）。

② 单击动态块显示夹点。

在待命状态下单击动态块使其显示夹点。

③ 激活参数按需要动作。

显示动态块夹点后，单击“阵列”夹点“▶”使其显示为红色，即激活阵列夹点，可用拖动的方法沿长度方向拉长实现阵列。效果如图 7.22（b）所示。

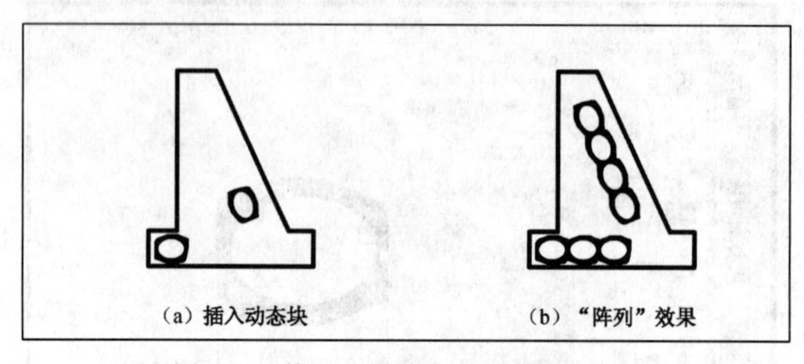

图 7.22　使用“浆砌块石”动态块示例

7.2.5　修改块

1. 修改普通块或块中不变的部分

修改普通块或块中不变部分的方法是：先修改块中的任意一个（修改前应先分解该块或重新绘制），然后以相同的块名再用“创建块”命令重新定义一次，重新定义后，AutoCAD 将立即修改该图形中所有已插入的同名块。

2. 修改块中的属性文字

修改块中属性文字的方法是：在属性文字处双击，AutoCAD 将弹出显示“属性”选项卡的“增强属性编辑器”对话框，如图 7.23 所示。在该对话框中的“值”文字编辑框中将显示该属性文字的值，在此输入一个新值，确定后即实现修改。

说明：“增强属性编辑器”对话框还有两个选项卡，选择“文字选项”选项卡，可修改属性文字的字高、文字样式等；选择“特性”选项卡可修改属性文字的图层、颜色、线型等。

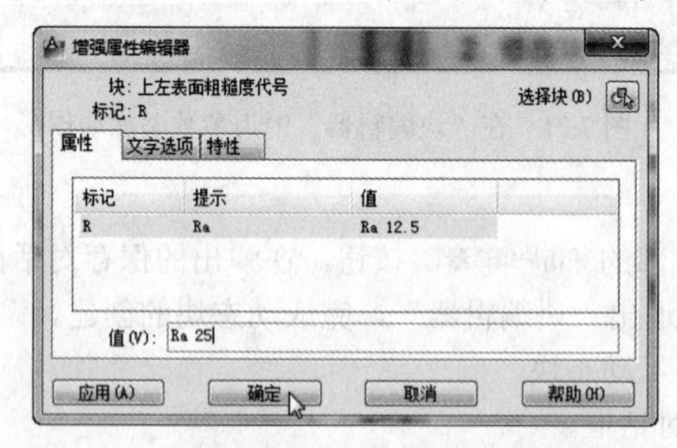

图 7.23　显示“属性”选项卡的“增强属性编辑器”对话框

3. 修改块中的动作

修改块中动作的方法是：在待命状态下选择动态块使其显示夹点，然后右键单击，从弹出的右键菜单中选择“块编辑器”命令，AutoCAD 将把块带入块编辑器，在块编辑器中可添加参数和动作，也可用“删除”命令删除参数和动作，保存后即完成修改。

上机练习与指导

1．基本操作训练

（1）用 BHATCH 命令练习绘制“预定义”和“用户定义”剖面线。

（2）用 HATCHEDIT 命令（使用右键菜单输入命令最方便）修改图案剖面线，用 TRIM 命令修剪图案剖面线。

（3）用 BLOCK 命令练习创建块，用 DDINSERT 命令练习使用块。

2．工程绘图训练

作业 1：进行工程绘图环境的设置。

作业 1 指导：

① 进行工程绘图环境的 9 项基本设置。图幅为 A3，图名为“绘图环境”。

② 创建“直线”和“圆引出与角度”两种基础标注样式。

③ 创建符号库。按专业选择创建如图 7.24 或图 7.25、图 7.26、图 7.27 所示的块。

作业 1 的提示：

有些块，其大小需要遵循制图标准规定，一定要按制图标准、1∶1 比例绘制；其他块应按常用的大小绘制，这样方便使用。

注意：创建块时，一般都打开“按统一比例缩放”开关。

图 7.24 中各种表面粗糙度动态块的参数和动作参见 7.2.4 节所述设置。

图 7.27 中“浆砌块石”动态块的参数和动作参见 7.2.4 节所述设置。

图 7.27 中“干砌块石”、“自然土壤”和“夯实土壤”动态块的参数和动作按“浆砌块石”动态块设置。

要设置图 7.27 中“示坡线”动态块，应首先分析它的用途：“示坡线”应与所注表面垂直（即应具有对齐功能），应可改变长度（即可拉伸），应可改变数量（即可阵列）。

由分析可设置“示坡线”块的参数和动作如下。

① 设置“对齐”功能。选“对齐”参数，按提示选择插入点为“基点”、水平线方向为“对齐方向”（相当于所注面的位置）。“对齐”是一个特殊的参数，其自带动作不需要添加。

② 设置“阵列”动作。选“线性”参数，按提示指定示坡线的宽度为参数“距离 1”。为示坡线添加“阵列”动作：选择“距离 1”作为参数，选择示坡线全部对象作为阵列对象，指定“距离 1”的长度作为阵列间距。

③ 设置“拉伸”动作。要为示坡线添加两次“拉伸”动作，其拉伸对象分别是示坡线中长线和短线，以使拉伸时示坡线的长线和短线的长度保持 2∶1 不变。选“线性”参数，按提示指定示坡线长度方向为参数“距离 2”。添加“拉伸”动作：全部选择其上“距离 2”作为参数，全部指定长线的下端点作为“要与动作关联的参数点”，给出各自拉伸的 C 交叉窗口位置（其与“拉伸”编辑命令中的 C 交叉窗口意义相同），选择相应线段作为对象。添加两次“拉伸”动作后，再选择短线的拉伸图标，然后在“特性”选项板的“替代”区的“距离乘数”中输入 0.5，并按〈Enter〉键确定（长线的“距离乘数”是默认值 1）。

说明：

① 对同一参数，无论添加多少次动作，使用时都是一起动作。

② 要将坡度设置在示坡线动态块中，应加注属性文字，并为文字添加移动与旋转动作。

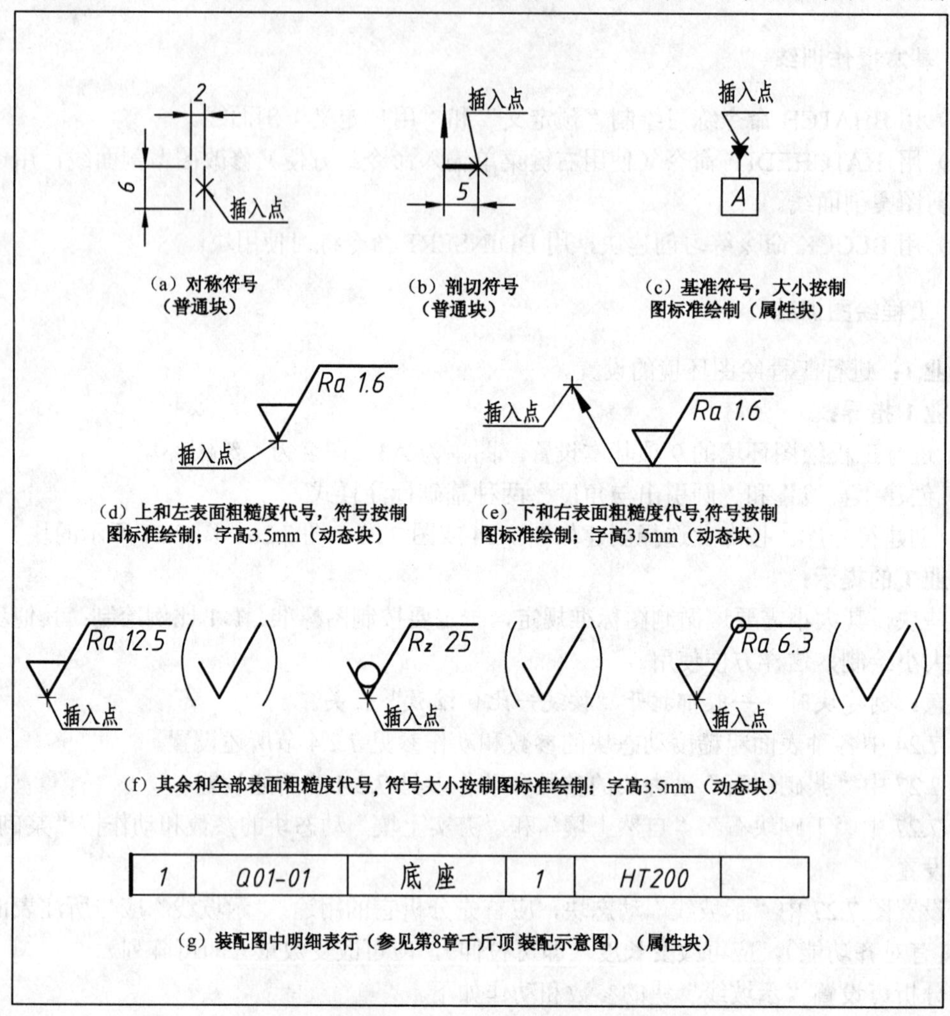

图 7.24 创建块（机械）

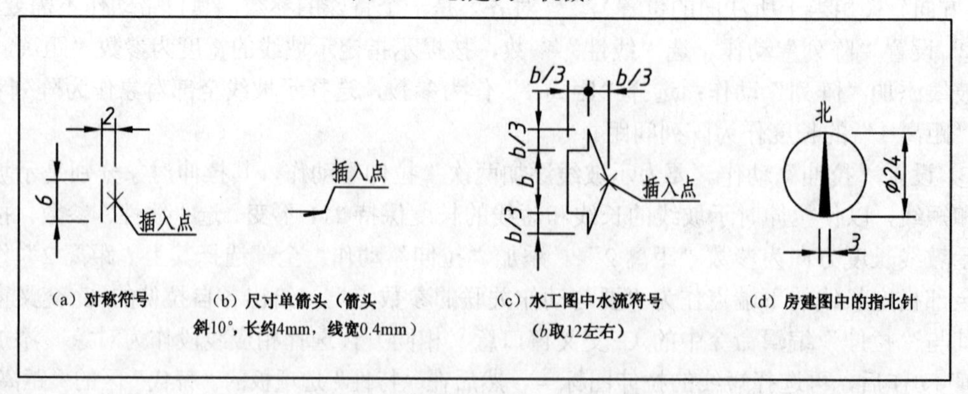

图 7.25 创建普通块（建筑）

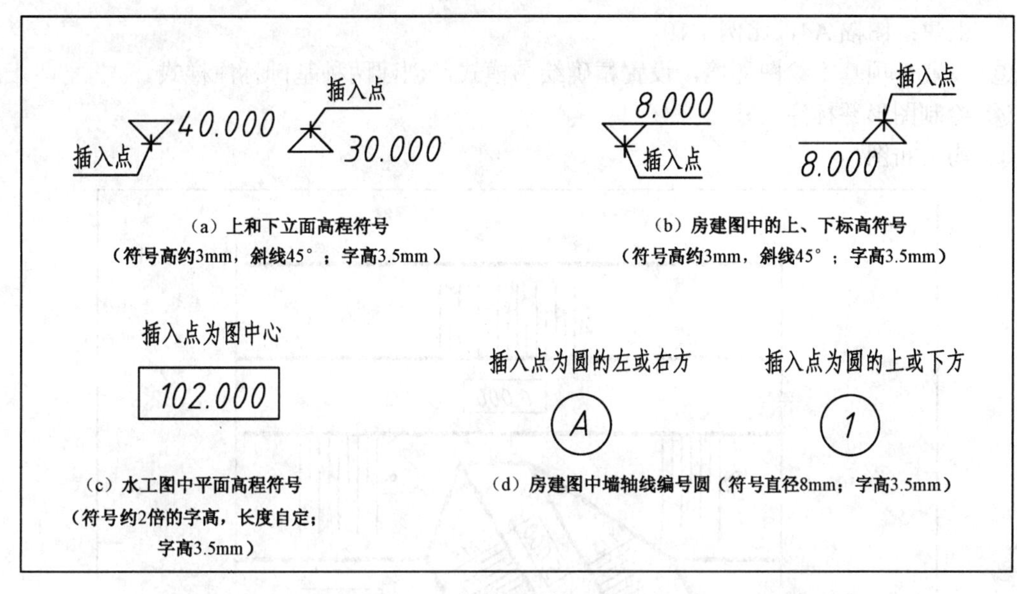

图 7.26　创建属性块（建筑）

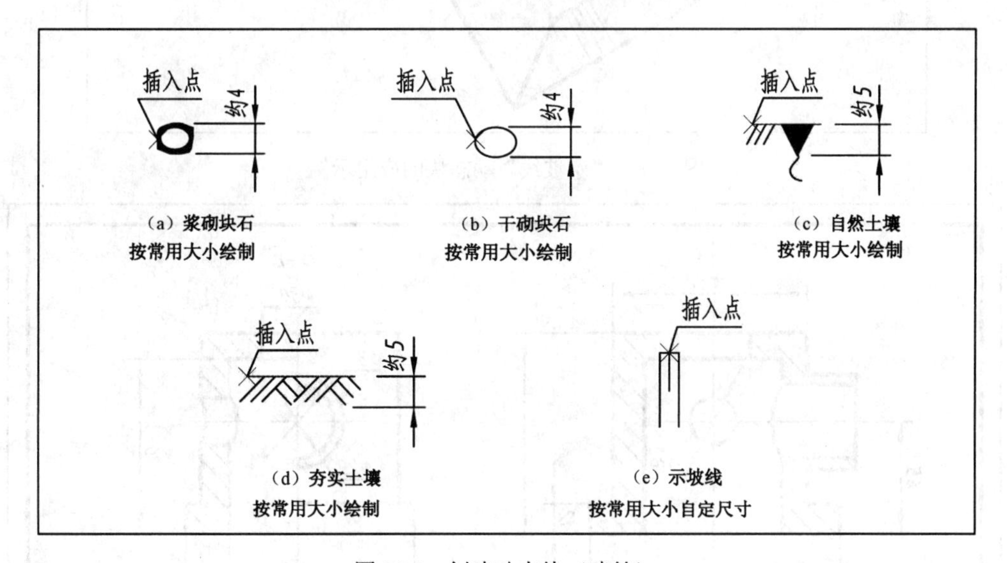

图 7.27　创建动态块（建筑）

作业 2：使用和修改已创建的图块。

作业 2 指导：

在“绘图环境”图形文件中，用绘图命令绘制一些简单的线条和多边形，用“插入块”命令将以上所创建的各块逐一插入使用。“示坡线”动态块的使用效果如图 7.28 所示。

按 7.2.5 节所述的方法练习修改块。

作业 3：

按专业选择绘制如图 7.29 或图 7.30 所示剖视图（自测题）。

作业 3 指导：

① 时间 80 分钟。

② 机械：图幅 A3，比例 1:1；

土建：图幅 A4，比例 1:10。

③ 设置 9 项基本绘图环境，设置精确绘图模式，创建两种基础标注样式。

④ 绘制图形并标注尺寸。

⑤ 均匀布图。

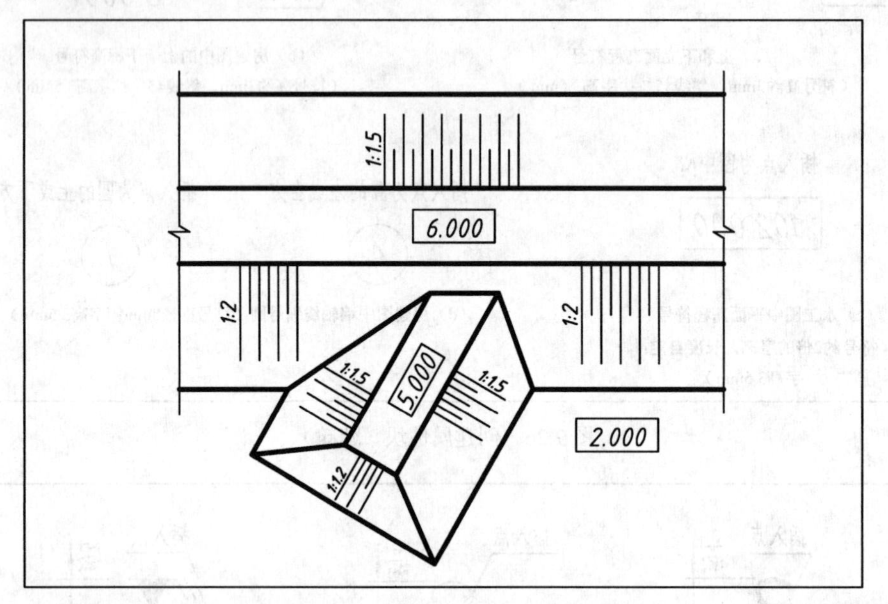

图 7.28 “示坡线”动态块的应用示例

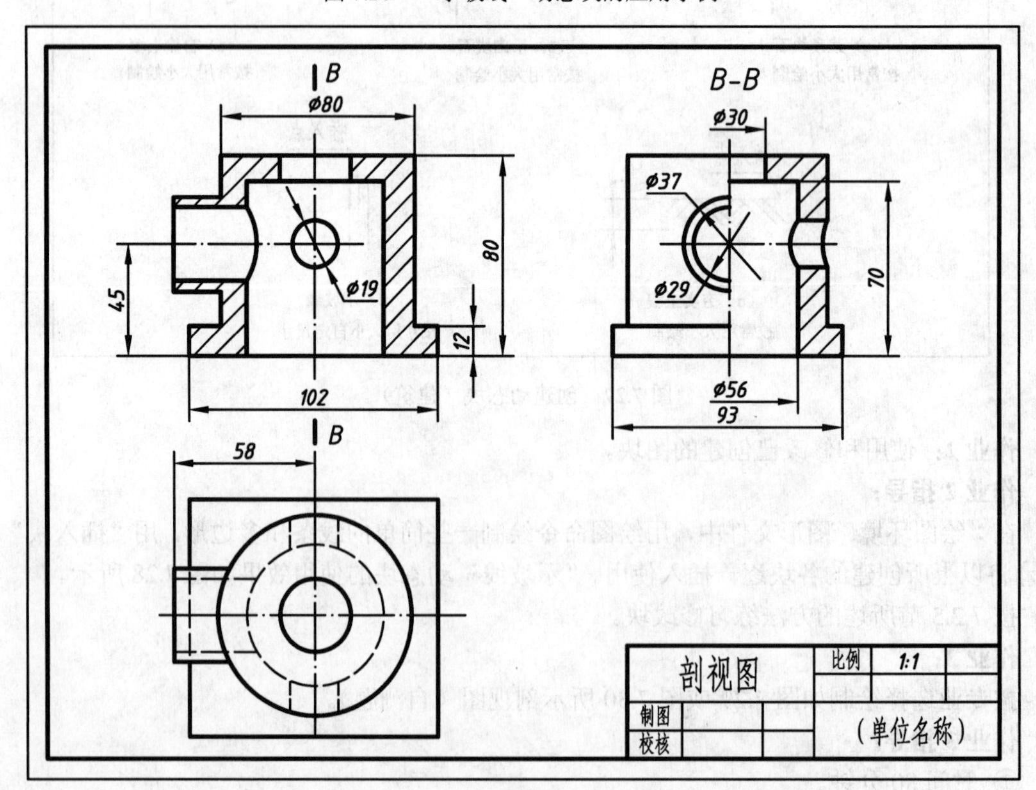

图 7.29 机械专业自测题

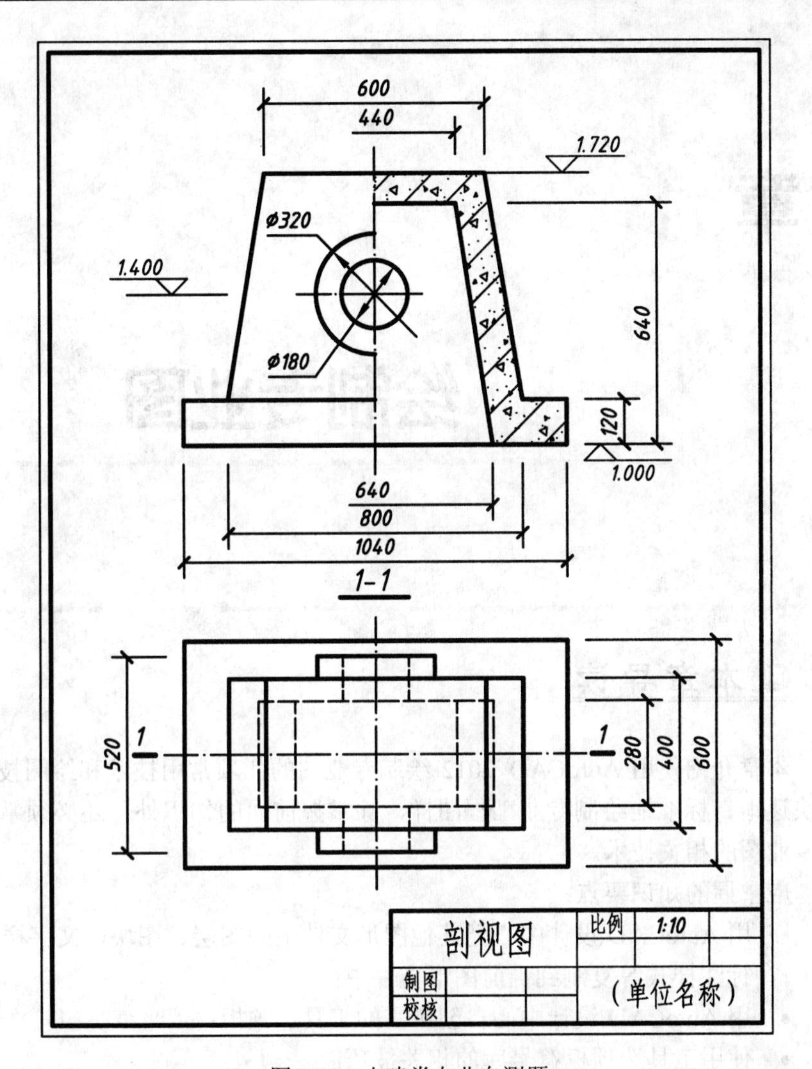

图 7.30　土建类专业自测题

说明：图 7.30 中的尺寸与标高符号等是按房屋建筑图行业制图标准注写的，其他专业应按本行业制图标准标注。

第8章

绘制专业图

本章导读

本章介绍使用 AutoCAD 2012 绘制专业图的几项常用技术和绘图技巧。要快速地、标准地绘制专业工程图样，除掌握前面的知识外，还必须掌握绘制专业图的相关技术。

应掌握的知识要点：

- 用 AutoCAD 设计中心把其他图形文件中的图层、图块、文字样式、标注样式等复制到当前图形文件中；
- 用 AutoCAD 设计中心自创所需的工具选项板；
- 使用工具选项板符号库的相关技巧；
- 创建本专业系列样图的方法和技巧；
- 按形体真实大小绘图的方法和技巧；
- 用剪贴板功能实现 AutoCAD 图形文件之间及其与其他应用程序文件之间的数据交流；
- 查询绘图信息的几种常用方法；
- 用 PURGE 命令清理图形文件，缩小图形文件占用的磁盘空间；
- 设置密码保护图形文件；
- 绘制专业图的方法和相关技术。

8.1　AutoCAD 设计中心

AutoCAD 设计中心提供了管理、查看图形文件的强大工具，以及工具选项板的功能，利用 AutoCAD 设计中心可以浏览本地系统、网络驱动器，从 Internet 上下载文件。使用 AutoCAD 设计中心和工具选项板，可以轻而易举地将符号库中的符号或一张设计图中的图层、图块、文字样式、标注样式、线型及图形等复制到当前图形文件中。利用设计中心的“搜索”功能可以方便地查找已有图形文件和存放在各处的图块、文字样式、尺寸标注样式、图层等。

8.1.1　AutoCAD 设计中心的启动和界面介绍

可按下述方法之一启动 AutoCAD 设计中心：

- 从“标准”工具栏中单击：“设计中心”按钮
- 从键盘输入：ADCENTER

输入命令后，启动 AutoCAD 设计中心，显示设计中心窗口，如图 8.1 所示。

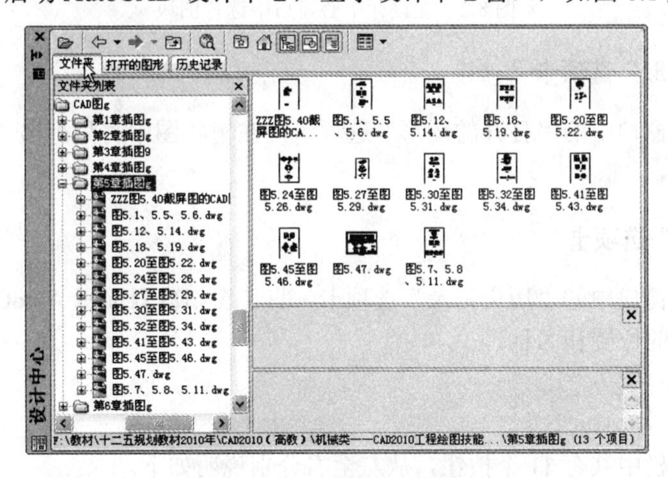

图 8.1　显示“文件夹”选项卡的设计中心窗口

AutoCAD 2012 的设计中心窗口具有自动隐藏功能，其自动隐藏功能的激活或取消操作同“特性”选项板。将光标移至设计中心的标题栏上，右键单击，使用右键菜单中的命令也可激活或取消自动隐藏功能。

AutoCAD 设计中心窗口上部是工具栏，下部是 3 个选项卡与相应的内容。

1.“文件夹”选项卡

如图 8.1 所示为显示“文件夹”选项卡的设计中心窗口。该窗口左边是树状图，即 AutoCAD 设计中心的资源管理器，它与 Windows 资源管理器的内容和操作方法类同。窗口右边是内容显示框，也称为控制板。在内容显示框的上部显示左边树状图中所选择图形文件的内容，下部是图形预览区和文字说明区。

如果在树状图中选择一个图形文件，在内容显示框中将显示：标注样式、表格样式、布局、多重引线样式、块、图层、外部参照、文字样式、线型 9 个图标（相当于文件夹）。双击其中某个图标（或在展开的树状图中选择这些图标中的某一个），在内容显示框中将显示该图标中所包含的所有内容。例如，选择“块”图标，在内容显示框中将显示该图形中所有图块的名称，单击某图块的名称，在内容显示框的下部图形预览区内将显示该图块的形状，如图 8.2 所示。

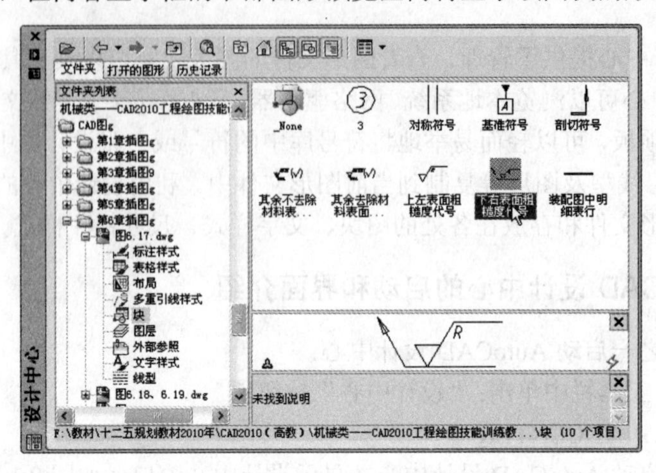

图 8.2　在设计中心窗口中选择图块

2．“打开的图形”选项卡

选择设计中心窗口中的“打开的图形”选项卡，在树状图中将只列出 AutoCAD 当前打开的所有图形文件名。

3．“历史记录”选项卡

选择设计中心窗口中的“历史记录”选项卡，将使窗口内只显示 AutoCAD 设计中心最近访问过的图形文件的位置和名称。

4．工具栏

设计中心工具栏中共有 11 个按钮，从左至右分别说明如下。

加载：弹出“加载”对话框，将选定的内容装入设计中心的内容显示框。

上一页：使设计中心显示上一页或指定页的内容。

下一页：使设计中心显示下一页或指定页的内容。

向上：使设计中心内容显示框内显示上一层的内容。

搜索：弹出“搜索”对话框。

收藏夹：将一个位于 Windows 系统 Favorites 文件夹中的名为 Autodesk 文件夹，以常用内容的快捷方式存入，以便快速查找。

主页：使设计中心显示 AutoCAD 2012 中 DesignCenter 文件夹中的内容。

树状视图切换：控制树状图窗口的打开和关闭。

预览：控制图形预览区的打开或关闭。

说明：控制文字说明区的打开或关闭。

视图：单击此按钮，可使内容显示框中的内容在“大图标”、“小图标”、“列表”、“详细资料”4 种显示方式之间切换。

8.1.2　用 AutoCAD 设计中心查找

从 AutoCAD 设计中心工具栏中单击“搜索”按钮，AutoCAD 弹出“搜索”对话框，如图 8.3 所示。

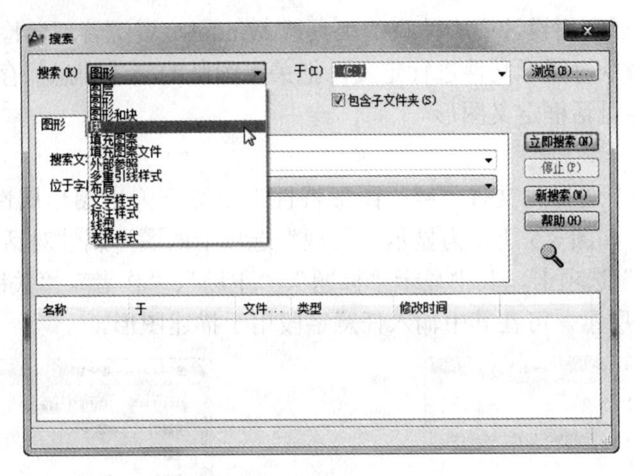

图 8.3　“搜索”对话框

1．查找图层、图块、标注样式、文字样式

利用“搜索”对话框可查找只知道名称而不知道存放位置的图层、图块、标注样式、文字样式、线型、填充图案和表格样式等，并可将查找到的内容拖放到当前图形中。

下面以查找“直线”标注样式为例看其操作过程。

① 在“搜索”对话框的“搜索”下拉列表中选择“标注样式”项。

② 在“于”下拉列表中（或单击“浏览”按钮）指定搜索位置。

③ 在“搜索名称”文字编辑框中输入“直线”。

④ 单击“立即搜索”按钮，在对话框下部的查找栏内将显示查找结果，如图 8.4 所示。如果在查找结束前已经找到需要的内容，可单击“停止”按钮结束查找。

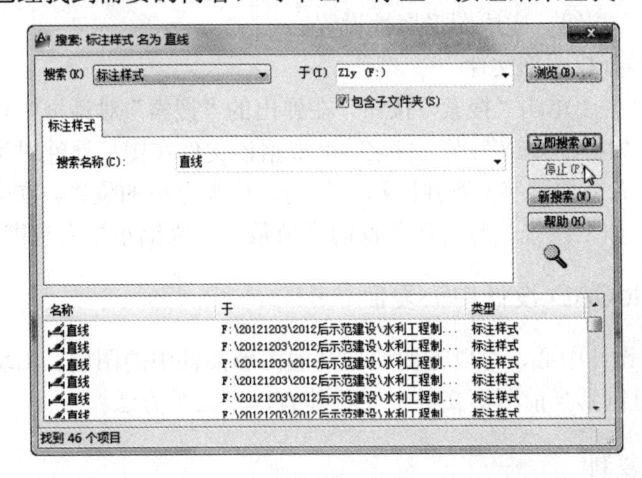

图 8.4　查找“直线”标注样式的“搜索”对话框

⑤ 查找到需要的结果后，可直接将其拖到绘图区中，将该样式应用于当前图形。

⑥ 单击“关闭”按钮，结束查找。

2. 查找图形文件

在 AutoCAD 中要利用设计中心的查找工具或 Windows 资源管理器检索某个图形文件，应先用“图形特性”命令对图形文件进行定义，把关于图纸的描述信息保存在图形属性中。

（1）用图形属性对话框定义图形

操作步骤如下。

① 从下拉菜单中选择“文件”⇨“图形特性”命令，弹出图形属性对话框。在该对话框中有 4 个选项卡，如图 8.5 所示为显示“常规”选项卡的图形属性对话框。

② 单击“概要”选项卡，其中显示“标题”、“主题”、“作者”、“关键字”、“注释”等文字编辑框，如图 8.6 所示，可在其中输入任意字段用于描述图形。

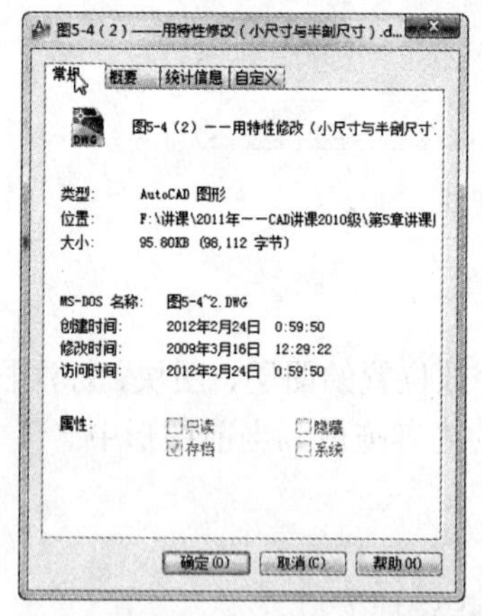

图 8.5 显示“常规”选项卡的图形属性对话框

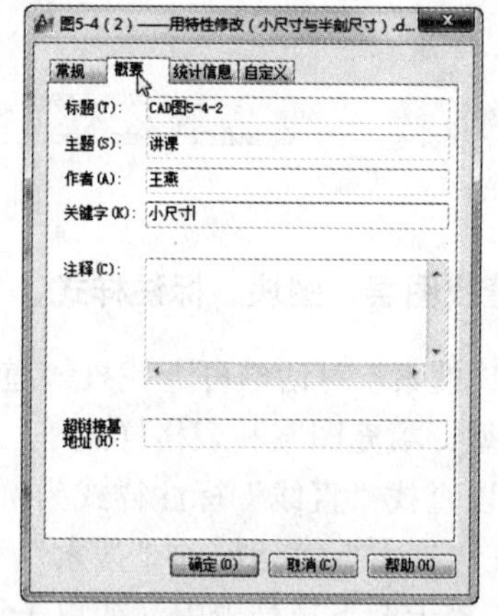

图 8.6 显示“概要”选项卡的图形属性对话框

③ 单击“统计信息”选项卡可查看当前图形文件的创建时间、修改时间、修订次数、总编辑时间等信息。如果需要，可在“自定义”选项卡中自定义图形的属性。

④ 单击“确定”按钮，完成图形属性设置。

（2）用设计中心查找图形文件

从设计中心工具栏中单击“搜索”按钮，在弹出的“搜索”对话框中可根据图形文件名查找文件存放的位置。如果不知道图形文件名，可根据该文件在图形属性对话框中定义的概要字段（标题、主题、作者或关键字）查找图形文件的名称和存放的位置。在查找图形文件时，还可以通过设置条件（如上次修改时间及文件的字节数等）来缩小搜索范围。

8.1.3 用 AutoCAD 设计中心复制

利用 AutoCAD 设计中心，可以方便地把其他图形文件中的图层、图块、文字样式和标注样式、表格样式等复制到当前图形文件中，具体有以下两种方法。

1. 用拖曳方式复制

在 AutoCAD 设计中心的内容显示框中，选择要复制的一个或多个图层（或图块、文字样式、标注样式、表格样式等），按住鼠标左键拖动所选的内容到当前图形文件中，然后松开左键，所选内容就被复制到当前图形文件中。

2. 通过剪贴板复制

在 AutoCAD 设计中心的内容显示框中，右键单击要复制的内容，从弹出的右键菜单中选择“复制”命令，然后单击 AutoCAD 主窗口“标准”工具栏中的“粘贴”按钮，所选内容就被复制到当前图形文件中。

8.1.4 用 AutoCAD 设计中心创建工具选项板

创建工具选项板，可方便地使用自创建的符号库。具体步骤如下。

① 单击“标准”工具栏中的“工具选项板窗口”按钮，弹出 AutoCAD 2012 默认或上次所用的工具选项板，如图 8.7 所示。

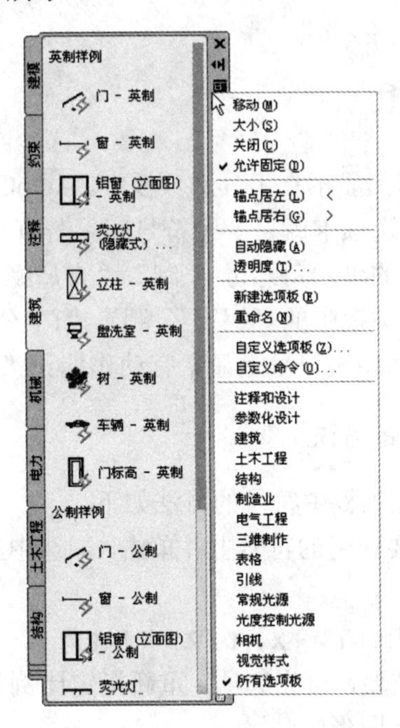

图 8.7　工具选项板和右键菜单

说明： 将光标移至工具选项板的标题栏上，使用右键菜单命令可按需要设置工具选项板中显示的内容，还可进行其他相关的操作。AutoCAD 2012 的工具选项板具有自动隐藏功能。

② 在左侧显示“文件夹”选项卡的设计中心窗口的树状图中，选择包含自创建符号库的图形文件，然后在右侧内容显示框中双击“块”图标，使内容显示框中显示自创建的符号，全部选中它们并右键单击，弹出右键菜单，从弹出的右键菜单中选择“创建工具选项板”命令，如图 8.8 所示。

③ 选择后，在工具选项板中将增加一个新的选项板（即一个符号库）并提示命名，命名后即完成创建。如图 8.9 所示是显示新建的“自创”选项板的工具选项板。

说明： 将光标移至某选项板的名称上，使用右键菜单命令可进行“下移”、“上移”、“重命名选项板”、“删除选项板”等操作。

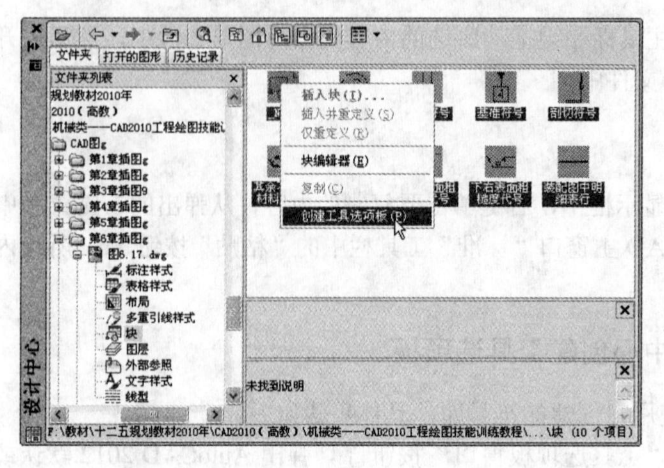

图 8.8　选择设计中心内容显示框中的自创建符号

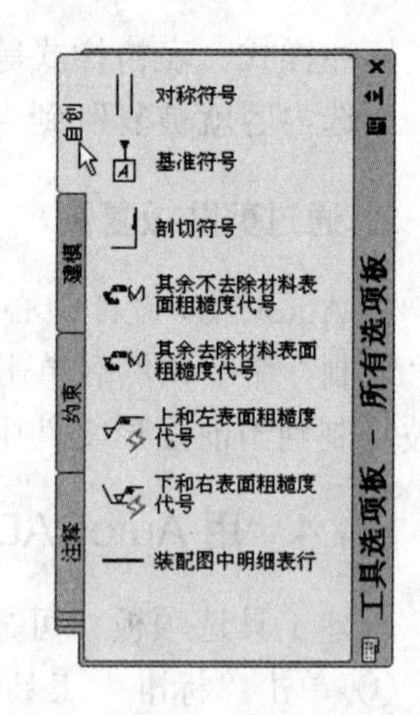

图 8.9　显示“自创”选项板的工具选项板

8.2　使用工具选项板

AutoCAD 2012 中的符号库都显示在工具选项板中。AutoCAD 将符号库按专业分类（命令类除外），工具选项板中的每个选项卡就是一个符号库。若有与本专业相关的符号库，应熟悉它们。例如，“机械”选项板中的“六角螺母-公制”、“带肩螺钉-公制”、“滚动轴承-公制”等都是常用的动态块，“建筑”选项板中的“铝窗-公制”、“门-公制”、“盥洗室-公制”等也是常用的动态块。工具选项板中的动态块符号上显示有动作标记“”。

1. 使用工具选项板中符号的方法

使用 AutoCAD 2012 工具选项板中符号的方法如下。

将光标移至工具选项板中要使用的符号上并单击，即选中该符号，此时命令提示区中出现提示行：

指定插入点或 [基点(B)/比例(S)/X/Y/Z/旋转(R)]：

将光标移至绘图区中（若需要，可先选项，重新指定比例和旋转角度）指定插入点后，即将所选符号作为图块插入到当前图形中。

使用时应注意以下几点。

① 使用工具选项板中的自定义符号时，一般不改变比例，直接指定插入点即可。

② 使用工具选项板中的原有符号时，应按实际情况确定比例。因为工具选项板中的原有符号都是按实际大小绘制的，所以按 1:1 比例绘图时，插入它们不需要改变插入比例（默认是 1）。若不是按 1:1 比例绘图，则插入它们时需要按绘图比例指定插入比例。

③ 工具选项板中的多个动态块都具有“可见性”功能。“可见性”参数符号为“▼”，激活它，AutoCAD 会显示“可见性”菜单，可从中选择所需的尺寸或规格。如图 8.10 所示是“机械”选项板中的“六角螺母-公制”动态块的“可见性”菜单，可从中选择所需的规格。如图 8.11 所示是“建筑”选项板中的“门-公制”动态块的“可见性”菜单，可从中选择门的开启角度；另外，从显示的夹点可看出，该动态块还具有“对齐”、“翻转”、“拉伸”等功能。

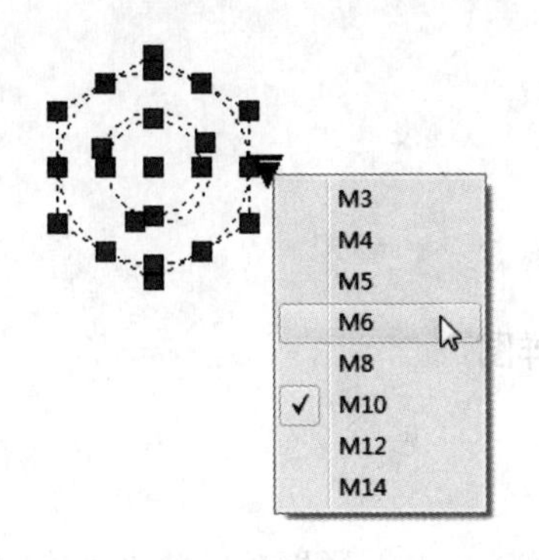

图 8.10　“六角螺母-公制”动态块的
“可见性”菜单（机械）

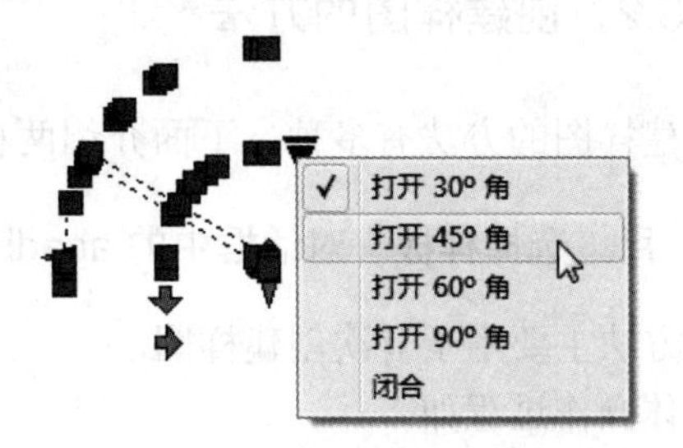

图 8.11　“门-公制”动态块的
“可见性”菜单（建筑）

2. 使用工具选项板中 ISO 图案的方法

使用 AutoCAD 2012 工具选项板中的 ISO 图案可快速地进行图案填充，方法是：

将选中的图案移至绘图区中需要填充的边界内并单击，即可完成填充。若填充比例（即疏密）不合适，可双击图案，弹出“编辑图案填充”对话框，对图案进行修改。

8.3　创建与使用样图

在实际工作中用 AutoCAD 绘制工程图时，一般先将常用的绘图环境设成样图，然后执行 NEW 命令，弹出“选择样板”对话框，可以方便地调用它。在 AutoCAD 中，可根据需要创建系列样图，这将提高绘图效率，也可使图样标准化。

8.3.1　样图的内容

创建样图的内容应根据需要而定，工程图的样图内容主要包括以下几个方面。

（1）9 项基本绘图环境（详见第 2 章）

用“选项”对话框修改系统配置。

用“草图设置”对话框设置辅助绘图工具模式（包括固定捕捉和极轴设置等）。

用“图形单位”对话框确定绘图单位。

用“图形界限”命令选图幅。

用显示“缩放”命令使整张图按指定方式显示。

用“线型管理器”对话框装入虚线、点画线等线型，并设定适当的线型比例。

用图层特性管理器创建绘制工程图所需的图层。

用“文字样式”对话框设置工程图中所用的两种文字样式。

用相关的绘图命令绘制图框标题栏并注写文字。

（2）两种基础尺寸标注样式和其他所需的标注样式（详见 6.3 节）

用“标注样式”命令创建“直线”和“圆引出与角度”两种基础标注样式。

（3）常用图块（详见 7.2 节）

用“创建块”命令将本专业图样中常用的符号、构件等创建为相应的图块。

8.3.2　创建样图的方法

创建样图的方法有多种，下面介绍两种常用的方法。

1. 用“选择样板”对话框中的 acadiso 样板创建样图

该方法主要用于首次创建样图。

具体操作过程如下。

① 输入 NEW 命令，弹出“选择样板”对话框，选择 acadiso 样板项，单击“确定”按钮，进入绘图状态。

② 设置样图的所有基本内容及其他所需内容（详见 8.3.1 节）。

③ 执行 QSAVE 命令，弹出“图形另存为”对话框，在“文件类型”下拉列表中选择“AutoCAD 图形样板（*.dwt）”项，AutoCAD 将在“保存于”下拉列表框中自动显示 Template（样板）文件夹，此时在“文件名”文字编辑框中输入样图名称，如“A1 样图”。

④ 单击“保存”按钮，弹出“样板选项”对话框，在其中选择所需的选项（一般使用默认项）并注写必要的文字说明后，单击“确定”按钮，AutoCAD 将当前图形存储为 AutoCAD 中的样板文件。关闭该图形文件，完成样图的创建。

2. 用已有的图形文件创建样图

该方法在创建图幅大小不同，但其他内容相同的系列样图时非常方便。

具体操作过程如下。

① 输入 OPEN 命令，打开一张已有的图。

② 从下拉菜单中选择：“文件”⇨“另存为”，弹出“图形另存为”对话框。在“文件类型”下拉列表中选择“AutoCAD 图形样板（*.dwt）”项，AutoCAD 将在“保存于”下拉列表框中自动显示 Template 文件夹，此时在“文件名”文字编辑框中输入样图名称。

③ 单击“保存”按钮，弹出“样板选项”对话框，在其中选择所需的选项（一般使用默认项）并注写必要的文字说明后，单击“确定”按钮。此时 AutoCAD 将打开的已有图另存一份为样板的图形文件，并将此样板图设为当前图（可从最上边的标题栏中看出当前图形文件名由刚打开的图名改为样板图的文件名）。

④ 按样图所需内容修改当前图。

⑤ 执行 QSAVE 命令，保存修改。

⑥ 关闭该图形文件，完成样图的创建。

3. 使用样图

创建样图之后，再新建一张图时，在“选择样板”对话框中间的列表框中将显示用户所创建样图的名称，如图 8.12 所示。单击列表框中的“A1 样图”项，即可新建一张包括所设绘图环境的图样。

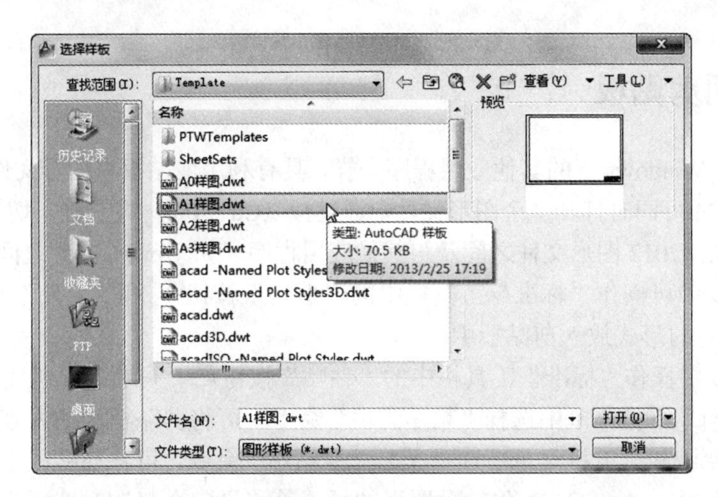

图 8.12 使用样图示例

8.4 按形体的真实大小绘图

当绘图比例不是 1∶1 时，在 AutoCAD 中应按形体的真实大小绘图（即按尺寸直接绘图），不必按比例计算尺寸。要按形体的真实大小绘图，而且要使输出图中的线型、字体、尺寸、剖面线等都符合制图标准，有多种方法。

下面以绘制一张 A2 图幅，比例为 1∶150 的专业图为例，介绍一种较易掌握且比较实用的方法。

具体操作如下。

① 选 A2 样图新建一张图。

② 用 SCALE 命令，基点定在坐标原点（0,0）处，输入比例系数 150，将整张图（包括图框标题栏）放大 150 倍。

③ 用 ZOOM 命令，在提示行中选择“A”项，使放大后的图形全屏显示（此时栅格不可用）。

④ 按形体真实大小（即按尺寸所注大小）画出所有视图，但不注尺寸、不写文字、不画剖面线。

⑤ 再用 SCALE 命令，基点仍定在坐标原点（0,0）处，输入比例系数 1/150（或选“R”参照方式，按提示输入参照长度 150，新长度 1），确定后将整张图缩小为原来的 1/150，即还原为 A2 图幅。

⑥ 绘制图中的剖面线（剖面材料符号）、注写文字、标注尺寸（该标注样式在“新建标注样式”对话框的“主单位”选项卡的“线性标注”区的“比例因子”框中应输入 150）。

说明：

先在放大的绘图状态下绘制图样的全部内容，再用 SCALE 命令缩小图形，或者在输出图时选定比例来缩小输出，这就要求在 1∶1 绘图时，调整好图案填充比例、线型比例和尺寸样式中的某些值和字体等。在处理这些问题时稍有疏忽，就可能会输出废图。而用以上方法绘制图形就可避免出现这些问题，同时也实现了不用计算大小按尺寸 1∶1 绘图的目的。

8.5 使用剪贴板

AutoCAD 与 Windows 下的其他应用程序一样，具有利用剪贴板将图形文件内容“剪下”和“贴上”的功能，并可同时打开多个图形文件，通过按〈Ctrl+Tab〉组合键来切换。利用此功能，可以实现 AutoCAD 2012 图形文件之间及与其他应用程序（如 Word）文件之间的数据交流。

在 AutoCAD 中可操作“标准”工具栏中的“剪切”按钮和“复制”按钮，将选中的图形部分以原有的形式放入剪贴板中。

在 AutoCAD 中操作“标准”工具栏中的“粘贴”按钮，可将剪贴板中的内容粘贴到当前图中；从“编辑”下拉菜单中选择“粘贴为块”命令，可将剪贴板中的内容以块的形式粘贴到当前图中；从“编辑”下拉菜单中选择“选择性粘贴”命令，可将剪贴板中的内容按指定的格式粘贴到当前图中。AutoCAD 将粘贴图形的插入基点设定在复制时选择窗口的左下角点或选择实体的左下角点。

在绘制一张专业图时，如果需要引用其他图形文件中的内容，可使用剪贴板。

具体操作步骤如下。

① 打开一张目标图形文件和一张源图形文件。

② 从“窗口”下拉菜单中选择“水平平铺”或“垂直平铺”命令，使两个图形文件同时显示出来。单击源图形文件，将其设为当前图。

③ 执行 COPYCLIP（复制）命令。单击“标准”工具栏中的“复制”按钮（按〈Ctrl+C〉组合键输入该命令更方便），输入命令后，命令提示区出现提示行：

选择对象：（选择要复制的实体）

选择对象：↙（结束命令，将所选实体放入剪贴板中）

④ 单击目标图形文件，将其设为当前图。

⑤ 执行 PASTECLIP（粘贴）命令。单击“标准”工具栏中的“粘贴”按钮（按〈Ctrl+V〉组合键输入该命令更方便），输入命令后，命令提示区出现提示行：

指定插入点：（指定插入点）（将剪贴板中的内容粘贴到当前图形中指定的位置）

命令：

说明：

① 在 AutoCAD 2012 中，允许在图形文件之间通过直接拖曳的方式来复制实体，也可用格式刷在图形文件之间复制颜色、线型、线宽、剖面线、线型比例等。

② 在 AutoCAD 2012 中，可以在不同的图形文件之间执行多任务、实现无间断操作，使绘图更加方便快捷。

8.6 查询绘图信息

1. 查询图形中选中实体的信息

查询图形中选中实体信息的常用方法是：选择“特性”命令，打开“特性”选项板，即在待命状态下选择实体，当选中实体上显示夹点时，在“特性”选项板中将会全方位显示该实体的信息。

2. 查询图形中对象或区域的面积和周长

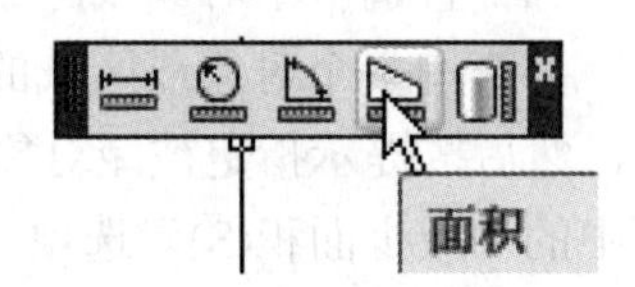

图 8.13　“测量工具”工具栏中的“面积”按钮

要查询图形中对象或区域的面积和周长，应使用“测量工具”工具栏中的“面积”按钮，如图 8.13 所示。

（1）查询区域的面积和周长

按“面积”命令的默认方式操作，AutoCAD 将在提示行中显示指定区域的面积和边界的周长。具体操作如下。

命令:（输入命令）
输入选项 [距离(D) / 半径(R) / 角度(A) / 面积(AR) / 体积(V)] <距离>: _area
指定第一个角点或 [对象(O) / 增加面积(A) / 减少面积(S) / 退出(X)] <对象(O)>:（指定要查询区域边界的第 1 个端点）
指定下一个点或 [圆弧(A) / 长度(L) / 放弃(U)]:（指定要查询区域边界的第 2 个端点）
指定下一个点或 [圆弧(A) / 长度(L) / 放弃(U)]:（指定要查询区域边界的第 3 个端点）
指定下一个点或 [圆弧(A) / 长度(L) / 放弃(U) / 总计(T)] <总计>:（继续指定要查询区域边界的端点或按〈Enter〉键结束）
区域 = 5011104.6192，周长 = 9347.9379　（信息行——显示指定区域的面积与周长）

（2）查询实体的面积和周长

选择“面积”命令提示行中的“对象(O)”选项，按提示指定对象后，AutoCAD 将在提示行中显示该实体的面积和边界的周长。具体操作如下。

命令:（输入命令）
输入选项 [距离(D) / 半径(R) / 角度(A) / 面积(AR) / 体积(V)] <距离>: _area
指定第一个角点或 [对象(O) / 增加面积(A) / 减少面积(S) / 退出(X)] <对象(O)>:（选“O”项）
选择对象:（选择一个实体）
区域= 613.80，周长 = 106.26　（信息行——显示指定实体的面积与周长）

（3）查询多个对象或区域的面积和

要查询多个对象或区域的面积和，应选择“面积”命令提示行中的“增加面积(A)”选项，按提示操作，AutoCAD 将在提示行中依次显示它们相加后的总面积。具体操作如下。

命令:（输入命令）
输入选项 [距离(D) / 半径(R) / 角度(A) / 面积(AR) / 体积(V)] <距离>: _area
指定第一个角点或 [对象(O) / 增加面积(A) / 减少面积(S) / 退出(X)] <对象(O)>:（选“A”项）
指定第一个角点或 [对象(O) / 减少面积(S) / 退出(X)]:（选“O”项）
（“加”模式）选择对象:（选择一个实体）
区域= 5011104.6192，周长 = 9347.9379（信息行——显示第 1 个实体的面积与周长）
总面积= 5011104.6192　（信息行）
（“加”模式）选择对象:（再选择一个实体）
区域= 4767135.3720，圆周长 = 7739.8701（信息行——显示第 2 个实体的面积与周长）
总面积 = 9778239.9912　（信息行——显示两个实体的面积和）
（“加”模式）选择对象:（可继续选择实体，也可按〈Esc〉键结束命令）
命令:

(4)查询多个对象或区域的面积差

要查询多个对象或区域的面积差，应先选择“面积”命令提示行中的“增加面积(A)”选项，然后按提示指定被减对象或区域，结束“加模式”选择对象后，再选择“面积”命令提示行中的“减少面积(S)”选项，然后按提示依次指定要减去的对象或区域，AutoCAD 将在提示行中依次显示减去后的总面积。具体操作如下。

命令:(输入命令)
输入选项 [距离(D)/半径(R)/角度(A)/面积(AR)/体积(V)] <距离>: _area
指定第一个角点或 [对象(O)/增加面积(A)/减少面积(S)/退出(X)] <对象(O)>: (选“A”项)
指定第一个角点或 [对象(O)/减少面积(S)/退出(X)]: (选“O”项，也可直接给端点指定区域)
(“加”模式) 选择对象: (选择一个被减的实体)
区域= 5011104.6192，周长 = 9347.9379 (信息行——显示被减实体的面积与周长)
总面积 = 5011104.6192 (信息行)
(“加”模式) 选择对象: (按〈Enter〉键结束选择，也可继续选择被减的实体)
指定第一个角点或 [对象(O)/减少面积(S)/退出(X)]: (选“S”项)
指定第一个角点或 [对象(O)/增加面积(A)/退出(X)]: (选“O”项，也可直接给端点指定区域)
(“减”模式) 选择对象: (选择一个要减去的实体)
区域= 1509837.8171，周长 = 5201.2864 (信息行——显示要减去实体的面积与周长)
总面积 = 3501266.8022 (信息行——显示两个实体的面积差)
(“减”模式) 选择对象: (可继续选择实体，也可按〈Esc〉键结束命令)
命令:

3. 查询三维实体的体积

查询图形中三维实体的体积（三维实体的绘制见第 10 章），应使用“测量工具”工具栏中的“体积”按钮，如图 8.14 所示。按提示操作后，AutoCAD 将在命令提示行中显示选中实体的体积。

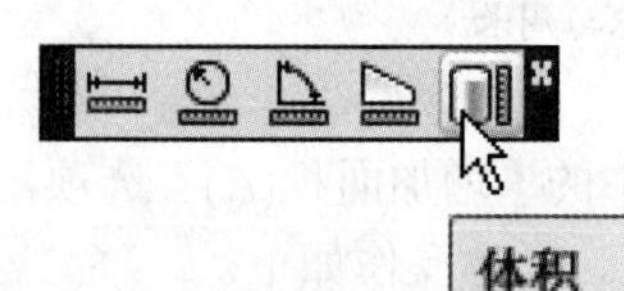

图 8.14 “测量工具”工具栏中的“体积”按钮

说明：查询三维实体体积和或体积差的方法与查询面积类同。

4. 查询图形文件的属性

在现代化的生产管理中，为了科学管理图形文件，用计算机绘制的工程图一般都要定义其图形属性。在管理或绘图中，有时需要查询某图形文件的图形属性，查询图形属性的方法是：从下拉菜单中选择“文件”⇨“图形特性”命令，输入命令后，AutoCAD 将弹出已定义过的图形属性对话框，如图 8.15 所示，可从中查询该图形文件的图形属性，并可以进行修改。

5. 追踪图形文件的绘图时间

在绘制工程图中，有时需要了解某图形文件的创建时间、修订时间、累计编辑时间和当前时间等。AutoCAD 2012 的计时器功能在默认状态下是开启的，查询绘图时间的方法是：从下拉菜单中选择“工具”⇨“查询”⇨“时间”命令，输入命令后，AutoCAD 将弹出显示绘图时间的文本窗口，如图 8.16 所示。

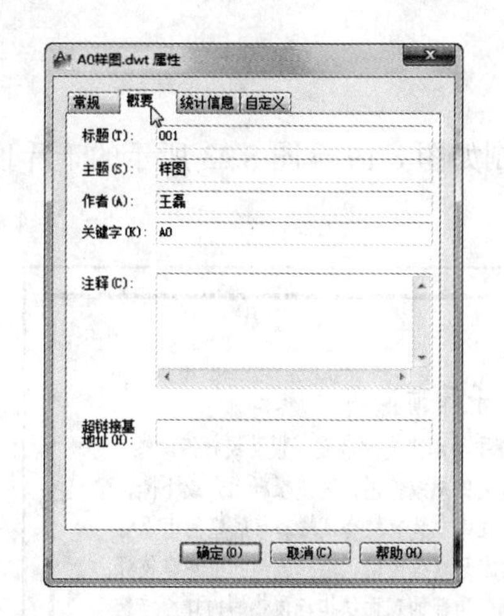

图 8.15　已定义的显示“概要”选项卡的图形属性对话框

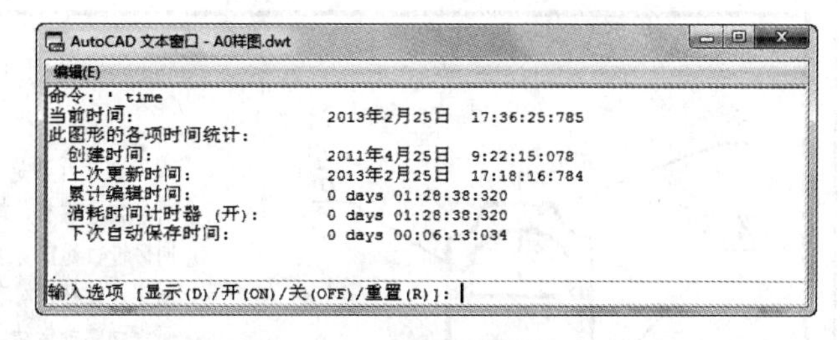

图 8.16　显示绘图时间的文本窗口

在显示绘图时间的文本窗口中，“上次更新时间”指的是最近一次保存绘图的时间和日期；“累计编辑时间”指的是花费在绘图上的累计时间，但不包括修改了没保存的时间和输出图的时间；“消耗时间计时器”指的也是花费在绘图上的累计时间，但可以打开、关闭或重新设置。

在该文本窗口下边的命令提示行中输入“R”，可将计时器重新设置为零；输入“D”，可重新显示绘图时间状态；输入“ON”或“OFF”，可打开或关闭计时器。

8.7　清理图形文件

用 PURGE 命令可对图形文件进行处理，去掉多余的图层、线型、标注样式、文字样式和图块等，以缩小图形文件占用的磁盘空间。

从下拉菜单中选择“文件”⇨“绘图实用程序”⇨“清理”命令（或从键盘输入 PURGE），输入命令后，AutoCAD 将弹出“清理”对话框，如图 8.17 所示。

如果在图样绘制完成后操作该命令，可以在“清理”对话框中直接单击“全部清理”按钮，在随后弹出的“确认清理”对话框中单击“清理所有项目”项后返回，然后再次单击“全部清理”按钮重复以上操作，直至“全部清理”按钮变成灰色，即表示清理完毕。

说明：如果不用全部清理，则应先在“清理”对话框的“图形中未使用的项”列表框中选择要清理的项目，然后单击“清理”按钮，AutoCAD 将只清理所选的项目。

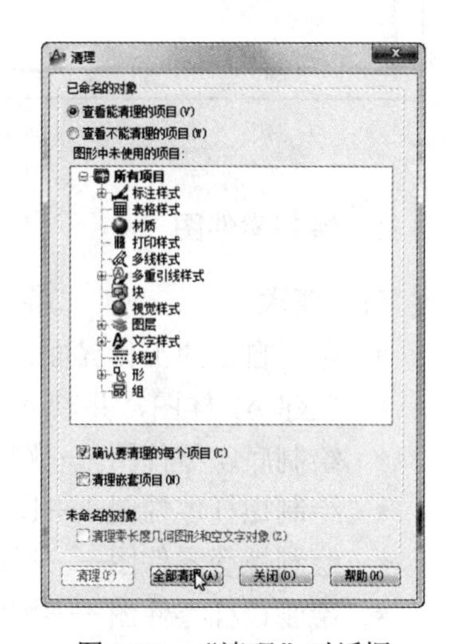

图 8.17　“清理”对话框

8.8　绘制专业图实例

本节分别举例介绍绘制机械专业图、房屋建筑专业图和水工专业图的基本思路。

8.8.1 绘制机械专业图实例

【例 8-1】 千斤顶装配示意图如图 8.18 所示。分别绘制如图 8.19 至图 8.23 所示的千斤顶的 5 个零件图，并根据装配示意图由零件图拼画出装配图。

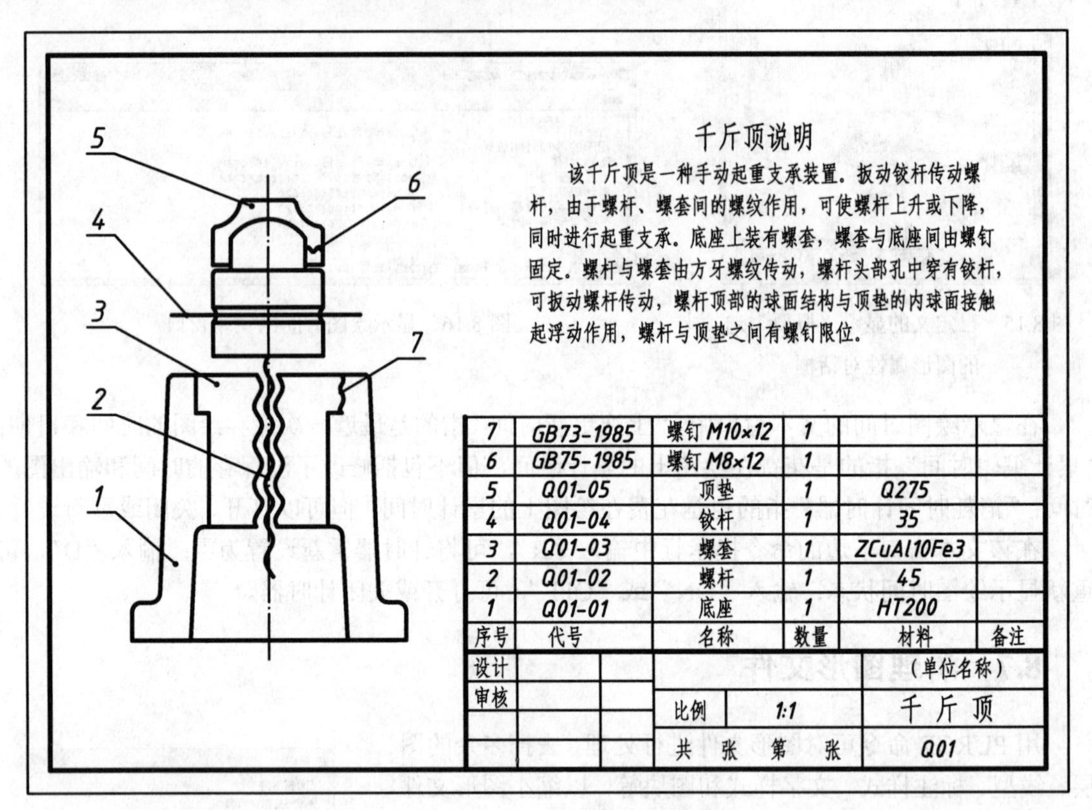

图 8.18　千斤顶装配示意图

1．绘制零件图

（1）要求

- 布置自己的工作界面；
- 创建 A2 样图，并以 A2 样图为基础创建 A3 和 A4 样图；
- 绘制底座零件图——图幅 A4，比例 1:2；
- 绘制螺杆零件图——图幅 A3，比例 1:1；
- 绘制螺套零件图——图幅 A3，比例 1:1；
- 绘制铰杆零件图——图幅 A4，比例 1:1；
- 绘制顶垫零件图——图幅 A4，比例 2:1。

（2）绘制零件图的方法步骤

以绘制底座零件图为例。

① 用 NEW 命令，选择 A4 样图新建一张图。

② 用 QSAVE 命令指定路径保存该图，图名为“底座零件图”。

③ 设文字图层为当前图层，填写标题栏。

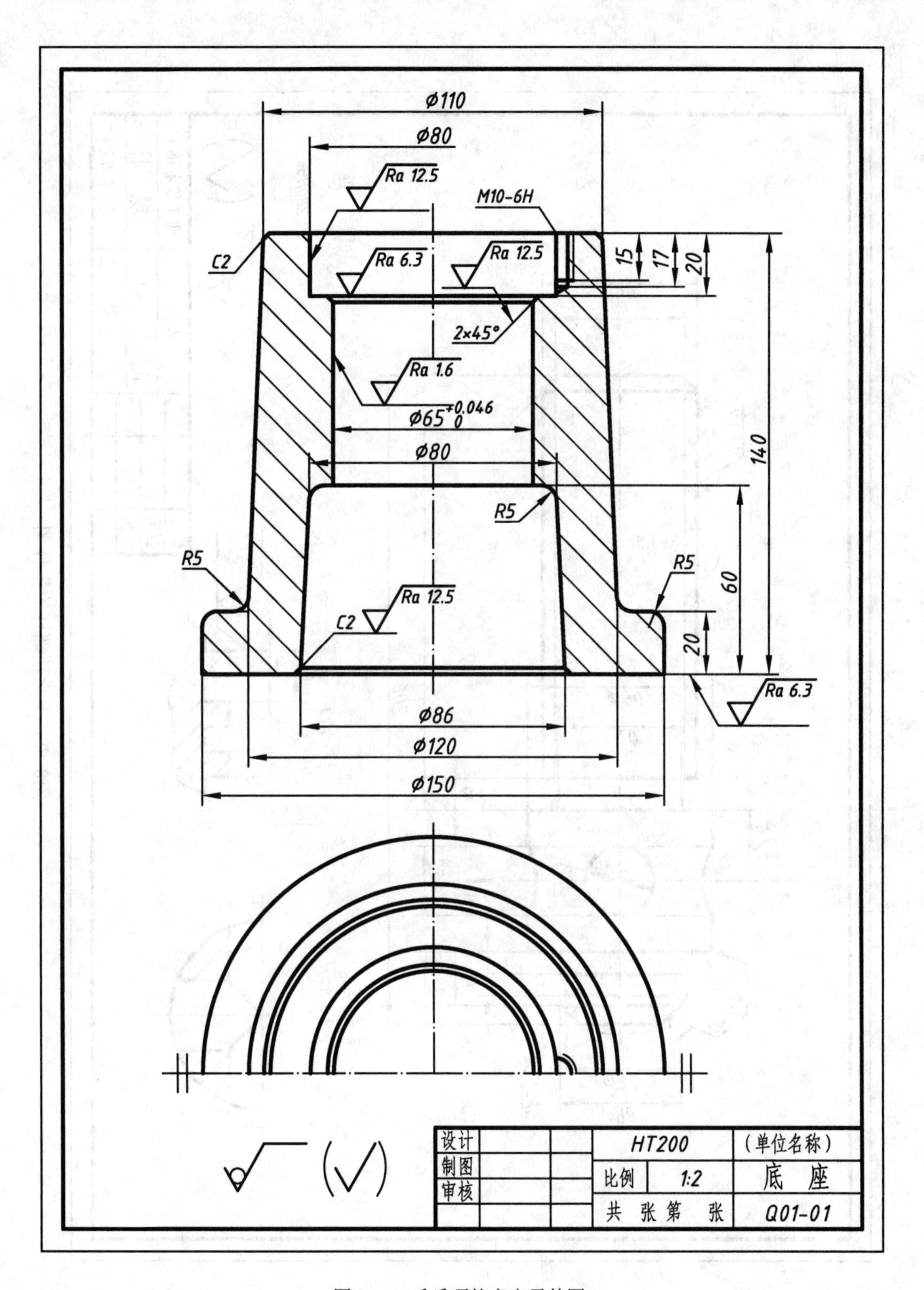

图 8.19　千斤顶的底座零件图

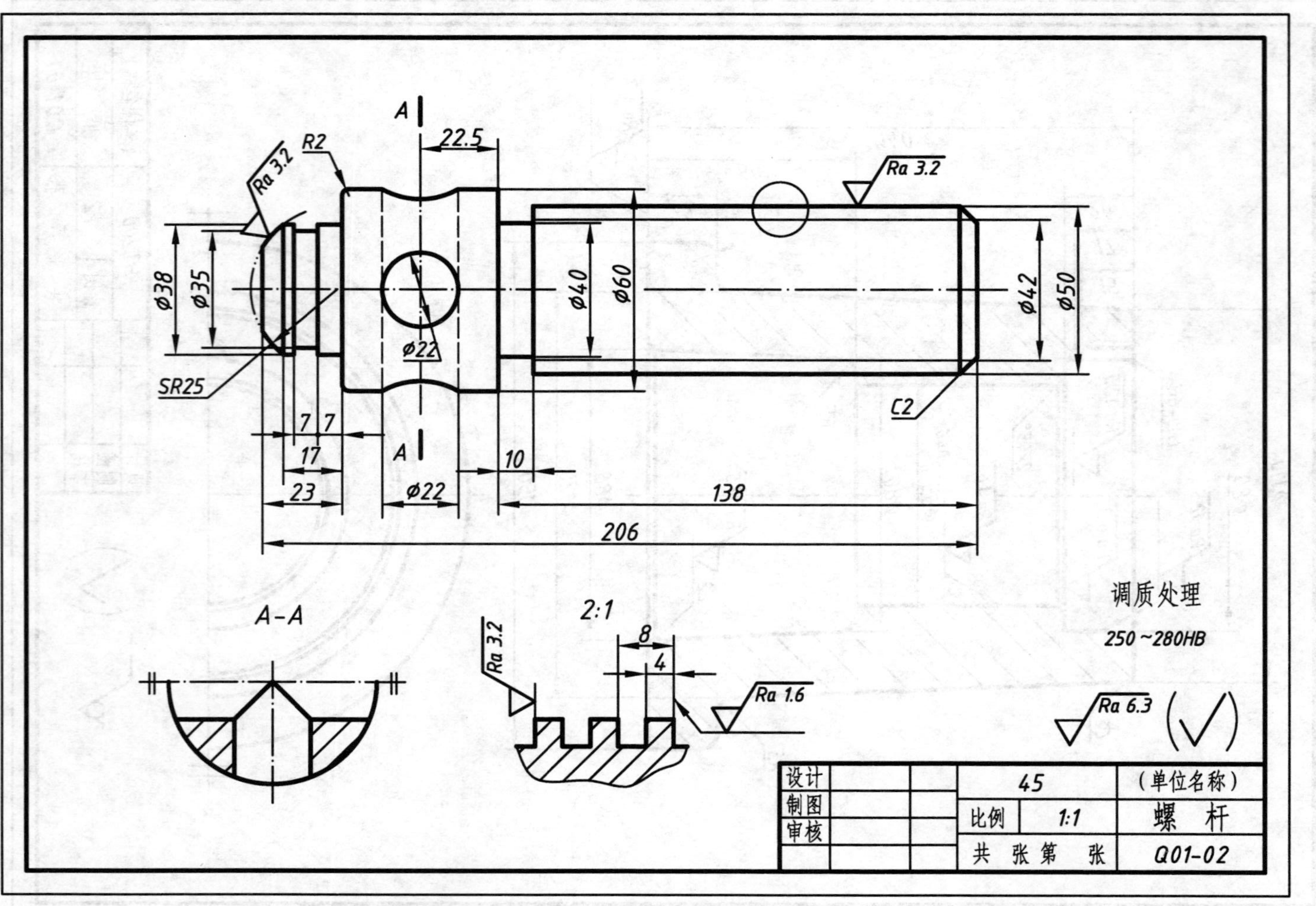

图8.20　千斤顶螺杆的零件图

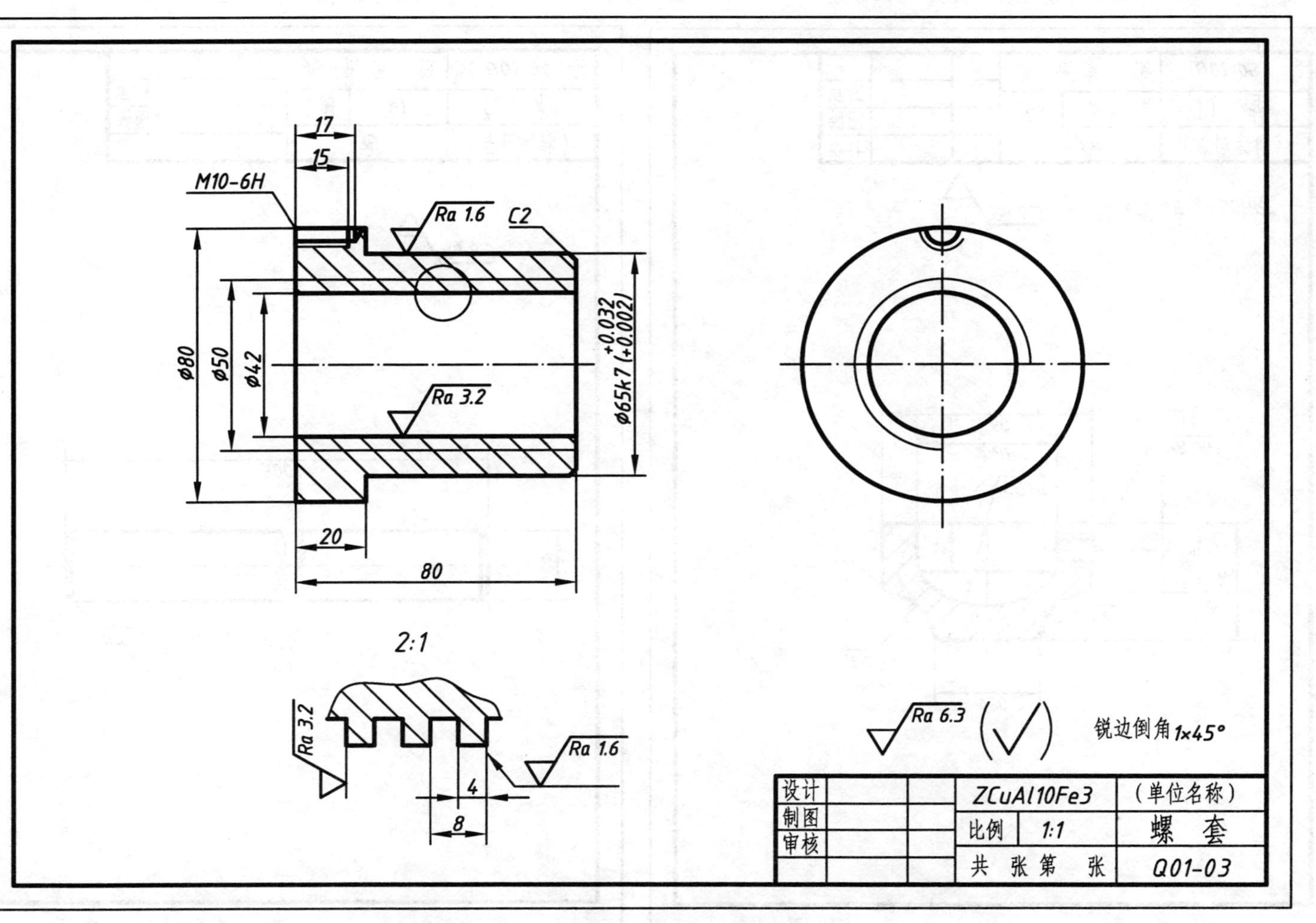

图8.21　千斤顶的螺套零件图

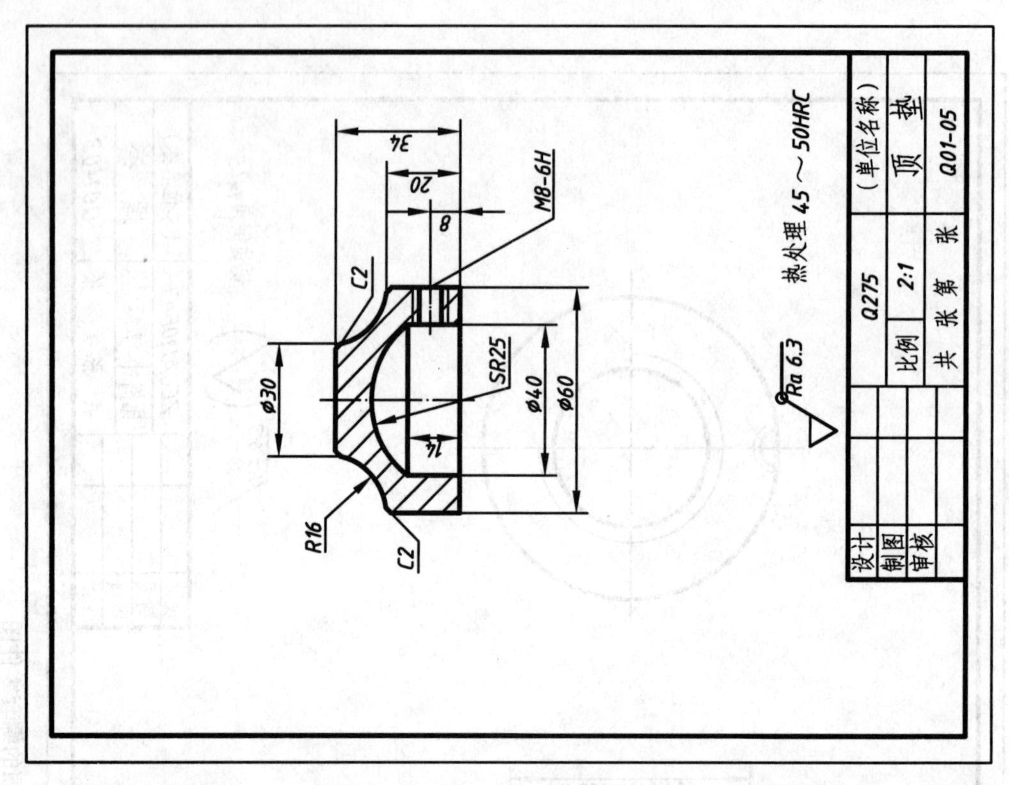

图 8.23　千斤顶的顶垫零件图

图 8.22　千斤顶的铰杠零件图

④ 用 SCALE 命令，基点定在坐标原点（0,0）处，输入比例系数 2，将整张图（包括图框标题栏）放大两倍。

⑤ 设“点画线”图层为当前图层。在该图层中，用 LINE 命令绘制图中所有点画线（若需要可在 0 图层中用 XLINE 命令画基准线，搭图架）。

⑥ 换“粗实线”图层为当前图层。在该图层中，用适当的绘图命令和最快捷的编辑命令（注意，整体或局部对称的均可只画一半，另一半通过镜像获得）以适当的尺寸输入方式绘制主、俯视图中所有粗实线。

注意：要确保视图间的投影规律。

⑦ 换“细实线”图层为当前图层。在该图层中，用适当的绘图命令和最快捷的编辑命令绘制图中所有细实线。

⑧ 用 MOVE 命令平移图形，使布图匀称并留足标注尺寸的地方（若有图架线，应先擦去所有图架线或者关闭 0 图层）。

⑨ 再用 SCALE 命令，基点仍定在坐标原点（0,0）处，输入比例系数 1/2（或选用“R”参照方式，按提示输入参照长度 2，新长度 1），将整张图缩小为原来的 1/2，即还原为 A4 图幅。

⑩ 换“剖面线”图层为当前图层。在该图层中，用 BHATCH 命令中的“用户定义”类型绘制图中的“金属材料”剖面线，剖面线的“比例”（即间距）可为 4，“角度”为 45 或–45。

⑪ 换“尺寸”图层为当前图层。在该图层中，用“直线”和“圆引出与角度”标注样式及尺寸标注命令标注图中尺寸。对于主视图中的几处引出标注的尺寸，可用 PLINE 命令画线，再用 DTEXT 命令注写文字。当尺寸数字位置不合适时，应使用右键菜单中的相应命令进行调整。

⑫ 用 DDINSERT 命令插入已创建为动态块的粗糙度代号。

⑬ 用 DTEXT 命令注写图中其他文字。

⑭ 检查图形并用相关命令修改错误。

⑮ 用 PURGE 命令清理图形文件。

⑯ 用 QSAVE 命令存盘（绘图中应经常用该命令），完成绘制。

⑰ 用 SAVEAS 命令设置密码保护，并将所绘图形存入移动盘中。

同理，绘制其他零件图。

2．绘制装配图

（1）要求

- 图幅：A2；
- 比例：1∶1；
- 拼画单一全剖的主视图（注意，“螺杆”和“铰杆”属实心杆件，应按不剖绘制）；
- 拼贴螺纹的局部放大图；
- 补画全俯视外形图；
- 补画左视外形图；
- 标注规格性能尺寸：在主视图上标注矩形螺纹的外径和内径；
- 标注重要尺寸：在螺纹的局部放大图上标注矩形螺纹的细部尺寸；
- 标注总体尺寸：在主视图和左视图上标注千斤顶的总长、总高和总宽尺寸。

（2）绘制装配图的方法步骤

① 用 OPEN 命令打开底座零件图、螺杆零件图、螺套零件图、铰杆零件图和顶垫零件图，并关闭它们的“尺寸”图层。

② 用 NEW 命令，选择 A2 样图新建一张图。

③ 用 QSAVE 命令保存该图，图名为“千斤顶装配图”。

④ 设“文字”图层为当前图层，填写标题栏并用属性图块绘制明细表。

⑤ 切换底座零件图为当前图。

⑥ 用〈Ctrl+C〉组合键（COPYCLIP 命令）将底座零件图的主视图和俯视图复制到剪贴板中。

⑦ 切换千斤顶装配图为当前图。

⑧ 用〈Ctrl+ V〉组合键（PASTECLIP 命令）将底座零件图的主视图和俯视图粘贴到千斤顶装配图中，粘贴后用 SCALE 命令，将底座零件图放大两倍使其为 1:1 比例。

⑨ 同理，将螺杆零件图、螺套零件图、铰杆零件图、顶垫零件图中所需的视图分别复制并粘贴到千斤顶装配图中。

说明：因为粘贴时插入点不能自定，所以执行粘贴命令时应先将零件图视图粘贴到空白处。

⑩ 执行 ROTATE 命令和 SCALE 命令将各零件图视图分别旋转至与千斤顶装配图对应的位置，并缩放为对应的比例，然后再执行 MOVE 命令，应用目标捕捉，使零件图视图移动到准确位置。

⑪ 用 TRIM 命令修剪多余的图线，并根据零件图补绘出它们在装配图中缺少的图形部分。

⑫ 根据千斤顶装配图明细表中注写的螺钉标记，按规定画法绘制螺钉，并用 TRIM 命令修剪多余的图线。

注意：在阀体主视图中，螺钉孔应修正为连接图规定的简化画法。

⑬ 在“尺寸”图层中，标注图中的尺寸。

⑭ 在“文字”图层中，绘制零件序号（应依次绘制所有横线、引线和引线末端的小圆点，最后注写编号），注写图中其他文字。

⑮ 用 PURGE 命令清理图形文件。

⑯ 检查、修正、设置密码保护并存盘，完成绘制。

8.8.2 绘制房屋建筑专业图实例

【例 8-2】 绘制如图 8.24、图 8.25 和图 8.26 所示的住宅平、立、剖建筑施工图。

（1）要求

- 布置自己的工作界面；
- 创建 A1 样图，并以 A1 样图为基础创建 A2 样图；
- 绘制底层平面图——图幅 A1，比例 1:50；
- 绘制南立面图——图幅 A2，比例 1:50；
- 绘制 1-1 剖视图——图幅 A2，比例 1:50。

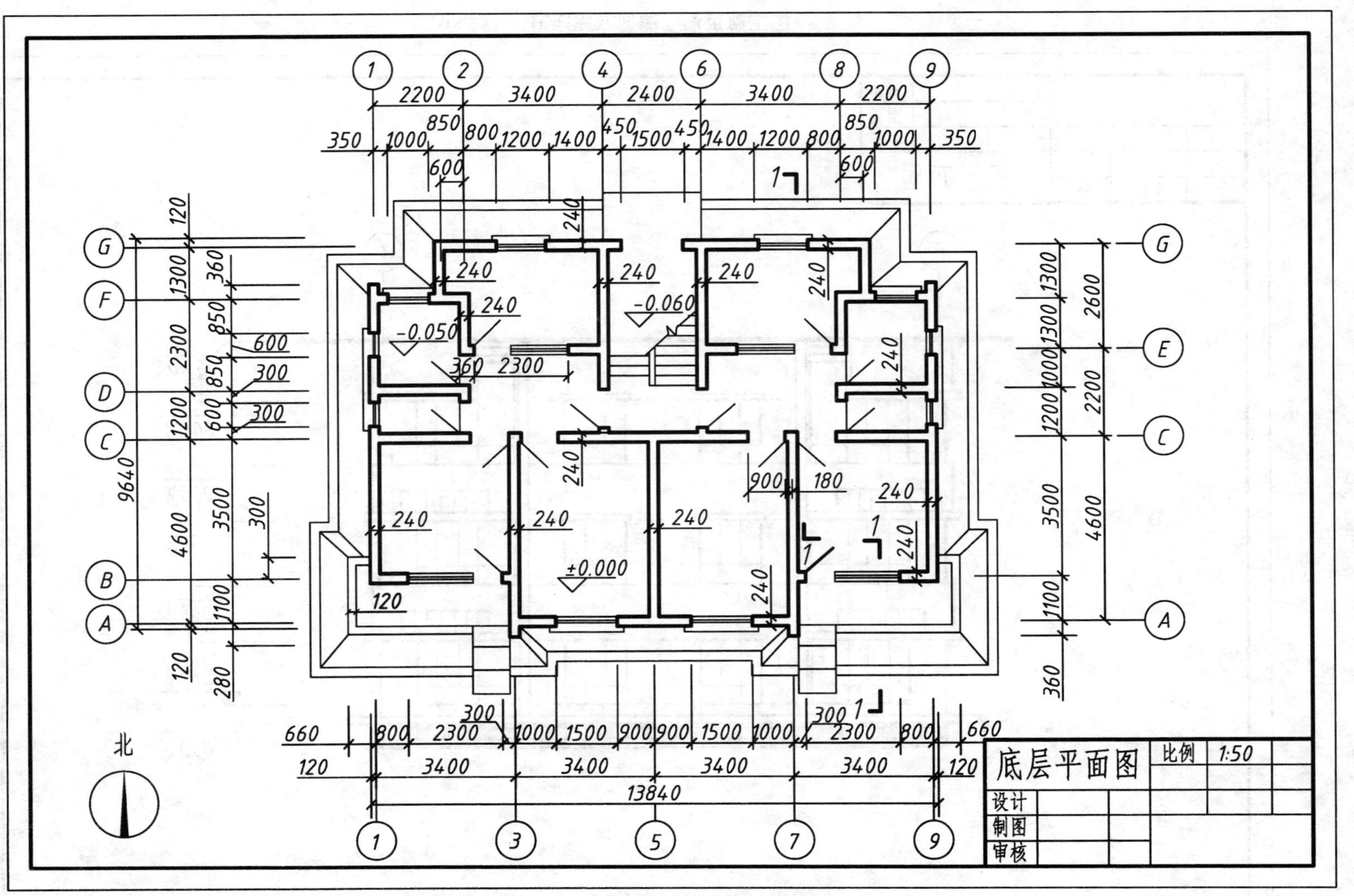

图8.24 “住宅底层平面图”建筑施工图

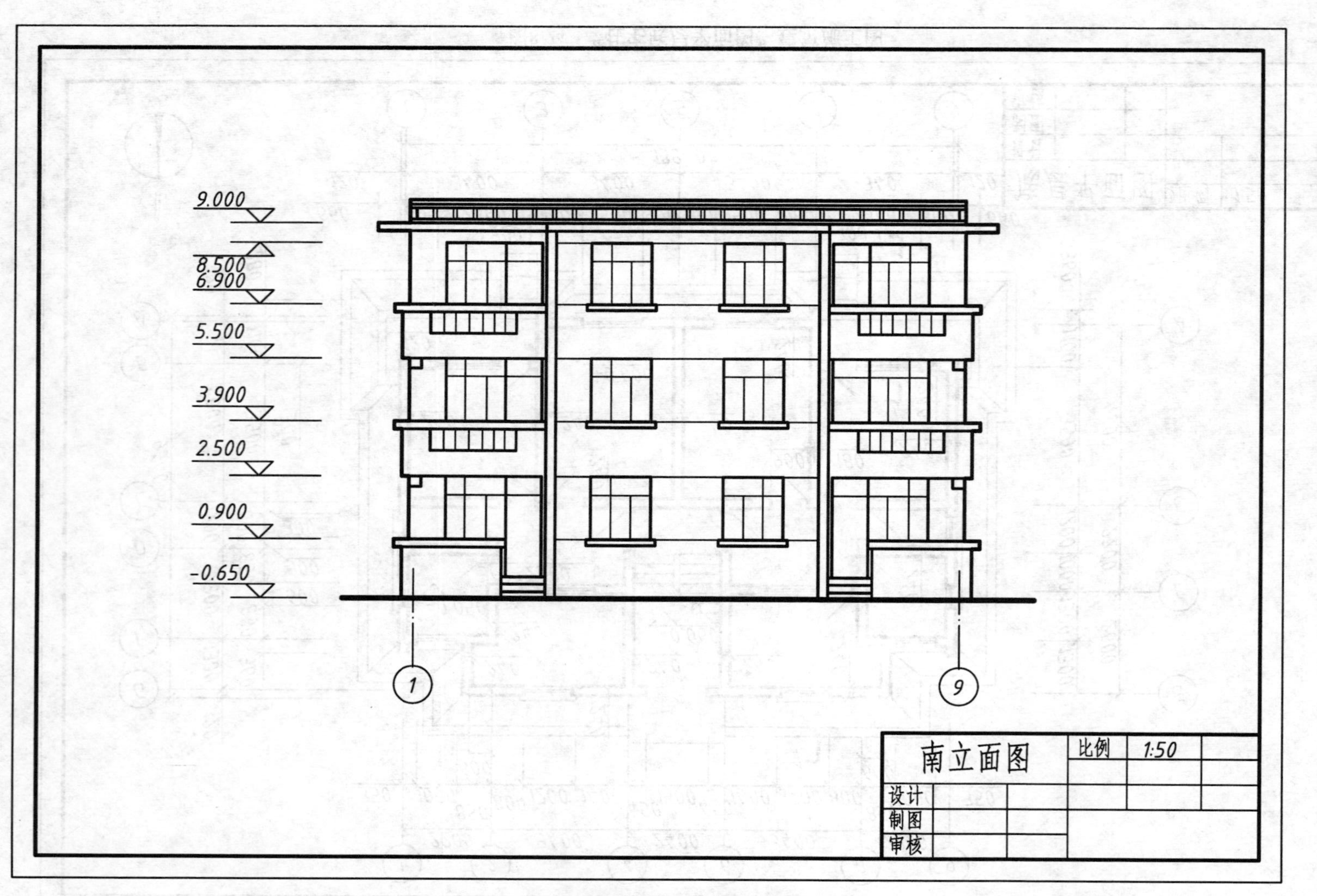

图8.25 “住宅南立面图”建筑施工图

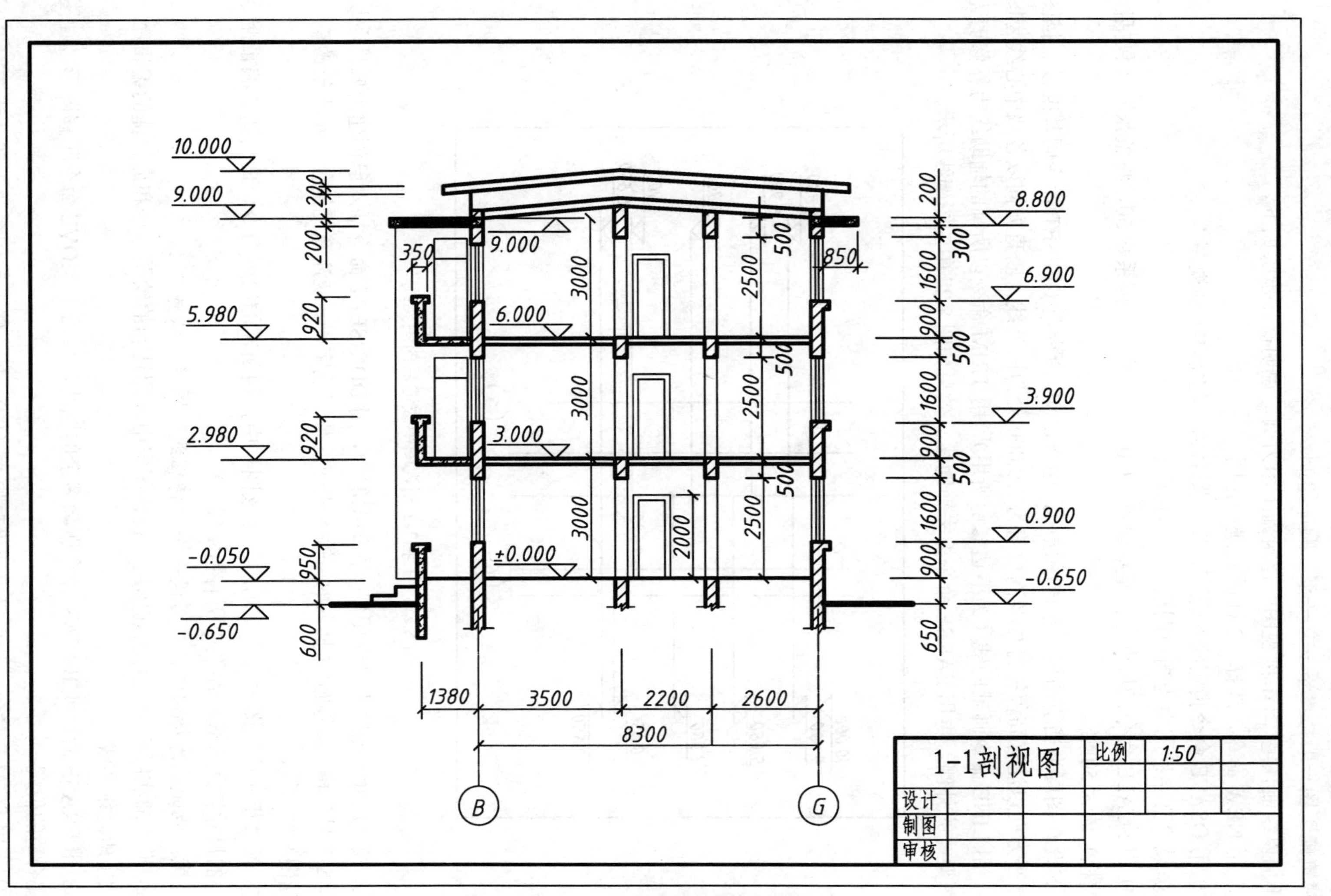

图8.26 “住宅1-1剖视图”建筑施工图

（2）绘制建筑施工图的方法步骤

建筑施工图一般按“平—立—剖”顺序绘制。

下面以绘制住宅“1-1 剖视图”建筑施工图为例，说明操作步骤如下。

① 用 NEW 命令，选择 A2 样图新建一张图。

② 用 QSAVE 命令指定路径保存该图，图名为“住宅 1-1 剖视图”。

③ 设“文字”图层为当前图层，填写标题栏。

④ 用 SCALE 命令，基点定在坐标原点（0,0）处，输入比例系数 50，将整张图（包括图框标题栏）放大 50 倍。

⑤ 设 0 图层为当前图层。在该图层中，用 XLINE 命令及 OFFSET 命令画基准线、搭图架（水平方向以注有高程符号处及高程值为±0.000 处为图架线，竖直方向以各墙中心线为图架线）。用 LINE 命令画辅助线（为下边修剪所用），用 TRIM 命令以所画的辅助线为界修剪无穷长图架线的外侧，再用 EARSE 命令擦去辅助线。效果如图 8.27 中的图架线所示。

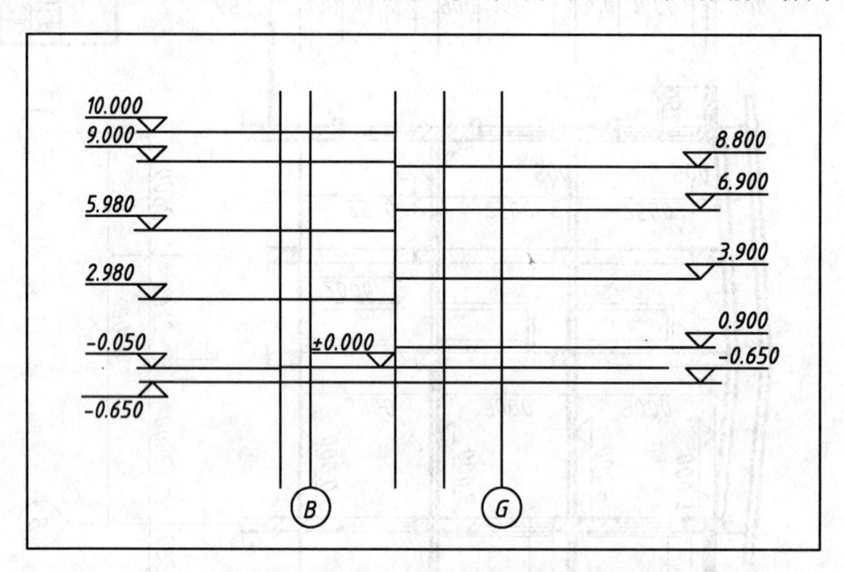

图 8.27　住宅 1-1 剖视图中改造后的图架线

⑥ 换“尺寸”图层为当前图层。在该图层中，用 DDINSERT 命令插入已创建为属性图块的“标高符号”和“编号圆”（插入时，输入相应的数字或字母，应注意比例值大小不能改变）。效果如图 8.27 所示。

⑦ 换“粗实线”图层为当前图层。在该图层中，用所需的绘图命令、最快捷的编辑命令和适当的尺寸输入方式绘制图中所有粗实线。

注意：地面线为特粗线，应另设一个“特粗线”图层，线宽为 1。

⑧ 换“细实线”图层为当前图层。在该图层中，用适当的绘图命令和最快捷的编辑命令绘制图中所有细实线。

⑨ 用 ERASE 命令或 BREAK 命令删除多余的图线，然后用 MOVE 命令平移图形，使图形放在合适的位置。

⑩ 再用 SCALE 命令，基点仍定在坐标原点（0,0）处，输入比例系数 1/50（或选用“R”方式，按提示输入参照长度 50，新长度 1），将整张图缩小为原来的 1/50，即还原为 A2 图幅。

⑪ 换“剖面线”图层为当前图层。在该图层中，用 BHATCH 命令绘制图中剖面线。其中，“钢筋混凝土”剖面线应分“金属”和“混凝土”两次填充，“金属”与“砖”的剖面线填充选择“用户定义”类型比较容易控制，“混凝土”应选择“预定义”类型。

⑫ 换“尺寸”图层为当前图层。在该图层中，用所设标注样式及尺寸标注命令标注图中尺寸。当尺寸数字位置不合适时，应使用右键菜单中的相应命令进行调整。

⑬ 换“文字”图层为当前图层，注写视图的名称。

⑭ 检查图形并用有关命令修改错误。

⑮ 用 PURGE 命令清理图形文件。

⑯ 用 QSAVE 命令存盘（绘图中应经常用该命令），完成绘制。

⑰ 用 SAVEAS 命令设置密码保护，并将所绘图形存入移动盘中。

同理，绘制底层平面图和住宅南立面图。

说明： 绘制底层平面图时，创建“24”多线样式偏移值为 120 和−120，在多线命令提示行“输入多线比例〈20.00〉:”中输入“1”（放大 50 倍后按尺寸，即实际大小绘图）。

8.8.3 绘制水工专业图实例

【例 8-3】 绘制如图 8.28 所示的进水闸三段结构图。

（1）要求

- 布置自己的工作界面；
- 创建 A1 样图，并以 A1 样图为基础创建 A0、A2 样图；
- 绘制进水闸三段结构图——图幅 A2，比例 1∶200；
- 平面图与 *A-A* 纵剖视图要“长对正”布置。

（2）绘制进水闸三段结构图的方法步骤

① 用 NEW 命令，选择 A2 样图，新建一张图。

② 用 QSAVE 命令指定路径保存该图，图名为“进水闸三段”。

③ 设“文字”图层为当前图层，填写标题栏。

④ 用 SCALE 命令，基点定在坐标原点（0,0）处，输入比例系数 20（因为该图中的尺寸单位是 cm，所以应放大 20 倍按所注尺寸数字直接绘图），将整张图（包括图框标题栏）放大 20 倍。

⑤ 先绘制进水闸三段结构图中闸室段的 *A-A* 纵剖视图和平面图，步骤如下。

换“粗实线”图层为当前图层。在该图层中，用所需的绘图命令、最快捷的编辑命令和适当的尺寸输入方式，以闸室底板左下角点为起点，绘制图中所有粗实线。绘图时要保持视图间的投影规律（注意，整体或局部对称的均可只画一半，另一半通过镜像获得）。

换“细实线”图层为当前图层。在该图层中，用适当的绘图命令和最快捷的编辑命令绘制图中所有细实线。

换“点画线”图层为当前图层。在该图层中，用 LINE 命令绘制图中所有点画线。

⑥ 同理，绘制进水闸三段图中的消力池段和海漫段。

⑦ 依次绘制各断面图轮廓。

⑧ 用 MOVE 命令平移图形，使布图匀称并留足标注尺寸的空间。

⑨ 再用 SCALE 命令，基点仍定在坐标原点（0, 0）处，输入比例系数 1/20（或选用“R”方式，按提示输入参照长度 20，新长度为 1），将整张图缩小为原来的 1/20，即还原为 A2 图幅。

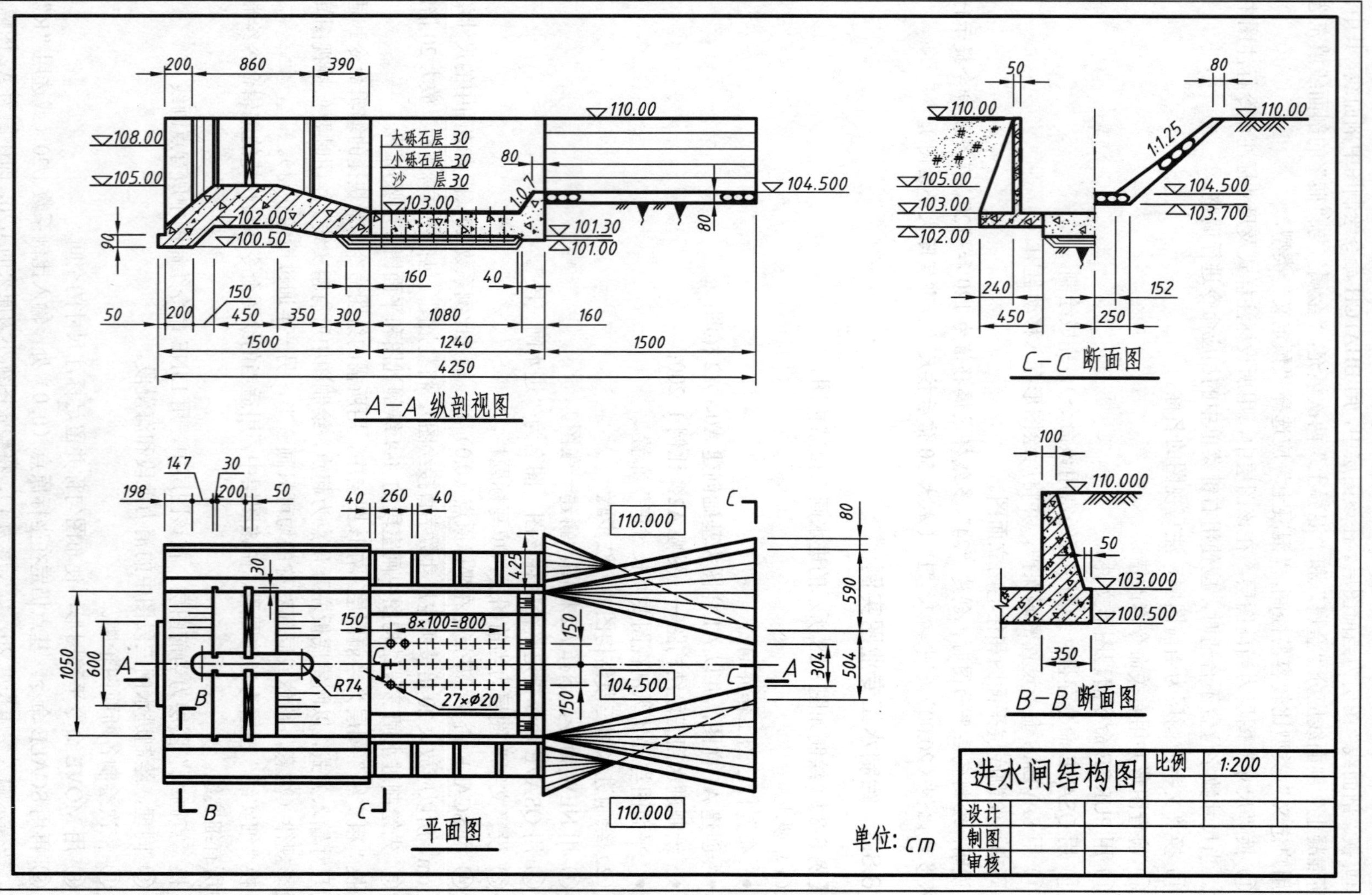

图 8.28 进水闸三段结构图

⑩ 用 BHATCH 命令绘制“钢筋混凝土”剖面材料符号。换“剖面线”图层为当前图层，分“金属”和“混凝土”两次绘制。

⑪ 用图块绘制“自然土壤”、“夯实土壤”和“浆砌块石”剖面材料符号。

⑫ 标注尺寸。换“尺寸”图层为当前图层，用所设标注样式及尺寸标注命令标注图中尺寸。当尺寸数字位置不合适时，应使用右键菜单中的相应命令进行调整。

⑬ 用 DDINSERT 命令插入已创建为属性图块的高程符号。

⑭ 换“文字”图层为当前图层，注写各视图的名称。

⑮ 检查图形并用相关命令修改错误。

⑯ 用 PURGE 命令清理图形文件。

⑰ 用 QSAVE 命令存盘（绘图中应经常用该命令），完成绘制。

⑱ 用 SAVEAS 命令设置密码保护，并将所绘图形存入移动盘中。

上机练习与指导

1. 基本操作训练

（1）按 8.1 节所述内容练习使用 AutoCAD 设计中心查找图形、图块、标注样式、文字样式、图层等，并练习使用 AutoCAD 设计中心复制图块、标注样式、文字样式、图层等；练习创建工具选项板；掌握用图形属性对话框定义图形属性。

（2）按 8.5 节所述内容练习使用 AutoCAD 剪贴板。用 OPEN 命令同时打开前边所保存的 2～3 个图形文件，用“水平平铺”方式显示所打开的一组图形文件，使用剪贴板功能或用拖曳的方法在图形文件间进行复制和移动实体操作。

（3）用 OPEN 命令打开一张图，按 8.6 节所述内容练习查询绘图信息。

2. 工程绘图训练

作业 1：

创建系列样图。

作业 1 指导：

① 按 8.3 节所述内容创建样图。机械类专业创建 A1、A2、A3、A4 样图，房建类专业创建 A1、A2、A3 系列样图，水利类专业创建 A0、A1、A2 系列样图。

② 将样图存入移动盘中备份。

作业 2：

绘制 8.8 节中的专业图。

作业 2 指导：

① 按 8.8 节所述内容绘制专业图。

② 绘图时，应遵循制图标准的规定，所绘图样的各方面都应符合制图标准。

第9章

打印图样

📖本章导读

在 AutoCAD 2012 中，可从模型空间直接打印图样，也可设置布局从图纸空间打印图样。工程图样都是在模型空间中绘制的，如果不需要重新布局，一般可直接在模型空间中打印。本章重点介绍从模型空间打印工程图样的相关技术。

应掌握的知识要点：

- 模型空间与图纸空间的概念；
- 工程图样页面设置的方法（重点是：打印区域的设置、打印图样原点的设置、打印比例的设置、将彩色图直接打印为黑白工程图的打印样式表的选择）；
- 用 PLOT 命令在模型空间中打印工程图样的方法；
- 用图纸空间打印图样的应用场合。

9.1　模型空间与图纸空间的概念

AutoCAD 2012 工作界面绘图窗口底部的“模型”选项卡和“布局”选项卡分别对应“模型空间”与“图纸空间”，单击它们可在模型空间与图纸空间之间进行切换。

1. 模型空间

模型空间是绘制二维或三维图形的 AutoCAD 环境。AutoCAD 的工作界面默认为模型空间。在模型空间中，可以按照物体的实际尺寸绘制二维或三维图形，还可以用 ZOOM 命令全方位显示图形。模型空间是一个三维环境。

2. 图纸空间

图纸空间是设置和管理视图的 AutoCAD 环境。图纸空间的“图纸”与真实的图纸相对应，在模型空间中创建好图形后，进入图纸空间可规划视图的位置与大小。图纸空间是一个二维环境。

3. 布局与视口

布局对应图纸空间，一个布局就是一张图纸。在布局上可以创建和定位视口，对欲打印的图样进行“排版”，一个图形文件可以有多个布局。视口是布局上的一个区域，一个布局可以包含一个或多个视口，每个视口都可以显示图样中图形的不同部分，并可用不同的比例显示。

9.2　从模型空间打印图样

在 AutoCAD 2012 中，可从模型空间直接打印图样，也可设置布局从图纸空间打印图样。如果不需要重新布局，一般都是在模型空间中直接打印。

从模型空间打印第一张图纸时，一般按以下 3 个步骤操作：将要用的绘图仪或打印机设置为默认输出设备⇨进行页面设置⇨打印出图。

1. 将要用的绘图仪或打印机设置为默认输出设备

用“选项”对话框可将要用的绘图仪或打印机设置为默认输出设备。具体操作方法如下。

从工作界面左上角的“应用程序”按钮列表中选择“选项”命令，弹出“选项”对话框，选择其中的“打印和发布”选项卡显示有关打印的系统配置内容，如图 9.1 所示。在“新图形的默认打印设置”区中选择“用作默认输出设备”单选钮，在其下的下拉列表中选择要设置为默认输出设备的绘图仪或打印机名称，确定后，将该绘图仪或打印机设置为默认输出设备。

“打印和发布”选项卡中的其他内容，初学者一般使用默认设置即可。如果需要，可进行选项和设置。

2. 进行页面设置

在 AutoCAD 2012 中，用 PAGESETUP（页面设置）命令，对同一图形文件可创建多种页面设置，并能修改已创建的页面设置。可用下列方式之一输入命令。

- 从下拉菜单中选择："文件" ⇨ "页面设置管理器"
- 从键盘输入：PAGESETUP

输入命令后，AutoCAD 将弹出"页面设置管理器"对话框，如图 9.2 所示。

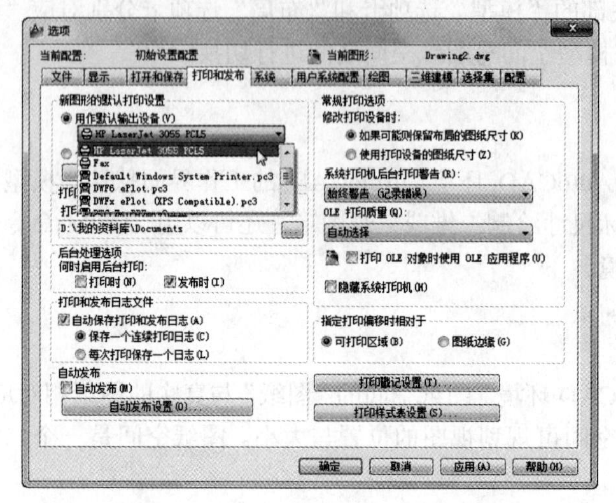

图 9.1　显示"打印和发布"选项卡的"选项"对话框

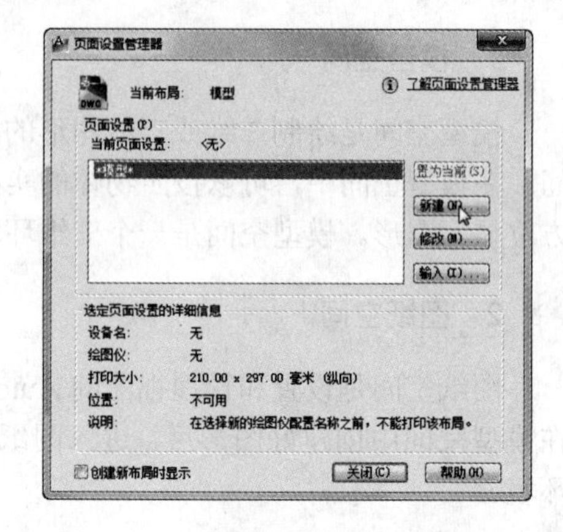

图 9.2　"页面设置管理器"对话框

单击"页面设置管理器"对话框中的"新建"按钮，在弹出的"新建页面设置"对话框中选择相应的基础样式，并输入新建页面的名称，确定后，弹出"页面设置-模型"对话框，如图 9.3 所示。

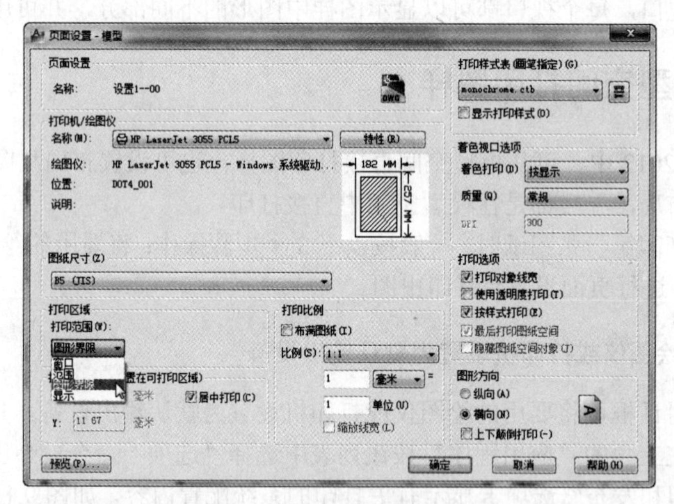

图 9.3　"页面设置-模型"对话框

在"页面设置-模型"对话框中可进行如下设置。

（1）选择绘图仪或打印机

在"打印机/绘图仪"区的"名称"下拉列表框中显示的是所选择的默认绘图仪或打印机的名称。若需要，可在该下拉列表中重新选择绘图仪或打印机。

（2）设置打印图纸的尺寸

在"图纸尺寸"区的下拉列表中选择要打印图样的图纸尺寸（即图幅大小）。

（3）设置打印区域

在“打印区域”区的“打印范围”下拉列表中选项，确定打印的范围。该下拉列表中有 4 个选项。

“窗口”选项：选中它，将打印指定窗口内的图形部分。选择右边的“窗口”选项可重新指定窗口的范围。

“范围”选项：选中它，将打印当前图形中的所有实体。

“图形界限”选项：选中它，将打印“图形界限”命令所建立图幅内的所有图形。

“显示”选项：选中它，将打印当前工作界面上所看到的图形。

（4）设置打印图样的原点

在“打印偏移”区中，可打开“居中打印”开关，将图样打印在图纸的中央位置；也可在原点偏移量“X”和“Y”文字编辑框内输入坐标值，设置打印图样的原点位置。

（5）设置打印比例

在“打印比例”区中，可从“比例”下拉列表中选择标准的打印比例或自定义比例，也可打开“布满图纸”开关，让 AutoCAD 自动调整比例，将所选打印区域的图形在指定图纸上以能达到的最大尺寸打印出来。

说明：

① 从“比例”下拉列表中选择一个标准比例，比例值将自动显示在其下的文字编辑框中；若选择“自定义”选项，则需要在其下的文字编辑框中输入自定义比例值。

② 该区文字编辑框右边是图纸单位下拉列表，应选择“毫米”选项。

（6）选择打印样式表

在“打印样式表”区的下拉列表中选择名为“monochrome.ctb”的打印样式表，可将彩色线型的图样直接打印成非常清晰的黑白图样。

（7）设置打印图样的方向

在“图形方向”区中，可设置图样打印时在图纸上的方向。该区中有两个单选钮和一个开关。

“纵向”单选钮：选择该项，无论图纸是纵向的还是横向的，要打印图样的长边都将与图纸的长边垂直。

“横向”单选钮：选择该项，无论图纸是纵向的还是横向的，要打印图样的长边都将与图纸的长边平行。

“上下颠倒打印”开关：打开它，将在图样指定“横向”或“纵向”的基础上旋转 180°。

（8）完成页面设置

若不使用打印样式表，则其他区一般使用默认设置。“着色视口选项”区用来设置三维图形打印时着色的方式和质量。

设置后，可单击“预览”按钮进行预览，预览后按〈Esc〉键返回，可继续修改设置，满意后，单击“确定”按钮，完成当前图形的页面设置。

说明：再次输入该命令，单击“页面设置管理器”对话框中的“修改”按钮，可修改已有的页面设置，也可单击“新建”按钮再创建一个新的页面设置。

3. 打印出图

在 AutoCAD 2012 中，用 PLOT（打印）命令可打印输出图样。可用下列方式之一输入命令。

- 从“标准”工具栏中单击：“打印”图标按钮
- 从下拉菜单中选择：“文件” ⇨ “打印”
- 从键盘输入：PLOT

输入命令后，AutoCAD 将自动弹出“打印-模型”对话框，如图 9.4 所示。

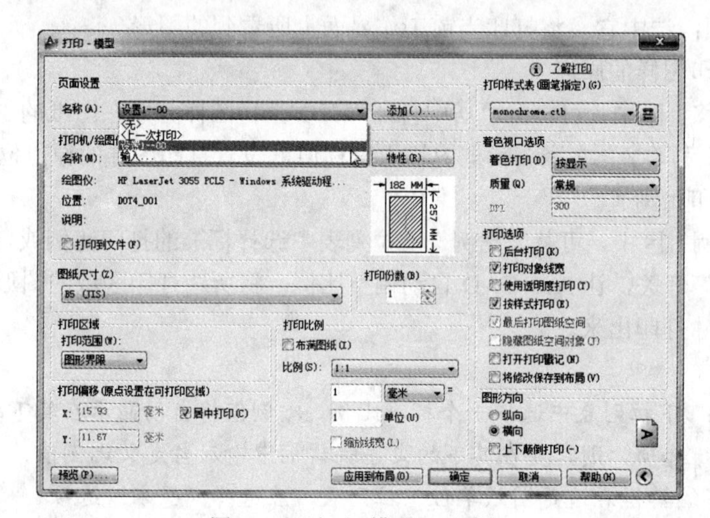

图 9.4 “打印-模型”对话框

具体操作过程如下。

（1）选择页面设置

从“打印-模型”对话框“页面设置”区的“名称”下拉列表中，选择要应用的页面设置，对话框中将显示该页面设置的有关内容。

说明：该页面设置的各项内容也可在此进行修改。

（2）指定打印份数

在“打印份数”区的文字编辑框内输入或指定要打印的份数。

（3）打印预览

单击“预览”按钮，开始预览，效果如图 9.5 所示。要退出预览，在该预览画面上右键单击，从弹出的右键快捷菜单中选择“退出”命令，也可按〈Esc〉键返回“打印-模型”对话框。

如果预览效果不理想，可再修改设置，再预览，直至满意为止。

（4）开始打印

预览满意后，单击“确定”按钮，开始打印出图。

说明：如果要打印的第 2 张图样和上一张图样的打印设置完全相同，只需要在“打印-模型”对话框“页面设置”区的“名称”下拉列表中，选择“上一次打印”选项，确定后，即可打印出与上次打印设置完全相同的图样。

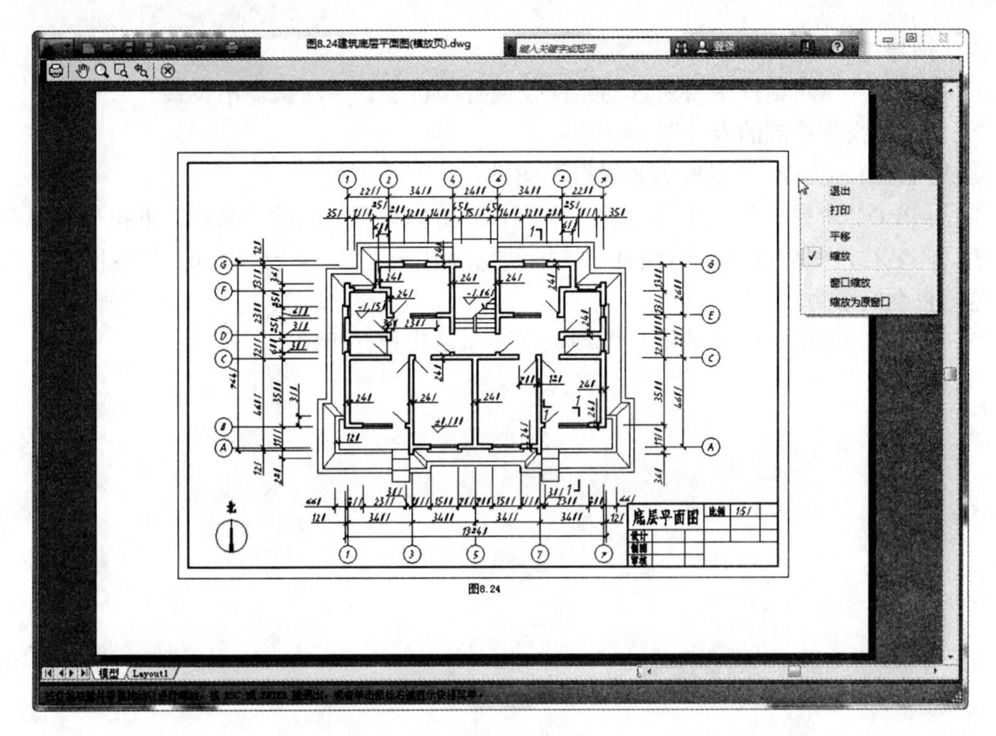

图 9.5　打印预览

9.3　从图纸空间打印图样

从图纸空间打印图样，可为同一个图形文件创建多个图纸布局和打印方案。在模型空间中绘制的图形，输出时，如果需要用不同的比例来显示某部分（如：绘制局部放大图），或用不同的视点来显示在模型空间中所绘的同一个图形（如：平面图和轴测图），就要重新布局，从图纸空间输出图形。

布局是一个图纸空间环境，默认时，AutoCAD 把整个绘图区作为一个单一的视口，需要时可把绘图区设置成多个视口。视口可以是任意多边形，每个视口用来显示图形的不同部分。通过布局，用户可以多侧面地表现同一图形。其详细内容可参见有关手册。

上机练习与指导

1．基本操作训练

（1）按 9.1 节所述内容了解模型空间、图纸空间、布局与视口。
（2）按 9.2 节所述内容练习在模型空间中进行图样的打印设置和预览。

2．工程绘图训练

作业：
对第 8 章所绘制的专业图进行页面设置并进行打印预览，满意后保存。

作业指导：

① 在“选项”对话框中将所选的绘图仪或打印机设置为默认输出设备。

② 打开一张所绘制的专业图。

③ 用 PAGESETUP 命令按需要进行页面设置。

④ 用 PLOT 命令，在“打印-模型”对话框“页面设置”区的“名称”下拉列表中选择所设置的页面名称，然后进行打印预览。如果预览效果不理想，则按〈Esc〉键返回进行修改，再预览，直至满意为止。

⑤ 打开所绘制的其他专业图，同理进行页面设置和打印预览。

第 10 章

绘制三维实体

📖本章导读

AutoCAD 2012 有非常强大的三维功能，可以用多种方法进行三维建模，方便地进行编辑，还可实现动态观察。本章按照绘制工程形体的思路，循序渐进地介绍绘制三维工程形体的方法和技巧。

应掌握的知识要点：

- 设置适合自己的三维建模工作界面；
- 用实体命令分别绘制底面为投影面平行面（水平面、正平面和侧平面）的基本三维实体；
- 动态 UCS 的应用；
- 用拉伸的方法分别绘制底面为水平面、正平面和侧平面的直柱体的三维实体；
- 用扫掠的方法绘制沿指定路径和截面生成的特殊体的三维实体；
- 用放样的方法分别绘制台体和渐变体的三维实体；
- 用旋转的方法分别绘制铅垂轴、正垂轴和侧垂轴回转体的三维实体；
- 应用布尔命令绘制叠加类组合体、切割类组合体和综合类组合体的三维实体；
- 创建多视口，用多视口绘制工程三维实体；
- 用二维编辑命令编辑三维实体，拉压三维实体，剖切三维实体，用三维夹点改变基本三维实体的大小和形状，三维移动和三维旋转实体。
- 实时手动观察三维实体，用三维轨道手动观察三维实体，连续动态观察三维实体。

10.1 三维建模工作界面

在 AutoCAD 2012 中绘制三维实体，应熟悉三维建模工作界面，并按需要进行设置。

10.1.1 进入 AutoCAD 2012 三维建模工作空间

在 AutoCAD 2012 中，要从二维绘图工作空间切换到三维建模工作空间，可在界面上方的“工作空间”下拉列表中选择“三维基础”或“三维建模”选项，AutoCAD 将显示“三维基础”和“三维建模”工作界面，如图 10.1 和图 10.2 所示。

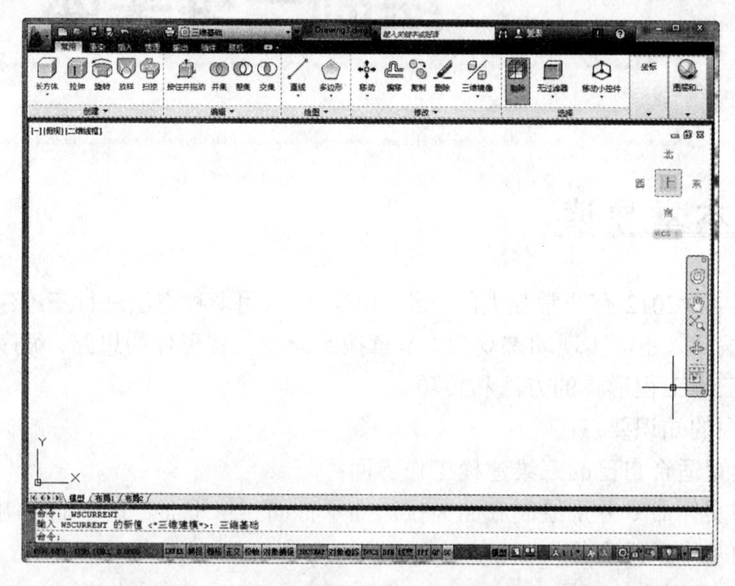

图 10.1 AutoCAD 2012 的“三维基础”工作界面

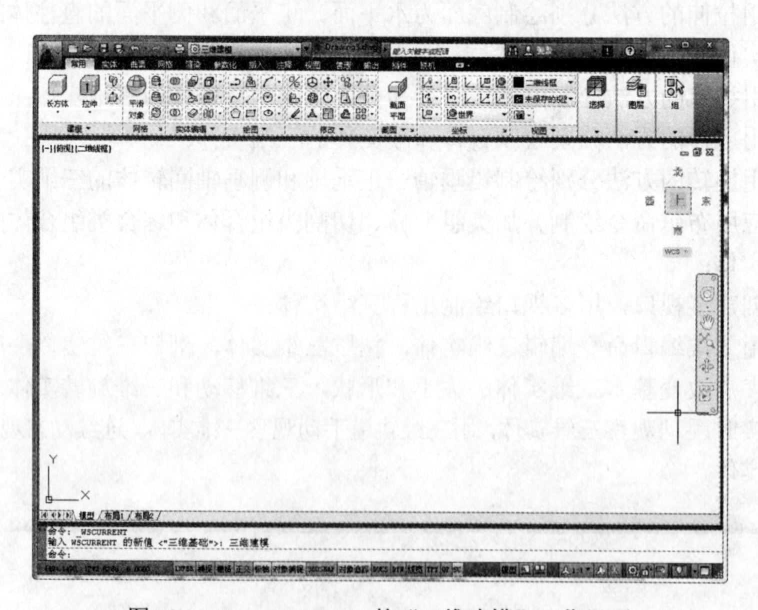

图 10.2 AutoCAD 2012 的“三维建模”工作界面

10.1.2　认识 AutoCAD 2012 三维建模工作界面

AutoCAD 2012“三维基础”工作界面隐藏了三维建模不需要的界面项，仅显示与基础三维建模相关的选项卡（常用、渲染、插入、管理、输出、插件、联机），单击某选项卡将在功能区中显示相应的工具栏（一组相关的命令构成一个工具栏）。功能区布置在绘图区的上部。

AutoCAD 2012“三维建模”工作界面显示与各种三维建模相关的选项卡（常用、实体、曲面、网络、渲染、参数化、插入、注释、视图、管理、输出、插件、联机），单击某选项卡将在功能区中显示相应的工具栏，功能区也布置在绘图区的上部。

AutoCAD 2012 三维建模工作界面的功能区具有自动隐藏功能，单击选项卡标签右侧的按钮即可在“最小化为选项卡”、“最小化为面板标题”、“最小化为面板按钮”之间进行切换。

在默认状态下，“三维基础”工作界面功能区中显示的是“常用”选项卡对应的内容，包括“创建”、“编辑”、“绘图”、“修改”、“选择”、“坐标”、“图层和视图”7 个工具栏，如图 10.3 所示。

图 10.3　“三维基础”工作界面中显示“常用”选项卡的功能区

10.1.3　设置个性化的三维建模工作界面

在 AutoCAD 2012 中绘制三维实体，首先需要设置适合自己的三维建模工作界面。初级使用者可以在“三维基础”工作界面上再增加一些所需的工具栏。设置三维建模工作界面最实用的方法是：在自创建的二维工作界面基础上，增加一些常用的三维建模命令工具栏。

三维建模常用的工具栏有：“建模”、“实体编辑”、“视图”、“视觉样式”、“动态观察”、“视口”6 个工具栏，将它们放置在界面的适当位置，然后在“工作空间”下拉列表中选择“将当前工作空间另存为”选项，在弹出的“保存工作空间”对话框中输入新建工作界面的名称，单击“保存”按钮，AutoCAD 将保存该工作界面并将其置为当前。

如图 10.4 所示是“建模”工具栏，该工具栏中的各命令用来绘制三维实体。

图 10.4　“建模”工具栏

如图 10.5 所示是“实体编辑”工具栏，该工具栏中的各命令用来编辑三维实体。

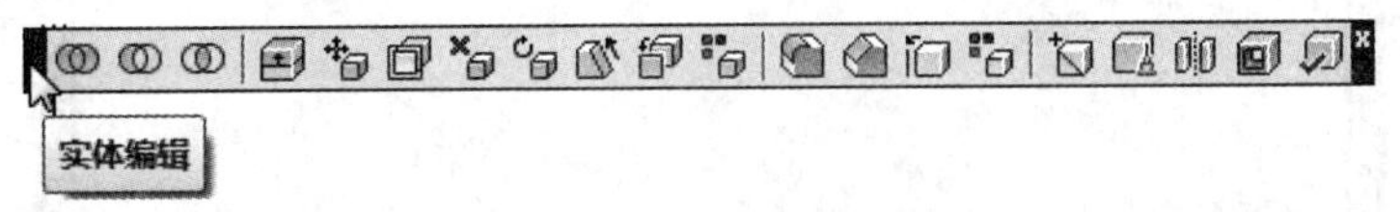

图 10.5　“实体编辑”工具栏

如图 10.6 所示是“视图”工具栏，该工具栏中的各命令用来设置显示三维实体的绘图状态，包括“俯视”、“仰视”、“前视”、“后视”、“左视”、“右视”、“西南等轴测”、“东南等轴测”、“东北等轴测”和“西北等轴测”10 种绘图状态。

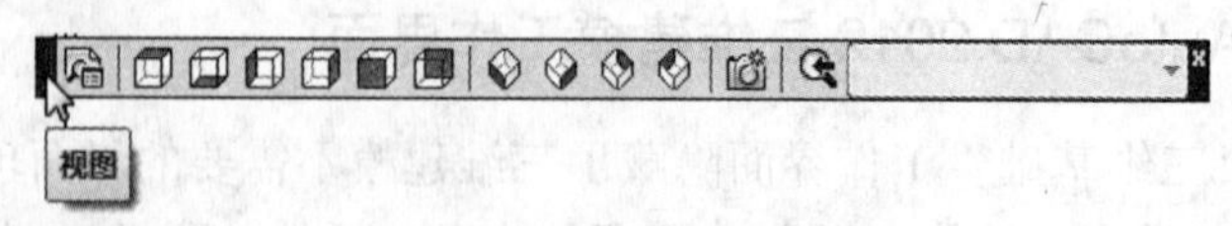

图 10.6 “视图”工具栏

说明：绘图区左上角视口控件“[—] [俯视]”显示当前的绘图状态，也可从该下拉列表中选项设置显示三维实体的绘图状态。

图 10.7 “视觉样式”工具栏

如图 10.7 所示是“视觉样式”工具栏，该工具栏中的各命令用来设置显示三维实体的视觉样式（即显示效果），包括“二维线框”、“三维隐藏”、“三维线框”、“概念”和“真实”5 种视觉样式。

说明：绘图区左上角视口控件“[二维线框]”显示当前的视觉样式，也可从该下拉列表中选项设置显示三维实体的视觉样式（AutoCAD 2012 在此增加了“着色”、“灰度”、“勾画”等几种视觉样式）。

图 10.8 “动态观察”工具栏

如图 10.8 所示“动态观察”工具栏，该工具栏中的各命令用来设置观察三维实体的方式，包括“受约束的动态观察”、“自由动态观察”、“连续动态观察”3 种观察方式。

图 10.9 “视口”工具栏

如图 10.9 所示是“视口”工具栏，该工具栏中的各命令用来设置和切换视口。

说明：在绘制三维实体过程中，经常要根据需要改变绘图状态和视觉样式。如图 10.10 所示是自定义的三维建模工作界面，其显示的是“西南等轴测”三维绘图状态和“真实”视觉样式。

提示：在绘制工程三维实体过程中，一般先将视觉样式设置为“二维线框”，绘制完成后或需要时，再选“真实”或“概念”视觉样式显示三维实体。

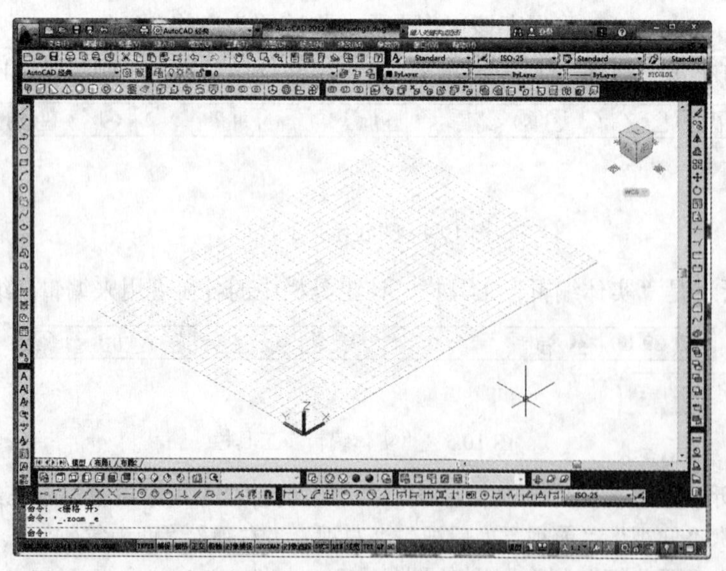

图 10.10 显示自创的三维“真实”视觉样式的三维建模工作界面

10.2　绘制基本三维实体

AutoCAD 2012 提供了多种三维建模（即绘制基本三维实体）的方法，可根据绘图的已知条件，选择适当的建模方式。绘制三维实体和二维平面图形一样，可综合应用按尺寸绘图的各种方式进行精确绘图。

10.2.1　用实体命令绘制基本体的三维实体

AutoCAD 2012 提供的基本实体包括：圆柱体、圆锥体、球体、长方体、棱锥体、楔体（三棱柱体）、圆环体，另外还有多段体。绘制这些基本实体的命令按钮，均布置在“建模”工具栏中。

1. 绘制底面为水平面的基本实体

以绘制底面为水平面的圆柱为例，具体操作步骤如下。

① 新建一张图。用 NEW 命令新建一张图。

② 设置三维绘图环境。

- 用“选项”对话框修改常用的几项系统配置。
- 在状态栏中设置所需的辅助绘图工具模式（包括“3DOSNAP”三维对象捕捉模式）。
- 创建所需的图层并赋予适当的颜色和线宽。
- 按 10.1.3 节所述内容设置三维建模工作界面。

③ 设置视图状态。在“视图”工具栏中，先设置为反应底面实形的视图“俯视”状态（单击“俯视”按钮），然后再设置为“西南等轴测”状态（单击“西南等轴测”按钮），AutoCAD 将显示水平面方位的工作平面（UCS 的 *XY* 平面为水平面）。

④ 输入实体命令。单击“建模”工具栏中的“圆柱体”按钮。

⑤ 进行三维建模。按命令提示依次指定：底面的圆心位置⇨半径（或直径）⇨圆柱高度，效果如图 10.11 所示。

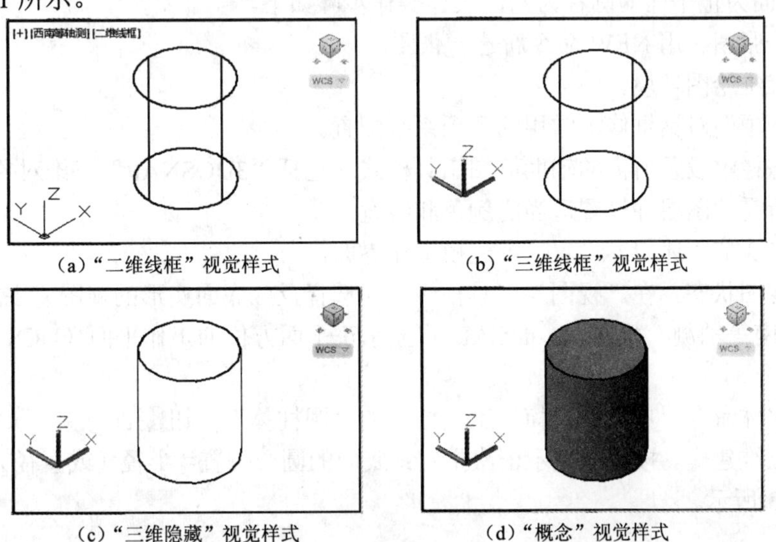

（a）“二维线框”视觉样式　（b）“三维线框”视觉样式

（c）“三维隐藏”视觉样式　（d）“概念”视觉样式

图 10.11　底面为水平面的圆柱的三维建模效果

同理，可绘制其他底面为水平面的基本实体，效果如图 10.12 所示。

说明：

① 绘制棱锥体时，输入“棱锥体”命令后，AutoCAD 首先提示：“指定底面的中心点或［边(E)／侧面(S)]:”，若要绘制四棱锥以外的其他棱锥体，应在该提示行中选择“S”项，指定棱锥体的底面边数，然后再按提示依次指定：底面的中心点⇨底面的半径⇨棱锥的高度（也可选“顶面半径”项绘制棱台）。若在提示行中选择“E”项，可指定底面边长绘制底面。

② 绘制多段体时，输入“多段体”命令后，AutoCAD 首先提示：“指定起点或［对象(O)／高度(H)／宽度(W)／对正(J)]〈对象〉:”，应在该提示行中分别选择“H”和“W”项，指定所要绘制多段体的高度和厚度，然后再按提示依次指定：起点⇨下一个点（也可选项画圆弧）⇨下一个点，直至结束命令。

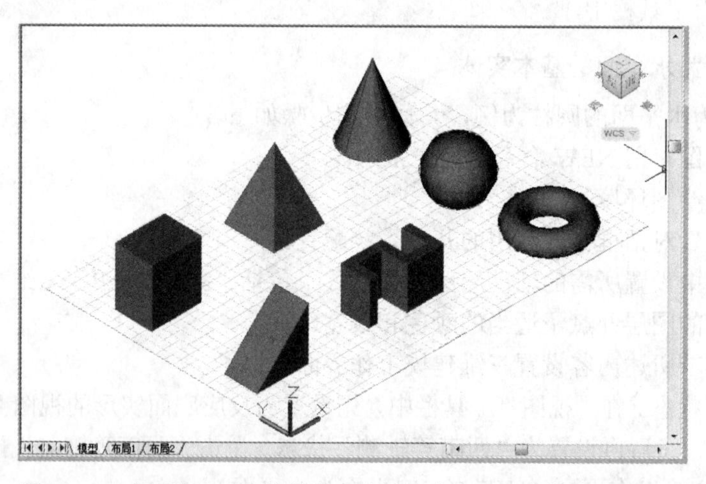

图 10.12　底面为水平面的基本实体的“真实”视觉样式显示效果

2. 绘制底面为正平面的基本实体

以绘制底面为正平面的圆柱为例，具体操作步骤如下。

① 新建一张图。用 NEW 命令新建一张图。

② 设置三维绘图环境。

- 用“选项”对话框修改常用的几项系统配置。
- 在状态栏中设置所需的辅助绘图工具模式（包括“3DOSNAP”三维对象捕捉模式）。
- 创建所需的图层并设置适当的颜色和线宽。
- 按 10.1.3 节所述内容设置三维建模工作界面。

③ 设置视图状态。在“视图”工具栏中，先选择反应底面实形的视图“主视”状态，然后再选择“西南等轴测”状态。AutoCAD 将显示正平面方位的工作平面（UCS 的 *XY* 平面为正平面）。

④ 输入实体命令。单击“建模”工具栏中的“圆柱体”按钮。

⑤ 进行三维建模。按命令提示依次指定：底面的圆心位置⇨半径（或直径）⇨圆柱高度，效果如图 10.13 所示。

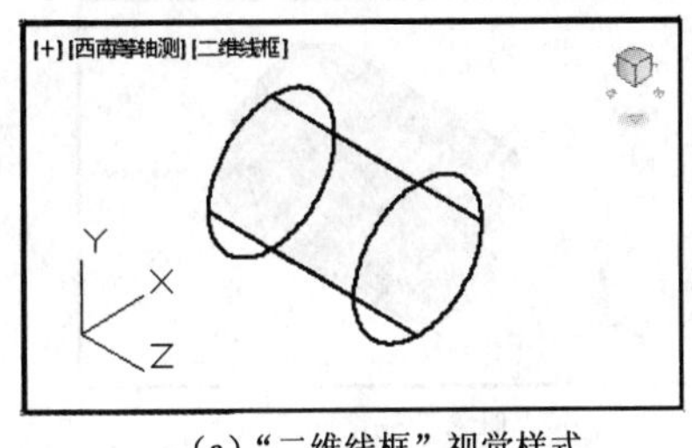

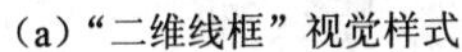
（a）“二维线框”视觉样式

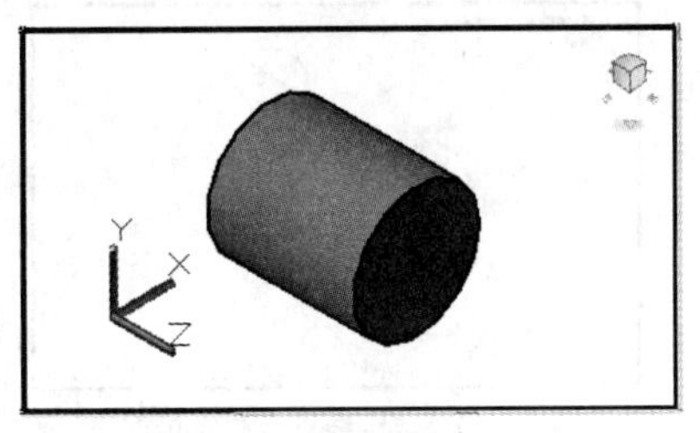

（b）“概念”视觉样式

图 10.13　底面为正平面的圆柱的三维建模效果

同理，可绘制其他底面为正平面的基本实体，效果如图 10.14 所示。

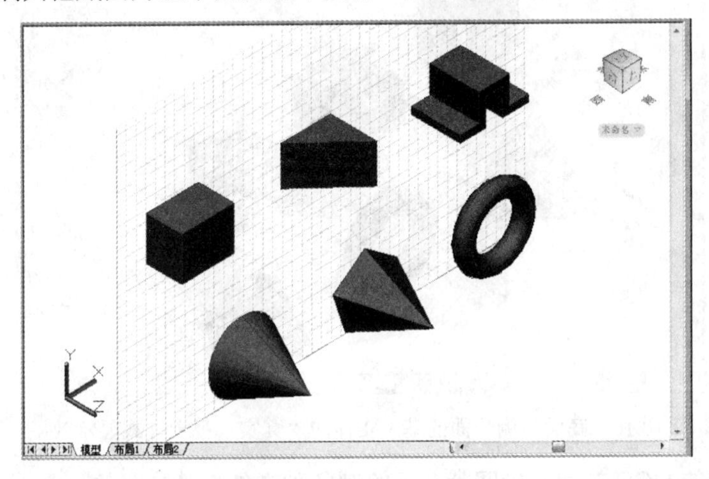

图 10.14　底面为正平面的基本实体的“真实”视觉样式显示效果

3．绘制底面为侧平面的基本实体

以绘制底面为侧平面的圆柱为例，具体操作步骤如下。

① 新建一张图。用 NEW 命令新建一张图。

② 设置三维绘图环境。

- 用“选项”对话框修改常用的几项系统配置。
- 在状态栏中设置所需的辅助绘图工具模式（包括“3DOSNAP”三维对象捕捉模式）。
- 创建所需的图层并设置适当的颜色和线宽。
- 按 10.1.3 节所述内容设置三维建模工作界面。

③ 设置视图状态。在“视图”工具栏中，先选择反应底面实形的视图“左视”状态，然后再选择“西南等轴测”状态。AutoCAD 将显示侧平面方位的工作平面（UCS 的 *XY* 平面为侧平面）。

④ 输入实体命令。单击“建模”工具栏中的“圆柱体”按钮。

⑤ 进行三维建模。按命令提示依次指定：底面的圆心位置⇨ 半径（或直径）⇨ 圆柱高度，效果如图 10.15 所示。

同理，可绘制其他底面为侧平面的基本实体，效果如图 10.16 所示。

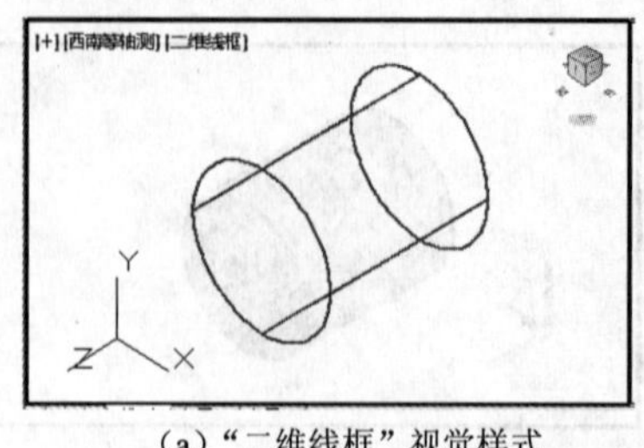

(a)"二维线框"视觉样式

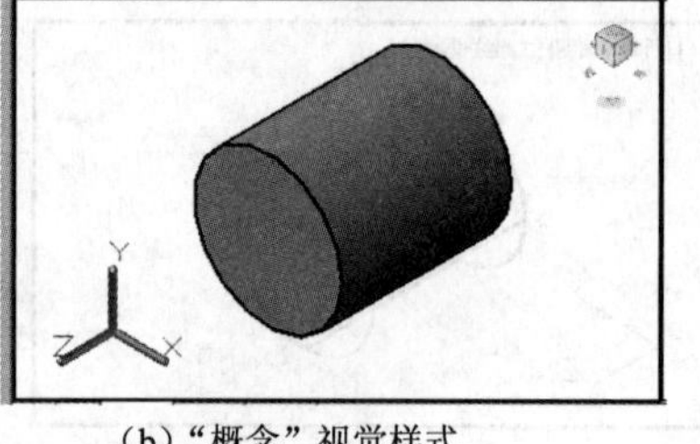

(b)"概念"视觉样式

图 10.15　底面为侧平面的圆柱的三维建模效果

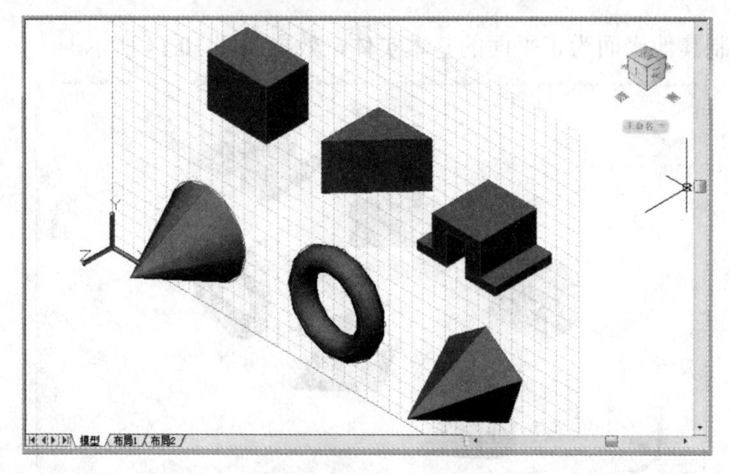

图 10.16　底面为侧平面的基本实体的"真实"视觉样式显示效果

4．应用动态的 UCS 在同一绘图状态下绘制多种方位的基本实体

UCS 即为用户坐标系。前面介绍的是用手动更改 UCS 的方式（如变换 UCS 的 *XY* 平面方向）来绘制不同方位的基本实体。在 AutoCAD 2012 中激活动态的 UCS，可以不改变绘图状态，直接绘制底面与选定平面（三维实体上的某平面）平行的基本实体，而无须手动更改 UCS，如图 10.17 所示。

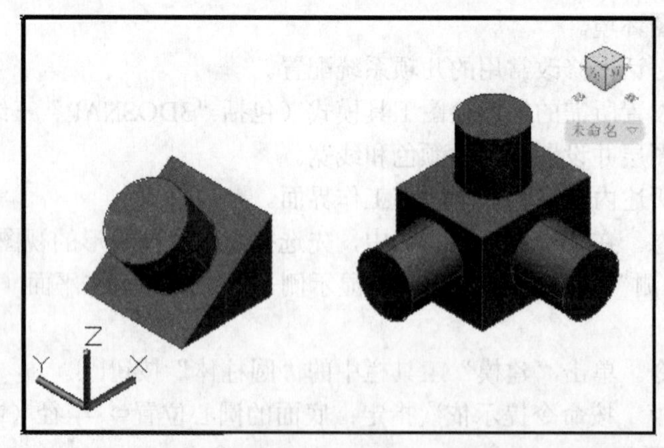

图 10.17　应用动态的 UCS 在同一绘图状态下绘制多方位基本实体示例

以绘制图 10.17 中三棱柱斜面上的圆柱为例（圆柱底面与三棱柱斜面平行），已知条件如图 10.18（a）所示。

具体操作步骤如下。

① 激活动态的 UCS。单击状态栏中的“DUCS”（允许/禁止动态 UCS）开关，使其呈现蓝色（打开）状态。

② 输入实体命令。单击“建模”工具栏中的“圆柱体”按钮。

③ 选择与底面平行的平面。将光标移动到要选择的三棱柱实体斜面的上方（注意：不需要按下鼠标按键），动态 UCS 自动将 UCS 的 *XY* 平面临时与该斜面对齐，如图 10.18（b）所示。

④ 操作命令绘制实体模型的底面。在临时 UCS 的 *XY* 平面中，按命令提示依次指定：底面的圆心位置⇨ 半径（或直径），绘制出圆柱实体的底面，如图 10.18（c）所示。

⑤ 操作命令给实体高度，完成绘制。按命令提示指定圆柱高度，确定后绘制出圆柱实体，如图 10.18（d）所示。

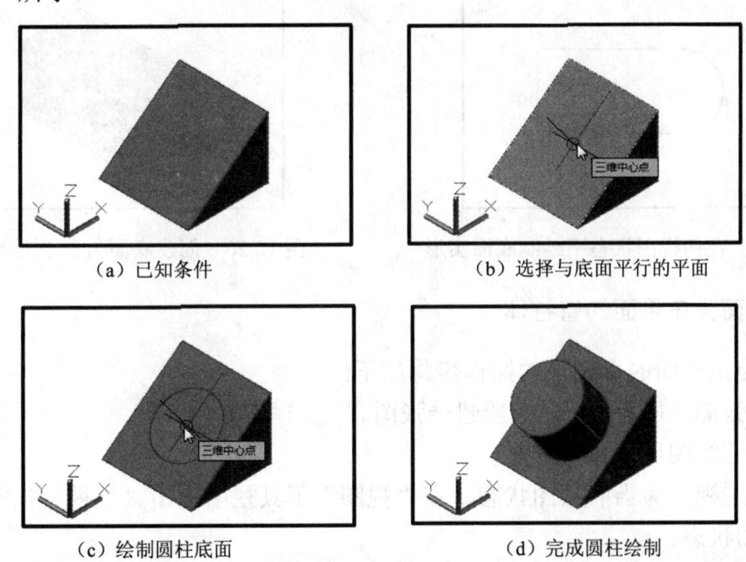

（a）已知条件　（b）选择与底面平行的平面

（c）绘制圆柱底面　（d）完成圆柱绘制

图 10.18　应用动态的 UCS 绘制选定方位基本实体示例

10.2.2　用拉伸的方法绘制直柱体的三维实体

拉伸方法常用来绘制各类柱体的三维实体。在 AutoCAD 中可根据需要绘制工程体中常见的各种方位的直柱体（侧棱与底面垂直的柱体称为直柱体）。

用拉伸的方法绘制三维实体，其实就是将二维对象（如：多段线、多边形、矩形、圆、椭圆、闭合的样条曲线）拉伸成三维对象。要进行三维建模的二维对象，必须是单一的闭合线段。如果是多个线段，则需要用 PEDIT（编辑多段线）命令将它们转换为单条封闭的多段线，或用 REGION（面域）命令将它们变成一个面域，然后才能拉伸。

1．绘制底面为水平面的直柱体

绘制底面为水平面的直柱体的操作步骤如下。

① 新建一张图。用 NEW 命令新建一张图。

② 设置三维绘图环境。

③ 设置“俯视”为当前绘图状态。在“视图”工具栏中单击“俯视”按钮，三维绘图区

将切换为俯视图状态。

④ 绘制底面实形。用相应的绘图命令绘制下（或上）底面实形，如图 10.19 所示；然后用 REGION（面域）命令将它们变成一个面域。

⑤ 设置“西南等轴测”为当前绘图状态。在“视图”工具栏中单击“西南等轴测”按钮，三维绘图区将切换为水平面等轴测图状态。

⑥ 输入拉伸命令。单击“建模”工具栏中的“拉伸”按钮（也可用“按住并拖动”按钮）。

⑦ 创建直柱体实体。按“拉伸”命令的提示依次：选择对象⇨指定拉伸高度。

效果如图 10.20 所示。

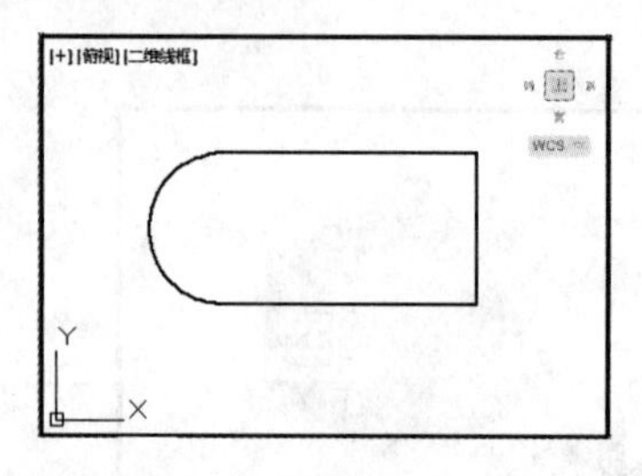

图 10.19　在俯视图状态下绘制底面实形

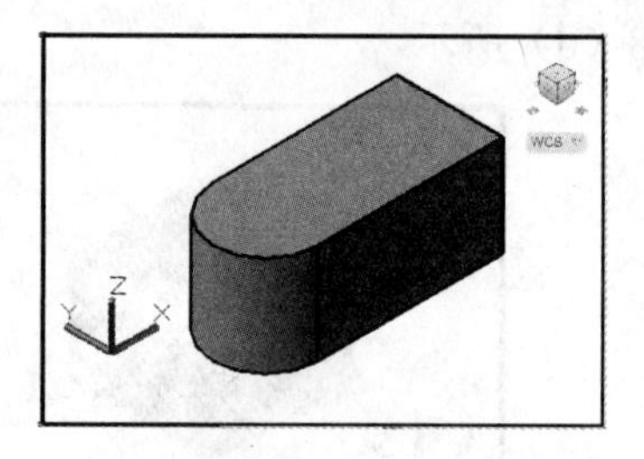

图 10.20　创建底面为水平面的直柱体

2．绘制底面为正平面的直柱体

绘制底面为正平面的直柱体的操作步骤如下。

① 新建一张图。用 NEW 命令新建一张图。

② 设置三维绘图环境。

③ 设置“主视”为当前绘图状态。在“视图”工具栏中单击“主视”按钮，三维绘图区将切换为主视图状态。

④ 绘制底面实形。用相应的绘图命令绘制后（或前）底面实形，如图 10.21 所示；然后用 REGION（面域）命令将它们变成一个面域。

⑤ 设置“西南等轴测”为当前绘图状态。在“视图”工具栏中单击“西南等轴测”按钮，三维绘图区将切换为正平面等轴测图状态。

⑥ 输入拉伸命令。单击“建模”工具栏中的“拉伸”按钮（也可用“按住并拖动”按钮）。

⑦ 创建直柱体实体。按“拉伸”命令的提示依次：选择对象⇨指定拉伸高度。效果如图 10.22 所示。

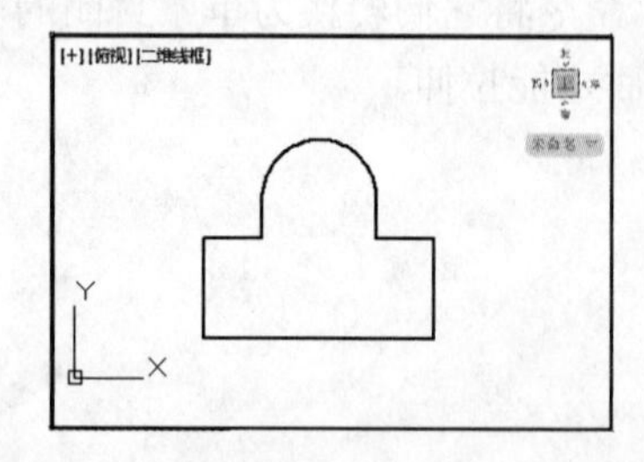

图 10.21　在主视图状态下绘制底面实形

图 10.22　创建底面为正平面的直柱体

3．绘制底面为侧平面的直柱体

绘制底面为侧平面的直柱体的操作步骤如下。

① 新建一张图。用 NEW 命令新建一张图。

② 设置三维绘图环境。

③ 设置“左视”为当前绘图状态。在“视图”工具栏中单击“左视”按钮，三维绘图区将切换为左视图状态。

④ 绘制底面实形。用相应的绘图命令绘制右（或左）底面实形，如图 10.23 所示；然后用 REGION 命令将它们转换成一个面域。

⑤ 设置“西南等轴测”为当前绘图状态。在“视图”工具栏中单击“西南等轴测”按钮，三维绘图区将切换为侧平面等轴测图状态。

⑥ 输入拉伸命令。单击“建模”工具栏中的“拉伸”按钮（也可用“按住并拖动”按钮）。

⑦ 创建直柱体实体。按“拉伸”命令的提示依次：选择对象⇨指定拉伸高度。

效果如图 10.24 所示。

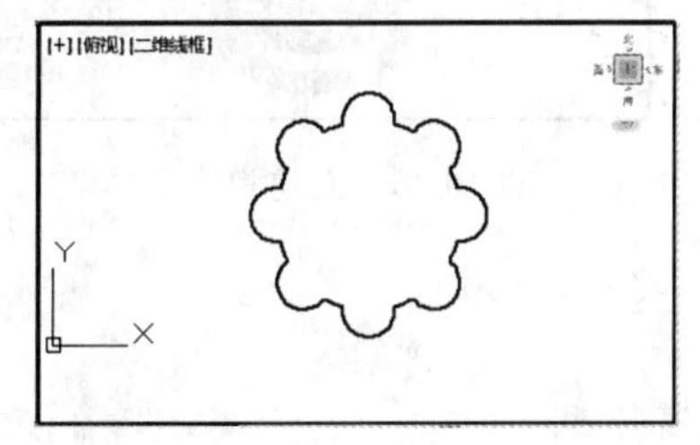

图 10.23　在左视图状态下绘制底面实形

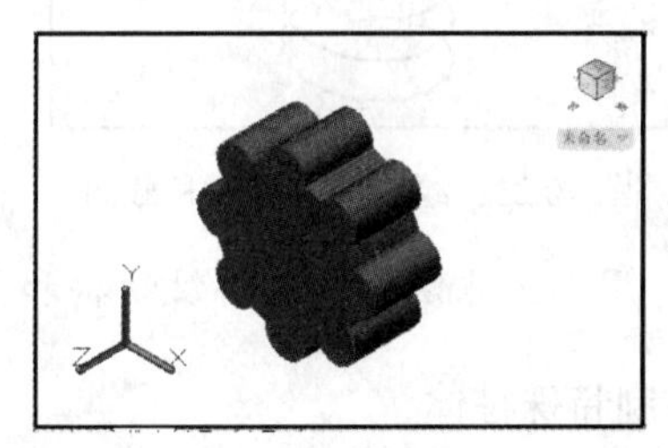

图 10.24　创建底面为侧平面的直柱体

说明：

① 在“拉伸”命令的提示行“指定拉伸的高度或[方向(D)/路径(P)/倾斜角(T)]<30.0000>:”中，若选择“D”项，可绘制斜柱体。

② 若选择“P”项，可指定拉伸路径绘制特殊柱体。

③ 若选择“T”项，可指定倾斜角绘制台体。

10.2.3　用扫掠的方法绘制弹簧和特殊柱体的三维实体

用扫掠的方法绘制实体，就是将二维对象（如：多段线、圆、椭圆和样条曲线等）沿指定路径拉伸，形成三维对象。扫掠实体的二维截面必须闭合，并且应是一个整体。如果是用 LINE 或 ARC 命令绘制扫掠的二维截面，则需要用 REGION（面域）命令将它们变成一个面域，或用 PEDIT（编辑多段线）命令将它们转换为单条封闭的多段线。扫掠实体的路径可以不闭合，但也必须是一个整体。

用扫掠方法生成的实体，其扫掠截面与扫掠路径垂直。

1．绘制弹簧

用扫掠的方法绘制弹簧的操作步骤如下。

① 新建一张图。用 NEW 命令新建一张图，并设置三维绘图环境。

② 设置“西南等轴测”为当前绘图状态。在“视图”工具栏中先单击“俯视”按钮，再单击“西南等轴测”按钮，显示水平面等轴测图状态。

③ 绘制扫掠路径。单击“建模”工具栏中的“螺旋”按钮，输入命令后，按提示依次：指定底面的中心点⇨指定底面半径（或直径）⇨指定顶面半径（或直径）⇨指定螺旋的高度（或选择圈高或圈数后，再指定螺旋的高度）。参见图 10.25 中的螺旋线。

④ 绘制扫掠截面。用 CIRCLE 命令绘制二维对象——弹簧的截面圆，参见图 10.25 中的小圆。

⑤ 输入“扫掠”命令。单击“建模”工具栏中的“扫掠”按钮。

⑥ 创建弹簧实体。按“扫掠”命令的提示依次：选择要扫掠的对象（截面）⇨右键单击结束扫掠对象的选择⇨选择扫掠路径（螺旋线）。效果如图 10.26 所示。

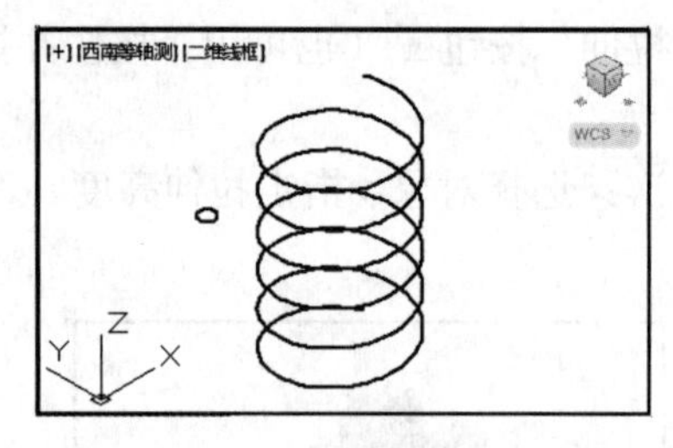

图 10.25　绘制扫掠路径和截面

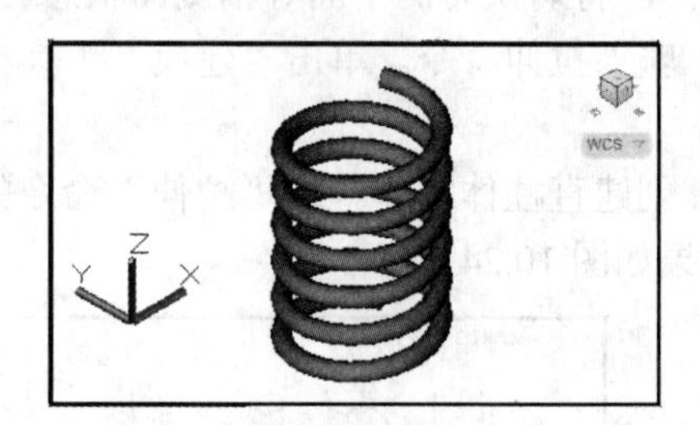

图 10.26　创建弹簧实体

说明： 用以上方法可绘制螺纹结构和其他类似的实体。

2. 绘制特殊柱体

用扫掠的方法绘制特殊柱体的操作步骤如下。

① 新建一张图。用 NEW 命令新建一张图，并设置三维绘图环境。

② 选择所需的视图或等轴测为当前绘图状态。本例设水平面等轴测图状态为当前绘图状态。

③ 绘制扫掠路径。用相应的绘图命令绘制二维对象——扫掠路径，参见图 10.27 中的曲线。

④ 绘制扫掠截面。用相应的绘图命令绘制二维对象——扫掠截面，参见图 10.27 中的平面。

⑤ 输入“扫掠”命令。单击“建模”工具栏中的“扫掠”按钮。

⑥ 创建特殊柱实体。按“扫掠”命令的提示依次：选择要扫掠的对象⇨右键单击结束扫掠对象的选择⇨选择扫掠路径。效果如图 10.28 所示。

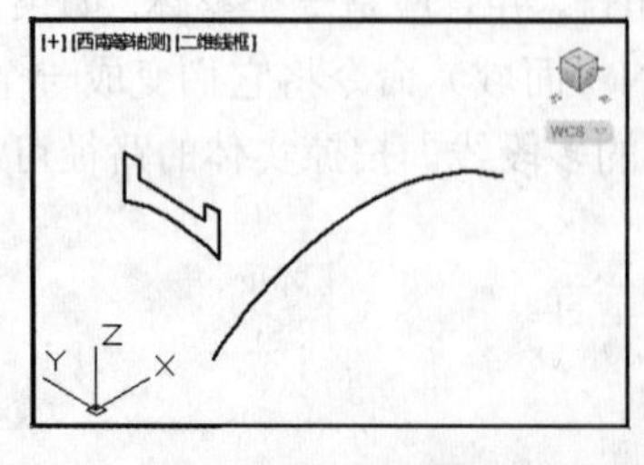

图 10.27　绘制扫掠路径和截面

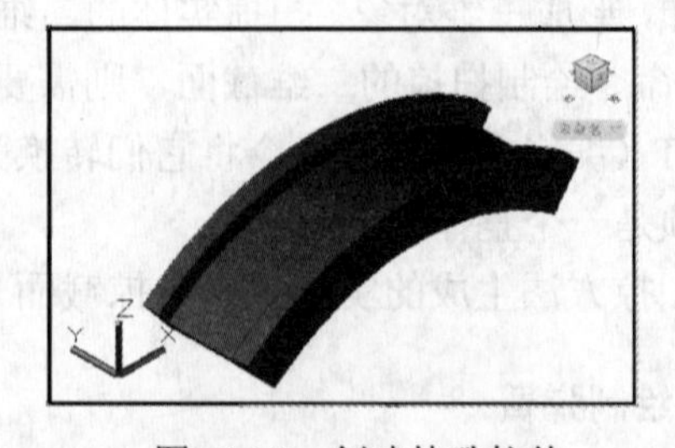

图 10.28　创建特殊柱体

10.2.4　用放样的方法绘制台体和渐变体的三维实体

用放样的方法绘制实体，就是将二维对象（如：多段线、圆、椭圆和样条曲线等）沿指定的若干横截面（也可仅指定两端面）形成三维对象。放样实体的二维横截面必须闭合，并应各为一个整体。如果是多个线段，则需要用 REGION（面域）命令将它们变成一个面域，或用 PEDIT（编辑多段线）命令将它们转换为单条封闭的多段线。

1. 绘制台体

用放样的方法绘制台体的操作步骤如下。

① 新建一张图。用 NEW 命令新建一张图，并设置三维绘图环境。

② 设置“俯视”为当前绘图状态。

③ 绘制两端面的实形。用相应的绘图命令绘制台体两端面的矩形，如图 10.29 所示。

④ 设置“西南等轴测”为当前绘图状态，三维绘图区将切换为水平面等轴测图状态。

⑤ 设置两端面之间的距离和相对位置。用 MOVE 命令，使台体两端面移动到设定的距离和相对位置，如图 10.30 所示。

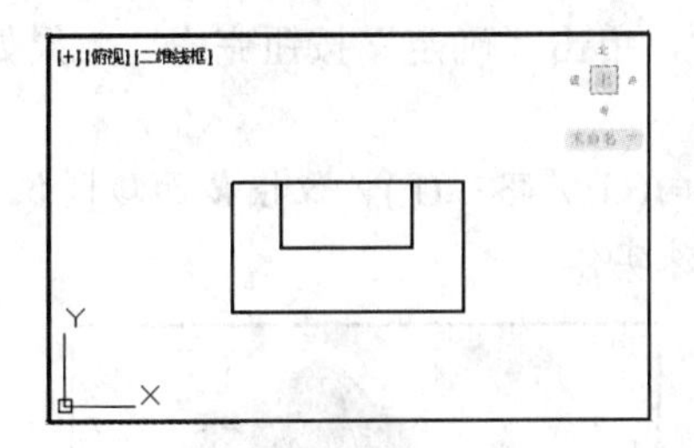

图 10.29　在“俯视”状态下绘制两端面实形

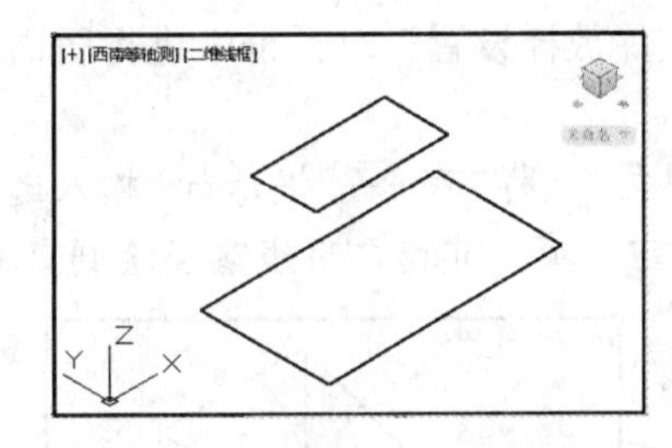

图 10.30　设置两端面之间的距离和相对位置

⑥ 输入放样命令。单击“建模”工具栏中的“放样”按钮。

⑦ 创建台体。按“放样”命令的提示依次：按顺序选择上、下底面⇨右键单击结束选择⇨按回车键确定（或选项），弹出“放样设置”对话框⇨在“放样设置”对话框中进行所需的设置，单击“确定”按钮完成。效果如图 10.31 所示。

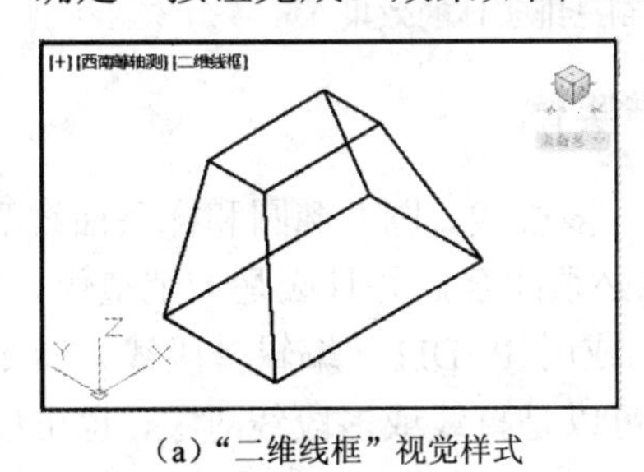

（a）“二维线框”视觉样式

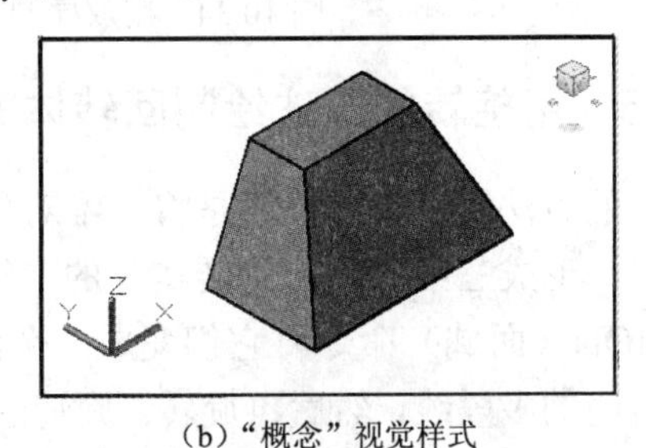

（b）“概念”视觉样式

图 10.31　用放样的方法绘制台体的效果

2. 绘制渐变体

以绘制两端面为侧平面的方圆渐变三维实体为例，具体操作步骤如下。

① 新建一张图。用 NEW 命令新建一张图，并设置三维绘图环境。

② 设置“左视”为当前绘图状态。

③ 绘制两端面的实形。用相应的绘图命令绘制两端面——圆和矩形，如图 10.32 所示。

④ 设置“西南等轴测”为当前绘图状态，三维绘图区将切换为侧平面等轴测图状态。

⑤ 设置两端面之间的距离和相对位置。用 MOVE 命令，使两端面移动到设定的距离和相对位置，如图 10.33 所示。

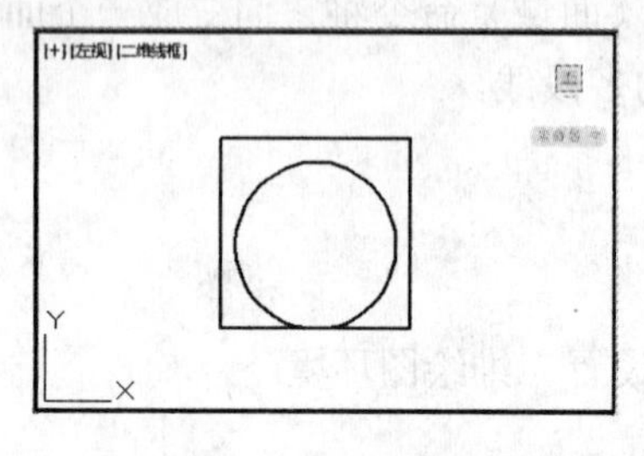

图 10.32 在“左视”状态下绘制两端面实形

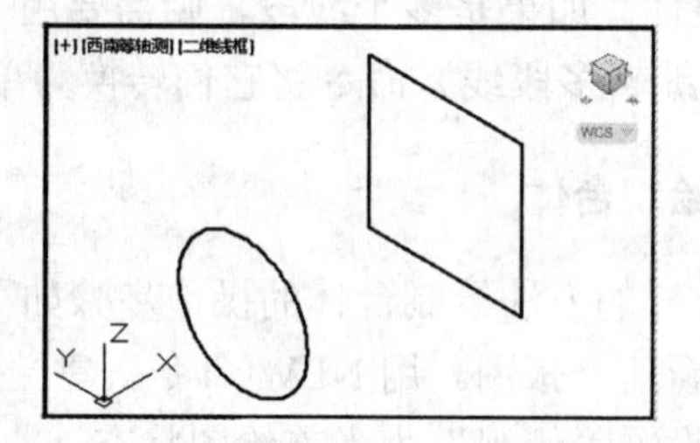

图 10.33 设置两端面之间的距离和相对位置

⑥ 输入放样命令。单击“建模”工具栏中的“放样”按钮。

⑦ 创建特殊柱实体。按“放样”命令的提示依次：选择要放样的起始横截面⇨继续按放样次序选择另一个横截面⇨右键单击结束选择⇨按回车键确定（或选项），弹出“放样设置”对话框⇨在“放样设置”对话框中进行所需的设置，单击“确定”按钮完成。效果如图 10.34 所示。

说明：在“放样”命令提示行“输入选项［导向(G)／路径(P)／仅横截面©］〈仅横截面〉:”中，选择“P”项，可指定曲线路径绘制变截面特殊实体。

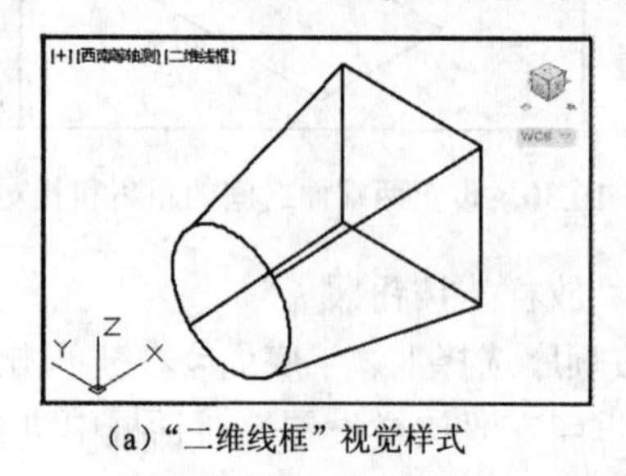

(a)“二维线框”视觉样式

(b)“真实”视觉样式

图 10.34 用放样的方法绘制三维实体的效果

10.2.5 用旋转的方法绘制回转体的三维实体

用旋转的方法绘制实体，就是将二维对象（如：多段线、圆、椭圆和样条曲线等）绕指定的轴线旋转，形成三维对象。旋转实体的二维对象必须闭合，并且应是一个整体。如果需要，可用 REGION（面域）命令将它们变成一个面域，或用 PEDIT（编辑多段线）命令将它们转换为单条封闭的多段线，然后再旋转。旋转的轴线可以是直线或多段线对象，也可以指定两个点来确定。

以绘制轴线为侧垂线（侧重轴）的回转体为例。具体操作步骤如下。

① 建一张图。用 NEW 命令新建一张图，并设置三维绘图环境。

② 设置“主视”（或“俯视”）为当前绘图状态。

③ 绘制旋转对象。用 PLINE 命令绘制旋转二维对象——正平面（或水平面），参见图 10.35 中的平面。

④ 绘制旋转轴线。用 LINE 命令绘制旋转轴线——侧垂线，参见图 10.35 中的直线。

⑤ 设置“西南等轴测”为当前绘图状态。在“视图”工具栏中单击“西南等轴测”按钮，显示等轴测图状态，如图 10.36 所示。

⑥ 输入旋转命令。单击“建模”工具栏中的“旋转”按钮。

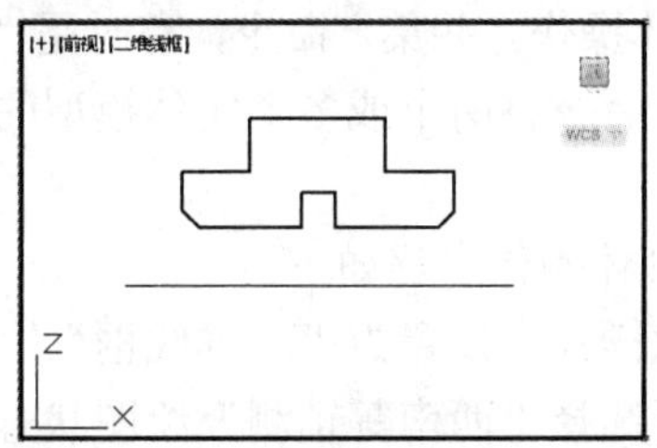

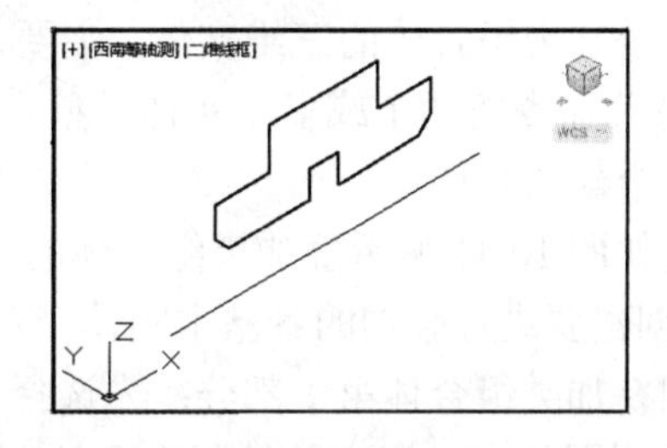

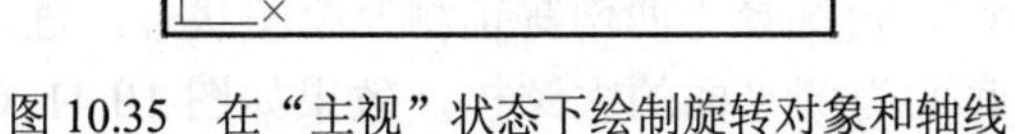

图 10.35　在“主视”状态下绘制旋转对象和轴线　　图 10.36　西南等轴测图状态

⑦ 创建回转实体。按“旋转”命令的提示依次：选择旋转对象⇨右键单击结束选择⇨指定旋转轴⇨输入旋转角度（输入 360，将生成一个完整的回转体；输入其他角度值，将生成部分回转体）。效果如图 10.37 和图 10.38 所示。

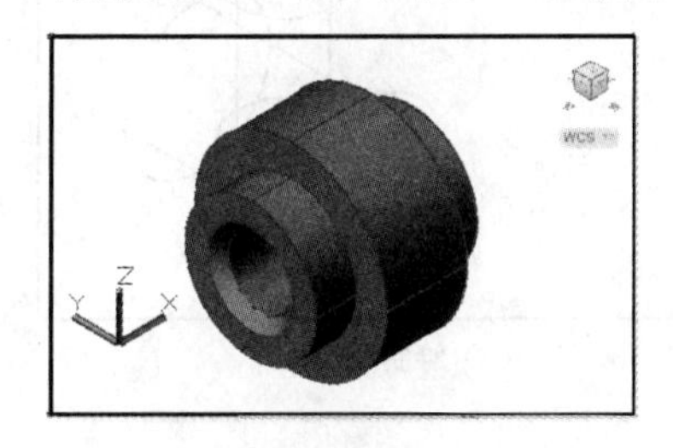

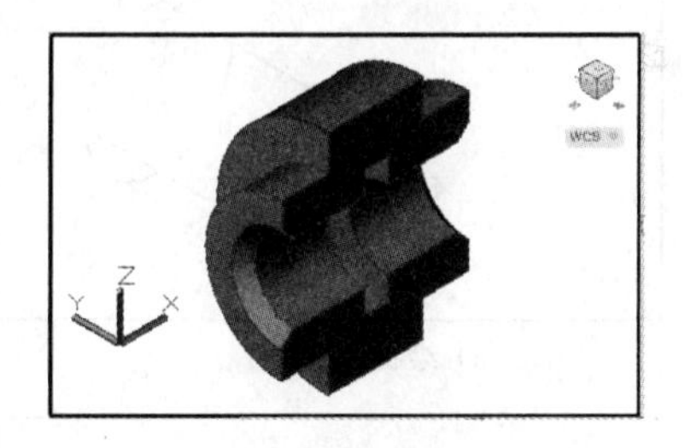

图 10.37　创建侧垂轴回转体（360°）　　图 10.38　创建侧垂轴回转体（180°）

说明：创建回转实体后，可将旋转轴线擦除。

同理，可绘制轴线为正垂线和轴线为铅垂线的回转体。要绘制轴线为正垂线的回转体，应在“左视”（或“俯视”）状态下绘制旋转的二维对象和旋转轴线；要绘制轴线为铅垂线的回转体，应在“主视”（或“左视”）状态下绘制旋转的二维对象和旋转轴线。效果如图 10.39 和图 10.40 所示。

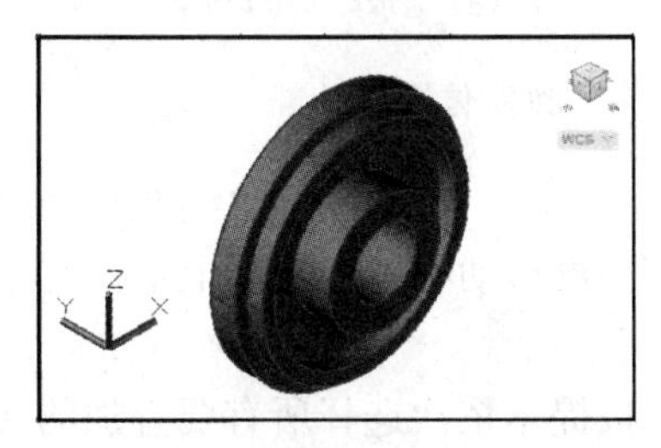

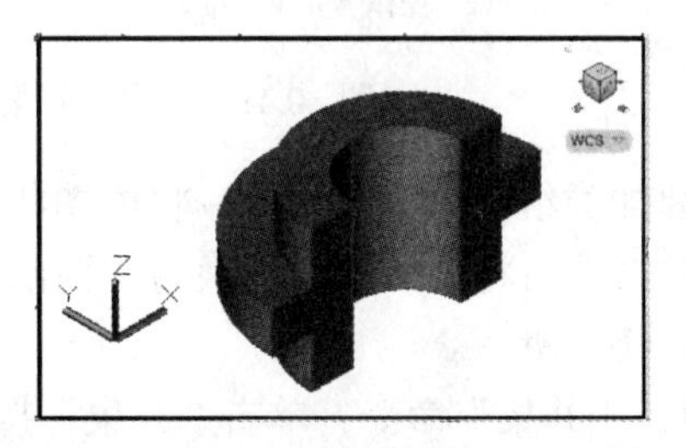

图 10.39　创建正垂轴回转体（360°）　　图 10.40　创建铅垂轴回转体（180°）

10.3　绘制组合体的三维实体

要绘制组合体三维实体，应首先创建组合体中的各基本实体，然后执行布尔命令。布尔命令包括“并集”、“差集”、“交集”3 种命令，可绘制叠加类组合体三维实体、切割类组合体三维实体和综合类组合体三维实体。

布尔命令布置在“建模”和“实体编辑”工具栏中。

10.3.1 绘制叠加类组合体的三维实体

绘制叠加类组合体的三维实体，主要是对基本实体操作“并集”命令，有时是“交集”命令。“并集”命令将两个或多个实体模型合并。“交集”命令将两个或多个实体模型的公共部分构造成一个新的实体。

绘制如图 10.41 所示叠加类组合体的三维实体，具体操作步骤如下。

① 创建要进行叠加的各基本实体。首先将“视觉样式”设置为“二维线框”。

绘制叠加类组合体第 1 部分：先选择“左视”，再选择“西南等轴测”绘图状态，进入侧平面等轴测图状态，用实体绘图命令绘制一个底面为侧平面的大圆柱，效果如图 10.41（a）所示。

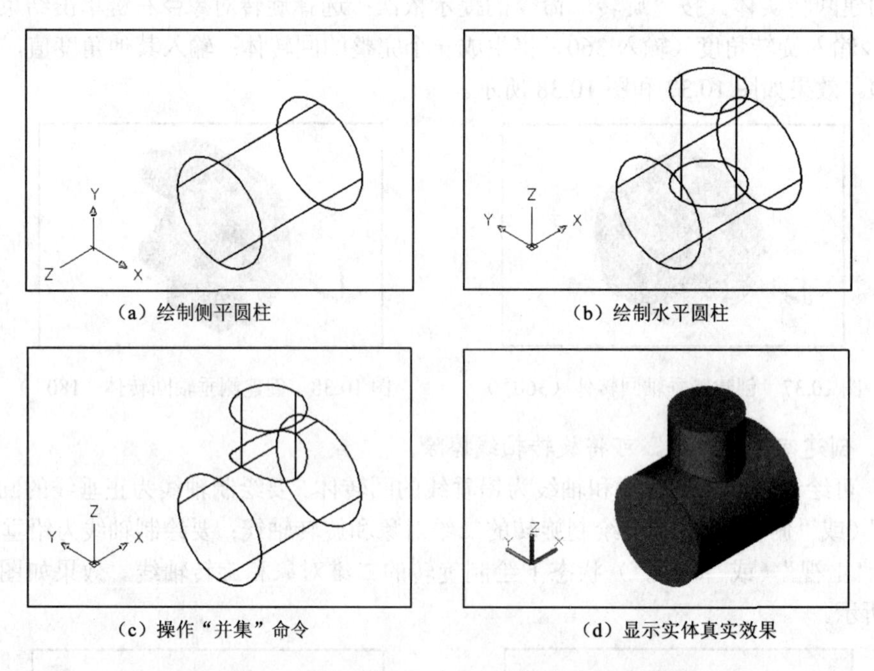

（a）绘制侧平圆柱　（b）绘制水平圆柱

（c）操作“并集”命令　（d）显示实体真实效果

图 10.41　应用“并集”命令绘制三维实体的示例

绘制叠加类组合体第 2 部分：将绘图状态切换为“俯视”，准确定位绘制一个底面为水平面的小圆柱，然后将视图状态切换为“西南等轴测”，再移动小圆柱使其上下位置合适，效果如图 10.41（b）所示。

② 操作“并集”命令。单击“并集”按钮，按提示依次选择所有要叠加的实体，确定后，所选实体合并为一个实体，并显示立体表面相交线，效果如图 10.41（c）所示。

③ 显示实体真实效果。将“视觉样式”设置为“真实”，立即显示实体真实效果，如图 10.41（d）所示。

说明：用“交集”命令绘制叠加类组合体的操作步骤基本同上。如图 10.42 所示为两个轴线平行的水平圆柱操作“交集”命令的过程和效果。

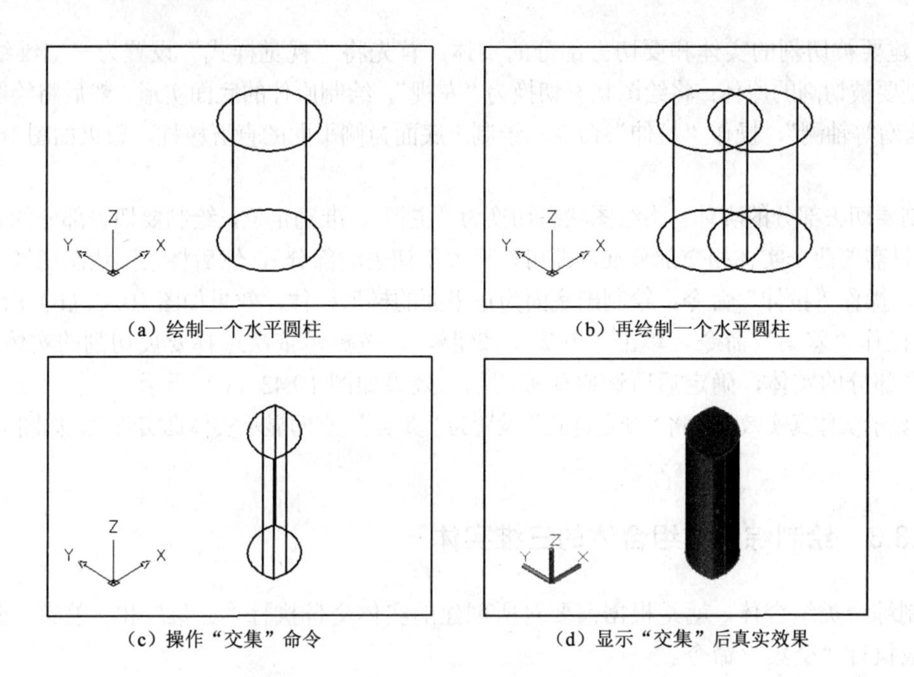

（a）绘制一个水平圆柱　（b）再绘制一个水平圆柱

（c）操作“交集”命令　（d）显示“交集”后真实效果

图 10.42　应用“交集”命令绘制三维实体的示例

10.3.2　绘制切割类组合体的三维实体

绘制切割类组合体的三维实体，就是对基本实体操作“差集”命令。“差集”命令从一个实体中减去另一个或多个实体。

绘制如图 10.43 所示切割类组合体的三维实体，具体操作步骤如下。

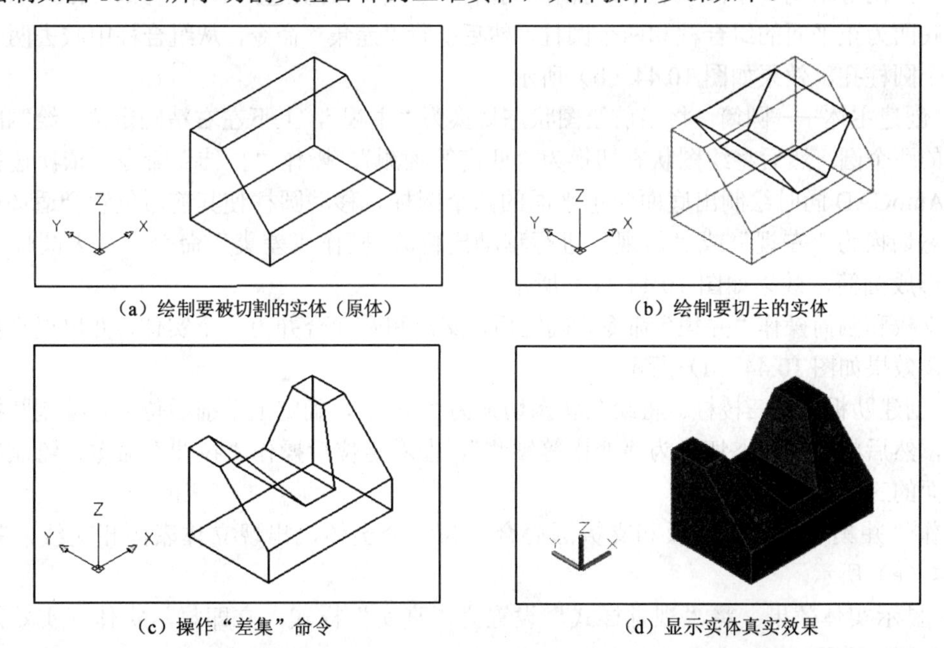

（a）绘制要被切割的实体（原体）　（b）绘制要切去的实体

（c）操作“差集”命令　（d）显示实体真实效果

图 10.43　应用“差集”命令绘制三维实体的示例

① 建要被切割的实体和要切去部分的实体。首先将“视觉样式”设置为“二维线框”。

绘制要被切割的原体：将绘图状态切换为“左视”，绘制原体的底面实形，然后将绘图状态切换为“西南等轴测”，操作“拉伸”命令，绘制出底面为侧平面的直五棱柱，效果如图 10.43（a）所示。

绘制要切去部分的实体：将绘图状态切换为“主视”，准确定位，绘制要切去部分的底面实形（该实体只需要两个实体相交部分准确即可，可大于切去的部分），然后将绘图状态切换为“西南等轴测”，操作“拉伸”命令，绘制出底面为正平面的梯形柱体，效果如图 10.43（b）所示。

② 操作“差集”命令。单击“差集”按钮，按提示依次选择要被切割的实体（原体）和要切去部分的实体，确定后所选原体被切割，效果如图 10.43（c）所示。

③ 显示实体真实效果。将“视觉样式”设置为“真实”，立即显示实体真实效果，如图 10.43（d）所示。

10.3.3 绘制综合类组合体的三维实体

绘制综合类组合体，就是根据需要对所创建的实体交替执行“并集”和“差集”命令，必要时还应执行“交集”命令。

绘制如图 10.44 所示综合类组合体的三维实体，具体操作步骤如下。

① 创建支板——挖去两圆柱孔的组合柱。首先将“视觉样式”设置为“二维线框”。

将绘图状态切换为“主视”，绘制支板的底面实形组合线框，并使其成为一个整体，再绘制要挖去的两个圆柱的底面实形，然后将绘图状态切换为 “西南等轴测”，效果如图 10.44（a）所示。

在“西南等轴测”绘图状态下，操作“拉伸”命令，依次选择 3 个对象，AutoCAD 同时绘制出底面为正平面的组合柱和两个圆柱，然后执行“差集”命令，从组合柱中减去两个圆柱形成两个圆柱孔，效果如图 10.44（b）所示。

② 创建主体——圆筒。将当前绘图状态切换为“主视”，上下左右精确定位，绘制圆筒底面实形的两个圆；然后将绘图状态切换为“西南等轴测”，操作“拉伸”命令，依次选择两个对象，AutoCAD 同时绘制出底面为正平面的两个圆柱，移动圆柱使其前后位置合适（也可将视图状态切换为“左视”或“俯视”进行移动定位）；操作“差集”命令，从大圆柱中减去小圆柱形成圆筒，效果如图 10.44（c）所示。

对支板和圆筒操作“并集”命令，确定后，支板和圆筒合并为一个实体，并出现立体表面相交线，效果如图 10.44（d）所示。

③ 创建肋板——三棱柱。将绘图状态切换为“左视”，确定上下前后位置，绘制肋板的底面实形，然后将绘图状态切换为“西南等轴测”，左右定位后操作“拉伸”命令，绘制出底面为侧平面的三棱柱。

操作“并集”命令将肋板和支板圆筒合并为一个实体，出现立体表面相交线，效果如图 10.44（e）所示。

④ 显示实体效果。将“视觉样式”设置为“真实”样式，立即显示实体真实效果，如图 10.44（f）所示。

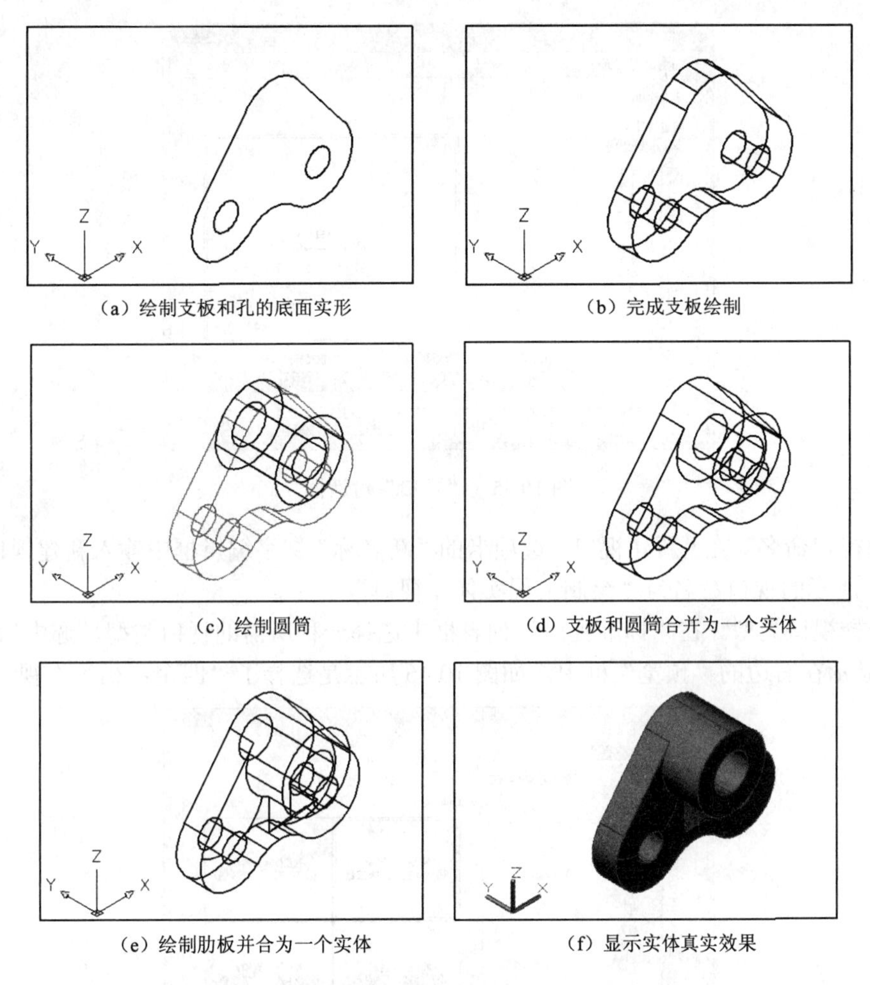

（a）绘制支板和孔的底面实形　（b）完成支板绘制

（c）绘制圆筒　（d）支板和圆筒合并为一个实体

（e）绘制肋板并合为一个实体　（f）显示实体真实效果

图 10.44　综合应用布尔命令绘制三维实体的示例

10.4　用多视口绘制工程三维实体

多视口是指把屏幕划分成若干矩形框，用这些视口可以分别显示同一形体的不同视图。多视口可在不同的视口中分别建立主视图、俯视图、左视图、右视图、仰视图、后视图、等轴测图（AutoCAD 提供有 4 种等轴测图：西南等轴测、东南等轴测、东北等轴测、西北等轴测，分别用于将视口设置成从 4 个方向观察的等轴测图）。在多视口中，无论在哪个视口中绘制和编辑图形，其他视口中的图形都将随之变化。

在绘制工程三维实体时，有时在屏幕上同时显示工程形体的主视图、俯视图、左视图和等轴测图会使绘图更加方便。

10.4.1　创建多视口

创建多视口的具体操作步骤如下。

① 输入命令。单击“视口”工具栏中的“显示视口对话框”按钮，将弹出“视口”对话框，如图 10.45 所示。

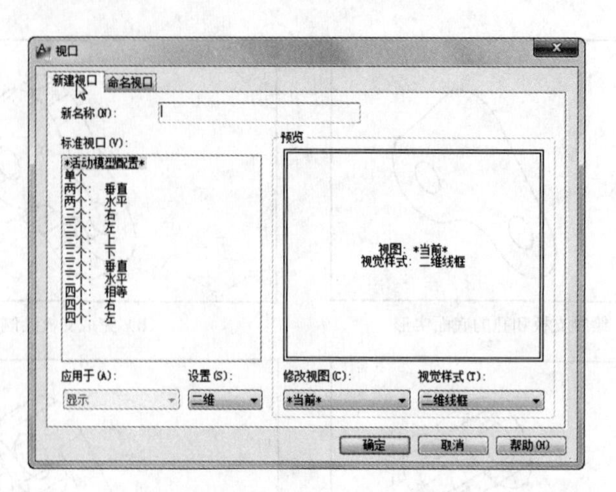

图 10.45 “视口”对话框

② 给视口命名。在“新建视口”选项卡的“新名称”文字编辑框中输入新建视口的名称。如图 10.46 所示的视口命名为“绘制工程实体 4 视口”。

③ 选择视口类型。在“标准视口”列表框中选择一种所需的视口类型，选中后，该视口的形式将显示在右边的“预览”框中。如图 10.46 所示是选择了“四个：相等”视口。

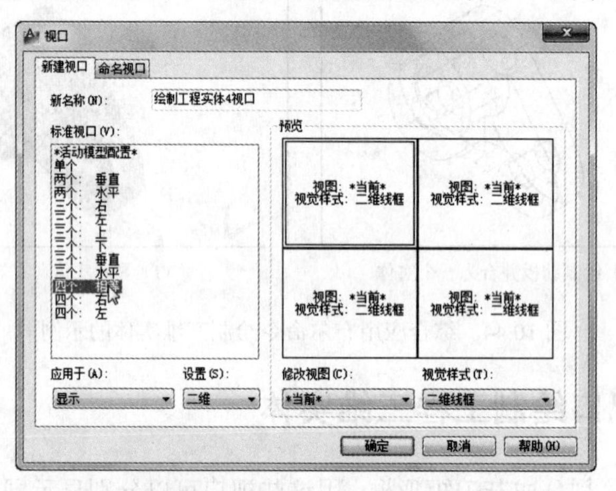

图 10.46 命名与选择视口类型示例

④ 设置各视口的视图类型和视觉样式。首先在“视口”对话框的“设置”下拉列表中选择“三维”选项，在预览框中会看到每个视口已由 AutoCAD 自动分配给一种视图。可以使用下列方法修改默认设置：将光标移至需要重新设置视图的视口中单击，将该视口设置为当前视口（显示双边框），然后从“修改视图”下拉列表和“视觉样式”下拉列表中各选择一项，该视口将被设置成所选择的视图和视觉样式。同理可设置其他各视口。

如图 10.47 所示是将 4 个视口分别设置为主视图（前视）、左视图、俯视图和西南等轴测图。三视图的视口位置按工程制图常规布置并设为“西南等轴测”视口，布置在右下角并设为“真实”（或“概念”）视觉样式，这是绘制工程三维实体常用的多视口设置。

⑤ 完成创建。修改完成后，单击“确定”按钮，退出“视口”对话框，完成多视口的创建。所创建的视口将保存在该图形文件的“命名视口”选项卡中。

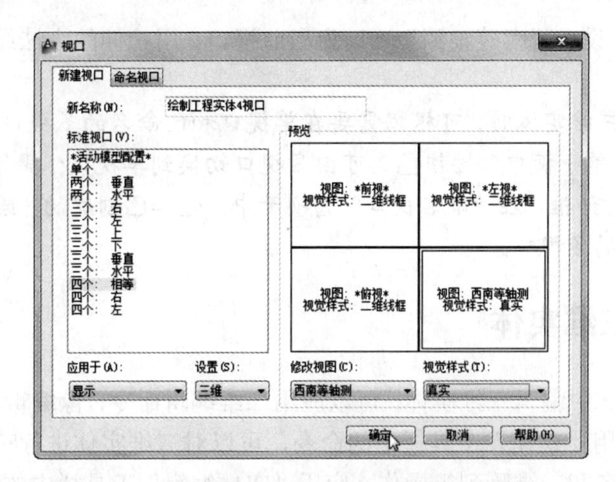

图 10.47　绘制工程实体常用的视口设置

说明：“视口”对话框中的“应用于”下拉列表中有“显示”和“当前”两个选项。若选择“显示”项，则将所选的多视口创建在所显示的全部绘图区中；若选择“当前”项，则将所选的多视口创建在当前视口中。

10.4.2　用多视口绘制工程三维实体示例

绘制如图 10.48 所示底面为正平面的工形柱，具体操作步骤如下。

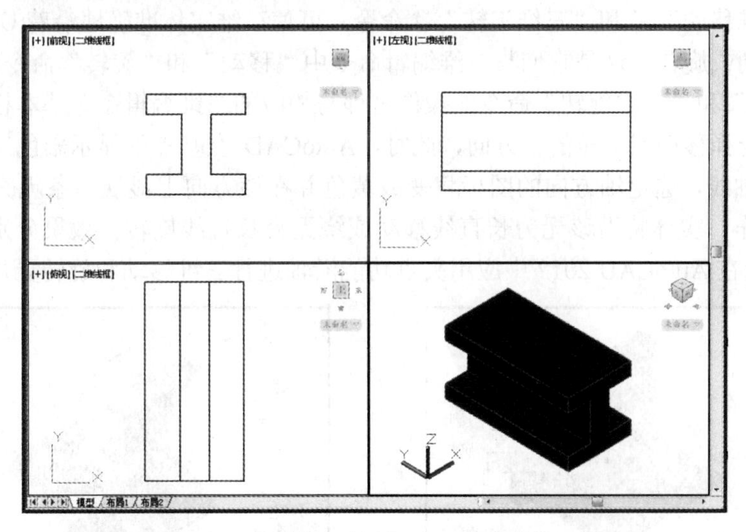

图 10.48　用多视口绘制工程三维实体的示例

① 新建一张图。用 NEW 命令新建一张图。

② 设置三维绘图环境。创建所需的图层并设置适当的颜色和线宽，创建绘制工程三维实体常用的 4 个视口。

③ 选择能反映底面实形的视口为当前视口。将光标移至“主视”视口中单击，将底面为正平面的“主视”视口设为当前视口。

④ 绘制底面实形。在“主视”视口中绘制正平面底面实形。

⑤ 绘制工形柱。设“西南等轴测”视口为当前视口，用拉伸的方法绘制工形柱三维实体。效果如图 10.48 所示。

提示：绘制工程三维实体时，可根据需要在单视口和已命名的多视口之间进行切换。单击“视口”工具栏中的“单个视口”按钮，可由多视口切换到单视口；操作“显示视口对话框”命令，弹出“视口”对话框，在“命名视口”选项卡中，选择已创建的“绘制工程实体 4 视口”项，即可切换到指定的多视口。

10.5 编辑三维实体

在 AutoCAD 2012 中编辑三维实体，可以应用二维编辑命令，像编辑二维对象那样进行移动、复制等操作；应用“建模”工具栏中的命令，可以对三维实体进行三维移动、三维旋转、按住并拖动、三维对齐和三维阵列等操作；应用“实体编辑”工具栏中的命令，可以进行拉伸面、移动面、偏移面、复制面、删除面、着色面、着色边、制作圆角边、制作斜角边、抽壳等操作；应用“修改”下拉菜单“三维操作”子菜单中的命令，可以对三维实体进行剖切和三维镜像等操作。在 AutoCAD 2012 中应用增强的三维夹点功能，可以更方便地编辑三维实体、改变三维实体的大小和形状。本节介绍几个常用三维实体编辑命令的操作和三维夹点编辑实体的方法，其他编辑命令类同可按提示操作。

10.5.1 三维移动和三维旋转

操作“三维移动”和“三维旋转”命令，可使三维实体准确地沿着 UCS 的 *X*、*Y*、*Z* 三个轴方向移动或旋转。这是它们与二维编辑命令中“移动”和“旋转”命令的主要区别。

“三维移动”和“三维旋转”命令的操作过程与相应的二维编辑命令基本相同，只是在指定基点后需要选择移动或旋转的轴方向，此时，AutoCAD 在基点处显示彩色三维轴向图标，移动光标选择轴线，选定轴方向的图标将变成黄色并在该方向上显现一条无穷长直线，按命令提示继续操作，实体将沿该无穷长直线移动或绕无穷长直线旋转。效果分别如图 10.49 和图 10.50 所示（在 AutoCAD 2012 中应用夹点功能沿轴进行三维移动和旋转更加方便）。

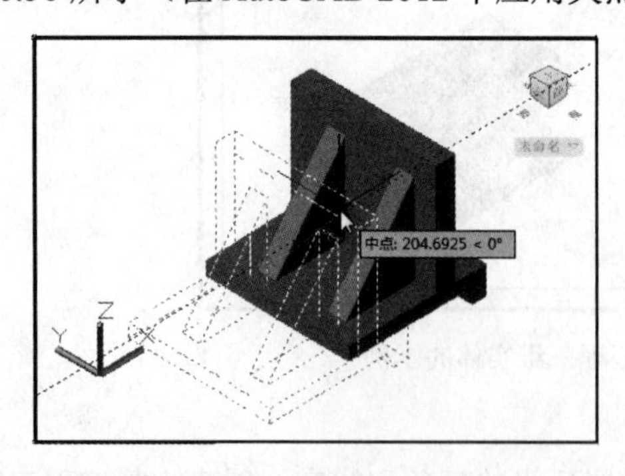

图 10.49 操作“三维移动”命令示例

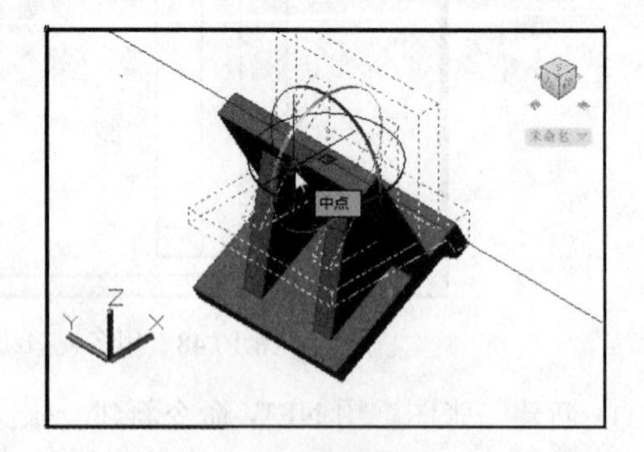

图 10.50 操作“三维旋转”命令示例

10.5.2 三维实体的拉压

AutoCAD 2012 中“按住并拖动”命令的主要功能是拖动选中的面，使三维实体沿与该面垂直的方向实现拉或压。

“按住并拖动”命令的操作很简单，按命令提示：先选择一个平面，然后拖动该平面（可指定距离）至所需的位置确定即可。

如图 10.51 所示是选择实体的前端面将实体向前拉长的过程和效果，如图 10.52 所示是选择实体的上端面将实体向下压短的过程和效果。

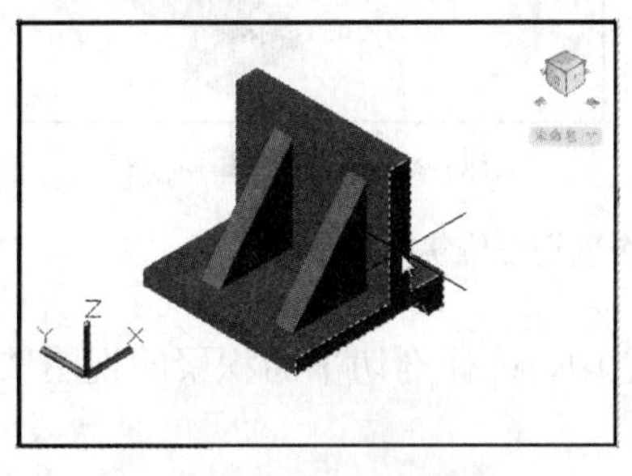

（a）拉压前——选择前端面

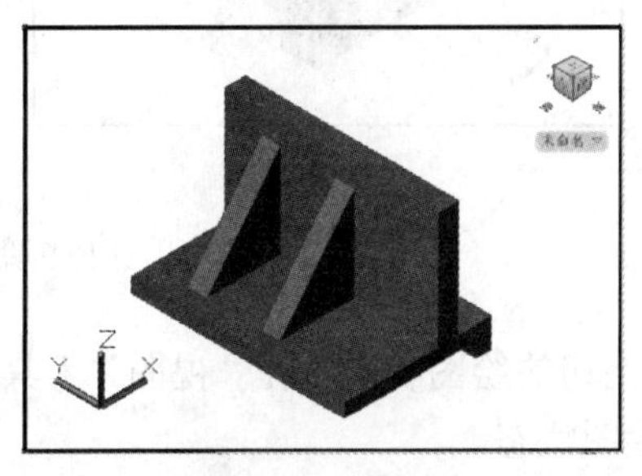

（b）拉压后——向前拉长

图 10.51 操作“按住并拖动”命令拉长三维实体的示例

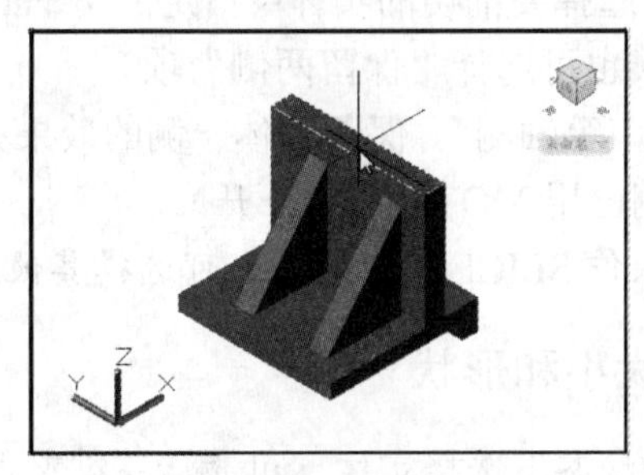

（a）拉压前——选择上端面

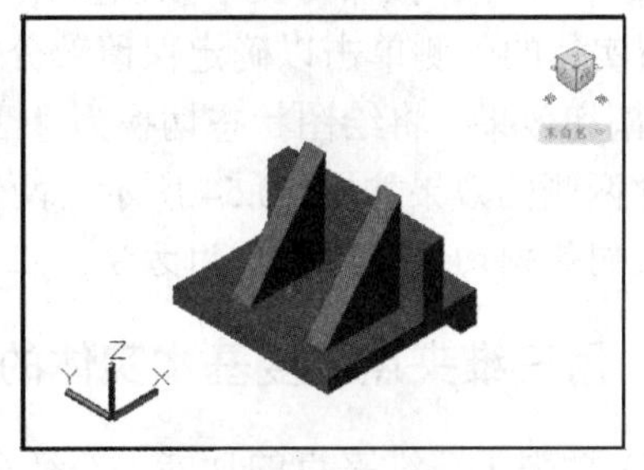

（b）拉压后——向下压短

图 10.52 操作“按住并拖动”命令压短三维实体的示例

10.5.3 三维实体的剖切

剖切实体就是将已有的实体沿指定的平面切开，并移去指定的部分，从而创建新的实体。确定剖切平面的默认方法是指定平面上的 3 点，也可以通过选择对象、*XY* 平面、*YZ* 平面、*XZ* 平面等方法来定义剖切平面。

以剖切如图 10.53 或图 10.54 所示三维实体为例，讲述具体操作步骤如下。

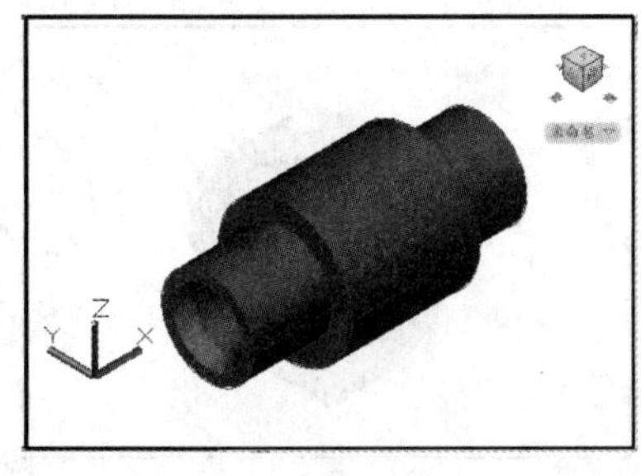

（a）剖切之前

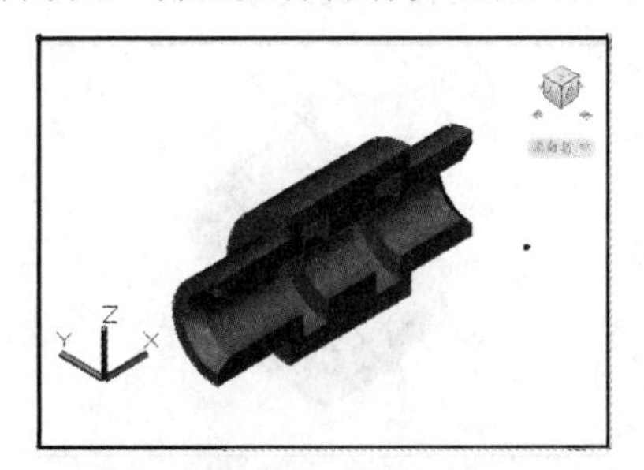

（b）剖切之后（保留一侧）

图 10.53 用 SLICE 命令剖切三维实体示例 1

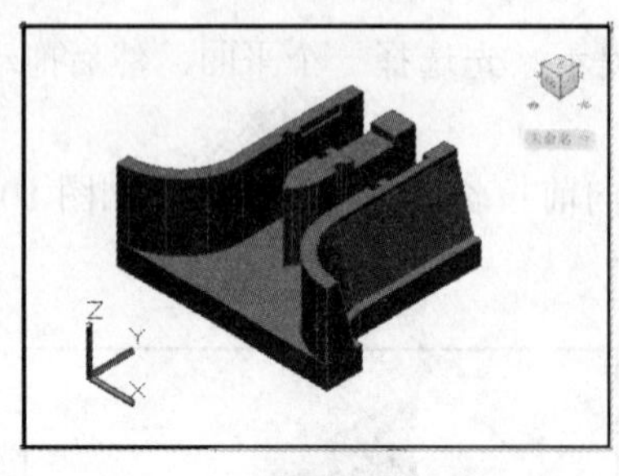

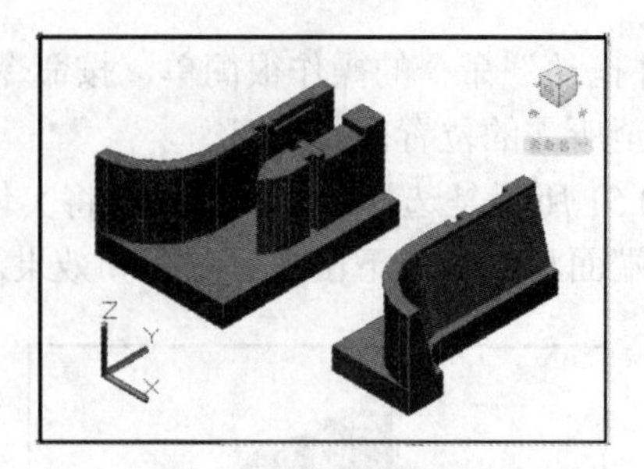

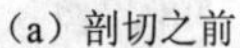

（a）剖切之前　　（b）剖切之后（保留两侧）

图 10.54　用 SLICE 命令剖切三维实体示例 2

① 设置剖切的绘图状态。在“视图”工具栏中，选择剖切平面积聚的视图“俯视”或“左视”为当前绘图状态。

② 输入剖切命令。从命令提示区中输入“SL”（SLICE）或从“修改”下拉菜单中选择“三维操作”子菜单中的“剖切”命令。

③ 操作剖切命令。按命令提示依次操作：选择要剖切的实体⇨指定剖切平面上的任意两点⇨在要保留实体的一侧单击以确定保留部分（也可选择“保留两侧”项）。

④ 显示剖切效果。将绘图状态切换为“西南等轴测”。保留实体一侧的效果如图 10.53 所示，保留实体两侧的效果如图 10.54 所示（两侧已用 MOVE 命令分开）。

说明：上例是剖切工程实体常用方法。在操作 SLICE 命令时，也可选择其他的剖切方式。

10.5.4　用三维夹点改变基本实体的大小和形状

AutoCAD 增强了三维夹点的功能，在待命状态下选择实体，可激活三维夹点，新的三维夹点不仅有矩形夹点，还有一些三角形（或称箭头）夹点。选中这些夹点中的任意一个进行操作，都可以沿指定方向改变基本实体的大小和形状。

如图 10.55 所示为激活并选择六棱柱顶面侧棱上的矩形夹点，将其向左上方移动的过程和效果。

如图 10.56 所示为激活并选择六棱柱前面斜边上指向中心的三角形夹点，将其向中心移动，使六棱柱变成六棱台的过程和效果。

如图 10.57 所示为激活并选择四棱台顶面中心指向上方的三角形夹点，将其向下移动，将正立四棱台变成倒立四棱台的过程和效果。

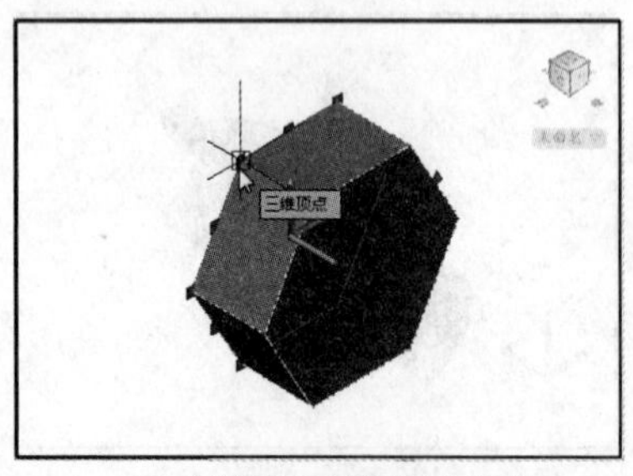

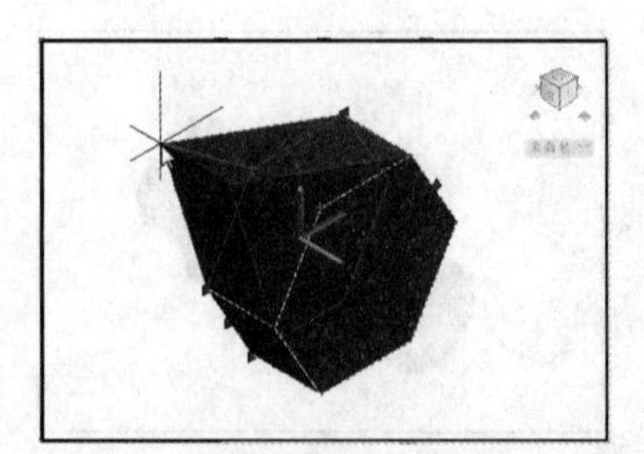

（a）激活并选择左侧棱上夹点　　（b）向左上方移动后的效果

图 10.55　选择三维实体上矩形夹点修改的示例

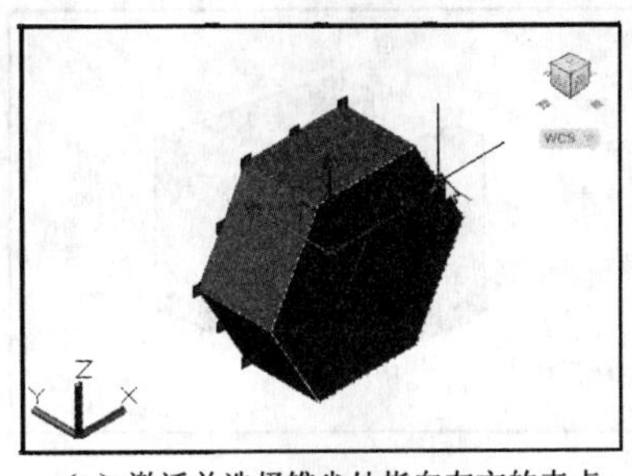

（a）激活并选择锥尖处指向左方的夹点

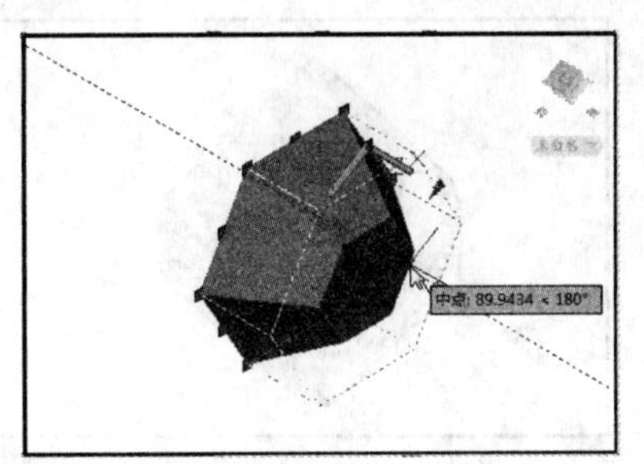

（b）向左方移动后的效果

图 10.56　选择三维实体上三角形夹点修改的示例 1

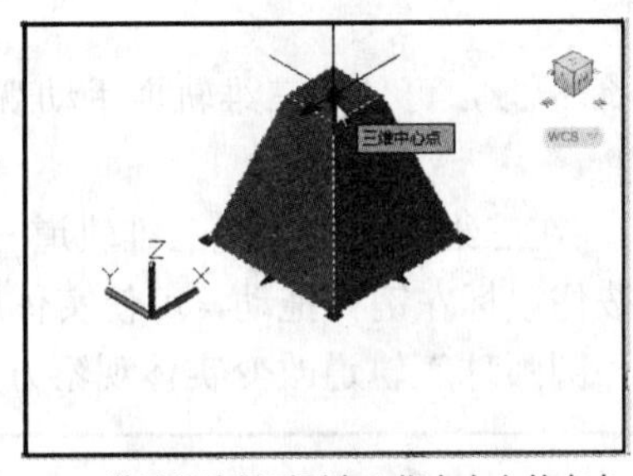

（a）激活并选择顶面中心指向上方的夹点

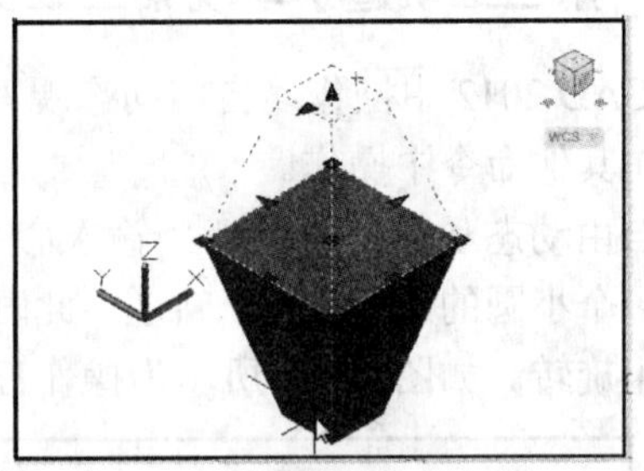

（b）向下方移动后的效果

图 10.57　选择三维实体上三角形夹点修改的示例 2

说明：

① 在 AutoCAD 2012 中，将光标悬停在某夹点处右键单击，弹出右键菜单，也可选项进行编辑。

② 对于操作了布尔命令后的实体，激活夹点只能实现移动。

10.6　动态观察三维实体

前面都是使用标准视点静态观察三维实体，在 AutoCAD 2012 中还可以用多种方式动态地观察三维实体。

动态观察三维实体的命令按钮布置在“动态观察”工具栏中（见图 10.8），分别是：“受约束的动态观察”（即实时手动观察）、“自由动态观察”（即用三维轨道手动观察）和“连续动态观察”。

10.6.1　实时手动观察三维实体

在绘制三维实体的过程中，常需要实时改变三维实体的观察方位，以便精确绘图。在 AutoCAD 2012 中，操作绘图区右上角的 ViewCube 导航工具可进行实时观察（或按住鼠标左键旋转），操作“受约束的动态观察”命令，可将三维实体的观察方位实时手动变化到任意状态。

“受约束的动态观察”命令最常用的操作方法是：先按住〈Shift〉键，再按住鼠标中键（即滚轮），此时光标变成梅花形状，拖动光标即可按拖动的方向实时改变三维实体的方位（若松开〈Shift〉键，则光标变成小手形状，可实时平移）。该命令使三维实体的绘制过程变得更加轻松快捷。如图 10.58 所示为实时手动改变实体观察方位的示例。

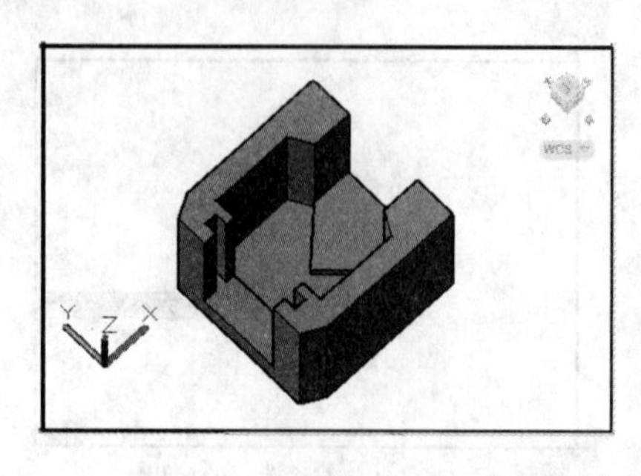
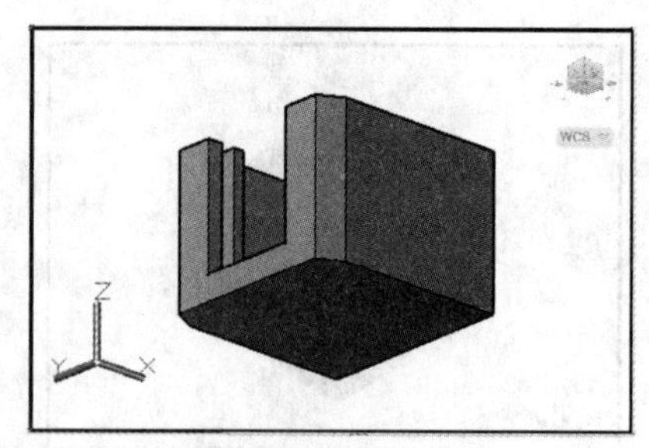

图 10.58 实时手动改变实体观察方位示例

10.6.2 用三维轨道手动观察三维实体

在 AutoCAD 2012 中操作“自由动态观察”命令，可使用三维轨道手动观察三维实体。该命令不能在其他命令中操作。

单击“自由动态观察”按钮，输入命令后，在三维实体处出现三维轨道——在 4 个象限点处各有一个小圆的“圆弧球”轨道，此时，按住鼠标左键并拖动，可使实体旋转，松开鼠标左键将停止旋转。如图 10.59 所示为操作三维“圆弧球”轨道改变实体观察方位示例。

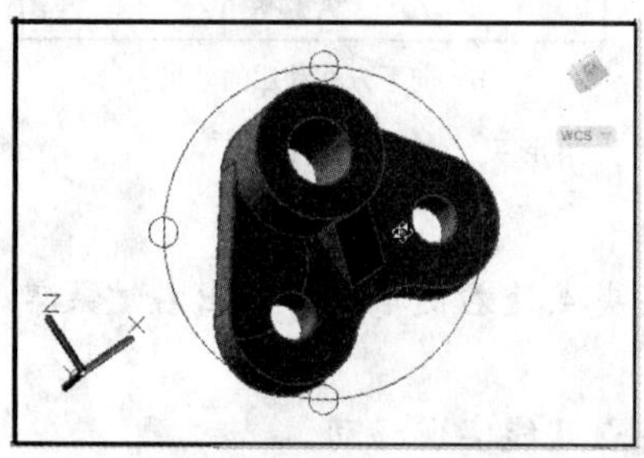
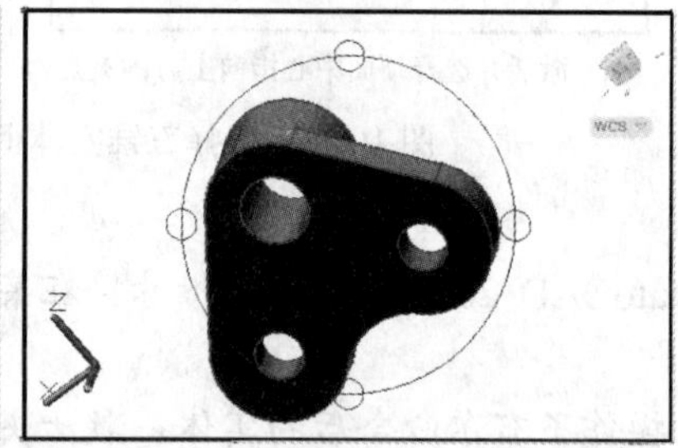

图 10.59 操作三维“圆弧球”轨道改变实体观察方位示例

三维轨道有 4 个影响模型旋转的光标，每个光标就是一个定位基准，将光标移动到一个新的位置，光标的形状和旋转的类型就会自动改变。

1. 让实体绕铅垂轴旋转

出现三维轨道后，将光标移到轨道左（或右）边的小圆中，光标将变成水平椭圆形状，此时，按住鼠标左键，使光标在左、右小圆之间水平移动，实体将随光标的移动绕铅垂轴旋转；松开鼠标左键，停止旋转。

2. 让实体绕水平轴旋转

出现三维轨道后，将光标移到轨道上（或下）边的小圆中，光标将变成垂直椭圆形状，此时，按住鼠标左键并拖动，使光标在上、下小圆之间移动，实体将绕水平轴旋转；松开鼠标左键，停止旋转。

3. 让实体滚动旋转

出现三维轨道后，将光标移到轨道的外侧，光标将变成圆形箭头形状，此时，按住鼠标左键并拖动，实体将绕着圆弧球的中心向外延伸并绕垂直于屏幕（即指向用户）的假想轴旋转；松开鼠标左键，停止旋转。AutoCAD 将这种旋转称为滚动。

4．让实体随意旋转

出现三维轨道后，将光标移到轨道的内侧，光标变成梅花加直线的形状，此时，按住鼠标左键并拖动，实体将绕着轨道圆弧球的中心沿鼠标拖动的方向旋转；松开鼠标左键，停止旋转。

10.6.3　连续动态观察三维实体

使用连续轨道可以实现连续动态观察三维实体，使实体自动连续旋转。

单击“连续动态观察”按钮，输入命令后，光标变成球状，此时，按住鼠标左键沿所希望的旋转方向拖动一下，然后松开鼠标左键，实体将沿着拖动的方向和拖动时的速度自动连续旋转。单击即可停止旋转。旋转时，若想改变实体的旋转方向和旋转速度，可随时按住鼠标左键进行拖动引导。

上机练习与指导

1．基本操作训练

（1）按 10.1 节所述内容熟悉和设置三维建模工作界面。

（2）按 10.2 节所述内容依次绘制：各种方位的基本三维实体、直柱体的三维实体、弹簧和特殊柱体的三维实体、台体和渐变体的三维实体、各种方位回转体的三维实体。

（3）按 10.3 节所述内容依次绘制：叠加类组合体、切割类组合体和综合类组合体的三维实体。

（4）按 10.4 节所述内容创建多视口，用多视口绘制工程三维实体。

（5）按 10.5 节所述内容练习编辑三维实体的常用命令。

（6）按 10.6 节所述内容练习操作动态观察三维实体的 3 种方式。

2．工程绘图训练

作业 1：

按尺寸以 1∶1 比例分别绘制如图 8.19 至图 8.23（见第 8 章）所示千斤顶各零件的三维实体，显示效果如图 10.60 至图 10.64 所示。按如图 8.18（见第 8 章）所示千斤顶装配示意图，用已绘出的零件三维实体，组合成千斤顶装配体的三维实体，显示效果如图 10.65 所示。

作业 1 指导：

（1）新建一张图。

用 NEW 命令新建一张图，进行三维绘图环境的设置（也可创建多视口，用主、俯、左、西南等轴测 4 视口绘制）。

（2）绘制底座零件的三维实体。

用“旋转”的方法绘制底座零件的主体（即原体）。绘制底座零件上的螺纹孔时，应先绘制光孔实体，与主体进行“差集”操作后，再绘制其上的螺纹。绘制螺纹的方法是：先用“扫掠”的方法绘制出截面为小三角形的螺旋状实体，准确定位后再进行“差集”操作，即可在光孔中绘制出螺纹。

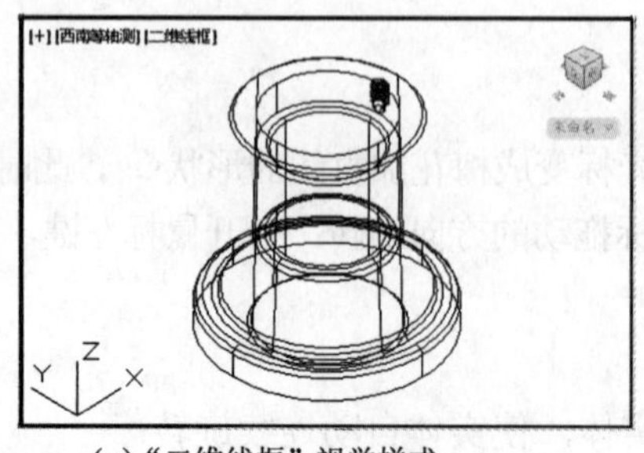

(a)“二维线框”视觉样式

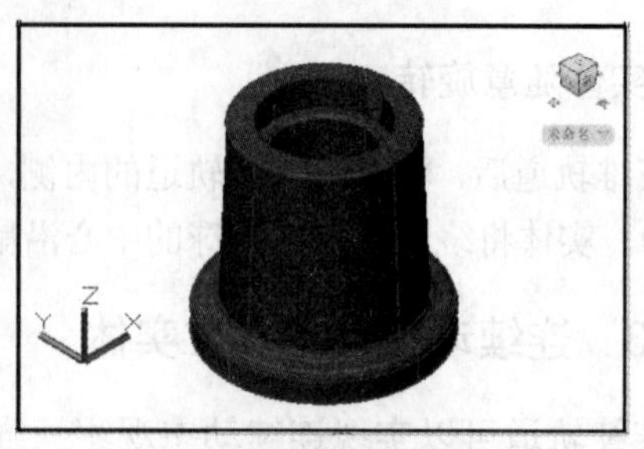

(b)“真实”视觉样式

图 10.60　千斤顶底座零件三维实体的显示效果

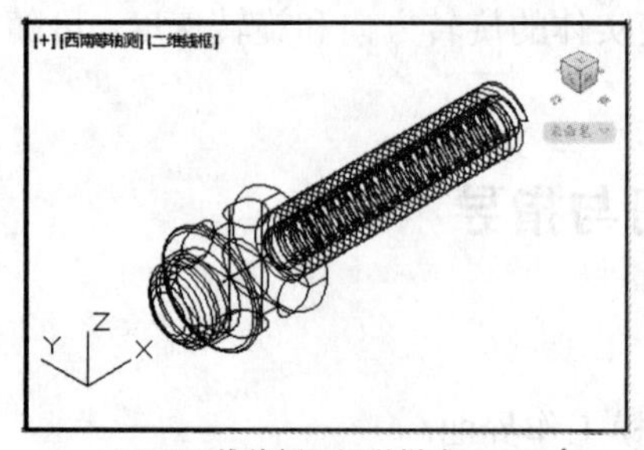

(a)“二维线框”视觉样式

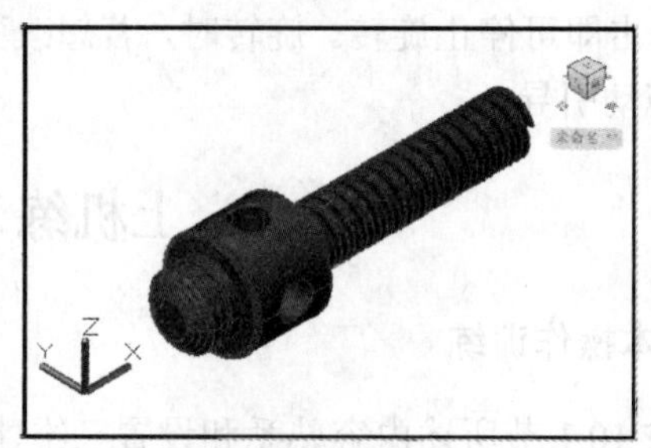

(b)“真实”视觉样式

图 10.61　千斤顶螺杆零件三维实体的显示效果

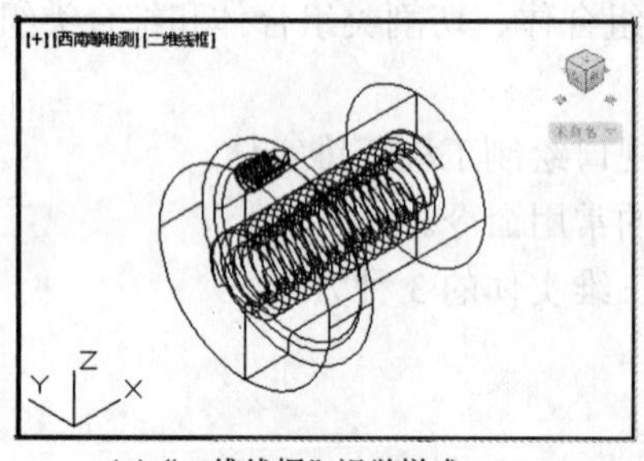

(a)“二维线框”视觉样式

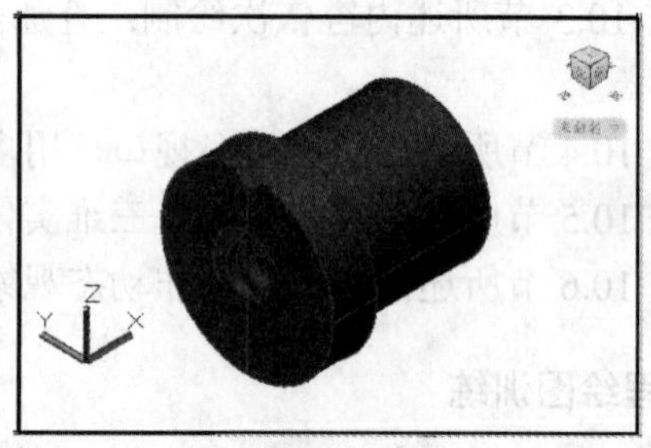

(b)“真实”视觉样式

图 10.62　千斤顶螺套零件三维实体的显示效果

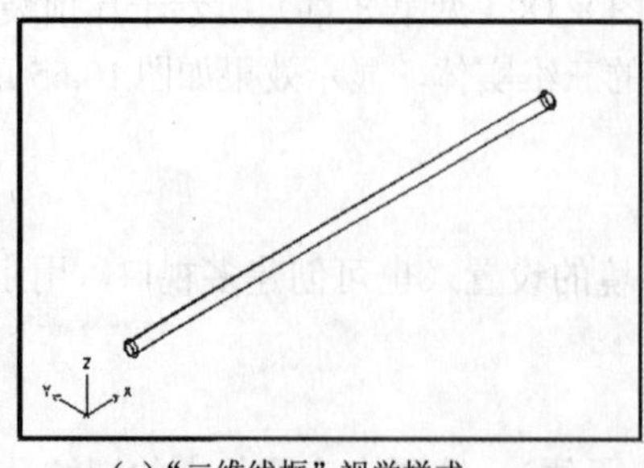

(a)“二维线框”视觉样式

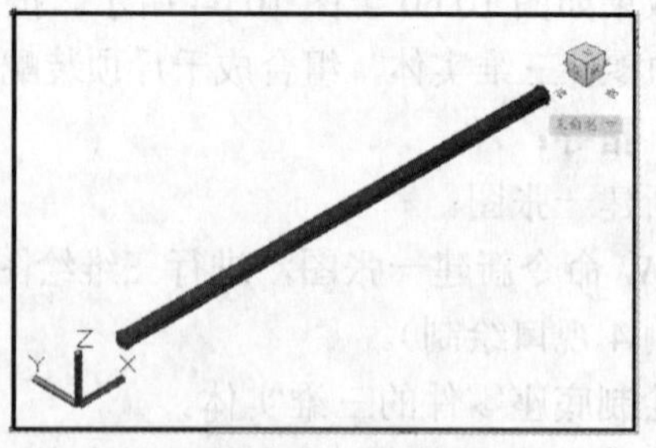

(b)“真实”视觉样式

图 10.63　千斤顶铰杆零件三维实体的显示效果

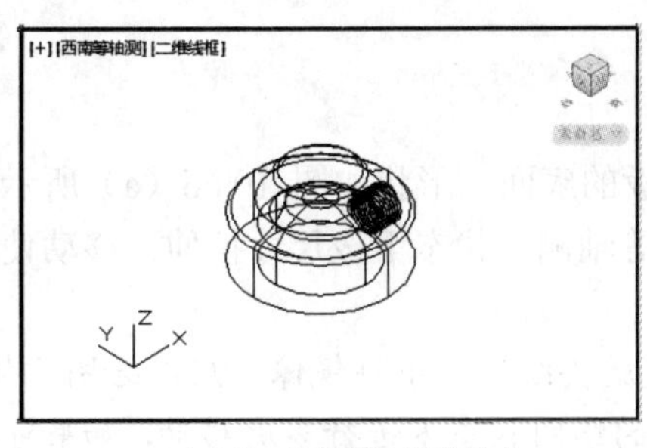

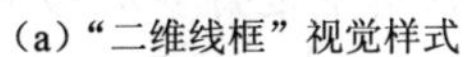

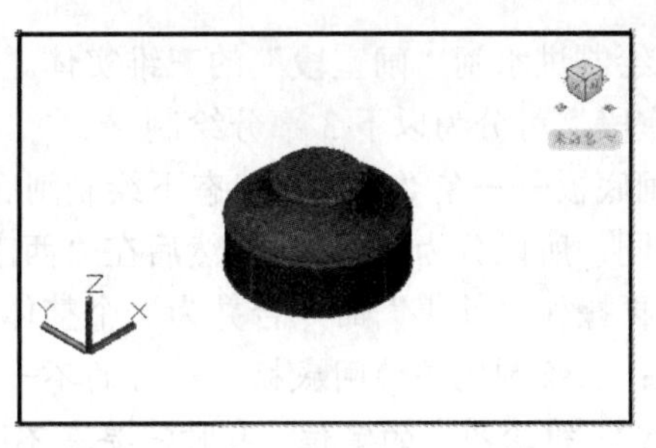

（a）“二维线框”视觉样式　　　　（b）“真实”视觉样式

图 10.64　千斤顶顶垫零件三维实体的显示效果

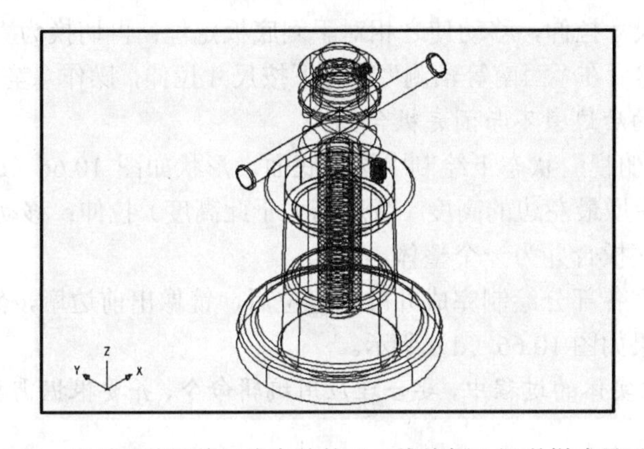

图 10.65　千斤顶装配体三维实体的“二维线框”视觉样式显示效果

（3）绘制螺杆、螺套、铰杆、顶垫零件的三维实体。

将底座三维实体的图形文件另存为“螺杆”，擦去底座三维实体，按同上思路进行绘制。同理，逐个绘制各零件的三维实体。

提示：顶垫上的螺纹截面为小三角形，螺杆和螺套上的螺纹截面为矩形。

（4）绘制标准件螺钉的三维实体。

依据图 8.18（见第 8 章）明细表中两个标准件螺钉所注的国标号，查阅相关标准获得尺寸，按同上方法和思路完成绘制。

（5）绘制千斤顶装配体的三维实体。

打开底座三维实体的图形文件，另存为“千斤顶装配体”，以底座三维实体为基础，用剪贴板功能，将其他各零件复制粘贴到该图中，再依据图 8.18 将各零件依次移动（方位不正确时应先进行旋转）到准确的位置。

注意：在绘制三维实体的过程中，要合理应用编辑命令，并要根据需要实时进行动态观察。

作业 2：

按尺寸以 1∶10 比例绘制如图 8.28（见第 8 章）所示进水闸三段的三维实体。

作业 2 指导：

（1）新建一张图。

用 NEW 命令新建一张图，进行三维绘图环境的设置。

提示：为绘图方便，可将进水闸三段的每段各自建立一个图形文件，然后再组合。

（2）绘制进水闸“闸室段”的三维实体。

“闸室段”可分为以下 3 部分绘制。

① 闸底板——在“主视”状态下绘制闸底板的底面，形状如图 10.66（a）所示（因为拉伸长度不同，所以分为两部分），然后在“西南等轴测”状态下按尺寸拉伸；移动使两部分相对定位，再操作“并集”命令合并为一个整体。

说明：应绘制完整的闸底板。对称的不一定就要绘制一半再镜像，应以绘图方便为原则。

提示：三维绘图中的定位，有时需要在不同的绘图状态下进行多次移动，如果可捕捉到实体上对应的点，则在“西南轴测图”状态下移动定位最直观并且仅需移动一次。

② 边墩——先在“左视”状态下绘制后边墩的底面，如图 10.66（b）所示，然后在“西南等轴测”状态下按尺寸拉伸，移动使之相对于闸底板定位；再切换为“主视”状态，绘制两个闸门槽的主视图，然后在“西南等轴测”状态下按尺寸拉伸，操作“差集”命令绘制闸门槽。

说明：此时绘制的后边墩不与闸底板合并。

③ 中墩——在“俯视”状态下绘制中墩的底面，形状如图 10.66（c）所示，然后在“西南等轴测”状态下按中墩最左边的高度（或适当大于此高度）拉伸；移动到正确位置后，再操作“并集”命令与闸底板合并为一个整体。

进水闸“闸室段”各部分绘制完成并准确定位后，镜像出前边墩，然后合并为一个整体，其三维实体的显示效果如图 10.66（d）所示。

注意：在绘制三维实体的过程中，要合理应用编辑命令，并要根据需要实时进行动态观察。

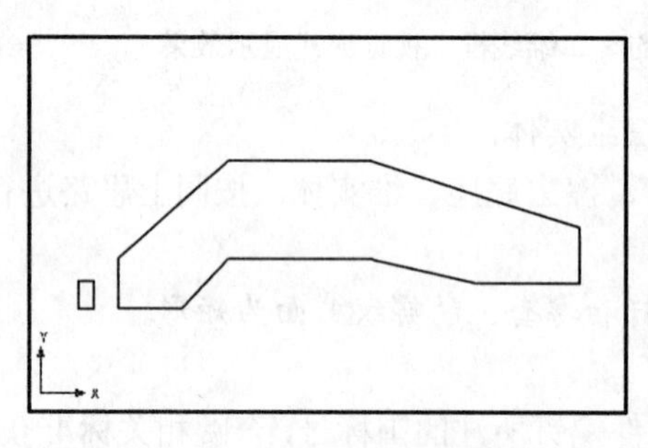

（a）“主视”状态下闸底板的底面形状

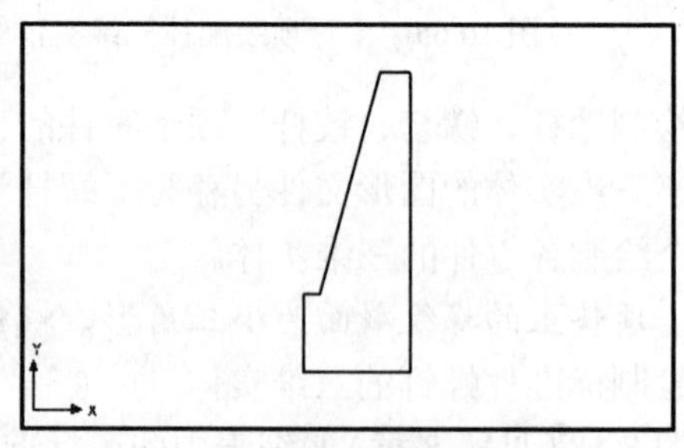

（b）“左视”状态下后边墩的底面形状

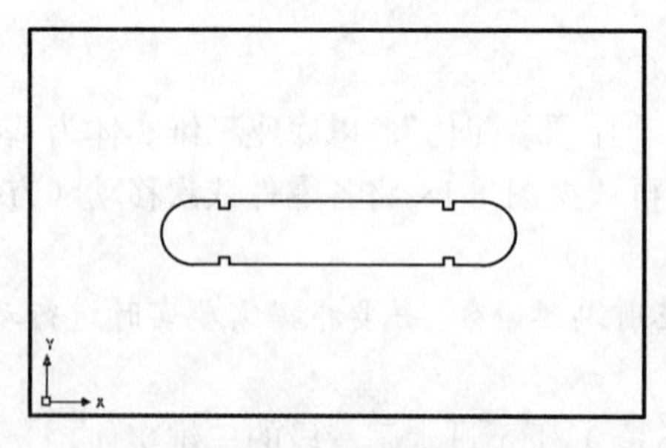

（c）“俯视”状态下中墩的底面形状

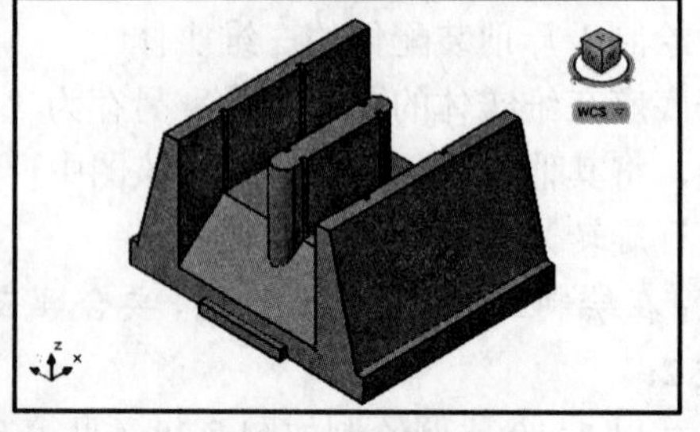

（d）“闸室段”的三维实体

图 10.66　绘制“闸室段”的三维实体

（3）绘制进水闸“消力池段”的三维实体。

将“闸室段”图形文件另存为“消力池段”，擦除闸室段的三维实体。

“消力池段”可分为以下两部分绘制。

① 消力池底板——在“主视”状态下绘制消力池底板的底面，形状如图 10.67（a）所示，然后在“西南等轴测”状态下按尺寸拉伸；切换为“俯视”状态，绘制消力池底板上各透水孔的底面圆，然后在“西南等轴测”状态下一起拉伸绘制透水孔的实体，再操作“差集”命令绘制透水孔。

说明：绘制完整的消力池底板。

② 边墙——在“左视”状态下绘制消力池后翼墙和扶臂的底面，形状如图 10.67（b）所示，在“西南等轴测”状态下按尺寸分别拉伸；复制绘制其他扶臂，并移动到正确位置；切换为“主视”状态，绘制边墙中齿墙部分的主视图，再在“西南等轴测”状态下拉伸；然后操作“并集”命令将所有扶臂、翼墙和齿墙部分合并为一个整体。

进水闸“消力池段”各部分绘制完成并准确定位后，镜像出前边墙，其三维实体的显示效果如图 10.67（c）和（d）所示。

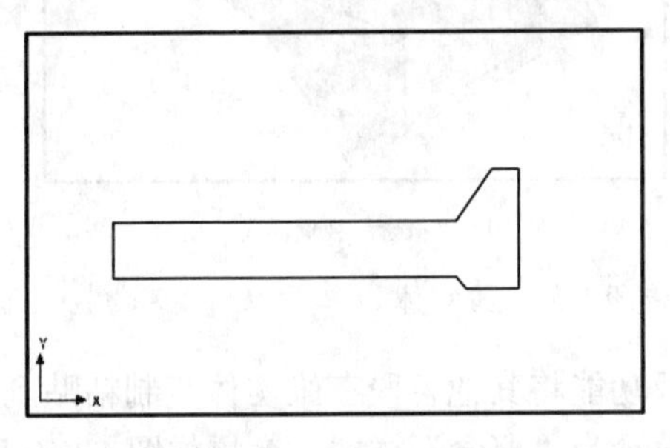

（a）“主视”状态下消力池底板的底面形状

（b）“左视”状态下后翼墙和扶臂的底面形状

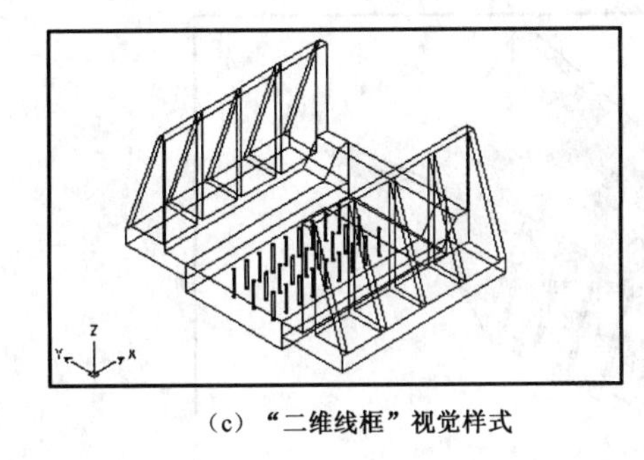

（c）“二维线框”视觉样式

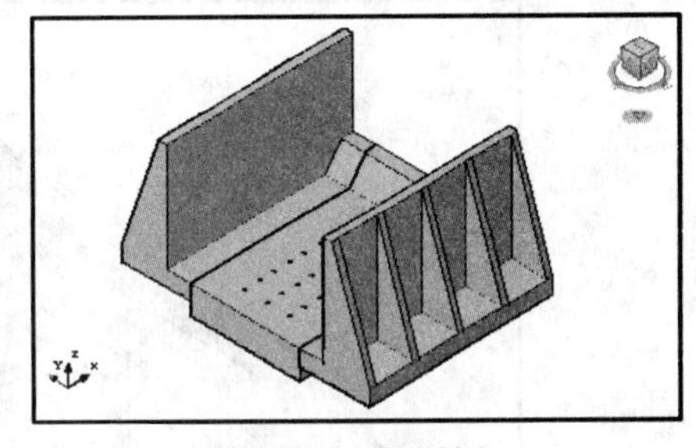

（d）“概念”视觉样式

图 10.67　绘制“消力池段”的三维实体

（4）绘制进水闸“海漫段”的三维实体。

将“消力池段”图形文件另存为“海漫段”，擦除消力池段的三维实体。

“海漫段”可直接应用放样的方法绘制——在“左视”状态下绘制海漫段的两端面，如图10.68（a）所示；在“西南等轴测”状态中按尺寸移动使两端面正确定位，并绘制两条导线，如图 10.68（b）所示；操作“放样”命令，依次选择两端面，绘制出海漫段，其三维实体的显示效果如图 10.68（c）和（d）所示。

（5）组合绘制“进水闸三段”的三维实体。

打开“闸室段”三维实体的图形文件，另存为“进水闸三段”，以闸室段三维实体为基础，组合绘制“进水闸三段”的三维实体。

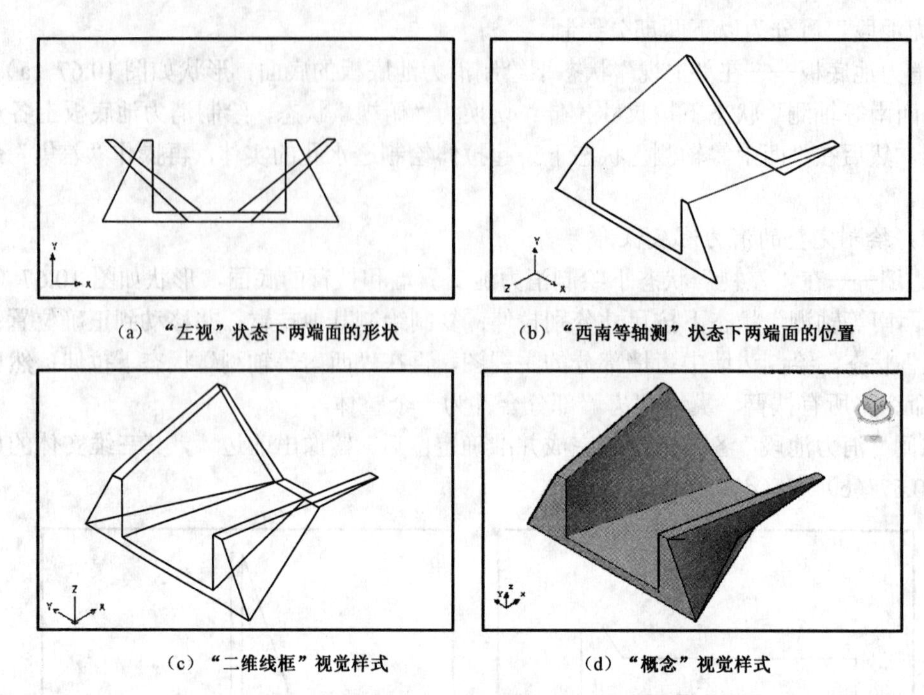

（a）“左视”状态下两端面的形状　　（b）“西南等轴测”状态下两端面的位置

（c）“二维线框”视觉样式　　（d）“概念”视觉样式

图 10.68　绘制“海漫段”的三维实体

设“西南等轴测”为当前绘图状态，用剪贴板功能将其他各段三维实体复制粘贴到该图中，依次移动它们到正确的位置。将“视觉样式”设置为“概念”样式，效果如图 10.69 所示。

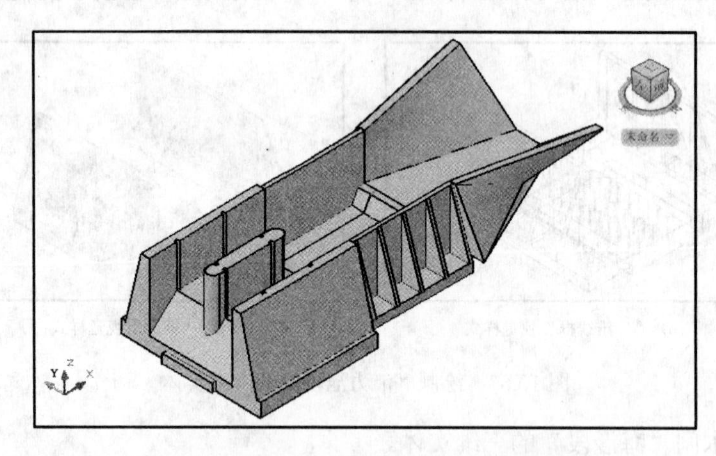

图 10.69 “进水闸三段”三维实体的显示效果

作业 3：

按尺寸以 1:1 比例绘制如图 10.70 所示的旋转楼梯的三维实体。该旋转楼梯高为 3000mm，有 20 个踏步（即台阶），旋转角为 360°；旋转楼梯外径圆的直径为 3400mm，内径圆的直径为 800mm，踏步高 150mm；两边扶手立柱圆心的位置距旋转楼梯内、外径圆均为 50mm，扶手立柱的高度为 900mm，断面直径为 35mm；螺旋扶手的断面直径为 80mm。

作业 3 指导：

① 新建一张图。用 NEW 命令新建一张图，并进行三维绘图环境的设置。首先设“视觉

样式”为“二维线框”并关闭栅格（用单一视口绘制）。

② 绘制基础线和定位线。将“俯视”设置为当前绘图状态，用“圆”命令先绘制如图 10.71 所示的旋转楼梯的外径圆（直径 3400mm）和内径圆（直径 800mm），再用适当的命令绘制一条定位直线。

如图 10.72 所示，用“偏移”命令绘制确定扶手位置的两个圆，从内径圆向外偏移，从外径圆向内偏移（偏移距离均为 50mm），然后用“阵列”命令将定位直线环形阵列出 20 个。

图 10.70　旋转楼梯三维实体的显示效果

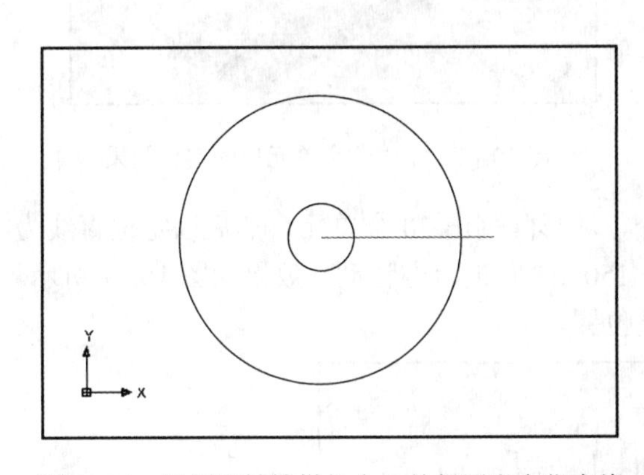

图 10.71　绘制旋转楼梯的内、外径圆和定位直线

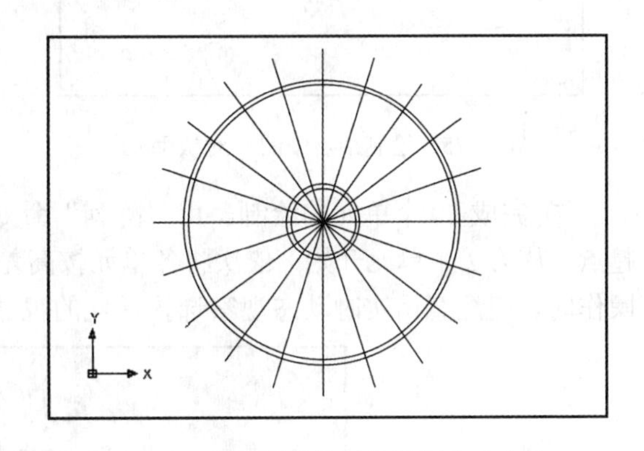

图 10.72　绘制楼梯扶手位置圆和定位线

③ 绘制一个踏步的底面。如图 10.73 所示，在“俯视”绘图状态下，用适当的命令擦去和修剪多余的线，形成图中粗线所显示的踏步底面形状，然后将踏步底面转换成一个整体。此时，因为定位直线已被当作底面的边，所以应再绘制一次定位直线。

④ 绘制出一个踏步。将绘图状态切换为“西南等轴测”或应用实时动态观察将其切换到合适的方位，然后用拉伸（向上拉伸 150mm）的方式绘制出第一个踏步，效果如图 10.74 所示。

⑤ 绘制踏步中的扶手立柱。将绘图状态切换为“俯视”，如图 10.75 所示，绘制踏步中线作为辅助线，准确定位绘制两个立柱的底面圆（直径 35mm），然后应用实时动态观察将其切换到合适的位置，用拉伸的方式（向上拉伸 900mm）绘制出一个踏步中的两个（一对）扶手立柱。擦去踏步中线。

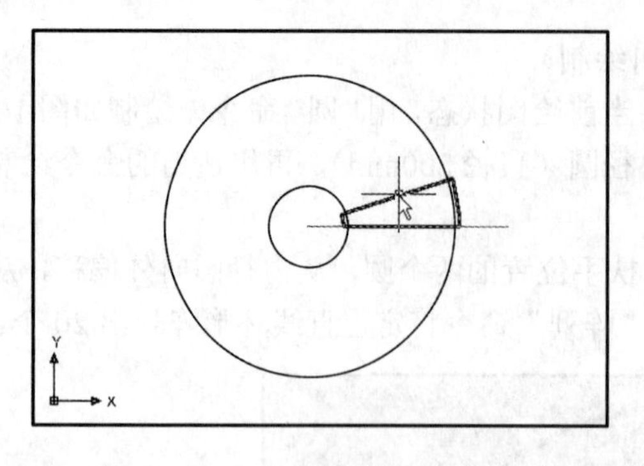

图 10.73 绘制出一个踏步的底面和定位直线

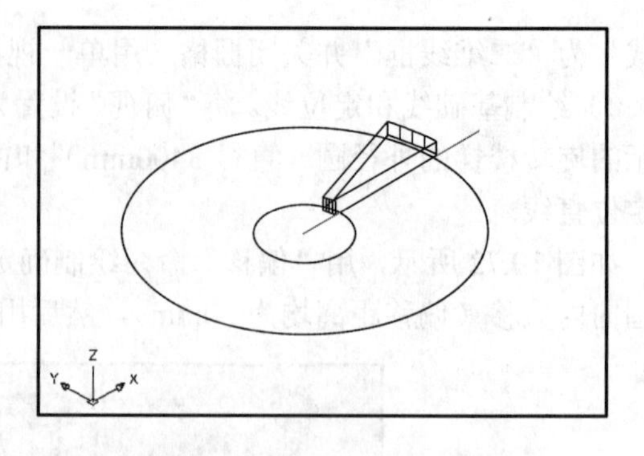

图 10.74 一个踏步的实体效果

⑥ 完成一个单元的绘制。应用实时动态观察选择适当的方位和绘图状态，用适当的命令，目测绘制踏步的切角；然后操作“并集”命令将踏步和两个立柱合并为一个实体，并将“视觉样式”设置为“真实”样式，效果如图 10.76 所示。

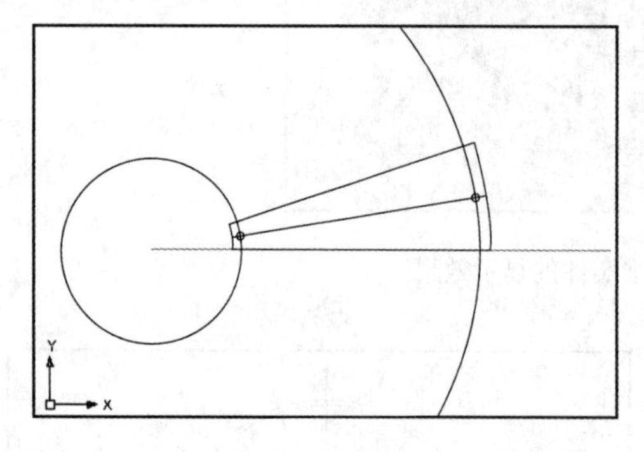

图 10.75 绘制踏步中的一对扶手立柱

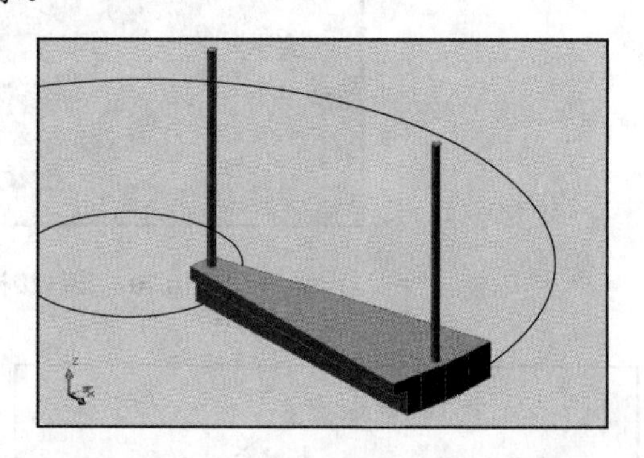

图 10.76 完成一个单元后的实体效果

⑦ 完成 20 个单元的绘制。用“阵列”命令，环形阵列出 20 个单元，然后以定位直线为起点，从第 2 个单元开始，依次将各单元按高差 150mm 向正上方移动，效果如图 10.77 所示。操作时，应注意用实时动态观察选择最佳的视觉位置。

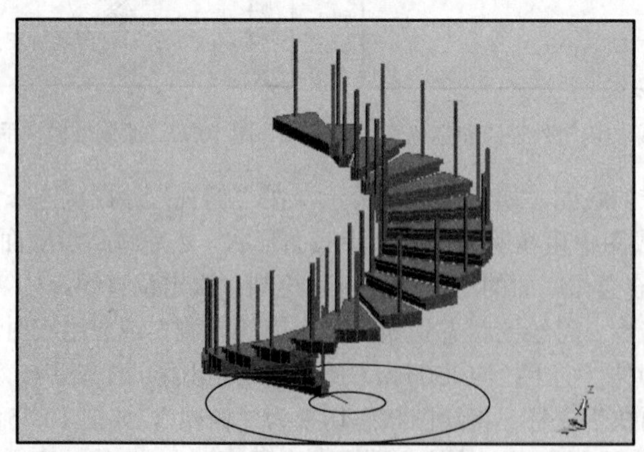

图 10.77 完成 20 个单元绘制的实体效果

⑧ 绘制螺旋扶手。

先绘制扶手的路径线：将绘图状态切换为“俯视”，并将“视觉样式”设置为“二维线框”

样式，分别绘制与旋转楼梯的外径圆和内径圆相同直径与方位的两条圆柱形螺旋线，螺旋线“圈数”应设置为 1；然后用“移动”命令，先将两条螺旋线的下端点移动到定位直线上对应的位置，再向上移动 100mm 至扶手路径线位置，效果如图 10.78 所示。操作时，应注意采用实时动态观察，选择最佳的视觉位置。

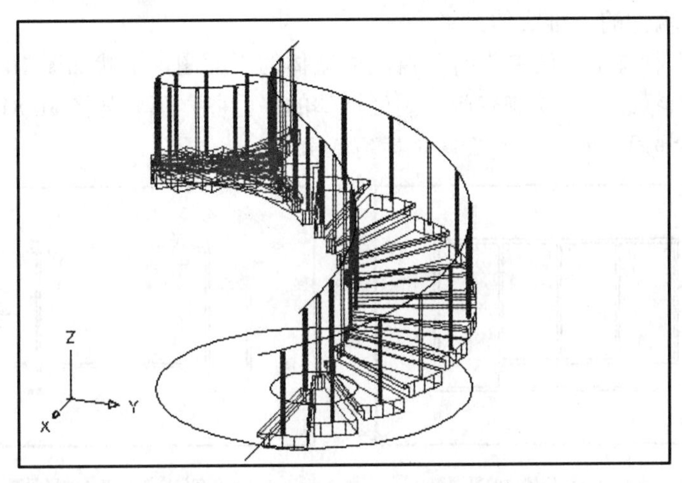

图 10.78　绘制扶手的路径线

采用实时动态观察，选择最佳的视觉位置，在空当处绘制两个扶手的断面圆，然后用“扫掠”的方法绘制出扶手主体。再将“视觉样式”设置为“真实”，打开动态 UCS，在扶手的各端（4 处）绘制直径与扶手截面相同的圆球，效果如图 10.79 所示。

图 10.79　完成螺旋扶手的绘制

⑨ 显现实体效果。擦去定位直线，用“并集”命令将旋转楼梯的各部分合并为一个实体，然后选择适当的绘图状态显示旋转楼梯。最终得到如图 10.70 所示的在“东北等轴测”绘图状态下显示的旋转楼梯的三维实体效果。

注意：绘图时，应经常保存图形。

作业 4：

按尺寸以 1∶1 比例绘制如图 10.80 所示（见书末插页）的住宅平、立、剖建筑施工图的三维实体。

作业 4 指导：

（1）新建一张图。

用 NEW 命令新建一张图，进行三维绘图环境的设置。

（2）绘制一层墙体的三维实体。

① 在“俯视”状态下，绘制没有门窗洞处墙体的平面图，形状如图 10.81（a）所示。

② 在“俯视”状态下，绘制有门窗洞处墙体的平面图，形状如图 10.81（b）所示。

说明：此时楼梯间背面的窗不绘制（标高不同）。

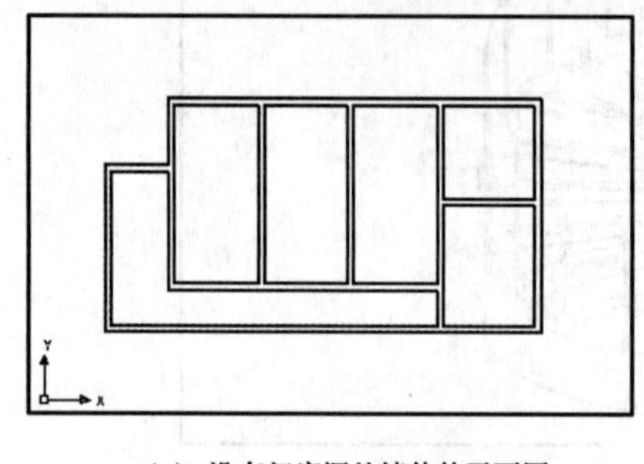

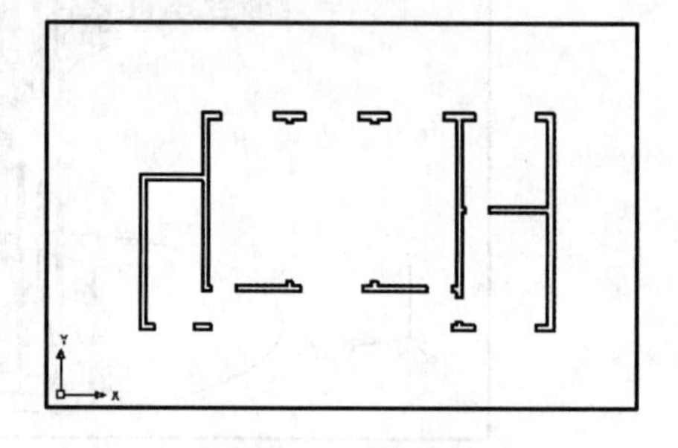

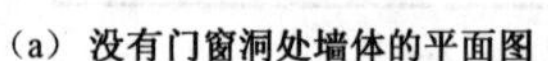

（a）没有门窗洞处墙体的平面图　　（b）有门窗洞处墙体的平面图

图 10.81　绘制一层墙体的平面图

③ 将没有门窗洞处墙体的平面图复制一个，在“西南等轴测”状态下，分别按一层的窗下高度、窗上高度和窗高度进行拉伸，效果如图 10.82 所示。

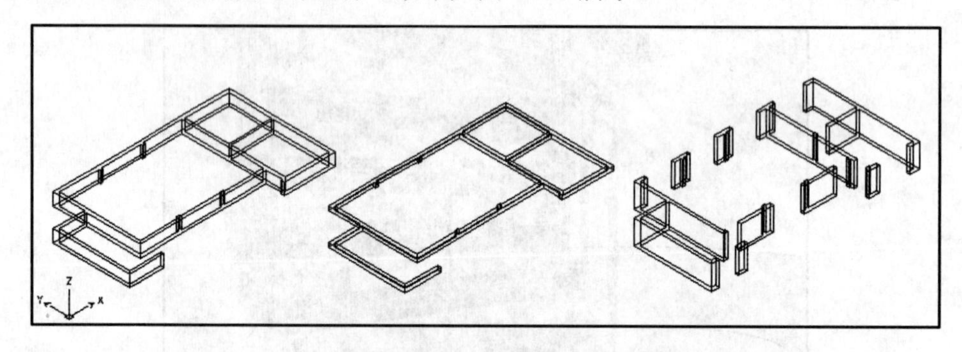

图 10.82　一层三段墙体拉伸后的显示效果（“二维线框”视觉样式）

④ 在“西南等轴测”状态下，将三段墙体移动到准确位置，然后操作“并集”命令将其合并为一个整体；操作“按住并拖动”命令，依次选中门的下底面，向下拖动至下底面消失，即形成门洞；可再切换为“东南等轴测”状态，效果如图 10.83 所示。

注意：在绘制三维实体的过程中，要根据需要实时操作动态观察命令来改变方位。

（3）绘制一层窗和门的三维实体。

① 在相应的视图状态下，单独绘制各种窗和门（制作为能拉伸的动态块更方便）。如图 10.84 所示是窗和门的形状示例。

说明：此时应给窗和门添加上材质。

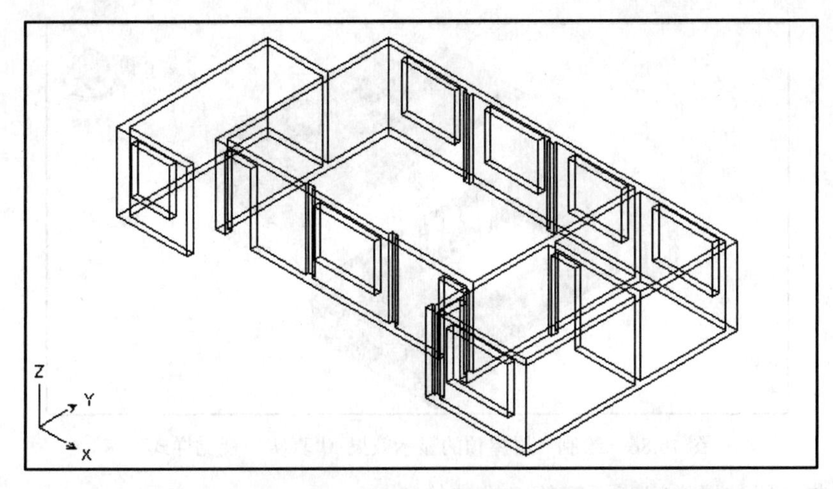

图 10.83　一层三段墙体合并后的显示效果（“二维线框”视觉样式）

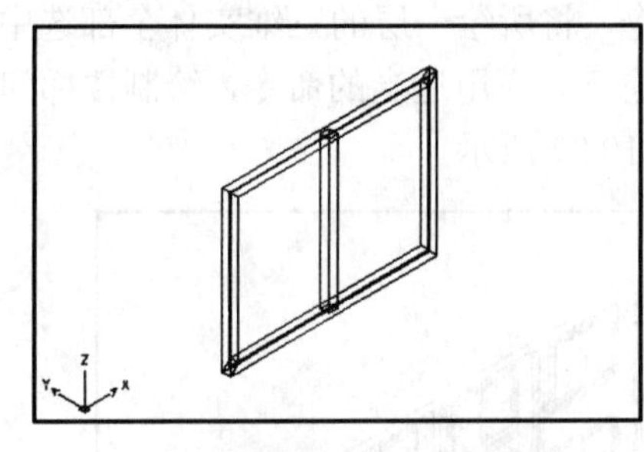

（a）“西南等轴测”状态下窗的形状

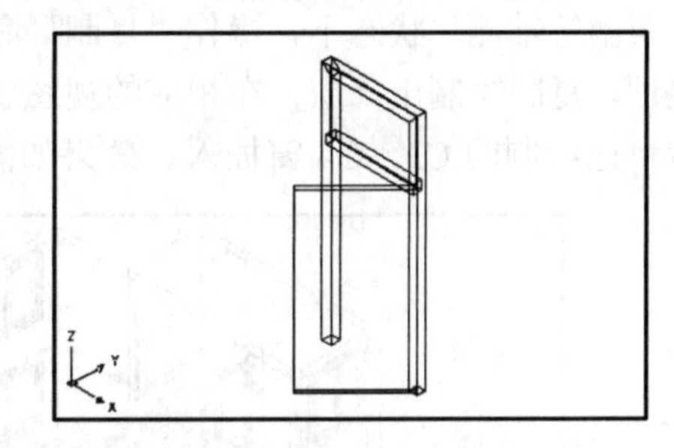

（b）“东南等轴测”状态下门的形状

图 10.84　窗和门的形状示例（“二维线框”视觉样式）

② 将门和窗依次复制移动到门窗洞内，然后绘制各窗台，形状如图 10.85 所示。

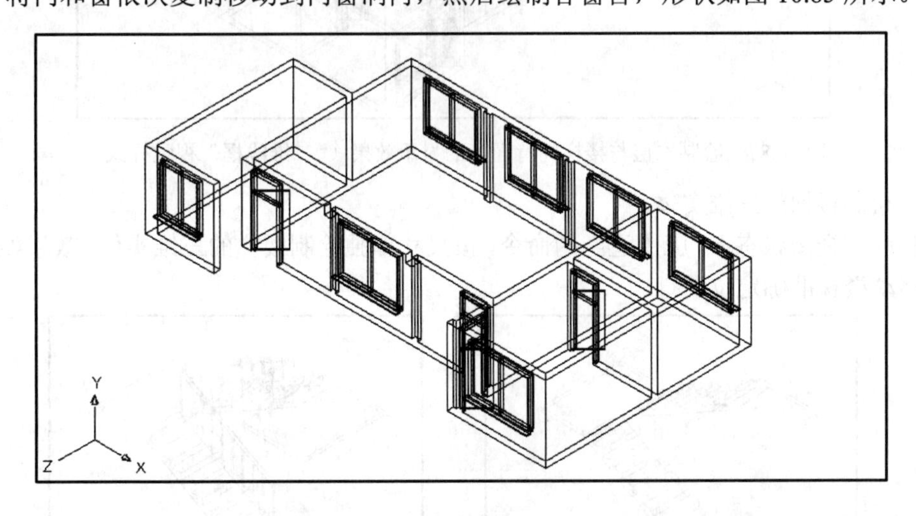

图 10.85　绘制一层门、窗的显示效果（“二维线框”视觉样式）

（4）绘制一层屋顶的三维实体。

在相应的视图状态下，按尺寸绘制一层屋顶（即二层楼板），形状如图 10.86 所示。移动屋顶至准确位置。

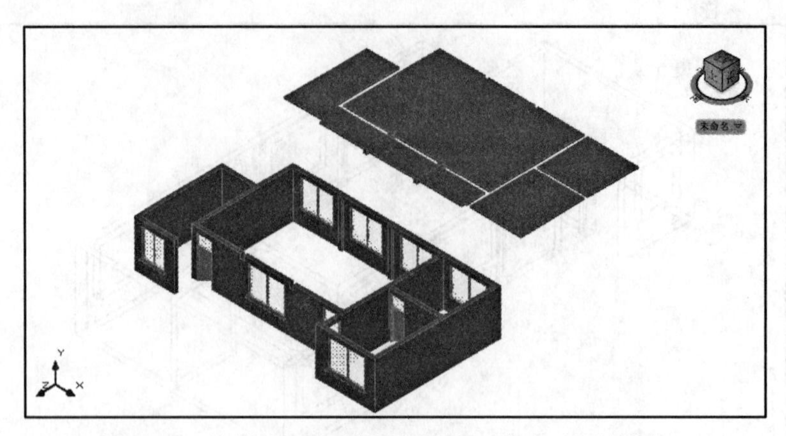

图 10.86　绘制一层屋顶的显示效果（“真实”视觉样式）

（5）绘制二层与楼梯间背面窗的三维实体。

在“西南等轴测”状态下，操作“复制”命令，将所绘一层的三维实体全部选中，然后扣除一层屋顶，复制绘制出二层；在相应的视图状态下，应用适当的命令，绘制楼梯间背面的窗洞，然后将已绘制的 C3、C4 窗插入。效果如图 10.87 所示。

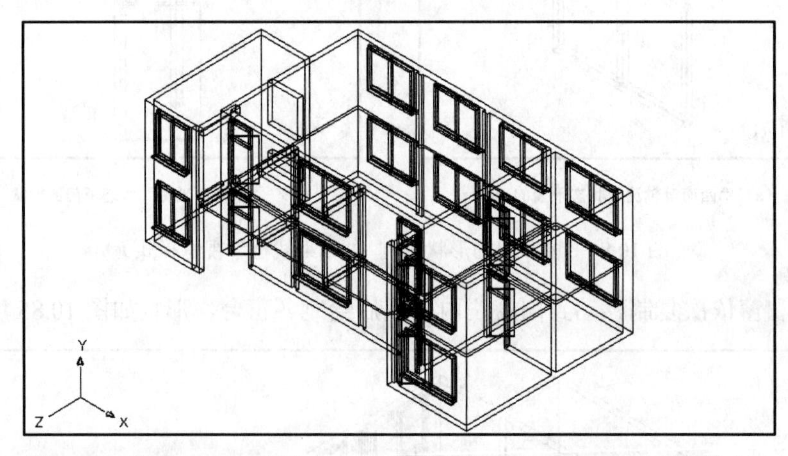

图 10.87　绘制二层与楼梯间背面窗的显示效果（“二维线框”视觉样式）

（6）绘制楼梯的三维实体。

在相应的视图状态下，应用适当的命令，按尺寸单独绘制楼梯的三维实体，效果如图 10.88 所示。移动楼梯准确定位。

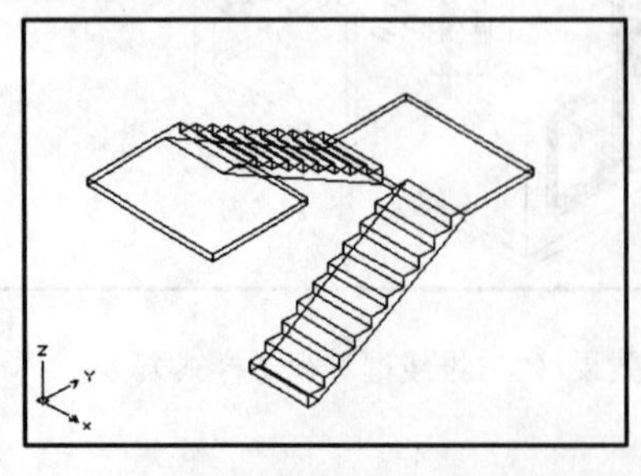

（a）楼梯台阶和休息平台的形状

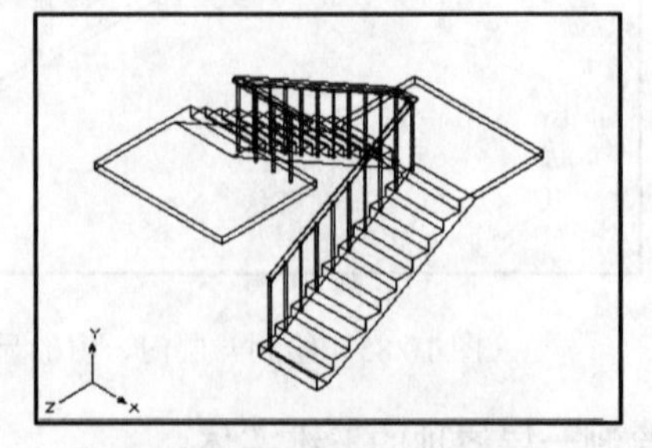

（b）楼梯扶手的形状和位置

图 10.88　绘制楼梯的显示效果（“东南等轴测”状态）

（7）绘制进门处的台阶、阳台栏杆和屋顶的三维实体。

在相应的视图状态下，应用适当的命令，按图中尺寸和常规尺寸绘制进门处的台阶、阳台栏杆和屋顶的三维实体，效果如图 10.89 所示。

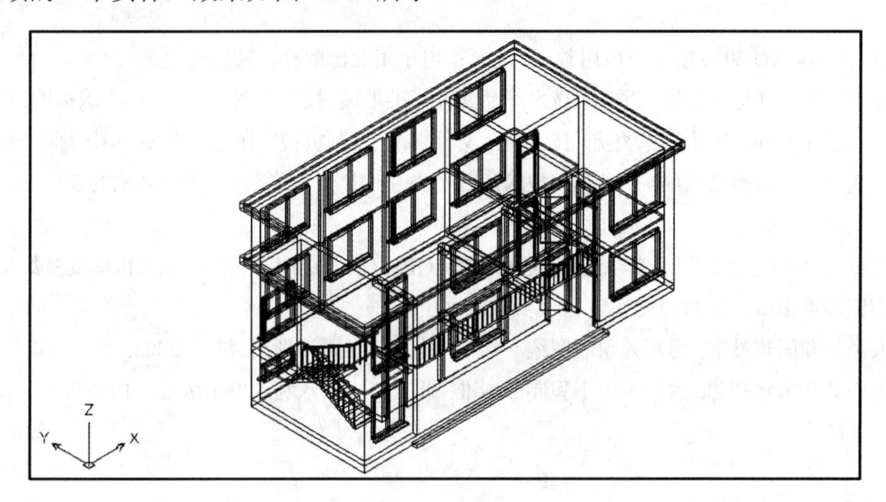

图 10.89　绘制进门处的台阶、阳台栏杆和屋顶的显示效果（“西南等轴测”状态）

（8）后期处理（拓展选做）。

在相应的视图状态下，绘制地面，添加各种材质等，效果如图 10.90 所示。

图 10.90　房屋三维实体处理后的显示效果（“真实”视觉样式）

说明：添加材质需要操作“材质”选项板。可从下拉菜单中选择“工具”⇨“选项板”⇨“材质浏览器”，弹出“材质浏览器”选项板，也可从“渲染”工具栏中单击“材质浏览器”按钮，弹出“材质浏览器”选项板。

参 考 文 献

[1] 曾令宜. AutoCAD 2010 中文版应用教程. 北京：电子工业出版社，2012.

[2] 全国技术产品文件标准化技术委员. 技术产品文件标准汇编 技术制图卷. 北京：中国标准出版社，2009.

[3] 全国技术产品文件标准化技术委员. 技术产品文件标准汇编 机械制图卷. 北京：中国标准出版社，2009.

[4] 国家质量监督检验检疫总局. 产品几何技术规范（GPS）技术产品文件中表面结构的表示法. 北京：中国标准出版社，2007.

[5] 国家质量监督检验检疫总局. 产品几何技术规范（GPS）表面结构 轮廓法 表面粗糙度参数及其数值. 北京：中国标准出版社，2009.

[6] 中华人民共和国建设部. 房屋建筑制图统一标准. 北京：中国计划出版社，2002.

[7] 中华人民共和国水利部. 水利水电工程制图标准. 北京：中国水利水电出版社，1996.